Kapazitätserweiterung des Netzes
nach dem Erneuerbare-Energien-Gesetz

Europäische Hochschulschriften

Publications Universitaires Européennes
European University Studies

Reihe II
Rechtswissenschaft

Série II Series II
Droit
Law

Bd./Vol. 5310

PETER LANG
Frankfurt am Main · Berlin · Bern · Bruxelles · New York · Oxford · Wien

Mathias Schäferhoff

Kapazitätserweiterung des Netzes nach dem Erneuerbare-Energien-Gesetz

PETER LANG
Internationaler Verlag der Wissenschaften

Bibliografische Information der Deutschen Nationalbibliothek
Die Deutsche Nationalbibliothek verzeichnet diese Publikation in der Deutschen Nationalbibliografie; detaillierte bibliografische Daten sind im Internet über http://dnb.d-nb.de abrufbar.

Zugl.: Bochum, Univ., Diss., 2011

Gedruckt auf alterungsbeständigem,
säurefreiem Papier.

D 294
ISSN 0531-7312
ISBN 978-3-631-63648-0

www.peterlang.de

Vorwort

Im Sommer 2011 wurde die Arbeit von der Juristischen Fakultät der Ruhr-Universität Bochum als Dissertation angenommen. Sie berücksichtigt den Stand von Rechtsprechung und Literatur im September 2011.

Dankbar bin ich meinem Doktorvater, Herrn Prof. Dr. Johann-Christian Pielow, für die Betreuung und Unterstützung bei der Erstellung des Manuskripts. Die von Herrn Prof. Dr. Johann-Christian Pielow veranstalteten und stets sehr lehrreichen Seminare ermöglichten mir den Blick über den Tellerrand. Bedanken möchte ich mich auch bei Frau Prof. Dr. Ines Härtel für die zügige Begutachtung als Zweitberichterstatterin.

Die zielstrebige Bearbeitung verdanke ich selbstverständlich auch der Unterstützung im privaten Bereich. Besonderer Dank gilt dabei meiner Familie, insbesondere selbstverständlich meinen Eltern, die mir wie immer in jeder Hinsicht zur Seite gestanden haben, sowie meiner Tante Josefa, die mir auch in weniger leichten Zeiten der Bearbeitung stets Mut zugesprochen hat. Vor allem danke ich meiner Liebsten Alexandra, auf die ich mich immer verlassen kann.

Ich widme die Arbeit meiner Oma Klara Hegemann, die ich sehr vermisse.

Inhaltsverzeichnis

Abkürzungsverzeichnis

a.A. .... andere Ansicht
a.a.O. .... am angegebenen Ort
ABl. .... Amtsblatt
Alt. .... Alternative
a.M. .... am Main
Art. .... Artikel
AtG .... Atomgesetz i.d.F. der Bekanntmachung v. 15.07.1985, BGBl. I S. 1565
Aufl. .... Auflage
AUR .... Agrar- und Umweltrecht – Zeitschrift für das gesamte Recht der Landwirtschaft, der Agrarmärkte und des ländlichen Raumes
AVBEltV .... Verordnung über Allgemeine Bedingungen für die Elektrizitätsversorgung von Tarifkunden v. 21.06.1979, BGBl. I S. 684
AVBGasV .... Verordnung über Allgemeine Bedingungen für die Gasversorgung von Tarifkunden v. 21.06.1976, BGBl. I S. 676
AVBWasserV .... Verordnung über Allgemeine Bedingungen für die Versorgung mit Wasser v. 20.06.1980, BGBl. I S. 750, 1067
AWZ .... Ausschließliche Wirtschaftszone
BB .... Betriebs-Berater – Zeitschrift für Recht, Steuern und Wirtschaft
Bd. .... Band
BDEW .... Bundesverband der Energie- und Wasserwirtschaft e.V.
BDI .... Bundesverband der Deutschen Industrie e.V.
Bearb. .... Bearbeiter
BEE .... Bundesverband Erneuerbare Energien e.V.
Beschl. .... Beschluss
BGB .... Bürgerliches Gesetzbuch i.d.F. der Bekanntmachung v. 02.01.2002, BGBl. I S. 42, 2909; 2003 I S. 738
BGBl. .... Bundesgesetzblatt
BGH .... Bundesgerichtshof
BGHZ .... Entscheidungen des Bundesgerichtshofes in Zivilsachen
BHKW .... Blockheizkraftwerk
BImSchG .... Bundes-Immissionsschutzgesetz i.d.F. der Bekanntmachung v. 26.09.2002, BGBl. I S. 3830
BMU .... Bundesministerium für Umwelt, Naturschutz und Reaktorsicherheit
BR-Drucks. .... Bundesratsdrucksache
BT-Drucks. .... Bundestagsdrucksache

BVerfG .... Bundesverfassungsgericht
BWE .... Bundesverband WindEnergie e.V.
d.h. .... das heißt
dens........................ denselben
ders. .... derselbe
dies......................... dieselbe/dieselben
DÖV .... Die Öffentliche Verwaltung
Drucks.................... Drucksache
ebd. .... ebenda
e/m/w .... Zeitschrift für Energie, Markt, Wettbewerb
EE .... Erneuerbare Energien
EE-Anlage .... Anlage zur Erzeugung von Strom aus Erneuerbaren Energien
EEG 2000 .... Art. 1 des Gesetzes über den Vorrang Erneuerbarer Energien sowie zur Änderung des Energiewirtschaftsgesetzes und Mineralölsteuergesetzes v. 29.03.2000, BGBl. I S. 305
EEG 2004 .... Gesetz zur Neuregelung des Rechts der Erneuerbaren Energien im Strombereich v. 21.07.2004, BGBl. I S. 1918
EEG .... Erneuerbare-Energien-Gesetz v. 25.10.2008, BGBl. I S. 2074
EEG-Ref-Entwurf.. Entwurf eines Gesetzes zur Neuregelung des Rechts der Erneuerbaren Energien im Strombereich v. 09.10.2007, BMU – KI III 4
EEG-Reg-Entwurf. Entwurf eines Gesetzes zur Neuregelung des Rechts der Erneuerbaren Energien im Strombereich und zur Änderung damit zusammenhängender Vorschriften v. 18.02.2008, BT-Drucks. 16/8148
EEGWärmeG......... Erneuerbare-Energien-Wärmegesetz v. 07.08.2008, BGBl. I S. 1658
EG .... Europäische Gemeinschaft
EGV .... Vertrag zur Gründung der Europäischen Gemeinschaft i.d.F. v. 02.10.1997
EL. .... Ergänzungslieferung
EVU .... Elektrizitätsversorgungsunternehmen
EnLAG .... Energieleitungsausbaugesetz v. 21.08.2009, BGBl. I S. 2870
EnWG.................... Energiewirtschaftsgesetz v. 07.07.2005, BGBl. I S. 1970, 3621
EnWG 1998........... Gesetz zur Neuregelung des Energiewirtschaftsrechts v. 24.04.1998, BGBl. I S. 730
ET .... Energiewirtschaftliche Tagesfragen
EuGH..................... Europäischer Gerichtshof
EW......................... Das Magazin für die Energiewirtschaft

f. .... der/die folgende
FAZ .... Frankfurter Allgemeine Zeitung
ff. .... die folgenden
GasGVV .... Gasgrundversorgungsverordnung v. 26.10.2006, BGBl. I S. 2391, 2396
GasNZV .... Gasnetzzugangsverordnung v. 03.09.2010, BGBl. I S. 1261
GG .... Grundgesetz für die Bundesrepublik Deutschland v. 23.05.1949
GWB .... Gesetz gegen Wettbewerbsbeschränkungen i.d.F. der Bekanntmachung v. 15.07.2005, BGBl. I S. 2114; 2009 I S. 3850
GWh .... Gigawattstunde
Hrsg. .... Herausgeber
HS .... Halbsatz
i.d.F. .... in der Fassung
IR .... InfrastrukturRecht
i.S.v. .... im Sinne von
i.V.m. .... in Verbindung mit
KraftNAV .... Kraftwerks-Netzanschlussverordnung v. 26.06.2007, BGBl. I S. 1187
KrW-/ AbfG .... Kreislaufwirtschafts- und Abfallgesetz v. 27.09.1994, BGBl. I S. 2705
kV .... Kilovolt
kW .... Kilowatt
KWK .... Kraft-Wärme-Kopplung
KWKG .... Kraft-Wärme-Kopplungsgesetz v. 19.03.2002, BGBl. I S. 1092
kWp .... Kilowatt Peak (Spitzenleistung)
LG .... Landgericht
lit. .... Buchstabe
m.w.N. .... mit weiteren Nachweisen
MW .... Megawatt
m.W.v. .... mit Wirkung vom
n.r. .... nicht rechtskräftig
NAV .... Niederspannungsanschlussverordnung v. 01.11.2006, BGBl. I S. 2477
NDAV .... Niederdruckanschlussverordnung v. 01.11.2006, BGBl. I S. 2477, 2485
NJW .... Neue Juristische Wochenschrift
NJW-RR .... NJW-Rechtsprechungs-Report
Nr. .... Nummer
NUR .... Natur und Recht

n.v. .... nicht veröffentlicht
NVwZ .... Neue Zeitschrift für Verwaltungsrecht
OLG .... Oberlandesgericht
OVG .... Oberverwaltungsgericht
RdE .... Recht der Energiewirtschaft
REE .... Recht der Erneuerbaren Energien
Rn. .... Randnummer
Rs. .... Rechtssache
S. .... Seite
Slg. EuGH .... Sammlung der Rechtsprechung des Gerichtshofes und des Gerichts erster Instanz
StrEG .... Gesetz über die Einspeisung von Strom aus Erneuerbaren Energien in das öffentliche Netz, BGBl. I S. 2633
StromGVV .... Stromgrundversorgungsverordnung v. 26.10.2006, BGBl. I S. 2391
u.a. .... und andere
UPR .... Zeitschrift für Umwelt- und Planungsrecht
Urt. .... Urteil
v. .... vom
VDE .... Verband der Elektrotechnik Elektronik Informationstechnik e.V.
VDEW .... Verband der Elektrizitätswirtschaft e.V.
VDI .... Verein Deutscher Ingenieure e.V.
VDN .... Verband der Netzbetreiber e.V.
vgl. .... vergleiche
VIK .... Verband der Industriellen Energie- und Kraftwirtschaft e.V.
Vorb. .... Vorbemerkung
VW .... Versorgungswirtschaft
WBGU .... Wissenschaftlicher Beirat der Bundesregierung Globale Umweltveränderungen
WHG .... Wasserhaushaltsgesetz vom 31.07.2009, BGBl. I S. 2585
WLB .... Wasser, Luft und Boden, Zeitschrift für Umwelttechnik
WM .... Wertpapiermitteilungen, Zeitschrift für Wirtschafts- und Bankrecht
z.B. .... zum Beispiel
ZfE .... Zeitschrift für Energiewirtschaft
zit. .... zitiert
ZNER .... Zeitschrift für Neues Energierecht
ZPO .... Zivilprozessordnung i.d.F. der Bekanntmachung v. 05.12.2005, BGBl. I S. 3202; 2006 I S. 431; 2007 I S. 1781
ZUR .... Zeitschrift für Umweltrecht

Literaturverzeichnis

Altrock, Martin, "Subventionierende" Preisregelungen, Die Förderung erneuerbarer Energieträger durch das EEG, München 2002.
(zit.: *Altrock*, Preisregelungen)

ders., Anmerkung zu LG Itzehoe, Urt. v. 23.12.2005 – 2 O 254/05, IR 2006, 65–66.
(zit.: *Altrock*, IR 2006, 65)

ders., Anmerkung zu OLG Nürnberg, Urt. v. 12.12.2006 – 3 U 1426/06, IR 2007, 65–66.
(zit.: *Altrock*, IR 2007, 65)

Altrock, Martin / Lehnert, Wieland, Die EEG-Novelle 2009, ZNER 2008, 118–122.
(zit.: *Altrock/Lehnert*, ZNER 2008, 118)

Altrock, Martin / Oschmann, Volker / Theobald, Christian (Hrsg.), EEG, Erneuerbare-Energien-Gesetz, Kommentar, 3. Aufl., München 2011.
(zit.: *Bearb.*, in: Altrock/Oschmann/Theobald, EEG 2011)

dies., EEG, Erneuerbare-Energien-Gesetz, Kommentar, 2. Aufl., München 2008.
(zit.: *Bearb.*, in: Altrock/Oschmann/Theobald, EEG 2008)

dies., EEG, Erneuerbare-Energien-Gesetz, Kommentar, 1. Aufl., München 2006.
(zit.: *Bearb.*, in: Altrock/Oschmann/Theobald, EEG 2006)

Apfelstedt, Gert, Ökoenergie-Pflichtbenutzung und Warenverkehrsrecht: Zur warenverkehrsrechtlichen Bewertung des StrEG, des EEG und anderer Pflichtkaufmodelle für Öko(energie)dienstleistungen (ÖDL), ZNER 2001, 2–11.
(zit.: *Apfelstedt*, ZNER 2001, 2)

Bamberger, Heinz Georg / Roth, Herbert (Hrsg.), Kommentar zum Bürgerlichen Gesetzbuch. Bd. 1, §§ 1–610 CISG, 2. Aufl., München 2007.
(zit.: *Bearb.*, in: Bamberger/Roth)

Bartsch, Michael / Röhling, Andreas / Salje, Peter / Scholz, Ulrich (Hrsg.), Stromwirtschaft, Ein Praxishandbuch, 2. Aufl., Köln/München 2008.
(zit.: *Bearb.*, in: Bartsch u.a., Stromwirtschaft)

Bartsch, Michael / Dingeldey, Thomas, Rechtsprobleme der Einspeisevergütung, ET 1995, 249–255.
(zit.: *Bartsch/Dingeldey*, ET 1995, 249)

Bauer, Franz / Kamm, Klaus, Regenerative Energien, Erscheinungsformen, Potenziale, Wirtschaftlichkeit, WLB 1999 Heft 4, 27–31.
(zit.: *Bauer/Kamm*, WLB 4/1999, 27)

Baur, Jürgen, Windkraftanlagen vor der Küste. Abnahme- und Vergütungspflichten für anliegende Elektrizitätsversorgungsunternehmen (EltVU)?, RdE 1996, 173–181.
(zit.: *Baur*, RdE 1996, 173)

Behrends, Andrea, Der Verfassungsauftrag zum Schutz der Umwelt (Art. 20a GG) und die gesetzgeberische Behandlung der regenerativen Energieerzeugung, ZNER 2000, 184–194.
(zit.: *Behrends*, ZNER 2000, 184)

Boesche, Katharina Vera / Wolf, Maik, Viel Lärm um kleine Netze, ZNER 2005, 285–301.
(zit.: *Boesche/Wolf*, ZNER 2005, 285)

Bönning, Christina, Anmerkung zu LG Regensburg, Urt. v. 30.10.2001 – 4 O 1618/01, ZNER 2001, 272.
(zit.: *Bönning*, ZNER 2001, 272)

dies., Netzanschluss-/Netzausbaukosten – Überblick über die Rechtsprechung, ZNER 2003, 296–300.
(zit.: *Bönning*, ZNER 2003, 296)

Brandt, Christoph / Reshöft, Jan / Steiner, Sascha, Erneuerbare-Energien-Gesetz, Handkommentar, 1. Aufl., Baden-Baden 2001.
(zit.: *Brandt/Reshöft/Steiner*, HK)

Brettschneider, Ditte Sigrun, Anmerkung zu BGH, Urt. v. 18.07.2007, IR 2008, 12–13.
(zit.: *Brettschneider*, IR 2008, 12)

Brischke, Lars-Arvid, Modell einer zukünftigen Stromversorgung Deutschlands mit hohen Beiträgen regenerativer Energien auf der Basis eines Mehr-Knoten-Netzes, Düsseldorf 2005.
(zit.: *Brischke*)

Britz, Gabriele / Hellermann, Johannes / Hermes, Georg (Hrsg.), Energiewirtschaftsrecht, Kommentar, München 2008.
(zit.: *Bearb.*, in: Britz/Hellermann/Hermes)

Broch, Uwe / Krutisch, Dominic, Die Novellierung des Erneuerbare-Energien-Gesetz (EEG), Kommunalwirtschaft 2004, 649–662.
(zit.: *Broch/Krutisch*, Kommunalwirtschaft 2004, 649)

Buchmann, Felix / Hirschmann, Matthias, Die Novelle des KWK-Gesetzes, RdE 2009, 204–211.
(zit.: *Buchmann/Hirschmann*, RdE 2009, 204)

Buchmann, Felix, Verhandlungs- und Realisierungsfahrplan im Netzanschlussverfahren nach der KraftNAV, RdE 2010, 127–135.
(zit.: *Buchmann*, RdE 2010, 127)

Bundesministerium für Umwelt, Naturschutz und Reaktorsicherheit, Erfahrungsbericht 2011 zum Erneuerbare-Energien-Gesetz (EEG-Erfahrungsbericht), http://www.bmu.de/files/pdfs/allgemein/application/pdf/eeg_erfahrungsbericht_2011_entwurf.pdf (Zugriff 05.10.2011), Stand (Entwurf): 03.05.2011.
(zit.: *BMU*, EEG-Erfahrungsbericht 2011)

Bundesnetzagentur, Positionspapier zur Netzanbindungspflicht gemäß § 17 Abs. 2a EnWG, http://www.bundesnetzagentur.de/cae/servlet/contentblob/133800/publicationFile/1598/PositionspapierId17392pdf.pdf (Zugriff 05.10.2011), Stand: 14.10.2009.
(zit.: *BNA*, Positionspapier zu § 17 Abs. 2a EnWG)

Bundesverband der Energie- und Wasserwirtschaft e.V., Fragen und Antworten zum EEG 2009 – Netzanschluss und Netzausbau –, Berlin, Stand: 27.04.2009.
(zit.: *BDEW*, Netzanschluss 2009)

ders., Technische Richtlinie Eigenerzeugungsanlagen am Mittelspannungsnetz, Richtlinie für Anschluss und Parallelbetrieb von Erzeugungsanlagen am Mittelspannungsnetz, Berlin Ausgabe 06/2008.
(zit.: *BDEW*, Eigenerzeugungsanlagen am Mittelspannungsnetz)

ders., Umsetzungshilfe zum EEG 2009, Empfehlungen für Netzbetreiber zur Umsetzung des Gesetzes für den Vorrang Erneuerbarer Energien (Erneuerbare-Energien-Gesetz - EEG), Version 1.0, Stand: 25.09.2009.
(zit.: *BDEW*, Umsetzungshilfe EEG 2009)

Büdenbender, Ulrich, Anmerkung zu BGH, Urt. v. 28.09.1982 – KZR 27/81, BB 1983, 1500–1501.
(zit.: *Büdenbender*, BB 1983, 1500)

ders., Rechtsfragen des elektrizitätswirtschaftlichen Netzzugangs bei umfassendem Ausbau der Windenergieverstromung, RdE 2003, 193–204.
(zit.: *Büdenbender*, RdE 2003, 193)

ders., Grundlagen und Grenzen eines Anspruchs von Niederspannungskunden auf einen Wechsel zu einem Anschluss in Mittelspannung, RdE 2005, 285–295.
(zit.: *Büdenbender*, RdE 2005, 285)

Büdenbender, Ulrich / Rosin, Peter, KWK-AusbauG, Kommentar zum Gesetz für die Erhaltung, die Modernisierung und den Ausbau der Kraft-Wärme-Kopplung, Köln 2003.
(zit.: *Büdenbender/Rosin*, KWKG 2003)

Büllesfeld, Dirk / Multmeier, Vanessa, „Auf hoher See?“ – Zur Anwendbarkeit nationalen Zivilrechts auf Offshore-Windenergieanlagen in der deutschen Ausschließlichen Wirtschaftszone, ZNER 2009, 7–11.
(zit.: *Büllesfeld/Multmeier*, ZNER 2009, 7)

Bürger, Ilka / Senger, Falk, Das neue Gesetz für den Vorrang Erneuerbarer Energien und seine verfassungs- und europarechtliche Problematik, UPR 2000, 215–220.
(zit.: *Bürger/Senger*, UPR 2000, 215)

Burckhardt, Thomas / Eckhardt, Michael, Anmerkung zu OLG Dresden, Urt. v.14.03.2002 – 7 U 1579/01, RdE 2002, 312–313.
(zit.: *Burckhardt/Eckardt*, RdE 2002, 312)

Burmeister, Thomas / Krause, Markus, Werksnetze: Der Versuch einer Begriffsbestimmung im novellierten EnWG, e/m/w 2004 Heft 6, 22–27.
(zit.: *Burmeister/Krause*, e/m/w 6/2004, 22)

Busmann, Johannes, Anmerkung zu OLG Hamm, Urt. v. 11.10.2002 – 29 U 28/02, ZNER 2003, 49–50.
(zit.: *Busmann*, ZNER 2003, 49)

Christl, Norbert, Offshore-Windenergienutzung: Wie kommt der Strom aufs Festland?, ET 2003, 98–103.
(zit.: *Christl*, ET 2003, 98)

Danner, Wolfgang / Theobald Christian, Energierecht, Kommentar, Bd. 1 und 2, Loseblattsammlung, München, Stand: 70 EL. 05/2011.
(zit.: *Bearb*., in: Danner/Theobald)

Deutsche Energie-Agentur GmbH (dena), dena-Netzstudie II, Integration erneuerbarer Energien in die deutsche Stromversorgung im Zeitraum 2015-2020 mit Ausblick 2025, http://www.dena.de/fileadmin/user_upload/Download/Dokumente/Studien___Umfragen/Endbericht_dena-Netzstudie_II.PDF (Zugriff: 05.10.2011), Stand: November 2010.
(zit.: dena-Netzstudie II)

Dittman, Achim / Zschernig, Joachim, Energiewirtschaft, Stuttgart 1998.
(zit.: *Dittmann/Zschernig*, Energiewirtschaft)

Dreher, Jörg, Anmerkung zu BGH, Urt. v. 12.07.2006 – VIII ZR 235/04, ZNER 2006, 239–241.
(zit.: *Dreher*, ZNER 2006, 239)

Dreher, Jörg / Reshöft, Jan, Erzeugungsmanagement nach dem EEG – Zulässigkeit und Grenzen, ZNER 2006, 311–317.
(zit.: *Dreher/Reshöft*, ZNER 2006, 311)

Duhm, Tim / Heinemann, Nils, Anmerkung zu LG Bayreuth, Urt. v. 26.10.2007 – 22 O 146/05, RdE 2008, 101–102.
(zit.: Duhm/Heinemann, RdE 2008, 101)

Edelmann, Editha / Grawe, Joachim / Nicolai, Patricia / Nitschke, Joachim / Turowski, Roland / Wagner, Eberhard, Nutzung erneuerbarer Energien durch die Elektrizitätsversorgung, EW 1988 Heft 5, 245–252.
(zit.: *Edelmann u.a.*, EW 5/1988, 245)

Eder, Jost / Ahnis, Erik, Die neuen Verordnungen zum Netzanschluss und zur Anschlussnutzung – Eine rechtspraktische Betrachtung, ZNER 2007, 123 –132.
(zit.: *Jost/Ahnis*, ZNER 2007, 123)

Ennuschat, Jörg, Rechtsfragen der Stromeinspeisung nach dem StrEG, RdE 1996, 182–188.
(zit.: *Ennuschat*, RdE 1996, 182)

Erlich, Istvan / Koch Friedrich, Dynamische Wechselwirkung zwischen Windparks und elektrischem Verbundnetz, EW 2002 Heft 20, 60–65.
(zit.: *Erlich/Koch*, EW 20/2002, 60)

Fischer, Jochen / Henning, Jan, Stromabnahme, Netzlastmanagement und Netzausbau nach § 4 EEG, ZUR 2006, 225–232.
(zit.: *Fischer/Henning*, ZUR 2006, 225)

Frenz, Walter / Müggenborg, Hans-Jürgen (Hrsg.), Erneuerbare-Energien-Gesetz, Kommentar, Berlin 2010.
(zit.: *Bearb.*, in: Frenz/Müggenborg, EEG)

Fricke, Norman, Anmerkung zu BGH, Urt. v. 11.11.2008 – KZR 43/07, RdE 2009, 380–382.
(zit.: *Fricke*, RdE 2009, 380)

Ganter, Gerhard, Die Sicherungsübereignung von Windkraftanlagen als Scheinbestandteil eines fremden Grundstücks, WM 2002, 105–110.
(zit.: *Ganter*, WM 2002, 105)

Germer, Christoph / Loibl, Helmut, Energierecht, Handbuch, 2. Aufl., Berlin 2007.
(zit.: *Bearb.*, in: Germer/Loibl, Energierecht)

Gottwald, Thorsten / Giorgis, Tatjana, Kosten bei der Biogaseinspeisung, EE Heft 12 2009, 79–81.
(zit.: *Gottwald/Giorgis*, EE 12/2009, 79)

Graßmann, Nils, Die vorrangige Einspeisung von Biogas in die Erdgasnetze – Rechtliche Grundlagen in Energiewirtschaftsgesetz und Gasnetzzugangsverordnung, ZNER 2006, 12–20.
(zit.: *Graßmann*, ZNER 2006, 12)

Groß, Franz-Rudolf, Die neuen Netzanschluss- und Grundversorgungsverordnungen im Strom- und Gasbereich, NJW 2007, 1030–1034.
(zit.: *Groß*, NJW 2007, 1030)

Haase, Torsten / Weber, Harald / Hamacher, Thomas, Einfluss der Einspeisung von Windenergie auf die Struktur des Kraftwerkparks und des Übertragungsnetzes, VDE Kongress 2004 Berlin „Innovationen für Menschen", 18.–20.10.2004, http://www.e-technik.uni-rostock.de/ee/download/publications_EEV/presentation_45_VDEBerlin.pdf (Zugriff 05.10.2011).
(zit.: *Haase/Weber/Hamacher*, Windenergie)

vom Hammerstein, Christian, Netzanschluss und Netzzugang für Kohle- und Gaskraftwerke, ZNER 2007, 110–118.
(zit.: *vom Hammerstein*, ZNER 2007, 110)

Herrmann, Michael/Gottwald, Thorsten, Wo sind Biogasanlagen ans Netz anzuschließen?, Biogas Journal 2011, Heft 2, 110–112.
(zit.: *Herrmann/Gottwald*, Biogas Journal 2011, Heft 2, 110)

Heuck, Klaus / Dettmann, Klaus-Dieter / Schulz Detlef, Elektrische Energie versorgung, Erzeugung, Übertragung und Verteilung elektrischer Energie für Studium und Praxis, 7. Aufl., Wiesbaden 2007.
(zit.: *Heuck/Dettmann/Schulz*, Energieversorgung)

Hinsch, Andreas, Netzanbindung von Offshore-Windenergieanlagen, ZNER, 2009, 333–340.
(zit.: *Hinsch*, ZNER 2009, 333)

ders., Rezension zu Jan Reshöft, Erneuerbare-Energien-Gesetz, Handkommentar, 3. Aufl., ZUR 2010, 55.
(zit.:*Hinsch*, ZUR 2010, 55)

Hinsch, Andreas / Meier, Klaus, Netzanschluss und -kosten für Strom aus erneuerbaren Energien, Änderungsbedarf des Erneuerbaren-Energien-Gesetzes, ZNER 2002, 290–294.
(zit.:*Hinsch/Meier*, ZNER 2002, 290)

Holznagel, Bernd / Schumacher, Pascal, Netzanschluss, Netzzugang und Grundversorgung im EnWG 2005, ZNER 2006, 218–223.
(zit.: *Holznagel/Schumacher*, ZNER 2006, 218)

Höppner, Thomas, Die Kraftwerks-Netzanschluss-Verordnung. Eine kritische Würdigung, ZNER 2008, 25–29.
(zit.: *Höppner*, ZNER 2008, 25)

Jahn, Susanne, Inkrafttreten des novellierten EEG: Was ändert sich für die Netzbetreiber?, IR 2004, 199–202.
(zit.: *Jahn*, IR 2004, 199)

Jarass, Hans Dieter, Bundes-Immissionsschutzgesetz, Kommentar, 7. Aufl., München 2007.
(zit.: *Jarass*, BImSchG)

Jarass, Lorenz / Obermair, Gustav, Wirtschaftliche Zumutbarkeit des Netzausbaus für Erneuerbare Energien, ZfE 2005 Heft 29, 3–10.
(zit.: *Jarass/Obermair*, ZfE 29/2005, 3)

dies., Netzeinbindung von Windenergie in Schleswig-Holstein, http://www.jarass.com/Energie/A/Windenergie,%20Netzeinbindung.pdf (Zugriff 05.10.2011), Stand: 08.03.2005.
(zit.: *Jarass/Obermair*, Netzeinbindung Schleswig-Holstein)

dies., Netzeinbindung von Windenergie: Erdkabel oder Freileitung?, ET 2005, 398–403
(zit.: *Jarass/Obermair*, ET 2005, 398)

Jarass, Lorenz / Obermair, Gustav / Jarass, Anna, Wirtschaftliche Zumutbarkeit des Netzausbaus für Windenergie, Untersuchung im Auftrag des Bundesministeriums für Umwelt, Naturschutz und Reaktorsicherheit, Überarbeiteter Schlussbericht, http://achtung-hochspannung.de/cms/upload/pdf/Netzausbau_BMU_v21.40_Endfassung.pdf, (Zugriff 05.10.2011), Stand: 02.05.2007.
(zit.: *Jarass/Obermair/Jarass*, Windenergie)

Kasper, Oliver, Durchleitung von Strom, Pflichten und Verweigerungsmöglichkeiten der Elektrizitätsversorgungsunternehmen, Köln u.a. 2001.
(zit.: *Kasper*, Durchleitung von Strom)

Klemm, Andreas, Anmerkung zu BGH, Urt. v. 08.10.2003 – VIII ZR 165/01, RdE 2004, 49.
(zit.: *Klemm*, RdE 2004, 49)

ders., Das Ausschließlichkeitsprinzip des Erneuerbare-Energien-Gesetzes in der Praxis, ET 2001, 592–596.
(zit.: *Klemm*, ET 2001, 592)

ders., Erneuerbare Energien: Abgrenzung von Netzanschluss- und Netzausbaukosten, ET 2007, 62–66.
(zit.: *Klemm*, ET 2007, 62)

Knies, Wilfried / Schierack, Klaus, Elektrische Anlagentechnik, Kraftwerke, Netze, Schaltanlagen, Schutzeinrichtungen, 5. Aufl., München/Wien 2006.
(zit.: *Knies/Schierack*, Anlagentechnik)

Koenig, Christian / Kühling, Jürgen / Rasbach, Winfried, Energierecht, Frankfurt a.M. 2006.
(zit.: *Koenig/Kühling/Rasbach*, Energierecht)

Körber, Torsten, Rezension zu Gabriele Britz / Johannes Hellermann / Georg Hermes, Energiewirtschaftsrecht, Kommentar, ZNER 2009, 136.
(zit.: *Körber*, ZNER 2009, 136)

Kraus, Michael, Lexikon der Energiewirtschaft, Liberalisierte Strom- und Gasmärkte von A bis Z, Wirtschaft – Recht – Technik, München 2004.
(zit.: *Kraus*, Lexikon der Energiewirtschaft)

Kühling, Jürgen / Pisal, Ruben, Investitionspflichten beim Ausbau der Energieinfrastrukturen zwischen staatlicher Regulierung und nachfrageorientierter Netzbewirtschaftung, ZNER 2011, 13–23.
(zit.: *Kühling/Pisal*, ZNER 2011, 13)

Lackmann, Johannes, Erfahrungen von Erzeugern mit dem EEG, ZNER 2002, 146–149.
(zit.: *Lackmann*, ZNER 2002, 146)

Langbein, Kristin / Weißenborn Christoph, Anmerkung zu BGH, Urt. v. 18.07.2007 – VIII ZR 288/05, RdE 2008, 23–25.
(zit.: *Langbein/Weißenborn*, RdE 2008, 23)

dies., Netzanschluss und Netzausbau nach dem Erneuerbare-Energien-Gesetz, EW 2004 Heft 19–20, 20–27.
(zit.: *Langbein/Weißenborn*, EW 19,20/2004, 20)

Lange, Knut Werner, Anmerkung zu OLG Düsseldorf, Urt. v. 09.12.2009 – VI-2 U (Kart) 10/06, RdE 2010, 344–345.
(zit.: *Lange*, RdE 2010, 344)

ders., Anmerkung zu OLG Schleswig, Urt. v. 03.07.2009 – 14 U 96/08, RdE 2010, 158–159.
(zit.: *Lange*, RdE 2010, 158)

Lippert, Michael, Energiewirtschaftsrecht, Gesamtdarstellung für Wissenschaft und Praxis. Köln 2002.
(zit.: *Lippert*, Energiewirtschaftsrecht)

Loibl, Helmut / Maslaton, Martin / von Bredow, Hartwig (Hrsg.), Biogasanlagen im EEG 2009, Berlin 2009.
(zit.: *Bearb.*, in: Loibl u.a., Biogasanlagen)

Martens, Claus-Peter / Lorenz, Marc-Andor, Die Ökonomisierung des Rechtsbegriffs „Stand der Technik" durch die sechste Novelle zum WHG, NVwZ 1998, 13–17.
(zit.: *Martens/Lorenz*, NVwZ 1998, 13)

Maslaton, Martin / Zschiegner Christian, Grundlagen des Rechts der erneuerbaren Energien, Leipzig 2005.
(zit.: *Maslaton/Zschiegner*)

Mengers, Heino, Zu den Pflichten nach § 3 Erneuerbare-Energien-Gesetz, ZNER 2001, 45–46.
(zit.: *Mengers*, ZNER 2001, 45)

Meyer, Christian, Billiger ans Netz, Joule 2009 Heft 4, 42–43.
(zit.: *Meyer*, Joule 4/2009, 42)

ders., Jetzt günstiger ans Netz, Joule 2009 Heft 6, 54–57.
(zit.: *Meyer*, Joule 6/2009, 54)

Meyer, Melanie / Valentin, Florian, Die Neufassung der GasNZV im Hinblick auf die Einspeisung von Biogas in Erdgasnetze –, ZNER 2010, 548–552.
(zit.: *Meyer/Valentin*, ZNER 2010, 548)

Möstl, Markus, Der Vorrang erneuerbarer Energien – Ein Prinzip des Energiewirtschaftsrechts nimmt Gestalt an –, RdE 2003, 90–98.
(zit.: *Möstl*, RdE 2003, 90)

Müller, Thorsten, Das novellierte Erneuerbare-Energien-Gesetz, RdE 2004, 237–247.
(zit.: *Müller*, RdE 2004, 237)

Nagel, Bernhard, EU-Gemeinschaftsrecht und nationales Gestaltungsrecht – Entspricht das EEG den Vorgaben des Gemeinschaftsrechts?, ZNER 2000, 3–6.
(zit.: *Nagel*, ZNER 2000, 3)

ders., Rechtliche und politische Hindernisse bei der Einführung Erneuerbarer Energien am Beispiel Strom, ZNER 2001, 231–236.
(zit.: *Nagel*, ZNER 2001, 231)

Niedersberg, Jörg, Der Beitrag der Windenergie zur Stromversorgung, Frankfurt a.M. u.a. 1997.
(zit.: *Niedersberg*, Windenergie)

ders., Das Gesetz für den Vorrang erneuerbarer Energien (Erneuerbare-Energien-Gesetz, EEG), NVwZ 2001, 21–24.
(zit.: *Niedersberg*, NVwZ 2001, 21)

ders., Schwachstellenanalyse zum EEG für den Bereich Windenergienutzung, Berlin 2002.
(zit.: *Niedersberg*, Schwachstellenanalyse)

ders., Rezension zu Jan Reshöft, Erneuerbare-Energien-Gesetz, Handkommentar, 3. Aufl., ZNER 2009, 378–380.
(zit.: *Niedersberg*, ZNER 2009, 378)

Niedersberg, Jörg / Weißferdt, Peter, „Für das EEG besteht Änderungsbedarf!“, Anmerkungen zur Novellierung des StEG aus der Sicht von Praktikern, EE 2000 Heft 3, 1–3.
(zit.: *Niedersberg/Weißferdt*, EE 3/2000, 1)

Oschmann, Volker, Das Gesetz für den Vorrang Erneuerbarer Energien, ET 2000, 460–464.
(zit.: *Oschmann*, ET 2000, 460)

ders., Die Novelle des Erneuerbare-Energien-Gesetzes, NVwZ 2004, 910–915.
(zit.: *Oschmann*, NVwZ 2004, 910)

ders., Das Erneuerbare-Energien-Gesetz im Gesetzgebungsprozess, ZNER 2000, 24–29.
(zit.: *Oschmann*, ZNER 2000, 24)

ders., Neues Recht für Erneuerbare Energien, NJW 2009, 263–268.
(zit.: *Oschmann*, NJW 2009, 263)

ders., Zehn Jahre Erneuerbare-Energien-Gesetz (EEG) – Bilanz und Ausblick, ZNER 2010, 117–125.
(zit.: *Oschmann*, ZNER 2010, 117)

Oschmann, Volker / Sösemann, Fabian, Erneuerbare Energien im deutschen und europäischen Recht – Ein Überblick, ZUR 2007, 1–8.
(zit.: *Oschmann/Sösemann*, ZUR 2007, 1)

Oschmann, Volker / Müller, Thorsten, Neues Recht für Erneuerbare Energien – Grundzüge der EEG-Novelle, ZNER 2004, 24–30.
(zit.: *Oschmann/Müller*, ZNER 2004, 24)

Palandt, Otto (Begr.), Bürgerliches Gesetzbuch, Kommentar, 70. Aufl., München 2011.
(zit.: *Bearb*., in: Palandt, BGB)

Peters, Bernd, Wem gehören die Windkraftanlagen auf fremdem Grund und Boden?, WM 2002, 110–118.
(zit.: *Peters*, WM 2002, 110)

Peters, Carsten, Investitionspflichten der Energienetzbetreiber nach dem EnWG, ZNER 2007, 272–276.
(zit.: *Peters*, ZNER 2007, 272)

Pohlmann, Mario, Anwendungsprobleme des Stromeinspeisungsgesetzes – Geltungsbereich, Anschluß- und Netzverstärkungskosten –, RdE 1997, 93–101.
(zit.: *Pohlmann*, RdE 1997, 93)

Prütting, Hanns / Wegen, Gerhard / Weinreich, Gerd, BGB Kommentar, 5. Aufl., Köln 2010.
(zit.: *Bearb.*, in: Prütting/Wegen/Weinreich)

Rauch, Karsten, Einspeisung elektrischer Energie aus EEG- und KWK-Anlagen: Gesetzlich zugewiesene Messzuständigkeit und Möglichkeiten einer Aufgabendelegation, ZNER 2009, 19–24.
(zit.: *Rauch*, ZNER 2009, 19)

Rayermann, Marcus / Loibl, Helmut, Energierecht, Handbuch, Berlin 2003.
(zit.: *Bearb.*, in: Rayermann/Loibl, Energierecht)

Rebhan, Eckhard, Energiehandbuch, Gewinnung, Wandlung und Nutzung von Energie, Berlin u.a. 2002.
(zit.: *Rebhan*, Energiehandbuch)

Reiche, Danyel, Rahmenbedingungen für erneuerbare Energien in Deutschland, Möglichkeiten und Grenzen einer Vorreiterpolitik, Frankfurt a.M. 2004.
(zit.: *Reiche*, Rahmenbedingungen)

Reichert-Clauß, Andrea, Anmerkung zu BGH, Urt. v. 10.03.2004 – VIII ZR 213/02, RdE 2004, 171.
(zit.: *Reichert-Clauß*, RdE 2004, 171)

Reimann, Wibke / Birkenmaier, Meike, Hinweis für eine sichere Antragsstellung für Objektnetzbetreiber, RdE 2006, 230–239.
(zit.: *Reimann/Birkenmaier*, RdE 2006, 230)

Reshöft, Jan (Hrsg.), Erneuerbare-Energien-Gesetz, Handkommentar, 3. Aufl., Baden-Baden 2009.
(zit.: *Bearb.*, in: Reshöft, EEG 2009)

ders., Verfassungs- und Europarechtskonformität des EEG, Rechtsprobleme des Gesetzes für den Vorrang Erneuerbarer Energien (EEG) unter besonderer Berücksichtigung verfassungs- und europarechtlicher Fragestellungen, Norderstedt 2003.
(zit.: *Reshöft*, Verfassungs- und Europarechtskonformität des EEG)

Reshöft, Jan / Sellmann, Christian / Die Novelle des EEG – Neue Wege auf bewährten Pfaden (Teil1), ET 2009, 139–145.
(zit.: *Reshöft/Sellmann*, ET 2009, 139)

Reshöft, Jan / Steiner, Sascha / Dreher, Jörg (Hrsg.), Erneuerbare-Energien-Gesetz, Handkommentar, 2. Aufl., Baden-Baden 2004.
(zit.: *Bearb.*, in: Reshöft/Steiner/Dreher, EEG 2004)

Richter, Stefan, Rezension zu Peter Salje, Erneuerbare-Energien-Gesetz, Kommentar, 2. Aufl., RdE 2001, 39–40.
(zit.: *Richter,* RdE 2001, 39)

Riese, Christoph / Wilms, Jürgen, Gesamtkonzept bei der Planung von Übertragungsnetzen und Netzanschlüssen, ZNER 2009, 107–111.
(zit.: *Riese/Wilms*, ZNER 2009, 107)

Rosin, Peter, Die Privilegierung von Objektnetzen nach § 110 EnWG, RdE 2006, 9–16.
(zit.: *Rosin*, RdE 2006, 9)

Rosin, Peter / Elspas Maximilian, Das neue Kraft-Wärme-Kopplungsgesetz, RdE 2002, 174–182.
(zit.: *Rosin/Elspas*, RdE 2002, 174)

Rottnauer, Achim, Anmerkung zu OLG Karlsruhe, Urt. v. 14.07.2005 – 9 U 31/05, RdE 2006, 122–123.
(zit.: *Rottnauer*, RdE 2006, 122)

Säcker, Franz Jürgen (Hrsg.), Berliner Kommentar zum Energierecht, Energiewettbewerbs-, Energieregulierungs- und Energieumweltrecht, München 2004.
(zit.: *Bearb.*, in: Säcker, BK)

ders., Netzausbau- und Kooperationspflichten der Übertragungsnetzbetreiber nach Inkrafttreten des EnLAG und der Dritten StromRL 2009/72 EG vom 13.07.2009, RdE 2009, 305–314.
(zit.: *Säcker*, RdE 2009, 305)

Salje, Peter, Die Zuordnung von EEG-Neuanschlusskosten nach Umverlegung des Netzverknüpfungspunkts, IR 2008, 194–198.
(zit.: *Salje*, IR 2008, 194)

ders., Energiewirtschaftsgesetz, Kommentar, München u.a. 2006.
(zit.: *Salje*, EnWG)

ders., Erneuerbare-Energien-Gesetz, Kommentar, 5. Aufl., München u.a. 2009.
(zit.: *Salje*, EEG 2009)

ders., Erneuerbare-Energien-Gesetz, Kommentar, 4. Aufl., München u.a. 2007.
(zit.: *Salje*, EEG 2007)

ders., Erneuerbare-Energien-Gesetz, Kommentar, 3. Aufl., München u.a. 2005.
(zit.: *Salje*, EEG 2005)

ders., Erneuerbare-Energien-Gesetz, Kommentar, 2. Aufl., München u.a. 2000.
(zit.: *Salje*, EEG 2000)

ders., Kraft-Wärme-Kopplungsgesetz 2002, Gesetz für die Erhaltung, Modernisierung und den Ausbau der Kraft-Wärme-Kopplung, Kommentar, 2. Aufl., München u.a. 2004.
(zit.: *Salje*, KWKG)

ders., Netzverträglichkeitsprüfung und Anspruch auf Anschluss regenerativer Energieerzeugungsanlagen, VW 2001, 225–231.
(zit.: *Salje*, VW 2001, 225)

ders., Schadenersatz bei fehlerhaftem Anschluss von EEG-Anlagen an das Netz der allgemeinen Versorgung, REE 2011, 3–11.
(zit.: *Salje*, REE 2011, 3)

ders., Stromeinspeisungsgesetz, Gesetz über die Einspeisung von Strom aus erneuerbaren Energien in das öffentliche Netz, Kommentar, 1. Aufl., Köln 1999.
(zit.: *Salje*, StrEG)

ders., Anmerkung zu BGH, Urt. V. 28.03.2007 – VIII ZR 42/06, RdE 2007, 314–315.
(zit.: *Salje*, RdE 2007, 314)

ders.,Vorrang für Erneuerbare Energien, RdE 2000, 125–132.
(zit.: *Salje*, RdE 2000, 125)

Schaefer, Helmut, VDI-Lexikon, Energietechnik, Düsseldorf 1994.
(zit.: *Schaefer*, VDI-Lexikon)

Schäfermeier, Andreas / Reshöft, Jan, Die Abgrenzung zwischen Netzanschluss und Netzausbau nach dem Erneuerbare-Energien-Gesetz, ZNER 2007, 34–40.
(zit.: *Schäfermeier/Reshöft*, ZNER 2007, 34)

Schlabbach, Jürgen / Metz, Dieter, Netzsystemtechnik, Planung und Projektierung von Netzen und Anlagen der Elektroenergieversorgung, Berlin/Offenbach 2005.
(zit.: *Schlabbach/Metz*, Netzsystemtechnik)

Schmeken, Werner, Anmerkung zu LG Krefeld, Urt. v. 19.04.2001 – 3 O 355/00, ZNER 2001, 239–242.
(zit.: *Schmeken*, ZNER 2001, 239)

Schmidt, Marita / Matthes, Ulf, Netzanschlüsse von Einspeisern – Vorrangkonflikt zwischen EEG und KWKG, EW 2003 Heft 19, 26–28.
(zit.: *Schmidt/Matthes*, EW 19/2003, 26)

Schneider, Jens-Peter / Theobald, Christian, Recht der Energiewirtschaft, Praxishandbuch, 2. Aufl., München 2008.
(zit.: *Bearb.*, in: Schneider/Theobald, Energiewirtschaft 2008)

dies., Handbuch zum Recht der Energiewirtschaft, 1. Aufl., München 2003.
(zit.: *Bearb.*, in: Schneider/Theobald, Energiewirtschaft 2003)

Scholtka, Boris, Die Entwicklung des Energierechts in den Jahren 2000 und 2001, NJW 2002, 483–490.
(zit.: *Scholtka*, NJW 2002, 483)

Scholtka, Boris / Baumbach, Antje, Die Entwicklung des Energierechts in den Jahren 2008 und 2009, NJW 2010, 1118–1124.
(zit.: *Scholtka/Baumbach*, NJW 2010, 1118)

dies., Die Entwicklung des Energierechts seit Inkraftreten des EnWG 2005, NJW 2008, 1128–1133.
(zit.: *Scholtka/Baumbach*, NJW 2008, 1128)

Schneider, Jens-Peter, Effizienzsichernde Zumutbarkeitsanforderungen an die Netzanbindung von Offshore-Anlagen gem. § 17 IIa EnWG (Teil 2), IR 2009, 2–7.
(zit.: *Schneider*, IR 2009, 2)

Scholz, Ulrich / Tüngler, Stefan, Zum Verhältnis des Einspeisemanagements nach dem Erneuerbare-Energien-Gesetz und der Systemverantwortung der Übertragungsnetzbetreiber nach dem Energiewirtschaftsgesetz, RdE 2010, 317–322.
(zit.: *Scholz/Tüngler*, RdE 2010, 317)

Schroeder-Czaja, Hanna / Jacobshagen, Ulf, Objekt- und Arealnetze (Teil 1): Neue Netzbegriffe vor dem Hintergrund des EnWG 2005, IR 2006, 50–54.
(zit.: *Schroeder-Czaja/Jacobshagen*, IR 2006, 50)

Schulte-Middelich, Micha, Netzanschluss nach dem EEG, EE 2009 Heft 1, 92.
(zit.: *Schulte-Middelich*, EE 1/2009, 92)

Schulte-Tamburen, Ingrid, Anmerkung zu LG Wuppertal, Urt. v. 07.01.1992 – 16 O 266/91, ET 1992, 325.
(zit.: *Schulte-Tamburen*, ET 1992, 325)

Schumacher, Hanna, Die Neufassung des Erneuerbare-Energien-Gesetzes im Rahmen des integrierten Energie- und Klimapakets, ZUR 2008, 121–126.
(zit.: *Schumacher*, ZUR 2008, 121)

Schütte, Peter, Planungsbeschleunigung und Erdkabelkompromiss, RdE 2007, 300–305.
(zit.: *Schütte*, RdE 2007, 300)

Soergel, Hans Theodor (Begr.), Kommentar zum Bürgerlichen Gesetzbuch, Bd. 1 – Allgemeiner Teil 1, §§ 1–103, 13. Aufl., Mainz 2000.
(zit.: *Bearb.*, in: Soergel, BGB)

Spreen, Holger, Probleme bei der Netzanbindung von Offshore-Windparks – stehen Deutschland harte Auseinandersetzungen bevor?, Ungelöste Aufgaben für Politik, Verwaltung und Rechtsprechung, NVwZ 2005, 653–656.
(zit.: *Spreen*, NVwZ 2005, 653)

von Staudinger, Julius (Begr.), Kommentar zum Bürgerlichen Gesetzbuch mit Einführungsgesetz und Nebengesetzen, Buch 1 – Allgemeiner Teil, §§ 90–133, §§ 1–54, 63 BeurkG, Berlin, Stand: 07/2004; Buch 2 – Recht der Schuldverhältnisse, §§ 255–304 (Leistungsstörungsrecht 1), Berlin, Stand: 05/2009; §§ 433–487, Leasing (Kaufrecht und Leasingrecht), Berlin, Stand: 06/2004.
(zit.: *Bearb.*, in: Staudinger, BGB)

Stecher, Michaela, Verträge unerwünscht? – Zum Einfluss des EEG 2009 auf vertragliche Vereinbarungen zwischen Anlagen- und Netzbetreiber, ZNER 2009, 216–223.
(zit.: *Stecher*, ZNER 2009, 216)

Züngler, Stefan, Der Netzzugang in der Elektrizitätswirtschaft auf der Grundlage des Energiewirtschaftsgesetzes (EnWG), Frankfurt a.M. 2002.
(zit.: *Tüngler*, Netzzugang)

ders., Die Novelle des Erneuerbare-Energien-Gesetzes, ET 2005, 101–105.
(zit.: *Tüngler*, ET 2005, 101)

VDI-Gesellschaft Energietechnik, Erneuerbare Energien in Strom-, Gas- und Wärmenetzen, Technik Betrieb und Wirtschaftlichkeit, in: VDI-Berichte Nr. 1929, Düsseldorf 2006.
(zit.: *Bearb.*, in: VDI-Berichte Nr. 1929)

Verband der Elektrizitätswirtschaft – (VDEW – e.V.) / Verband der Netzbetreiber – (VDN – e.V. beim VDEW), Eigenerzeugungsanlagen am Niederspannungsnetz, Richtlinie für Anschluß und Parallelbetrieb von Eigener-

zeugungsanlagen am Niederspannungsnetz, 4. Ausgabe, Frankfurt a.M. u.a. 2001, mit *VDN*-Ergänzungen, Stand: 09/2005.
(zit.: *VDEW*, Eigenerzeugungsanlagen am Niederspannungsnetz)

Verband der Elektrizitätswirtschaft – (VDEW – e.V.), Fragen und Antworten zum neuen EEG (III), Berlin 2005.
(zit.: *VDEW*, Fragen und Antworten zum neuen EEG, 2005)

Vereinigung Deutscher Elektrizitätswerke – (VDEW – e.V.) (Hrsg.), Stromeinspeisungs-gesetz 1998, Kommentar zur Neuregelung des StrEG, Frankfurt a.M. 1998.
(zit.: *Bearb.*, in: VDEW, StrEG)

Vinnen, Bodo, Rechtsprobleme der Nutzung regenerativer Energien (Sonne, Wind, Wasser) zur Stromerzeugung, Darmstadt 1998.
(zit.: *Vinnen*, Rechtsprobleme regenerativer Energien)

Volk, Geritt, Biogas-Monitoringbericht der Bundesnetzagentur, ET 2011, Heft 9, 60-64.
(zit.: *Volk*, ET 2011, Heft 9, 60)

Weck, Markus, Die garantierte Einspeisevergütung für Strom nach dem Gesetz über den Vorrang erneuerbarer Energien, Anwendungsprobleme, europa- und verfassungsrechtliche Fragen, Frankfurt a.M. 2004.
(zit.: *Weck*, Die garantierte Einspeisevergütung)

Weißenborn, Christoph, Anmerkung zu BGH, Urt. v. 11.06.2003 – VIII ZR 160/02, RdE 2003, 274–276.
(zit.: *Weißenborn*, RdE 2003, 274)

ders., Anmerkung zu BGH, Urt. v. 27.06.2007 – VIII ZR 149/06, RdE 2007, 309–310.
(zit.: *Weißenborn*, RdE 2007, 309)

ders., Anmerkung zu LG Arnsberg, Urt. v. 06.05.2010 – 4 O 434/09, RdE 2011, 74–75.
(zit.: *Weißenborn*, RdE 2011, 74)

ders., Das neue Kraft-Wärme-Kopplungs-Gesetz, Eine Kommentierung, in: Nill-Theobald, Christiane / Weißenborn, Christoph (Hrsg.), Neuere Entwicklungen zur KWK-Förderung, Energie im Dialog, Bd. 1, 2. Aufl., Frankfurt a.M. 2004, S. 223–305.
(zit.: *Weißenborn*, in: Nill-Theobald/Weißenborn, Entwicklungen zur KWK-Förderung, S. 223)

ders., Die Entwicklung des Rechts der Stromeinspeisung, in: Schmidt-Schlaeger, Michaela / Zinow, Bernd-Michael (Hrsg.), Grundlagen des Energierechts, Frankfurt a.M. 2004, S. 121–147.
(zit.: *Weißenborn*, in: Schmidt-Schlaeger/Zinow, Grundlagen des Energierechts, S. 121)

ders., Sicht der Netzbetreiber zum Netzanschluss und Netzausbau beim EEG, 3. Fachgespräche der Clearingstelle EEG „Netzanschluss und Netzausbau", http://www.clearingstelle-eeg.de/files/fg3/FG3_Weissenborn.pdf (Zugriff 05.10.2011), Stand: 17.10.2008.
(zit.: *Weißenborn*, Netzanschluss)

ders., Streitfragen zum Erneuerbare-Energien-Gesetz, in: Böhmer, Till (Hrsg.), Erneuerbare Energien – Perspektiven für die Stromerzeugung Energie im Dialog, Bd. 3, Frankfurt a.M. 2003, S. 71–131.
(zit.: *Weißenborn*, in: Böhmer, Erneuerbare Energien, S. 71)

Wernsmann, Philipp, Das neue EEG – Auswirkungen auf Biogasanlagen, AUR 2008, 329–336.
(zit.: *Wernsmann*, AUR 2008, 329)

Westermann, Harm Peter (Hrsg.), Erman, Bürgerliches Gesetzbuch, Handkommentar, Bd. I, 12. Aufl., Köln 2008.
(zit.: *Bearb.*, in: Erman, BGB)

Weyer, Hartmut, Der Rechtsrahmen für den Ausbau der Übertragungsnetze in Deutschland, ZNER 2009, 210–215.
(zit.: *Weyer*, ZNER 2009, 210)

Wustlich, Guido, Das Recht der Windenergie im Wandel, Teil 2: Windenergie auf See, ZUR 2007, 122–129.
(zit.: *Wustlich*, ZUR 2007, 122)

de Wyl, Christian / Hartmann, Thies Christian / von Petz, Ferdinand, Die Kraftwerksnetzanschlussverordnung – eine Chance für Newcomer auf dem deutschen Stromerzeugermarkt, ZNER 2007, 132–136.
(zit.: *de Wyl/Hartmann/von Petz*, ZNER 2007, 132)

de Wyl, Christian / Hartmann, Thies Christian / Hilgenstock, Niels, Wettbewerb auf dem Erzeugermarkt? – Zur Netzeinbindung von Großkraftwerken (Teil 1), IR 2006, 199–204.
(zit.: *de Wyl/Hartmann/Hilgenstock*, IR 2006, 199)

Zöller, Richard (Begr.), Zivilprozessordnung, Kommentar, 27. Aufl., Köln 2009.
(zit.: *Bearb.*, in: Zöller, ZPO

1. Kapitel: Einführung

Mit Inkrafttreten des Erneuerbare-Energien-Gesetzes vom 29.03.2000[1] (EEG 2000) führte der Gesetzgeber für Netzbetreiber erstmals ausdrücklich die Pflicht ein, zwecks Anschluss von Anlagen zur Erzeugung von Strom aus Erneuerbaren Energien (EE-Anlagen), ihr technisch für die Abnahme des Stroms ungeeignetes Netz unter bestimmten Voraussetzungen auf eigene Kosten auszubauen. Gegenüber dem vorangegangenen Stromeinspeisungsgesetz vom 07.12.1990[2] (StrEG) stellte diese Regelung ein Novum dar. Trotz weiterer Konkretisierung durch das Erneuerbare-Energien-Gesetz vom 21.07.2004[3] (EEG 2004) und vom 25.10.2008[4] (EEG), sind sowohl die Voraussetzungen als auch der Umfang dieser Pflicht in Literatur und Rechtsprechung seither stark umstritten. Nach wie vor führen diese Streitigkeiten zu umfangreicher Inanspruchnahme der Gerichte.

A. Problemaufriss

Strom ist leitungsgebunden. Aus diesem Grund muss die stromerzeugende EE-Anlage zwecks Einspeisung und Fortleitung des Stroms an das Netz der allgemeinen Versorgung angebunden werden. Die Stromnetze der allgemeinen Versorgung befinden sich in der Hand weniger Betreiber. Daher spricht man auch von einem natürlichen Monopol im Netzbereich[5]. Die Stromerzeuger sind daher auf die Mitwirkung der Netzbetreiber angewiesen. Angesichts dieser Umstände verpflichtet das EEG die Netzbetreiber zum vorrangigen Anschluss von EE-Anlagen an das Netz der allgemeinen Versorgung und zur vorrangigen Abnahme, Übertragung und Verteilung des von diesen Anlagen erzeugten Stroms.

Die Anschlusspflicht des Netzbetreibers ist regelmäßig an der Stelle des Netzes (Netzverknüpfungspunkt) zu erbringen, die im Hinblick auf die Spannungsebene

---

1 Art. 1 des Gesetzes über den Vorrang Erneuerbarer Energien sowie zur Änderung des Energiewirtschaftsgesetzes und Mineralölsteuergesetzes, BGBl. I S. 305.

2 Gesetz über die Einspeisung von Strom aus Erneuerbaren Energien in das öffentliche Netz, BGBl. I S. 2633.

3 Gesetz zur Neuregelung des Rechts der Erneuerbaren Energien im Strombereich, BGBl. I S. 1918.

4 Art. 1 des Gesetzes zur Neuregelung des Rechts der Erneuerbaren Energien im Strombereich und zur Änderung damit zusammenhängender Vorschriften, BGBl. I S. 2074, zuletzt geändert durch Art. 1 des Gesetzes v. 28.07.2011, BGBl. I S. 1634.

5 *Britz*, in: Britz/Hellermann/Hermes, Vorb. §§ 20 ff. Rn. 2.

geeignet ist und in der Luftlinie die kürzeste Entfernung zum Anlagenstandort aufweist[6].

Häufig liegt der Sachverhalt so, dass der geographisch nächste Netzverknüpfungspunkt nicht die netztechnischen Voraussetzungen für eine Abnahme des Stroms erfüllt. Das ist zunächst kein Spezifikum der Stromerzeugung aus Erneuerbaren Energien, da auch im Bereich der konventionellen Stromerzeugung Netzengpässe aufgrund des alternden Stromparks und der steigenden Anzahl dezentraler Stromerzeuger vermehrt auftreten[7]. Im Anwendungsbereich des EEG sind Netzbetreiber im Rahmen der wirtschaftlichen Zumutbarkeit auf Verlangen des Einspeisewilligen in einer solchen Konstellation zur unverzüglichen Erweiterung der Kapazität ihrer Netze verpflichtet, um die Stromabnahme sicherzustellen.

Die Kosten solcher Maßnahmen zur Kapazitätserweiterung trägt der Netzbetreiber, während die notwendigen Kosten des Anschlusses der EE-Anlage an den Verknüpfungspunkt dem Anlagenbetreiber zugeordnet sind[8]. Das EEG unterscheidet also zwischen Netzanschluss- und Kapazitätserweiterungsmaßnahmen. In diesem Zusammenhang kommt es in der Praxis häufig zu Meinungsverschiedenheiten zwischen Anlagen- und Netzbetreibern über die Fragen, an welchem Punkt die EE-Anlage an das Netz anzuschließen ist, ob die Voraussetzungen der Pflicht zur Kapazitätserweiterung vorliegen und welche für die Einbindung der Anlage in das Netz der allgemeinen Versorgung technisch erforderlichen Einrichtungen gegebenenfalls von dieser Pflicht umfasst sind. Die Schwierigkeiten rühren daher, dass die sich aus der Pflicht zur Kapazitätserweiterung ergebenden Fragen aufgrund ihrer Komplexität vielfach ungeklärt sind[9]. Im Ergebnis führt dieser Zustand immer wieder zu Problemen bei der rechtlichen Zuordnung der häufig erheblichen Kosten für die Herstellung der Verbindungseinrichtungen der EE-Anlage mit dem Stromnetz[10]. Durch die Umlegung der Kosten der Maßnahmen zur Erweiterung der Kapazität der Netze auf die Netzentgelte[11] müssen die-

---

6 § 5 Abs. 1 Satz 1 1. HS i.V.m. § 8 Abs. 1 EEG. Etwas anderes gilt nach § 5 Abs. 1 Satz 1 2. HS EEG ausnahmsweise dann, wenn ein anderes Netz einen technisch und wirtschaftlich günstigeren Verknüpfungspunkt aufweist.

7 *Schütte*, RdE 2007, 300 (300); *Weyer*, ZNER 2009, 210 (210); *Schwingshandel*, in: VDI-Berichte Nr. 1929, S. 37.

8 Die dem Grunde nach eindeutigen Kostenregelungen befinden sich in §§ 14 und 13 Abs. 1 EEG.

9 *Salje*, VW 2001, 225 (226); *Richter*, RdE 2001, 39 (40), beide zur Regelung des EEG 2000.

10 *Salje*, EEG 2009, § 14 Rn. 21; *Scholtka/Baumbach*, NJW 2008, 1128 (1132); *Salje*, IR 2008, 194 (194).

11 *Schneider*, IR 2009, 2 (2); *BDEW*, Umsetzungshilfe EEG 2009, S. 15; *Hinsch*, ZNER 2009, 333 (338), speziell zur Regelung für Offshore-Windenergie in § 17 Abs. 2 a EnWG; vertiefend hierzu *Schäfermeier*, in: Reshöft, EEG 2009, § 14 Rn. 10 f.

se letztlich von den Netznutzern getragen werden. Der Kostenumfang kann erheblich sein. Die Rechtsfrage der Kostenverteilung im Hinblick auf den Netzbetreiber ist daher von zu großer Wichtigkeit, als dass sie von Zufälligkeiten abhängig gemacht werden könnte[12].

Jedoch kann die Frage der Abgrenzung von Netzanschluss- zu Kapazitätserweiterungsmaßnahmen nicht isoliert betrachtet werden. Zuvor ist es zwingend erforderlich, die systematisch vorgelagerten Voraussetzungen und den Umfang der dem Netzbetreiber obliegenden Pflicht zur Erweiterung der Netzkapazität zu klären.

Nicht zuletzt aufgrund der Vielfältigkeit möglicher Anbindungs- und daraus folgender Problemkonstellationen und der unlösbaren Verknüpfung mit technischen Fragen erscheint die gesetzliche Pflicht des Netzbetreibers zur Erweiterung der Netzkapazität in der Rechtspraxis als schwer handhabbar. Auf den ersten Blick ist das auch darauf zurückzuführen, dass das Gesetz eine Definition der zentralen Begriffe „Netzanschluss" und „Kapazitätserweiterung" vermissen lässt[13]. Das EEG erstreckt die Pflicht zur Kapazitätserweiterung zwar auch auf die für den Betrieb des Netzes notwendigen technischen Einrichtungen und nennt zudem die eigentumsrechtliche Zuordnung der Anschlussanlagen als Kriterium[14]. Die Aussage dieser Regelungen ist aber nicht eindeutig, so dass sich auch der BGH trotz mehrerer Gelegenheiten einer Aussage zur Reichweite bislang ausdrücklich enthalten hat[15].

Die zum Problembereich vorliegende umfangreiche, aber leider auch mittlerweile kaum überschaubare Rechtsprechung hat wegen ihres konkreten Fallbezugs kaum generelle Kriterien hervorgebracht[16]. Es kann daher festgehalten werden, dass Voraussetzungen und Reichweite der Pflicht des Netzbetreibers zur Kapazitätserweiterung, insbesondere deren Abgrenzung zu Netzanschlussmaßnahmen, weder in der Wissenschaft noch in der Rechtsprechung ausreichend geklärt sind. Der Gesetzgeber scheint diese rechtliche Wirklichkeit nicht erkennen zu wollen[17]. Er hat sich zwar für die Bevorzugung von Strom aus Erneuerbaren Energien entschieden. Langwierige und teure Rechtsstreitigkeiten bremsen al-

12 *Weißenborn*, in: Böhmer, Erneuerbare Energien, S. 71 (124); *Ehricke*, in: Frenz/Müggenborg, EEG, § 9 Rn. 23.

13 So *Bönning*, ZNER 2003, 296 (296) zur Rechtslage des EEG 2000.

14 § 9 Abs. 2 EEG hat die Regelungen des § 4 Abs. 2 Satz 4 EEG 2004 weitgehend wortgleich übernommen.

15 BGH, Urt. v. 10.11.2004 – VIII ZR 391/03, RdE 2005, 79 (83); BGH, Urt. v. 07.02.2007 – VIII ZR 225/05, ZNER 2007, 59 (60); BGH, Urt. v. 28.03.2007 – VIII ZR 42/06, RdE 2007, 310 (314); BGH, Urt. v. 28.11.2007 – VIII ZR 306/04, ZNER 2008, 53 (54 f.); BGH, Urt. v. 01.10.2008 – VIII ZR 21/07, RdE 2009, 146 (148).

16 So *Klemm*, ET 2007, 62 (62).

17 Die Gesetzesbegründung zum EEG, BT-Drucks. 16/8148, S. 45 unterstellt eine hinreichende Klärung; ebenso bereits BT-Drucks. 15/2864, S. 34 zum EEG 2004.

lerdings Investitionen und behindern den Fortschritt dieser Energieformen. Deshalb ist die Frage berechtigt, ob die gesetzlichen Regelungen zur Kapazitätserweiterung überhaupt geeignet sind, das gesetzgeberische Ziel zu erreichen. Ein kompliziertes und unübersichtliches Fördersystem kann sich auf Dauer nicht bewähren, da es zu rechtlicher Unsicherheit führt[18].

Auch die sich aufgrund ihres Umfangs im ersten Eindruck als komplette Umgestaltung darstellende Neufassung des EEG mit Wirkung zum 01.01.2009 reduziert die rechtlichen Probleme in der Summe nicht. Das ist zumindest auch auf die teilweise unglücklichen Formulierungen zurückzuführen, deren Bedeutung sich auch anhand der Gesetzesmaterialien nicht ohne weiteres erschließt[19]. Insbesondere rückt die der Pflicht zur Kapazitätserweiterung vorgelagerte Gesetzessystematik zur Bestimmung des richtigen Netzverknüpfungspunkts in den Mittelpunkt der Diskussion[20]. Denn das EEG berechtigt den Anlagenbetreiber jetzt in § 5 Abs. 2 einen von der grundsätzlichen Ermittlungsweise abweichenden Verknüpfungspunkt für seine EE-Anlage zu wählen. Darüber hinaus kann der Netzbetreiber nunmehr von einem Bestimmungsrecht nach § 5 Abs. 3 EEG Gebrauch machen. Die sich aus dieser Änderung ergebenden Konsequenzen sind bislang streitig[21] .

Hinsichtlich der Regelungen zu den Rechtsfolgen der Kapazitätserweiterung führt das EEG zwar grundsätzlich den bisherigen Wortlaut fort. Allerdings spricht das EEG nicht mehr bloß von der Pflicht des Netzbetreibers zum Netzausbau, sondern differenziert in § 9 Abs. 1 Satz 1 unter dem Oberbegriff der Kapazitätserweiterung nach Optimierung, Verstärkung und Ausbau des Netzes. Des Weiteren verlangt das EEG nun die Vornahme der Kapazitätserweiterung entsprechend dem *Stand der Technik*, was einen höheren Standard als den der *anerkannten Regeln der Technik* erfordert[22]. Vor diesem Hintergrund erscheint es höchst fraglich, ob die ursprünglichen Funktionsweisen des EEG 2000 und 2004 im Hinblick auf die Kapazitätserweiterung lediglich ohne wesentliche Abweichungen fortgeschrieben werden, oder ob das EEG diesbezüglich erhebliche Änderungen enthält[23]. Es zeigt sich, dass die Fragen der Kapazitätserweiterungspflicht des Netzbetreibers und die Abgrenzung zum Netzanschluss nach

18 *Ekardt*, in: Frenz/Müggenborg, EEG, § 13 Rn. 4.

19 *Hinsch*, ZUR 2010, 55 (55).

20 *Bönning*, in: Loibl u.a., Biogasanlagen, S. 215 Rn. 7.

21 *Bönning*, in: Loibl u.a., Biogasanlagen, S. 218 Rn. 18 sieht in der Aufnahme des Wahlrechts lediglich eine Klarstellung und keine Änderung der bisherigen Gesetzeslage; *Schäfermeier*, in: Loibl u.a., Biogasanlagen, S. 227 Rn. 7 und *Cosack*, in: Frenz/Müggenborg, EEG, § 5 Rn. 4 erkennen darin demgegenüber ein Novum.

22 *Salje*, EnWG, § 49 Rn. 45.

23 *Reshöft/Sellmann*, ET 2009, 139 (141) erblicken entscheidende Änderungen.

wie vor von höchster Aktualität sind[24]. Eine umfassende Abhandlung zur vorliegenden Problematik existiert bisher nicht.

B. Ziel und Umfang der Untersuchung

Für die zuvor angesprochenen problematischen rechtlichen Fragen im Bereich der Kapazitätserweiterungspflicht des Netzbetreibers nach dem EEG soll die Arbeit einen Beitrag zur Klärung leisten. Im Mittelpunkt der Untersuchung werden zwei Fragenkomplexe stehen, nämlich zum einen, wie sich die Rechtslage hinsichtlich der Kapazitätserweiterungspflicht des Netzbetreibers im EEG aktuell darstellt, und andererseits, ob die gegebenen rechtlichen Grundlagen den Praxisanforderungen gerecht werden oder ob es in Zukunft einer anderweitigen gesetzlichen Ausgestaltung der Pflicht zur Kapazitätserweiterung im EEG bedarf.

Wie sich bereits andeutet, stellt der zu untersuchende Bereich ein weites Feld dar. Eine Eingrenzung und die Setzung von Schwerpunkten sind daher unumgänglich. Fragen nach Verfassungsmäßigkeit[25] und Europarechtskonformität[26] des EEG im Allgemeinen und der Pflicht zur Kapazitätserweiterung des Netzes im Besonderen werden dabei ausgeklammert. Die insoweit seinerzeit schon unter Geltung des StrEG erbittert geführte Debatte[27] ist mittlerweile infolge von Entscheidungen des EUGH[28], des BVerfG[29] und des BGH[30] weitgehend zum

---

24 *Scholtka/Baumbach*, NJW 2008, 1128 (1133): „Die Fragen bleiben daher spannend".

25 Hierzu eingehend *Reshöft*, Verfassungs- und Europarechtskonformität des EEG; *ders.*, in: Reshöft, EEG 2009, Einleitung Rn. 53 ff.

26 Ausführlich zu den sich ergebenden Fragen *Nagel*, ZNER 2000, 3 (3 f.); *Reshöft*, Verfassungs- und Europarechtskonformität des EEG.

27 *Salje*, EEG 2007, Einführung Rn. 71 ff. gibt einen ausführlichen Überblick über die seinerzeit vertretenen Positionen; lehrreich auch *Broch/Krutisch*, Kommunalwirtschaft 2004, 649 (653 f.).

28 EuGH, Urt. v. 13.03.2001 – Rs. C-379/98, Slg. 2001, I-2099 – PreußenElektra AG gegen Schleswag AG. Für das StrEG hat der EUGH entschieden, dass die Einspeisevergütungen keine Beihilfen gem. Art. 87 Abs. 1 EGV darstellen. Der dem Umweltschutz dienende Gesetzeszweck rechtfertige auch eine etwaige Beschränkung der Warenverkehrsfreiheit nach Art. 28 EGV; zustimmend *Nagel*, ZNER 2001, 231 (232 ff.), kritisch hingegen *Apfelstedt*, ZNER 2001, 2 (2 ff.).

29 BVerfG, Beschl. v. 09.01.1996 – 2 BvL 12/95, NJW 1997, 573 (573). *Niedersberg*, NVwZ 2001, 21 (23) und *Bürger/Senger*, UPR 2000, 215 (217) stellen zutreffend fest, dass die gegen die Verfassungsmäßigkeit des StrEG angeführten Argumente denen gegenüber dem EEG vorgebrachten weitgehend entsprechen.

30 BGH, Urt. v. 22.10.1996 – KZR 19/95, BGHZ 134, 1 (13); BGH, Urt. v. 11.06.2003 – VIII ZR 160/02, RdE 2003, 268 (269 ff.), mit kritischen Anmerkungen von *Weißenborn*, RdE 2003, 274 (274 ff.).

Erliegen gekommen und spielt in Wissenschaft und Praxis allenfalls noch eine untergeordnete Rolle[31].

Im Schwerpunkt wird sich die Arbeit den Voraussetzungen, den Rechtsfolgen und dem Umfang der Pflicht zur Kapazitätserweiterung widmen und hierbei einen umfassenden Überblick über die überwiegend sehr uneinheitlichen Auffassungen in Rechtsprechung und Literatur geben sowie eigene Standpunkte entwickeln.

C. Untersuchungsprogramm

Im zweiten Kapitel werden zunächst die für das rechtliche Verständnis notwendigen technischen Grundlagen dargestellt. Sodann werden, ausgehend von einer gerafften Darstellung der historischen Entwicklung der Netzausbau- zur Kapazitätserweiterungspflicht, die aktuellen Regelungen des EEG im dritten Kapitel nachvollzogen. Bei diesem Schritt wird insbesondere das Augenmerk auf die zunehmende Regelungsdichte und die vorgenommenen Änderungen in den einzelnen Stufen der EEG-Novellen gelegt. Die Einordnung der nunmehr bestehenden Normen in den geschichtlichen Kontext wird sich für die im weiteren Verlauf der Arbeit vorzunehmende historische Auslegung als unverzichtbar erweisen und damit zum Verständnis der nunmehr im Gesetzestext enthaltenen Regelungen beitragen. In diesem Zusammenhang wird auch der nach wie vor ungeklärten Frage nachgegangen, ob auch ohne ausdrückliche gesetzliche Anordnung eine Pflicht zur Kapazitätserweiterung aus den subsidiären zivilrechtlichen Vorschriften herzuleiten ist. Zudem wird der systematische Kontext des EEG im Normengefüge untersucht.

Anschließend wendet sich die vorliegende Darstellung im vierten Kapitel den einzelnen Voraussetzungen der Pflicht zur Kapazitätserweiterung des Netzes zu. Schwerpunktmäßig werden dabei Fragen im Zusammenhang mit den Beteiligten des Rechtsverhältnisses, dem Netzbegriff des EEG und der Bestimmung des Netzverknüpfungspunkts unter Beachtung des Wahlrechts des Anlagenbetreibers und des Zuweisungsrechts des Netzbetreibers erörtert[32]. Bei der Untersuchung des Normprogramms zur Ermittlung des Verknüpfungspunkts wird dessen Bedeutung für die Anschluss-, Abnahme- und Vergütungsansprüche des

31 So auch *Scholtka*, NJW 2002, 483 (490); *Möstl*, RdE 2003, 90 (93); *Böwing*, in: Säcker, BK, Vorb. § 1 Rn. 23; *Oschmann/Sösemann*, ZUR 2007, 1 (2); *Oschmann*, NJW 2009, 263 (266); *Oschmann*, ZNER 2010, 117 (122); hingegen noch zweifelnd *Weißenborn*, in: Schmidt-Schlaeger/Zinow, Grundlagen des Energierechts, S. 121 (124).

32 Der Anlagenbetreiber kann gemäß § 5 Abs. 2 EEG einen anderen Verknüpfungspunkt für den Anschluss der Anlage an das Netz wählen, während der Netzbetreiber nach § 5 Abs. 3 EEG der EE-Anlage abweichend einen Netzverknüpfungspunkt zuweisen kann.

EEG beleuchtet. Daneben wird besonderes Augenmerk auf den infolge der EEG-Novelle zum 01.01.2009 veränderten Wortlaut zu den netzbezogenen Anforderungen[33] und dessen Auswirkungen auf die Fortgeltung des Optimierungsprinzips[34] gelegt.

Auf der Rechtsfolgenseite wendet sich die Bearbeitung im fünften Kapitel insbesondere dem Anforderungsniveau und dem systematischen Zusammenhang von Kapazitätserweiterungs- und Abnahmeanspruch sowie Maßnahmen des Einspeisemanagements zu. Sodann wird die wirtschaftliche Zumutbarkeit als Korrektiv der Pflicht des Netzbetreibers zur Kapazitätserweiterung im Fokus stehen. Zwecks Ermittlung von praktisch handhabbaren Kriterien zur Bestimmung dieser Grenze werden die hierzu bislang vertretenen Lösungsansätze untersucht und die Verwendung des Begriffs in anderen Normen vergleichend herangezogen. Darüber hinaus werden spezielle, aus dem im EEG herrschenden Regime der flachen Netzanschlusskosten folgende Fragestellungen betrachtet.

Den Mittelpunkt der weiteren Untersuchung wird dann der geschuldete Umfang der Kapazitätserweiterungspflicht des Netzbetreibers im sechsten Kapitel bilden, da in diesem Bereich in der Praxis bislang mit weitem Abstand die häufigsten Probleme anzutreffen sind. Die vom EEG bereit gehaltenen Abgrenzungsvorgaben, insbesondere die in § 9 Abs. 2 EEG enthaltenen Kriterien werden analysiert. Zudem wird ein Vergleich mit Parallelbestimmungen im allgemeinen Energiewirtschaftsrecht, aber auch mit speziellen Regelungsmaterien mit dem Ziel angestellt, die umstrittenen Abgrenzungsfragen des EEG einer sachgerechten Lösung zuzuführen. Erörtert wird hier auch das Spezialproblem der quantitativen Erweiterung des Netzes. Dabei geht es um die bislang völlig ungeklärte Frage, ob der Netzbetreiber über die Verstärkung des vorhandenen Netzes hinaus im Rahmen der Kapazitätserweiterung auch verpflichtet sein kann, neue Leitungen zu erstellen, um die Distanz zwischen ursprünglich vorhandenem Netz und EE-Anlage zu verkürzen[35].

---

33 Insoweit kommt es gemäß § 5 Abs. 1 Satz 1 1. HS EEG für den Netzanschluss darauf an, ob die Stelle des Netzes „im Hinblick auf die Spannungsebene geeignet" ist. Demgegenüber forderte § 4 Abs. 2 Satz 2 1. HS EEG 2004, dass das Netz „technisch geeignet" ist.

34 Sog. „Prinzip der gesamtwirtschaftlichen Kostenminimierung" bei der Anbindung von EE-Anlagen an das Netz, vgl. BGH, Urt. v. 08.10.2003 – VIII ZR 165/01, RdE 2004, 46 (48); BGH, Urt. v. 10.11.2004 – VIII ZR 391/03, RdE 2005, 79 (82); BGH, Urt. v. 28.11.2007 – VIII ZR 306/04, ZNER 2008, 53 (54); BGH, Urt. v. 01.10.2008 – VIII ZR 21/07, RdE 2009, 146 (147); danach sind die gesamtwirtschaftlichen Kosten bei der Anbindung von EE-Anlagen an das Netz der allgemeinen Versorgung so gering wie möglich zu halten.

35 Frage offen gelassen zuletzt von BGH, Urt. v. 07.02.2007 – VIII ZR 225/05, ZNER 2007, 59 (60).

Im siebten Kapitel werden die gewonnenen Erkenntnisse dann in einem weiteren Schritt auf einzelne, besonders praxisrelevante Problembereiche angewandt und dadurch auf ihre praktische Brauchbarkeit hin überprüft. Im Hinblick auf die Ausgangsfrage wird sich dabei ergeben, dass die gesetzlichen Regelungen des EEG zur Lösung der untersuchten Problemkreise ausreichend sind und es insoweit keiner Neuregelung bedarf. Die Bearbeitung schließt mit einer Zusammenstellung der erzielten Ergebnisse in Thesen und einem Fazit im achten Kapitel.

2. Kapitel: Technische Grundlagen

Die Arbeit wird sich in der Hauptsache mit problematischen rechtlichen Fragen im Zusammenhang mit der Kapazitätserweiterungspflicht des Netzbetreibers nach dem EEG auseinandersetzen. Eine kurze Erläuterung der technischen Rahmenbedingungen ist für das rechtliche Verständnis aber unabdingbar und wird im Folgenden vorgenommen.

A. Struktur von Stromnetzen

Da die Übertragung von Elektrizität vom Erzeugungs- zum Bedarfsort stets ein Stromnetz erfordert, ist dieser Begriff zuerst zu erläutern. Aus technischer Sicht ist darunter die Gesamtheit aller Einrichtungen zu verstehen, die zur Übertragung und Verteilung der elektrischen Energie notwendig sind, wie Freileitungen, Kabel, Umspannanlagen und Schaltanlagen[36]. Die elektrische Energie wird in den Netzen mit Gleichstrom, Wechselstrom oder Drehstrom mittels Freileitungen oder Kabeln übertragen, wobei schon aus Kostengründen regelmäßig das Übertragungssystem gewählt wird, welches mit der größtmöglichen Wirtschaftlichkeit arbeitet[37]. Die Transportkapazitäten einzelner Netze variieren immens. Dieser Fakt ist historisch auf die Kupplung von Regionalnetzen und später hinzutretenden Überlandleitungen zurückzuführen[38].

Terminologisch wird das Netz nach der vorherrschenden elektrischen Spannungsebene eingeteilt. Höchstspannungsnetze bilden dabei die höchste Ebene mit einer Spannung von mehr als 150 Kilovolt (kV). Hochspannungsnetze liegen hinsichtlich der Spannung zwischen 60 kV und 150 kV. Unter Mittelspannung werden Spannungsebenen zwischen 1 kV und 60 kV verstanden, während Netze, die mit darunter liegenden elektrischen Spannungen arbeiten, als Niederspannungsnetze bezeichnet werden[39].

I. Hoch- und Höchstspannungsnetze

Höchstspannungsnetze nehmen die Aufgabe wahr, die am Ort der Produktionsstätte (Großkraftwerke) erzeugte elektrische Energie zu den Abnahmeschwerpunkten in ganz Europa zu leiten. Mit Hilfe der Höchstspannungsnetze werden also große Entfernungen überbrückt und die überregionale Elektrizitätsversor-

---

36 *Knies/Schierack*, Anlagentechnik, S. 51.
37 *Knies/Schierack*, Anlagentechnik, S. 61.
38 *Riese/Wilms*, ZNER 2009, 107 (107).
39 *Schaefer*, VDI-Lexikon, S. 909, Stichwort „Netzarten“.

gung wahrgenommen[40]. Die Wahl der Spannungsebene hängt mit dem Phänomen zusammen, dass die in den Leitungen entstehenden Verluste mit zunehmender Spannung abnehmen und die maximal aufnehmbare Strommenge steigt. Aufgrund dieses physikalischen Zusammenhangs gilt unter mitteleuropäischen Netzbedingungen die Faustformel, dass die durchschnittliche Trassenlänge in Kilometern näherungsweise der Spannungshöhe in kV entspricht[41]. Historisch existierte zunächst nur die 220 kV-Ebene. Mit steigender Anlagenleistung kam die 380 kV-Ebene hinzu[42].

Die nächstfolgende Spannungsebene bilden Hochspannungsnetze, die über Umspanneinrichtungen aus einem Höchstspannungsnetz und/oder aus mittleren Kraftwerken gespeist werden. Sie dienen der Versorgung von Großindustrie, Städten und größeren Versorgungsgebieten und übernehmen damit regelmäßig die regionale Elektrizitätsversorgung[43].

Das Energiewirtschaftsgesetz vom 07.07.2005[44] (EnWG) geht entsprechend der technischen Einteilung ebenfalls davon aus, dass Höchstspannungsnetze stets Aufgaben der Elektrizitätsübertragung wahrnehmen, während Hochspannungsnetze entweder Übertragungs- oder Verteilungsnetze darstellen können[45]. Das ergibt sich aus der Begriffsdefinition der „Übertragung“ in § 3 Nr. 32 EnWG, wo sowohl die Höchstspannungs- als auch die Hochspannungsnetze genannt sind, demgegenüber in § 3 Nr. 37 (Verteilung) die Höchstspannungsnetze im Gegensatz zu den Hochspannungsnetzen nicht mehr auftauchen.

II. Mittelspannungsnetze

Klassische Stromverteilung wird in den Mittelspannungsnetzen vorgenommen. Diese versorgen etwa Industriebetriebe oder Großgewerbe, insbesondere aber auch Stadt- und Landbezirke[46]. Hierfür wird die Hochspannung auf die Mittelspannungsebene herunter transformiert. Die Mittelspannungsebene hat im Bereich des EEG eine herausragende Bedeutung, weil sehr häufig insbesondere Windenergie- und Biomasseanlagen auf dieser Netzebene zwecks Einspeisung des erzeugten Stroms angebunden werden.

---

40 *Knies/Schierack*, Anlagentechnik, S. 64.

41 *Dittmann/Zschernig*, Energiewirtschaft, S. 152.

42 *Riese/Wilms*, ZNER 2009, 107 (107).

43 *Knies/Schierack*, Anlagentechnik, S. 64.

44 BGBl. I S. 1970, 3621, zuletzt geändert durch Art. 2 des Gesetzes v. 28.07.2011, BGBl. I S. 1690.

45 *Theobald*, in: Danner/Theobald, Bd. 1, EnWG § 3 Rn. 21.

46 Hierzu und zum Folgenden *Knies/Schierack*, Anlagentechnik, S. 64.

III. Niederspannungsnetze / Hausanschlüsse

Die letzte Stufe der Netzspannungsebenen bilden die Niederspannungsnetze. Aus diesen werden am Schluss der Kette Wohngebiete und selbstverständlich die einzelnen Abnehmer in diesen Gebieten mit Strom beliefert. Wiederum das letzte Glied innerhalb des Niederspannungsnetzes bildet der Netzanschluss, der das Elektrizitätsversorgungsnetz der allgemeinen Versorgung mit der elektrischen Anlage des Anschlussnehmers verbindet und an der Abzweigstelle des Niederspannungsnetzes beginnt. Im Anwendungsbereich der Niederspannungsanschlussverordnung[47] (NAV) gehören Netzanschlüsse zu den Betriebsanlagen des Netzbetreibers[48].

In der Niederspannungsebene werden aufgrund der regelmäßig relativ geringen Einspeiseleistungen überwiegend Photovoltaikanlagen angebunden. Dabei kommt es nicht selten vor, dass die Kapazität des Netzes zur Stromabnahme nicht ausreicht. Aus diesem Grund kann sich gerade auf dieser Netzebene die Frage nach einer möglichen Kapazitätserweiterung durch den Netzbetreiber stellen.

B. Bestandteile des Netzes

Das Netz setzt sich über seine Spannungsebenen aus verschiedenen Bestandteilen zusammen. Für die Bearbeitung von Interesse sind hier aufgrund ihrer praktischen Relevanz insbesondere die erforderlichen Stromleitungen, die dazwischen liegenden Umspanneinrichtungen, Schaltanlagen und Einrichtungen zur Erdschlusskompensation, die immer wieder einen Schwerpunkt der gerichtlichen Streitigkeiten im EEG bilden.

I. Stromleitungen

Essentiell für den Stromfluss sind zunächst die Stromleitungen. Dabei kommen einerseits Freileitungen, andererseits aber auch Erdkabel zum Einsatz. Freileitungen bestehen aus Masten, oberirdisch verlegten Leitungen, Isolatoren und Erdungen[49]. Diese sind zwar grundsätzlich kostengünstiger als Erdkabel. Allerdings ist damit häufig eine Beeinträchtigung des Landschaftsbildes verbunden.

---

47 Verordnung über Allgemeine Bedingungen für den Netzanschluss und dessen Nutzung für die Elektrizitätsversorgung in Niederspannung v. 01.11.2006, BGBl. I S. 2477, zuletzt geändert durch Art. 2 Abs. 5 der Verordnung v. 17.10.2008, BGBl. I S. 2006.

48 § 8 Abs. 1 i.V.m. § 5 Satz 1 NAV.

49 *Knies/Schierack*, Anlagentechnik, S. 70.

Zudem sind die Stromtransportverluste[50] bei Erdkabeln deutlich geringer und auch der Planungs- und Realisierungszeitraum ist regelmäßig erheblich kürzer[51]. Gleichwohl sind im Bereich der überregionalen Verbindungen, also bei Hoch- und Höchstspannungsnetzen, Freileitungen nach wie vor üblich. Im Bereich der Niederspannungsebene werden die Freileitungen demgegenüber zunehmend von Erdkabeln verdrängt[52]. Grundsätzlich kommt die Anbindung von EE-Anlagen sowohl im Bereich der Freileitungen als auch im Bereich von Erdkabeln in Betracht.

II. Umspanneinrichtungen

Die Funktion der Spannungsänderung zwischen den einzelnen Spannungsebenen des Netzes nehmen Umspanneinrichtungen wahr. Die Stromspannung muss zwischen Höchst-, Hoch-, Mittel- und Niederspannung auf die jeweils nachgeschaltete Netzebene geregelt werden. Die hier angesprochenen Einrichtungen sind demzufolge Anlagen zur Transformation von elektrischer Energie zwischen den Netzen unterschiedlicher Spannungsniveaus[53].

Das Herz einer jeden Umspanneinrichtung bilden ein oder mehrere Transformatoren. Ein Transformator besteht im Wesentlichen aus einem geschlossenen Eisenkern mit einer umwickelten Primärspule und einer Sekundärspule. Wird die Primärspule von Wechselstrom durchflossen, entsteht im Eisenkern infolge Induktion ein wechselndes Magnetfeld, das in der Sekundärspule eine andere Spannung – die sogenannte Induktionsspannung – erzeugt[54]. Anlagen, in denen über Transformatoren hohe Spannungsebenen verbunden sind, werden Umspannanlagen genannt[55]. Bei Umspanneinrichtungen zwischen mittleren und niedrigen Spannungsebenen wird hingegen von Transformatorenstationen gesprochen.

Umspanneinrichtungen sind insbesondere bei der Anbindung von EE-Anlagen an das Netz erforderlich, da diese Anlagen die elektrische Energie regelmäßig in Niederspannung produzieren. Soweit diese Anlagen über eine Umspannanlage an das Netz angebunden werden, ist hierfür ein Schaltfeld – auch als Abgangs- oder Eingangsfeld bezeichnet – erforderlich. Solche Schaltfelder dienen nicht der Transformation. Sie sind mit einer Sammelschiene verbunden und dienen

---

50 Diese sind wirtschaftlich und damit auch rechtlich von großer Bedeutung; dazu noch 4. Kapitel:C.II.4, S. 68.

51 *Schäfermeier*, in: Reshöft, EEG 2009, § 9 Rn. 17.

52 *Dittmann/Zschernig*, Energiewirtschaft, S. 155.

53 *Kraus*, Lexikon der Energiewirtschaft, S. 190, Stichwort „Umspannanlage".

54 *Kraus*, Lexikon der Energiewirtschaft, S. 187, Stichwort „Transformator".

55 *Schaefer*, VDI-Lexikon, S. 1254, Stichwort „Transformatorenstation".

der betrieblichen Untergliederung des Mittelspannungsnetzes, um Störungen in Teilbereichen des Netzes besser abschotten zu können und damit Fehlerübergriffe zu vermeiden[56].

III. Schaltanlagen

Schaltanlagen bilden den Oberbegriff für die an einer Stelle zusammengefassten elektrischen Betriebsmittel zur Verteilung, Steuerung oder Regelung des Energieflusses. Schaltanlagen enthalten neben Leistungs- und Trennschaltern auch Sicherungen, Messgeräte, Überspannungsableiter, Schutzrelais und Sammelschienen[57]. Soweit auch Transformatoren in die Schaltanlage integriert sind, spricht man von den zuvor dargestellten Umspanneinrichtungen[58]. Je nach Aufstellungsort unterscheidet man Innenraumanlagen und Freiluftschaltanlagen. Dabei werden Innenraumanlagen bevorzugt im Nieder- und Mittelspannungsbereich eingesetzt, während ab einer Spannung von 60 kV in der Regel Freiluftanlagen verwendet werden.

Einen Unterfall der Schaltanlagen bilden die sog. Übergabestationen, die im Bereich von EE-Anlagen häufig zum Einsatz kommen. Hierin sind die technischen Einrichtungen untergebracht, die zum sicheren Betrieb der Anlage am Netz notwendig sind[59].

IV. Erdschlusskompensationseinrichtungen

Erdschlüsse sind die durch einen Fehler, auch über einen Lichtbogen, entstandenen leitenden Verbindungen eines Außenleiters oder eines betriebsmäßig isolierten Neutralleiters mit der Erde oder geerdeten Teilen[60]. Die Verhinderung solcher Störungen nehmen die nach ihrem Erfinder benannten „Petersen"-Spulen wahr. Es gibt verschiedene denkbare Möglichkeiten zur Durchführung der Erdschlusskompensation. Theoretisch könnte eine solche auch dezentral in den jeweiligen Netzbereichen durchgeführt werden[61]. In der Praxis befinden sich die

---

56 LG Berlin, Urt. v. 05.03.2009 – 14 O 145/08 (n.v.), S. 13; *Schäfermeier/Reshöft*, ZNER 2007, 34 (38); *Schäfermeier*, in: Loibl u.a., Biogasanlagen, S. 246 Rn. 50.

57 *Knies/Schierack*, Anlagentechnik, S. 206 f.

58 Hierzu und zu den folgenden Ausführungen *Dittmann/Zschernig*, Energiewirtschaft, S. 163.

59 Zu den Anforderungen an die Ausführung einer solchen Anlage siehe *BDEW*, Eigenerzeugungsanlagen am Mittelspannungsnetz, S. 31 f.

60 *Knies/Schierack*, Anlagentechnik, S. 161.

61 *Schäfermeier/Reshöft*, ZNER 2007, 34 (39).

Petersen-Spulen in aller Regel jedoch in Umspannanlagen, von wo aus zentral die Erdschlusskompensation gewährleistet werden kann.

C. Netzverluste

Elektrische Energie lässt sich bisher nicht verlustfrei übertragen. Als Netzverluste werden daher diejenigen elektrischen Energiemengen bezeichnet, die in Leitungen oder bei der Transformation der Spannung verloren gehen. In Abhängigkeit von der Spannungsebene – je höher die Spannungsebene, desto geringer die Verluste – entstehen sie im Wesentlichen belastungsunabhängig, im Bereich von Transformatoren und Freileitungen aber auch belastungsabhängig[62].

Die Verluste können in Form von Wärmeverlusten, aber auch als Magnetisierung in Transformatoren und als Ableitverluste auftreten. Man geht davon aus, dass der Anteil der Netzverluste an der gesamten Stromabgabe in Deutschland zwischen 5 und 10 % beträgt[63]. Im Niederspannungsnetz ergeben sich, bezogen auf die übertragene Leistung, die höchsten Verluste, da die Stromwärmeverluste der Leitung proportional mit dem Quadrat der Stromstärke ansteigen[64]. Es wird versucht, diese Verluste möglichst gering zu halten. Soweit sie jedoch nicht vermeidbar sind, stellt sich insbesondere bei der Anbindung und Einspeisung von Strom aus EE-Anlagen immer wieder die Frage, wer die entstehenden Verluste zu tragen hat.

D. Die einzelnen Stromerzeugungsarten aus Erneuerbaren Energien

Grundvoraussetzung der Pflicht zur Kapazitätserweiterung des Netzes nach dem EEG ist, dass es um die Einspeisung von Strom aus Anlagen geht, die dem Anwendungsbereich des EEG unterfallen. Das sind gemäß § 2 Nr. 1 EEG nur solche Anlagen, die Strom aus Erneuerbaren Energien erzeugen. Die abschließend aufgezählten Arten von Erneuerbaren Energien sind in § 3 Nr. 3 EEG definiert. Der Gesetzgeber sieht mit der Nutzung dieser dort aufgeführten Energieformen die Anforderungen an eine nachhaltige Entwicklung als erfüllt an[65].

Als erneuerbar oder regenerativ werden Energien bezeichnet, die, anders als die konventionellen Energien Öl, Erdgas, Kohle und Uran, jedenfalls nach mensch-

---

62 Zu den physikalischen Zusammenhängen eingehend *Dittmann/Zschernig*, Energiewirtschaft, S. 157 ff.

63 *Kraus*, Lexikon der Energiewirtschaft, S. 142 f., Stichwort „Netzverluste“.

64 *Dittmann/Zschernig*, Energiewirtschaft, S. 164.

65 BT-Drucks. 16/8148, S. 36.

lichem Ermessen unerschöpfbar sind[66], weil sie letztlich auf die Energie der Sonne zurückgehen, deren Lebensdauer noch auf rund 4 Milliarden Jahre geschätzt wird[67]. Eine strikte Grenzziehung zwischen konventionellen Energieträgern und Erneuerbaren Energien ist daher genau genommen nicht exakt möglich. Denn auch die fossilen Energieträger sind letztlich auf die Sonnenenergie zurückzuführen und regenerieren sich, auch wenn es dafür eines Zeitraums von mehreren Millionen Jahren bedarf. Deshalb ist die Abgrenzung nach der Regenerations*dauer* vorzunehmen[68].

Allgemein ist zum Begriff der Energie anzumerken, dass insoweit der Energieerhaltungssatz gilt. Das bedeutet, dass Energie weder erzeugt noch vernichtet werden kann, sondern lediglich ihre Erscheinungsform ändert[69]. Physikalisch betrachtet ist aus diesem Grund die Verwendung des Begriffs „Erneuerbare" Energien nicht korrekt. Da der Terminus mittlerweile allerdings allgemein gebräuchlich und anerkannt ist, soll er gleichwohl Verwendung finden.

Für die weitere Untersuchung ist bedeutsam, welche Herausforderungen von den einzelnen Stromerzeugungsarten an die Stromnetze gestellt werden. Vor dem skizzierten Hintergrund ist daher auch eine kurze Darstellung der einzelnen vom EEG erfassten Stromerzeugungsarten unter Berücksichtigung ihrer praktischen Relevanz, des technischen Forschungsstands[70] und ihrer Eigenarten im Hinblick auf die Netzerfordernisse erforderlich.

Der Beginn der Nutzung einzelner Formen der Erneuerbaren Energien durch den Menschen ist unterschiedlich. So begann etwa die Nutzung der Wasserkraft für die Elektrizitätserzeugung bereits gegen Ende des 19. Jahrhunderts mit dem Bau von Wasserkraftwerken[71]. Im weiteren Verlauf schloss sich sodann die elektrische Energieerzeugung aus Wind, Sonne, Biomasse und Müll an. Die Stromerzeugung aus den nachfolgend erläuterten Energieformen unterliegt dem Anwendungsbereich des EEG.

---

66 BT-Drucks. 16/8148, S. 37.

67 *Bauer/Kamm*, WLB 4/1999, 27 (28).

68 Auch der Gesetzgeber plädiert für die Abgrenzung danach, ob eine Regeneration innerhalb eines überschaubaren Zeitraums stattfindet, BT-Drucks. 16/8148, S. 39.

69 *Kraus*, Lexikon der Energiewirtschaft, S. 68 f., Stichwort „Energie".

70 So wird beispielsweise die Wirtschaftlichkeitsschwelle einzelner Stromerzeugungsarten aus Erneuerbaren Energien erst zu unterschiedlichen Zeitpunkten erreicht, BT-Drucks. 16/8148, S. 36. Die durch die Anschubfinanzierung bedingten Strom-Differenzkosten werden 2015 mit 6,2 Milliarden Euro ihr Maximum erreichen und danach kontinuierlich zurückgehen, ebd., S. 37.

71 Vgl. hierzu *Knies/Schierack*, Anlagentechnik, S. 45.

I. Windenergie

Der mit Windenergieanlagen produzierte Strom geht auf Wind und damit eine indirekte Form der Sonnenenergie zurück. Wind entsteht dadurch, dass die Strahlungsbilanz der Sonne auf der Erdoberfläche unterschiedlich ausfällt und sich dadurch Zonen mit unterschiedlichen Lufttemperaturen und damit Luftdrücken bilden. Solche entstehenden großflächigen Druckunterschiede lösen Luftbewegungen aus, die als Wind bezeichnet werden[72]. Die kinetische Energie (Bewegungsenergie) der Luft wird in den Windenergieanlagen mit Hilfe von Rotoren in Rotationsenergie umgewandelt und anschließend über ein Getriebe oder aber auch direkt durch einen Generator in elektrische Energie umgesetzt[73].

In Deutschland liefert die Windenergie von allen Erneuerbaren Energien derzeit den mit Abstand größten Anteil an der Stromerzeugung. So produzierten die an Land installierten Windenergieanlagen im Jahre 2010 rund 36500 GWh[74]. Der Ausbau der Windenergie auf dem Festland ist bereits sehr weit vorangetrieben worden. Ausgehend von geeigneten Standorten für die Windenergienutzung sind hier nur noch sehr begrenzte Standortreserven auszumachen[75]. Gleichwohl bleibt der Ersatz kleinerer, älterer Windenergieanlagen durch größere, leistungsstärkere Windenergieanlagen bislang hinter den Erwartungen zurück[76].

Die Bestrebungen gehen angesichts des zuvor Gesagten dahin, zukünftig mit der Nutzung von Offshore-Windenergieanlagen neue Potentiale zu erschließen. Die Anbindung von Windparks in einer Entfernung von bis zu 100 km vor der Küste stellt höchste Herausforderungen[77]. Diese Entfernungen müssen nämlich mit Hilfe von Kabeln und anderen Betriebsmitteln überbrückt werden und regelmäßig bedarf es aufgrund der hohen Leistung der Windparks eines Direktanschlusses an das Hochspannungsnetz. Erforderlich sind daher entsprechende Netztrassen zur Energieableitung auf See und an Land sowie die Möglichkeit der Weiterleitung zu den entsprechenden Abnahmeschwerpunkten[78]. Die einzelnen Anlagen in den Offshore-Windparks werden dabei grundsätzlich in einem Raster mit Abständen von 500 bis 1.000 m voneinander angeordnet. Die stromerzeu-

72 *Rebhan*, Energiehandbuch, S. 365.

73 *Knies/Schierack*, Anlagentechnik, S. 51.

74 *BMU*, EEG-Erfahrungsbericht 2011, S. 107

75 *Büdenbender*, RdE 2003, 193 (196).

76 *BMU*, EEG-Erfahrungsbericht 2011, S. 107. Zu den rechtlichen Voraussetzungen des Repowerings siehe *Kahle/Reshöft*, in: Reshöft, EEG 2009, § 30 Rn. 9 ff.

77 Zu den damit verbundenen Fragen der Anwendung des deutschen Rechts in der Ausschließlichen Wirtschaftszone (AWZ) ausführlich *Büllesfeld/Multmeier*, ZNER 2009, 7 (7 ff.).

78 *Christl*, ET 2003, 98 (98); *Haase/Weber/Hamacher*, Windenergie, S. 4; *Säcker*, RdE 2009, 305 (305).

genden Generatoren werden dann über Mittelspannungskabel zusammengefasst und speisen über ein Einspeisefeld in die zentrale Mittelspannungs-Schaltanlage ein. Von dort aus wird der Strom dann transformiert und in Hochspannung weitergeleitet[79]. Die spezifischen technischen Schwierigkeiten der Offshore-Windenergienutzung führten auch dazu, dass sich die hoch gesteckten Erwartungen bislang nicht erfüllt haben[80].

Im Rahmen der Windenergienutzung gilt im Hinblick auf die Stabilität der aufnehmenden Netze als problematisch, dass die Energieerzeugung naturgemäß erheblichen Schwankungen ausgesetzt ist. Diese sind zurückzuführen auf die stark variierende Windgeschwindigkeit, aber auch auf aerodynamische Effekte, wie Strömungsabrisse und gegenseitige Abschattungen der Anlagen[81]. Aufgrund dieser Eigenarten sind Fragen der Kapazitätserweiterung des Netzes für die Anbindung von Windenergieanlagen sowohl an Land als auch Offshore von größter Praxisrelevanz.

II. Wasserkraft

Wasserkraftanlagen stellten die ersten Einrichtungen zur Erzeugung von Strom aus Erneuerbaren Energien dar und waren anfangs vielfach die alleinige Basis für die Elektrizitätsversorgung. Unter Wasserkraft versteht man sowohl die kinetische als auch die potentielle Energie einer Wasserströmung. Zur Stromerzeugung wird typischerweise diese Energie über ein Turbinenrad zunächst in mechanische Rotationsenergie umgewandelt und hiermit sodann Generatoren angetrieben[82]. Zu unterscheiden sind hier im wesentlichen Laufwasserkraftwerke und Pumpspeicherkraftwerke. Bei Laufwasserkraftwerken wird die Nutzung der Energie des Wassers ohne Speicherung direkt genutzt, während Pumpspeicherkraftwerke nach einem anderen Prinzip arbeiten. Mit ihnen wird der Zweck verfolgt, in Spitzenstrombedarfszeiten den Energiebedarf zu decken. Dazu wird in Zeiten geringen Energiebedarfs unter Einsatz dann nicht benötigter Energie Wasser in ein höher gelegenes Speicherbecken gepumpt und sodann bei Bedarf in das niedriger gelegene Becken abgelassen, wobei die kinetische Energie des Wassers dann wiederum die Turbine des Wasserkraftwerks antreibt[83].

---

79 *Christl*, ET 2003, 98 (99).
80 *Hinsch*, ZNER 2009, 333 (333).
81 *Erlich/Koch*, EW 20/2002, 60 (62).
82 *Oschmann*, in: Altrock/Oschmann/Theobald, EEG 2011, § 3 Rn. 51.
83 *Salje*, EEG 2005, § 3 Rn. 10.

Das EEG unterstellt in § 3 Nr. 3 auch Wellen-, Gezeiten-, Salzgradienten- und Strömungsenergie der Wasserkraftnutzung. Diese Form der Wasserkraftnutzung hat in Deutschland bislang allerdings keine Bedeutung[84].

Prinzipiell ähneln die derzeit angewandten Formen der Wasserkraftnutzung der Nutzung von Windenergie. Der Vorteil der Wasserkraftnutzung liegt allerdings in den geringeren Leistungsschwankungen und der dadurch bedingten Grundlastfähigkeit[85]. Nach dem derzeitigen Erkenntnisstand ist das Potential der Wasserkraft in Deutschland jedoch bereits hoch erschlossen und damit nahezu ausgereizt[86]. Hinsichtlich der Pflicht zur Kapazitätserweiterung nach dem EEG spielt die Wasserkraftnutzung daher allenfalls eine nur untergeordnete Rolle.

III. Biomasse

Auch Biomasse ist indirekte Sonnenenergie. Ihr Vorteil gegenüber anderen regenerativen Energiequellen, wie beispielsweise der Windenergie oder der Photovoltaik, besteht darin, dass sie speicherbar, lager- und transportfähig und damit flexibel einsetzbar ist. In Abhängigkeit vom Aggregatzustand lässt sie sich in flüssige, gasförmige und feste Brennstoffe klassifizieren[87]. Biomasse ist damit der Oberbegriff für sämtliche Stoffe organischer Herkunft, also kohlenstoffhaltige Materie[88]. Der Begriff der Biomasse ist im EEG selbst nicht definiert. Hierfür ist eine eigene Verordnung[89] erlassen worden, die den Rechtsbegriff Biomasse konkretisiert und damit zur Investitionssicherheit beiträgt[90]. Die Energie von Biomasse kann einmal direkt durch Verbrennung (insbesondere Holz) nutzbar gemacht werden. Alternativ wird Biogas in einem biochemischen Prozess unter Sauerstoffabschluss (anaerob) erzeugt (Fermentierung) und kann sodann entweder vor Ort in einem Blockheizkraftwerk (BHKW) oder, nach Einspeisung in das Erdgasnetz, an anderer Stelle verbrannt und verstromt werden[91]. Biogas wird das Potential vorausgesagt, künftig mindestens zehn Prozent des Erdgasbedarfs in Deutschland ersetzen zu können[92]. Neben der elektrischen Energie ist

84 *Oschmann*, in: Altrock/Oschmann/Theobald, EEG 2008, § 3 Rn. 13.
85 *Bauer/Kamm*, WLB 4/1999, 27 (29).
86 Vgl. bereits *Edelmann u.a.*, EW 5/1988, 245 (246); ebenso *BMU*, EEG-Erfahrungsbericht 2011, S. 48.
87 Vertiefend hierzu *Rebhan*, Energiehandbuch, S. 402.
88 *Bauer/Kamm*, WLB 4/1999, 27 (29).
89 Biomasseverordnung v. 21.06.2001, BGBl. I S. 1234, zuletzt geändert durch die Verordnung v. 09.08.2005, BGBl. I S. 2419.
90 Dazu eingehend *Weck*, Die garantierte Einspeisevergütung, S. 44 ff.
91 Zu den Voraussetzungen dieser sog. „Gasäquivalenznutzung" nach § 27 Abs. 2 EEG *Schäferhoff*, in: Reshöft, EEG 2009, § 27 Rn. 35 ff.; hinsichtlich der technischen Aspekte siehe *Heuck/Dettmann/Schulz*, Energieversorgung, S. 43.
92 *Graßmann*, ZNER 2006, 12 (12).

auch die bei dem Stromerzeugungsprozess entstehende Wärme des BHKW über einen Wärmetauscher nutzbar[93].

Die energetische Nutzung von Biomasse wird derzeit stark ausgebaut. Dieser Prozess dürfte sich durch die aus Betreibersicht mit dem EEG seit dem 01.01.2009 verbesserte Vergütungsstruktur weiter beschleunigen. Der maßgebliche Vorteil liegt vor allem in der Grundlastfähigkeit der Stromerzeugung aus Biomasse, d.h. die Stromerzeugung weist grundsätzlich keine tages- und jahreszeitliche Volatilität auf. Dasselbe gilt grundsätzlich auch im Stunden- und Substundenbereich[94]. Ein weiterer Vorteil der Verstromung von Biogas aus Biomasse liegt in der Speicherbarkeit in der Erdgasinfrastruktur[95]. Allerdings ist die Nutzung von Biomasse zur Energieerzeugung in der Öffentlichkeit stark kritisiert worden, da durch die Nutzung von Anbauflächen eine Konkurrenz zu Lebensmitteln befürchtet wird. Gleichwohl könnte Biomasse laut dem der Bundesregierung am 03.12.2008 übergebenen Gutachten des wissenschaftlichen Beirats Globale Umweltveränderungen (WBGU) weltweit zehn Prozent des Energiebedarfs decken, ohne dass es zu Konflikten mit der Lebensmittelversorgung kommt[96].

Aufgrund des dynamischen Wachstums der Nutzung von Strom aus Biomasse und der Lage der Anlagenstandorte überwiegend in ländlichen Bereichen sind Maßnahmen der Kapazitätserweiterung in diesem Bereich von außerordentlich hoher praktischer Bedeutung.

IV. Deponie- Klär- und Grubengas

Der Biomasse ist in § 3 Nr. 3 EEG Deponie- und Klärgas sowie Energie aus dem biologisch abbaubaren Anteil von Abfällen aus Haushalten und Industrie gleichgestellt. Nach dieser Vorschrift ist auch Grubengas vom Förderungsrahmen des EEG umfasst.

Das bei der Müllverrottung auf Deponien entstehende Gas kann über gebohrte Brunnen abgesaugt und sodann energetisch genutzt werden[97]. Es entsteht durch

93 Nach § 27 Abs. 4 Nr. 3 EEG erhöht sich die Vergütung für den in einem solchen Kraft-Wärme-Kopplungs (KWK) Betrieb erzeugten Strom unter den in Anlage 3 zum EEG genannten Voraussetzungen um 3 Cent je Kilowattstunde; zu den einzelnen Voraussetzungen *Schäferhoff*, in: Reshöft, EEG 2009, Anlage 3 Rn. 6 ff.

94 *Brischke*, S. 17.

95 Per 31.12.2010 speisten 44 Biogas-Erzeugungsanlagen in das Gasversorgungsnetz ein, *Volk*, ET 2011, Heft 9, 60 (60 und 62).

96 *BMU*-Pressedienst Nr. 286/08, http://www.bmu.de/pressearchiv/16_legislaturperiode/pm/pdf/42702.pdf (Zugriff 18.06.2010) .

97 *Edelmann u.a.*, EW 5/1988, 245 (249).

mikrobakteriellen Abbau von organischen Abfällen. Es ist deshalb konsequent, den Strom durch energetische Nutzung dieses Gases in das EEG aufzunehmen.

Die Ausfaulung von Klärschlamm lässt durch einen biochemischen Abbauprozess Klärgas entstehen, welches ebenfalls zur Stromerzeugung in Gasmotoren und Gasturbinen eingesetzt werden kann[98].

Bei der untertägigen Gewinnung von Steinkohle wird Grubengas freigesetzt, das grundsätzlich keine Erneuerbare Energie, sondern lediglich ein unvermeidbares Nebenprodukt des Abbaus anderer endlicher Rohstoffe darstellt[99]. Das sieht auch der Gesetzgeber so[100]. Gleichwohl ist das Grubengas als förderungswürdiger Energieträger in das EEG aufgenommen worden.

Sämtlichen vorgenannten Gasmärkten ist gemeinsam, dass sie in Deutschland weitgehend erschlossen sind. Selbst die zunächst rasante Entwicklung der Nutzung von Grubengas durch die Aufnahme in das EEG 2000 hat mittlerweile ein Ende gefunden[101]. Diese Energieformen sind deshalb für eine Kapazitätserweiterung des Netzes ohne Belang.

V. Solare Strahlungsenergie

Hiervon erfasst sind insbesondere Photovoltaikanlagen und Anlagen zur solarthermischen Stromerzeugung sowie zur Nutzung der Umgebungswärme[102]. Die direkte Umwandlung des Sonnenlichts mit Hilfe von Solarzellen stellt grundsätzlich einen sehr einfachen und umweltfreundlichen Weg zur Stromerzeugung dar. Von großem Vorteil sind dabei die grundsätzlich überall gewährleistete Verfügbarkeit von Sonnenenergie und der Umstand, dass die Anlagen verschleiß- und bei den vorherrschenden klimatischen Bedingungen in Deutschland und Europa auch relativ wartungsarm sind. Die Kosten der Stromerzeugung sind im Vergleich zu anderen Erzeugungsarten aus Erneuerbaren Energien noch relativ hoch, wenngleich ein erheblicher Preisverfall festzustellen ist[103]. Zurückzuführen sind die noch hohen Kosten zum einen auf die starken Schwankungen der Sonnenenergie, aber auch auf die Wetterverhältnisse in Deutschland und den bislang erzielten, noch relativ geringen Wirkungsgrad von unter 20 %[104].

Physikalisch macht man sich bei der Nutzung der Sonnenenergie den photovoltaischen Effekt zunutze. Bestimmte Halbleiter nehmen die Elektronen der Son-

98 *Lippert*, Energiewirtschaftsrecht, S. 334.
99 *Schneider*, in: Schneider/Theobald, Energiewirtschaft 2003, § 18 Rn. 23.
100 § 3 Nr. 3 EEG spricht von Erneuerbaren Energien *oder* Grubengas.
101 *BMU*, EEG-Erfahrungsbericht 2011, S. 63 f.
102 BT-Drucks. 16/8148, S. 39.
103 Dazu im einzelnen *BMU*, EEG-Erfahrungsbericht 2011, S. 125 ff.
104 *Knies/Schierack*, Anlagentechnik, S. 53 f.

nenenergie auf, um sich dadurch von der Bindung an ein Atom zu befreien und damit einen Stromfluss hervorzurufen[105]. Grundsätzlich können beliebig viele Solarzellen miteinander verschaltet werden, so dass auch leistungsfähige Solarkraftwerke im Gigawatt-Bereich möglich erscheinen. Je nach Standort und Herstellungsart ist der Energieaufwand für die Herstellung der Solarzellen aktuell innerhalb von 3 bis 6 Jahren wieder eingespielt[106].

Bei solarthermischen Kraftwerken wird ein Dampferzeuger aufgeheizt, worüber eine Turbine und dadurch wiederum ein Stromgenerator angetrieben wird[107].

Insbesondere im Bereich der Photovoltaik sind in der nahen Vergangenheit große Fortschritte gemacht worden. Die Photovoltaik erlebt seit 2004 in Deutschland nicht zuletzt aufgrund erhöhter Wirkungsgrade einen regelrechten Boom gerade auch im Bereich kleinerer Anlagen[108]. Dies hat massive Auswirkungen auf die Kapazität der Netze vor allem im Bereich der Niederspannung und spielt deshalb im Rahmen des Untersuchungsgegenstands der Arbeit eine herausragende Rolle.

VI. Geothermie

Unter Geothermie (Erdwärme) versteht man die Wärme im Erdinneren, die durch die Erdkruste an die Erdoberfläche dringt. Die Nutzung dieser Energiequelle birgt größte Potentiale[109]. Sie ist nicht direkt auf die Sonnenenergie zurückzuführen, sondern auf radioaktive Zerfallsprozesse im Erdinneren[110]. Technisch nutzbar macht man sich die Geothermie zur Elektrizitätsgewinnung durch Tiefenbohrungen, bei denen heißes Wasser entweder direkt oder nach Einpressen von Oberflächenwasser wieder entnommen werden kann. Sodann wird über eine Turbine und den daran angeschlossenen Generator Strom erzeugt[111].

---

105 *Bauer/Kamm*, WLB 4/1999, 27 (28).

106 Vgl. *BMU*, http://www.bmu.de/dossier_photovoltaik/doc/45709.php #29 (Zugriff 05.10. 2011).

107 *Salje*, EEG 2009, § 3 Rn. 29.

108 Darauf hat der Gesetzgeber für Anlagen mit einer Leistung von bis zu 30 kWp in § 5 Abs. 1 Satz 2 EEG hinsichtlich des Netzverknüpfungspunkts mit besonderen Regelungen reagiert; dazu eingehend 4. Kapitel:C.IV.5, S. 86.

109 Nach *Heuck/Dettmann/Schulz*, Energieversorgung, S. 44, könnte der aktuelle Energiebedarf Deutschlands mit Geothermie rein rechnerisch mehr als 600mal gedeckt werden, wenn die Erschließung und Nutzung dieser Energieform aus tieferen Erdschichten gelänge.

110 *Heuck/Dettmann/Schulz*, Energieversorgung, S. 27.

111 *Salje*, EnWG, § 3 Rn. 143.

Die technischen Möglichkeiten in diesem Bereich haben sich in den letzten Jahren stark verbessert[112], auch wenn die Nutzung der Geothermie zur Stromerzeugung in Deutschland derzeit noch in den Anfängen steckt[113]. Gegenwärtig stellt die Stromerzeugung aus Geothermie folglich (noch) keine Herausforderungen an die Stromnetze.

112 *Niedersberg*, NVwZ 2001, 21 (21).

113 Zum Zeitpunkt des aktuellen EEG-Erfahrungsberichts 2011 waren nur drei Anlagen in Neustadt-Glewe, in Unterhaching und Landau in Betrieb, vgl. *BMU*, EEG-Erfahrungsbericht 2011, S. 95.

3. Kapitel: Rechtliche Grundlagen der Kapazitätserweiterungspflicht

Die für die Kapazitätserweiterung relevanten Bestimmungen finden sich in erster Linie in §§ 5, 9, 13 und 14 EEG. Sekundär sind auch die Vorschriften der §§ 6, 7, 8, 11 und 12 EEG von Bedeutung. Die Zeiten, in denen den Beteiligten die Fragen einer erforderlichen Kapazitätserweiterung ohne gesetzliche Vorgaben selbst überlassen wurden, sind deshalb mittlerweile vorbei. In der zentralen Vorschrift des § 9 Abs. 1 Satz 1 EEG ist die Pflicht des Netzbetreibers zur Kapazitätserweiterung ausdrücklich niedergelegt. Rechtshistorisch betrachtet wurde bis zur derzeitigen Fassung des EEG allerdings ein langer Weg zurückgelegt. Zum Verständnis der heutigen Regelungen wird zunächst die historisch-genetische Entwicklung skizziert.

A. Genese und historische Entwicklung

Die Frage nach einer Pflicht des Netzbetreibers zur Kapazitätserweiterung zwecks Abnahme des Stroms aus Erneuerbaren Energiequellen stellte sich lange Zeit nicht. Erst mit Inkrafttreten des StrEG kam eine solche Diskussion auf[114]. Das EEG 2000 ordnete erstmals eine Netzausbaupflicht des Netzbetreibers an, welche dem Grunde nach durch das EEG 2004 fortgeführt wurde. Das EEG in der Fassung vom 01.01.2009 spricht demgegenüber von einer Pflicht zur Kapazitätserweiterung.

I. Zeitraum bis 1990

Im Zeitraum vor Inkrafttreten des StrEG[115] zum 01.01.1991 bestand keinerlei gesetzlich angeordnete Pflicht des Netzbetreibers, die Kapazität seines Netzes beim Anschluss von Eigenerzeugungsanlagen zur Herstellung der technischen Eignung zur Abnahme des Stroms zu erweitern. Überhaupt finden sich in Literatur und Rechtsprechung nur wenige Nachweise einer angenommenen Pflicht zur Abnahme und Vergütung des in Eigenerzeugungsanlagen produzierten Stroms[116]. Abgesehen von diesen wenigen ausdrücklichen Ausnahmen stützte die Rechtsprechung einen Einspeisungs- und Vergütungsanspruch auf das Wettbewerbsrecht und § 315 BGB[117] und gewährte einen Vergütungsanspruch in

114 Dazu noch 3. Kapitel:A.II.1, S. 25.

115 Gesetz über die Einspeisung von Strom aus Erneuerbaren Energien in das öffentliche Netz v. 07.12.1990, BGBl. I S. 2633.

116 Vgl. die Nachweise bei *Salje*, StrEG, Übersicht Rn. 21 f.

117 Ein vertiefender Überblick über die damalige Rechtslage findet sich bei *Salje*, StrEG, Übersicht Rn. 49 ff.; *Schneider*, in: Schneider/Theobald, Energiewirtschaft 2003, § 18

Höhe der vermiedenen Kosten[118]. In der Folgezeit einigten sich sodann die Vereinigung Deutscher Elektrizitätswerke (*VDEW*)[119], der Verband der Industriellen Energie- und Kraftwirtschaft (VIK) und der Bundesverband der Deutschen Industrie (BDI) auf eine Verbändevereinbarung, die Dritten den Netzzugang eröffnete und eine Vergütung für den eingespeisten Strom festlegte[120]. Auch dieser Vereinbarung lag das Prinzip zu Grunde, hinsichtlich der Höhe der Vergütung grundsätzlich die vermiedenen Kosten anzusetzen[121]. Es stellte sich allerdings heraus, dass bei einer an den vermiedenen Kosten orientierten Vergütung ein wirtschaftlicher Betrieb insbesondere von Regenerativstromanlagen nicht gewährleistet war[122]. Aufgrund dieser Erfahrungen führte der Gesetzgeber mit Wirkung zum 01.01.1991 das StrEG ein, um den Anteil der Erneuerbaren Energien an der Energieversorgung aus Gründen der Ressourcenschonung und des Klimaschutzes auszuweiten[123].

II. Stromeinspeisungsgesetz

Anders als zuvor wurde die Einspeisevergütung nicht mehr anhand der vermiedenen Kosten berechnet, sondern war an einen festen Prozentsatz vom Durchschnittserlös des Stroms gekoppelt[124]. Das StrEG erwies sich in der Folgezeit als treibende Kraft für die verbreitete Markteinführung der Windenergie. Während des knapp 10-jährigen Bestehens des StrEG vom 01.01.1991 bis zum 31.03.2000[125] wuchs die installierte elektrische Leistung nur bei dieser Form der Nutzung Erneuerbarer Energien um rund das 100fache auf 4.400 Megawatt (MW) an[126]. Damit zeigte die Einführung des Gesetzes eindrucksvoll, dass eine

Rn. 47 f.; *Vinnen*, Rechtsprobleme regenerativer Energien, S. 261 ff.; *Altrock*, Preisregelungen, S. 13 ff.; zu kartellrechtlich begründeten Durchleitungspflichten ausführlich *Kasper*, Durchleitung von Strom, S. 4 ff.; bezüglich Offshore-Windenergie unter Geltung des StrEG siehe *Baur*, RdE 1996, 173 (180 f.).

118 BGH, Urt. v. 06.10.1992 – KZR 10/91, BGHZ 119, 335 (341); BGH, Urt. v. 22.10.1996 – KZR 19/95, BGHZ 134, 1 (6); speziell für KWK-Anlagen BGH, Urt. v. 02.07.1996 – KZR 31/95, RdE 1997, 25 (26).

119 Mittlerweile aufgegangen im Bundesverband der Energie- und Wasserwirtschaft e.V. (*BDEW*).

120 Verbändevereinbarung für Stromwirtschaftliche Zusammenarbeit v. 01.08.1979 i.d.F. v. 27.06.1988 und 27.09.1994, abgedruckt in VIK-Mitteilungen 1994, S. 119 f.

121 Vgl. *Reshöft*, in: Reshöft, EEG 2009, Einleitung Rn. 1.

122 *Weißenborn*, in: Schmidt-Schlaeger/Zinnow, Grundlagen des Energierechts, S. 121 (123).

123 BT-Drucks. 11/7971, S. 3.

124 § 3 StrEG. Vgl. dazu auch *Klemm*, ET 2001, 592 (592).

125 Das StrEG ist außer Kraft getreten zum 31.03.2000, BGBl. I 2000, S. 305 (309).

126 BT-Drucks. 14/2776, S. 19. Auch *Ennuschat*, RdE 1996, 182 (188) betont die positiven Impulse.

Einspeisung von in kleineren EE-Anlagen erzeugter Elektrizität in das öffentliche Netz und eine Vergütung zu berechenbaren Preisen ein höchst wirksames Instrumentarium darstellte, den Ausbau der Nutzung dieser Energiequellen voranzutreiben[127].

1. Regelungen zum Netzausbau

Zwar manifestierte das StrEG in § 2 für Elektrizitätsversorgungsunternehmen (EVU) die allgemeine Pflicht zur Abnahme des in ihrem Versorgungsgebiet erzeugten Stroms aus Erneuerbaren Energien und zur Vergütung desselben. Eine Regelung hinsichtlich einer eventuell erforderlichen Kapazitätserweiterungspflicht, seinerzeit noch unter dem Begriff „Netzausbau“ diskutiert, enthielt das StrEG demgegenüber nicht[128]. Die Beantwortung dieser Frage war damit Literatur und Rechtsprechung überlassen.

Während hinsichtlich der entstehenden Anschlusskosten, also der Kosten für die Maßnahmen zur Anbindung der Stromerzeugungsanlage an den Verknüpfungspunkt des bestehenden Netzes, jedenfalls im Ergebnis weitgehende Einigkeit bestand, dass es sich dabei mangels anderweitiger Vereinbarung um Kosten handelte, die dem Anlagenbetreiber oblagen[129], wurde die Frage der Kostentragung bei erforderlichen Maßnahmen des Netzausbaus äußerst kontrovers diskutiert. Diese Rechtsunsicherheit stellte eines der größten Hindernisse beim Ausbau regenerativer Energien unter der Geltung des StrEG dar[130].

2. Kostentragung unter StrEG

Das Thema des Netzausbaus und der damit korrespondierenden Kostenlast unter dem Regime des StrEG beschäftigte bis in die jüngste Vergangenheit die Ge-

---

127 *Salje*, StrEG, Übersicht Rn. 19.

128 *Pingel*, in: VDEW, StrEG, S. 43.; *Oschmann*, ET 2000, 460 (463); *Schäfermeier*, in: Reshöft, EEG 2009, § 14 Rn. 5.

129 BGH, Urt. v. 29.09.1993 – VIII ZR 107/93, RdE 1994, 70 (72); BGH, Urt. v. 11.06.2003 – VIII ZR 160/02, RdE 2003, 268 (274); BGH, Urt. v. 07.02.2007 – VIII ZR 225/05, ZNER 2007, 59 (60); *Vinnen*, Rechtsprobleme regenerativer Energien, S. 299; *Pohlmann*, RdE 1997, 93 (101); zur insoweit abweichenden Meinung siehe die Nachweise bei *Salje*, StrEG, § 2 Rn. 54 zum Vorbringen der Klägerseite in den dort aufgeführten Entscheidungen.

130 *Friedrich/Hoffmann*, in: Rayermann/Loibl, Energierecht, S. 353; *Weck*, Die garantierte Einspeisevergütung, S. 84.

richte – auch den BGH. Der BGH hat die Frage trotz Gelegenheit allerdings offen gelassen und sich nicht festgelegt[131].

a. Vertretene Ansichten

Einige wollten mangels vertraglicher Absprachen die Kosten des Netzausbau dem Anlagenbetreiber[132], dem EVU[133] oder gar beiden jeweils zur Hälfte[134] auferlegen. Die Begründungsansätze reichten von der entsprechenden Anwendung der §§ 269, 448 BGB[135], über das Recht der Geschäftsbesorgung[136] bis hin zu den Regelungen zur Geschäftsführung ohne Auftrag[137].

Die Befürworter einer Tragung notwendiger Netzausbaukosten durch den Anlagenbetreiber räumten der Gegenansicht zwar überwiegend ein, dass grundsätzlich nach der Anwendung der Vorschrift des § 448 BGB anfallende Netzverstärkungskosten zu Lasten des Käufers, also des EVU, gehen müssten[138]. Jedoch wurde die Anwendung dieser Vorschrift mit unterschiedlichen Begründungen im Ergebnis abgelehnt. Während einige den Sondercharakter des § 448 BGB als Ausprägung der zivilrechtlichen Privatautonomie betonten[139], hielten andere die Anwendung schlicht für nicht sachgerecht[140].

Teilweise wurde scheinbar auch strikt die Veranlassungstheorie[141] vertreten. Danach müsse der Anlagenbetreiber schon deshalb die Kosten des Anschlusses

---

131 Vgl. zuletzt BGH, Urt. v. 07.02.2007 – VIII ZR 225/05, ZNER 2007, 59 (60).

132 So OLG Düsseldorf, Urt. v. 14.07.1992 – 21 U 21/92, RdE 1993, 77 (78); LG Wuppertal, Urt. v. 07.01.1992 – 16 O 266/91, ET 1992, 324 (325); *Bartsch/Dingeldey*, ET 1995, 249 (251); *Pohlmann*, RdE 1997, 93 (101).

133 OLG Schleswig, Urt. v. 20.06.2003 – 1 U 209/00 (n.v.), S. 7 f., das allerdings auch ausführt, dass eine Netzverstärkungs*pflicht* grundsätzlich nicht bestehe; *Salje*, StrEG, § 2 Rn. 66.

134 OLG Schleswig, Urt. v. 02.09.2005 – 4 U 217/04 (n.v.), S. 11 f.

135 BGH, Urt. v. 29.09.1993 – VIII ZR 107/93, RdE 1994, 70 (72); zustimmend OLG Karlsruhe, Urt. v. 14.07.2005 – 9 U 31/05, RdE 2005, 277 (278); nur für § 269 BGB *Salje*, StrEG, § 2 Rn. 59 ff.

136 OLG Düsseldorf, Urt. v. 14.07.1992 – 21 U 21/92, RdE 1993, 77 (78).

137 Für die Anwendung dieses Rechtsinstituts LG Wuppertal, Urt. v. 07.01.1992 – 16 O 266/91, ET 1992, 324 (325); zustimmend *Schulte-Tamburen*, ET 1992, 325 (325); wohl auch OLG Schleswig, Urt. v. 02.09.2005 – 4 U 217/04 (n.v.), S. 11 f.

138 So ausdrücklich *Pohlmann*, RdE 1997, 93 (101); *Niedersberg*, Windenergie, S. 132; *Vinnen*, Rechtsprobleme regenerativer Energien, S. 260. Dagegen – ohne Auseinandersetzung mit dieser Vorschrift – *Bartsch/Dingeldey*, ET 1995, 249 (251).

139 *Niedersberg*, Windenergie, S. 132.

140 *Vinnen*, Rechtsprobleme regenerativer Energien, S. 260; ebenso *Pohlmann*, RdE 1997, 93 (101).

141 Dazu noch näher 6. Kapitel:D.I, S. 178.

und auch eines möglichen Netzausbaus tragen, weil diese durch ihn verursacht worden seien. Reiche die technisch verfügbare Kapazität des Leitungsnetzes beim EVU nicht aus, so sei die Abnahme des Stroms für den Netzbetreiber unmöglich[142]. Bei einem Netzausbau durch den Netzbetreiber infolge des Anschlusses von EE-Anlagen, handele das EVU demzufolge allein im Interesse des Einspeisewilligen. Die Anwendung des Rechts der Geschäftsbesorgung bzw. der Geschäftsführung ohne Auftrag folge schon allein daraus, dass eine ausdrückliche Pflicht zur Kapazitätserweiterung im StrEG nicht angelegt sei. Die dieser Ansicht zugeneigte Rechtsprechung[143] setzte sich mit den Vorschriften der §§ 269 und 448 BGB nicht näher auseinander.

b. Stellungnahme

Im Ergebnis sprechen die besseren rechtlichen Argumente dafür, auch ohne ausdrückliche Anordnung unter Geltung des StrEG die Kosten von gegebenenfalls erforderlichen Netzausbaumaßnahmen dem netzbetreibenden EVU aufzuerlegen. Es erscheint interessengerecht, mangels vertraglicher Absprachen hinsichtlich der Stromabnahmepflicht des StrEG unterliegenden Anlagen für dabei entstehende Kosten die dispositiven[144] Regelungen der §§ 269 und 448 BGB anzuwenden. Dafür spricht schon der Wortlaut des § 448 BGB („Kosten der *Abnahme*")[145].

Für die Anwendung der Vorschriften der §§ 269 und 448 BGB sprechen darüber hinaus systematische Gründe. Ein Stromeinspeisungsvertrag unterliegt nach der gefestigten Rechtsprechung des BGH den Vorschriften des Kaufes[146]. § 448 regelt die Verteilung der Kosten, die mit der Vertragsdurchführung verbunden sind[147]. Diese Regelung beruht auf der einleuchtenden Grundüberlegung, dass der Verkäufer die Kosten für die Handlungen tragen soll, die er schuldet[148]. Handelt es sich um eine Bringschuld, hat der Verkäufer alle Kosten bis zur Übergabe der Kaufsache zu tragen[149]. Der Übergabeort bestimmt sich gemäß § 269 Abs. 1 BGB bei fehlender Vereinbarung nach den Umständen und der Natur des Schuldverhältnisses. Der in der Erzeugungsanlage produzierte Strom ist

142 So *Pingel*, in: VDEW, StrEG, S. 53 und 59.

143 OLG Düsseldorf, Urt. v. 14.07.1992 – 21 U 21/92, RdE 1993, 77 (78); LG Wuppertal, Urt. v. 07.01.1992 – 16 O 266/91, ET 1992, 324 (325).

144 *Grunewald*, in: Erman, BGB, § 448 Rn. 5.

145 *Salje*, StrEG, § 2 Rn. 66.

146 Zuletzt BGH, Urt. v. 29.09.1993 – VIII ZR 107/93, RdE 1994, 70 (72); ebenso OLG Koblenz, Urt. v. 28.09.1999 – 1 U 1044/96, RdE 2000, 74 (76).

147 *Faust*, in: Bamberger/Roth, § 448 Rn. 1.

148 *Bönning*, ZNER 2003, 296 (296); *Grunewald*, in: Erman, BGB, § 448 Rn. 1.

149 *Grunewald*, in: Erman, BGB, § 448 Rn. 2.

angesichts des schon in der Bezeichnung des StrEG – „Gesetz über die Einspeisung von Strom aus erneuerbaren Energien in das öffentliche Netz" – zum Ausdruck kommenden Gedankens am Verknüpfungspunkt der von der EE-Anlage kommenden Anschlussanlage mit dem Netz zu übergeben. Daraus ist zu folgern, dass die Anschlusskosten bis zu dem technisch und wirtschaftlich günstigsten[150] Verknüpfungspunkt (Einspeisekabel, Transformatoren, Übergabestation etc.) vom Verkäufer des Stroms, also vom Anlagenbetreiber zu tragen sind[151]. Kosten, die allerdings jenseits dieses Verknüpfungspunkts zwecks Abnahme des Stroms anfallen, sind demgegenüber vom Netzbetreiber zu zahlen[152]. Eines Rückgriffs auf das Recht der Geschäftsbesorgung oder der Geschäftsführung ohne Auftrag bedarf es demnach schon aus systematischen Gründen nicht[153]. Deshalb ist die Anwendung des Rechts der Geschäftsbesorgung[154] oder auch des Rechts der Geschäftsführung ohne Auftrag[155] abzulehnen.

Auch die Argumentation, wonach die Anwendbarkeit der Vorschriften der §§ 269 und 448 BGB nicht sachgerecht sei[156], ist als inkonsequent zu verwerfen. Eine entsprechende Anwendung der §§ 9 und 10 AVBEltV[157] kommt nicht in Betracht. Nach § 10 Abs. 5 AVBEltV waren EVU berechtigt, vom Anschlussnehmer die Erstattung, der bei wirtschaftlicher Betriebsführung notwendigen Kosten für die Erstellung des Hausanschlusses, also der Verbindung des Verteilungsnetzes mit der Kundenanlage (§ 10 Abs. 1 AVBEltV), zu verlangen. § 9 Abs. 1 AVBEltV berechtigte das EVU darüber hinaus von den jeweiligen Anschlussnehmern einen angemessenen Baukostenzuschuss zur teilweisen Abdeckung der bei wirtschaftlicher Betriebsführung notwendigen Kosten für die Erstellung und Verstärkung von Verteilungsanlagen zu fordern, soweit diese sich ausschließlich dem Versorgungsbereich zuordnen ließen. Auf den ersten Blick könnte diese Vorschrift zwar dafür sprechen, auch im Falle der Anbindung von EE-Anlagen nach dem StrEG an das öffentliche Netz dem EVU einen Anspruch

---

150 Für diese Form der Bestimmung des Verknüpfungspunkts auch *Pohlmann*, RdE 1997, 93 (100 f.). Die technisch und wirtschaftlich günstigste Lage des Verknüpfungspunkts ist in § 5 Abs. 1 Satz 1 EEG unter bestimmten Voraussetzungen nunmehr Gesetz geworden; dazu noch 4. Kapitel:C.IV.4, S. 79.

151 BGH, Urt. v. 29.09.1993 – VIII ZR 107/93, RdE 1994, 70 (72); zustimmend OLG Karlsruhe, Urt. v. 14.07.2005 – 9 U 31/05, RdE 2005, 277 (278).

152 Ebenso im Ergebnis auch *Salje*, StrEG, § 2 Rn. 69.

153 *Salje*, StrEG, § 2 Rn. 67.

154 Dafür OLG Düsseldorf, Urt. v. 14.07.1992 – 21 U 21/92, RdE 1993, 77 (78)

155 Dafür aber LG Wuppertal, Urt. v. 07.01.1992 – 16 O 266/91, ET 1992, 324 (325); *Schulte-Tamburen*, ET 1992, 325 (325).

156 *Vinnen*, Rechtsprobleme regenerativer Energien, S. 260; *Pohlmann*, RdE 1997, 93 (101).

157 Allgemeine Bedingung für die Elektrizitätsversorgung von Tarifkunden vom 21.06.1979, BGBl. I S. 684, mit Änderungen in 2004, BGBl. I S. 3214, außer Kraft getreten und ersetzt durch die NAV, BGBl. I 2006, S. 2494.

auf Zahlung der im Netz gegebenenfalls erforderlichen Netzverstärkungs-/ Netzausbaukosten zuzubilligen. Allerdings übersieht auch die Gegenansicht nicht, dass die Rechtslage der AVBEltV auf den Anwendungsbereich des StrEG nicht übertragbar ist. Denn es geht bei der Anbindung von EE-Anlagen an das öffentliche Netz nicht um die Stromversorgung der Anlagen, sondern um die Stromlieferung aus diesen Anlagen[158].

Die Richtigkeit des gefundenen Ergebnisses wird auch durch die historische Auslegung der hier maßgeblichen Vorschrift des § 2 StrEG und die daraus folgende Kontrollüberlegung bestätigt: Nach der Gesetzesbegründung verfolgte der Gesetzgeber mit der Einführung des StrEG eine besonders kostengünstige Lösung für die Einspeisung von Strom aus Erneuerbaren Energien in das Netz[159]. Dieses Ziel wird insbesondere durch die Pflicht der EVU sichergestellt, die Kosten der in ihrem Netz bei der Anbindung der EE-Anlagen entstehenden Netzausbaumaßnahmen zu tragen. Denn gemäß allgemeiner Lebenserfahrung wird eine Kostenminimierung besonders dann erreicht, wenn derjenige die Kosten zu tragen hat, der auch die Ausgaben kontrolliert[160]. Der BGH geht deshalb auch zu Recht davon aus, dass die Kostentragungsregelung des EEG direkt an die zivilrechtlichen Bestimmungen der § 269 und § 448 anknüpft[161].

3. Zwischenergebnis zur Kostentragung unter StrEG

Das StrEG traf wie aufgezeigt keine Regelungen zu den Kosten von Netzanschluss und notwendigen Maßnahmen der Kapazitätserweiterung. Der Problemkreis der Kostentragung für die gegebenenfalls erforderlichen Maßnahmen einer seinerzeit noch als Netzausbau bezeichneten Kapazitätserweiterung im Netz ist weder in der Rechtsprechung noch in der Literatur abschließend geklärt worden. Nach dem hier gefundenen Ergebnis oblagen die Kosten der Maßnahmen zum

158 Vgl. LG Wuppertal, Urt. v. 07.01.1992 – 16 O 266/91, ET 1992, 324 (325), wo auf die Vorschrift des § 1 Abs. 1 AVBEltV hingewiesen wird, die den Anwendungsbereich für die Einspeisung von Strom aus EE-Anlagen nicht eröffne; ähnlich *Pohlmann*, RdE 1997, 93 (100 f.), der allerdings die Vorschrift des § 9 Abs. 2 AVBEltV gleichwohl insoweit analog heranziehen möchte, als dass der Einspeiser nur den auf ihn entfallenden Anteil der Netzverstärkungs- und Netzausbaukosten zu tragen habe.

159 BT-Drucks. 11/7816, S. 4.

160 *Salje*, StrEG, § 2 Rn. 73.

161 BGH, Urt. v. 11.06.2003 – VIII ZR 160/02, RdE 2003, 268 (274). Das steht in Übereinklang mit dem hier gefundenen Zwischenergebnis, wonach auch ohne ausdrückliche gesetzliche Anordnung im StrEG die Netzanschlusskosten vom Anlagenbetreiber und die Netzausbaukosten vom Netzbetreiber zu tragen waren. Nach § 14 EEG obliegen dem Netzbetreiber die Kosten einer Kapazitätserweiterung, während der Anlagenbetreiber über § 13 Abs. 1 EEG die Anschlusskosten trägt – sog. Regime der flachen Netzanschlusskosten; dazu noch 5. Kapitel:E, S. 133.

Anschluss der Anlage an das Netz dem Anlagenbetreiber. Demgegenüber war der Netzbetreiber zur Verstärkung seines vorhandenen Netzes bei nicht getroffenen anderweitigen Absprachen auf eigene Kosten verpflichtet. Hierfür sprechen der Wortlaut der Regelung des subsidiär anwendbaren § 448 BGB, die Gesetzessystematik sowie die Historie.

B. Das Erneuerbare-Energien-Gesetz

Das StrEG ist sodann am 31.03.2000 außer Kraft getreten. Unmittelbarer Nachfolger war das am 01.04.2000 in Kraft getretene EEG 2000 vom 29.03.2000[162].

Der Erlass des EEG war aus diversen Gründen für notwendig erachtet worden. Hinsichtlich der Vergütungssystematik für den aus den EE-Anlagen eingespeisten Strom war man zu der Erkenntnis gelangt, dass eine Orientierung der Einspeisevergütung an den durchschnittlichen Strompreisen den als notwendig erachteten kontinuierlichen Ausbau der Stromerzeugung aus Erneuerbaren Energien nicht sicherstellen würde[163]. Außerhalb der Windenergie und der Wasserkraft hatte das StrEG insbesondere für Photovoltaik- und Biomasseanlagen nicht die gewünschten Effekte hervorgerufen[164].

Ein weiterer Grund der Entscheidung für das EEG war die Einsicht, dass die Abnahme- und Vergütungsregelungen des StrEG zu erheblichen Ungleichgewichten der finanziellen Belastung der EVU führten[165], was auch durch die in § 4 StrEG eingeführte Härteklausel nicht vollständig ausgeglichen werden konnte[166]. Darüber hinaus hatte das StrEG als Adressaten seiner Pflichten das EVU, welches zugleich Produzent, überörtlicher Netzbetreiber und Verteiler sein konnte. Da das vor dem Hintergrund der Elektrizitätsbinnenmarktrichtlinie vom 19.12.1996[167] erlassene Energiewirtschaftsgesetz vom 24.04.1998[168] (EnWG 1998) nunmehr ausdrücklich zwischen Energieversorgern und Netzbe-

162 Art. 1 des Gesetzes über den Vorrang Erneuerbarer Energien sowie zur Änderung des Energiewirtschaftsgesetzes und des Mineralölsteuergesetzes, BGBl. I, S. 305.

163 Erwägung in BT-Drucks. 14/2776, S. 19. Ebenso *Oschmann*, ZNER 2010, 117 (117).

164 BT-Drucks. 14/2776, S. 19; *Reiche*, S. 145.

165 BT-Drucks. 14/2776, S. 19.

166 *Bürger/Senger*, UPR 2000, 215 (215).

167 Richtlinie 96/92/EG des Europäischen Parlaments und des Rates betreffend gemeinsame Vorschriften für den Elektrizitätsbinnenmarkt v. 19.12.1996, ABl. L 027 v. 30.01.1997, außer Kraft gesetzt durch Richtlinie 2003/54/EG v. 26.06.2003, ABl. L 176/37 v. 15.07.2003.

168 Art. 1 des Gesetzes zur Neuregelung des Energiewirtschaftsrechts v. 24.04.1998, BGBl. I S. 730.

treibern differenzierte[169], wurde diese Unterscheidung nun auch in einem neu zu fassenden EEG für notwendig erachtet[170].

Ein weiterer Grund für die Neufassung kann darin erblickt werden, dass der Gesetzgeber aufgrund der vielen rechtlichen Unsicherheiten auch im Bereich der Netzanschluss- und Netzausbaukosten dringenden Handlungsbedarf erkannte und die daraus folgenden Probleme mit dem EEG zu lösen versuchte[171]. Da es sich bei den Kosten eines gegebenenfalls erforderlichen Netzausbaus um ganz erhebliche handeln konnte, bedurfte diese Frage dringend einer Klärung[172].

I. Ursprüngliche Fassung EEG 2000

Im EEG 2000 wurde in § 1 die Zielbestimmung verankert, den Anteil Erneuerbarer Energien am gesamten Energieverbrauch bis zum Jahr 2010 mindestens zu verdoppeln. Weil regenerative Energieträger in vielen Fällen nicht wirtschaftlich konkurrenzfähig waren, wurden unter Berücksichtigung der einzelnen Erzeugungsarten Mindestvergütungssätze festgesetzt, die der den Strom aufnehmende Netzbetreiber an den Anlagenbetreiber mindestens zu zahlen hatte[173]. Allerdings wurden auch bereits konkurrenzfähige Nutzungsformen einzelner Primärenergieträger aus der Begünstigung durch das EEG ausgeschlossen, weil man insoweit davon ausging, dass eine Förderung nicht mehr notwendig sei. Dazu zählte insbesondere die Nutzung großer Wasserkraftanlagen in § 2 Abs. 2 Nr. 1 EEG 2000[174]. Auch der persönliche Anwendungsbereich des Gesetzes wurde erweitert. Gegenüber der Regelung des StrEG waren nunmehr auch Netzbetreiber selbst anspruchsberechtigt, da das EEG 2000 insoweit keine Differenzierung mehr enthielt[175].

1. Manifestation der Netzausbaupflicht

Eine gegenüber dem ursprünglichen StrEG vollkommen neue Regelung stellte die Einführung der Netzausbaupflicht in § 3 Abs. 1 Satz 2 2. HS EEG 2000 dar. Diese Pflicht griff dann, wenn das in kürzester Entfernung zum Standort der an-

---

169 § 2 Abs. 3 EnWG 1998.
170 BT-Drucks. 14/2776, S. 19.
171 Dazu *Behrends*, ZNER 2000, 184 (191).
172 *Salje*, EEG 2007, § 13 Rn. 3.
173 Die grundsätzliche Vergütungspflicht fand sich in § 3 Abs. 1 Satz 1 EEG 2000, während die konkreten Vergütungshöhen für die einzelnen Nutzungsarten in den §§ 4–8 EEG 2000 geregelt waren.
174 *Böwing*, in: Säcker, BK, Vorb. § 1 Rn. 1.
175 *Oschmann*, NVwZ 2004, 910 (911).

zuschließenden EE-Anlage bestehende Netz zur Stromabnahme nicht geeignet war und die technische Eignung erst durch einen wirtschaftlich zumutbaren Ausbau des Netzes ermöglicht werden konnte. Der Übergang zu diesem Verfahren zur Ermittlung des anschluss- und möglicherweise ausbaupflichtigen Netzbetreibers stellte gegenüber der Fassung des StrEG einen „partiellen Systemwechsel“[176] dar, der allerdings vor dem Hintergrund des Anliegens einer Kostenminimierung nur konsequent war[177]. Während das StrEG hinsichtlich der Abnahmepflicht für den produzierten Strom noch auf den Begriff des Versorgungsgebiets abstellte (§ 2 StrEG), war nach dem EEG 2000 nunmehr grundsätzlich die geographische Entfernung zwischen Netz und EE-Anlage entscheidend. Entsprechend differenzierte § 10 EEG 2000 zwischen Netzanschluss- und Netzausbaukosten. Netzanschlusskosten waren danach vom Anlagenbetreiber zu tragen, während die Kosten des Netzausbaus dem Netzbetreiber oblagen.

Eine weitere wichtige Änderung gegenüber dem StrEG bestand in der Aufnahme eines Wahlrechts in § 10 Abs. 1 Satz 3 EEG 2000, demzufolge der Anlagenbetreiber entscheiden konnte, den Anschluss vom Netzbetreiber oder einem anderweitigen fachkundigen Dritten vornehmen zu lassen.

Der in das Gesetz aufgenommene Netzausbauanspruch war als eine Art Hilfsanspruch lediglich zur Durchsetzung der Anschluss- und Abnahmeansprüche aus § 3 Abs. 1 Satz 1 EEG 2000 ausgestaltet und diesen Ansprüchen vorgelagert[178]. Auf den ersten Blick erschienen die neuen Regelungen zur Netzausbaupflicht eindeutig und geeignet, die unter der Geltung des StrEG entstandenen Rechtsstreitigkeiten hinsichtlich der Kostenlast bei der Anbindung von EE-Anlagen an das Netz auszuräumen. Es zeigte sich jedoch in der Folgezeit, dass diese Erwartungen keinesfalls gerechtfertigt waren. Denn § 10 EEG bestimmte zwar eindeutig, dass der Anlagenbetreiber die Anschlusskosten und der Netzbetreiber die Ausbaukosten tragen musste. Auf diese Kostenzuordnungsregelung beschränkte sich der Gesetzgeber allerdings auch, ohne Abgrenzungskriterien in das Gesetz aufzunehmen oder die Begriffe des Netzanschlusses und des Netzausbaus gar zu definieren.

Diese Umstände führen, wie eine Vielzahl von Rechtsstreitigkeiten und mittlerweile vorliegenden Entscheidungen zeigt, nach wie vor immer wieder zu Abgrenzungsfragen[179].

---

176 *Oschmann*, ZNER 2000, 24 (26).

177 Vgl. die Beweggründe des Gesetzgebers in BT-Drucks. 14/2776, S. 22, wonach dieser das Kriterium des nächstgelegenen geeigneten Netzes als volkswirtschaftlich sinnvoller erachtete.

178 *Fischer/Henning*, ZUR 2006, 225 (231).

179 *Trzeciak/Goldbach*, in: Bartsch u.a., Stromwirtschaft, S. 562.

2. Kostentragung des Netzausbaus

In der ursprünglichen Fassung des Entwurfs zum EEG 2000 war noch eine hälftige Kostenteilung zwischen den Beteiligten vorgesehen[180]. Die endgültige Gesetzesfassung entschied sich dann allerdings für eine strikte Kostentrennung von Netzanschluss- und Netzausbaukosten. Diese Systematik ist bis heute erhalten geblieben[181].

Weil viele Netzbetreiber in der Folge dazu übergingen, in zeitlich vor der Anbindung der EE-Anlage an das Netz abzuschließenden Netzanschlussverträgen die Kostentragung zu regeln, stellte sich die Frage, ob diese gegebenenfalls von der gesetzlichen Regelung des Gesetzes abweichenden Vereinbarungen wirksam waren oder nicht. Darüber hinaus stellte sich die Frage, ob der Netzbetreiber überhaupt den Abschluss eines solchen Vertrages verlangen konnte. In diesem Zusammenhang wurde eine erbitterte Diskussion darüber geführt, ob die Pflicht des Netzbetreibers zum Anschluss von EE-Anlagen und zur Abnahme des daraus angebotenen Stroms in § 3 Abs. 1 ein gesetzliches Schuldverhältnis[182] statuierte oder bloß einen Anspruch auf Vertragsschluss[183] gab. Der BGH hat diese Frage bewusst offen gelassen[184]. Da der Gesetzgeber die Frage in § 12 Abs. 1 EEG 2004 und in § 4 Abs. 1 der nun geltenden Fassung des EEG ausdrücklich zu Gunsten des gesetzlichen Schuldverhältnisses entschieden hat, und der Netzbetreiber nach diesen Vorschriften seine Pflichten auch nicht mehr vom Abschluss von Verträgen abhängig machen darf, ist dieser häufige Streitpunkt endgültig beigelegt worden[185].

II. Änderungen durch EEG 2004

Mit dem am 01.08.2004 in Kraft getretenen EEG 2004[186] wurde das EEG 2000 novelliert. Der Umfang von ursprünglich 13 Paragraphen nahm auf 21 Paragraphen zu. Auch hinsichtlich der Netzausbaupflicht des Netzbetreibers hielt das EEG 2004 einige Ergänzungen bereit. Grundsätzlich wurde aber die Gesetzes-

---

180 BT-Drucks. 14/2341, S. 5; für eine Kostenteilung auch *Niedersberg*, Windenergie, S. 135.

181 Nunmehr geregelt in § 13 Abs. 1 und § 14 EEG.

182 OLG München, Urt. v. 23.09.2003 – 15 U 1772/03 (n.v.), S. 10; OLG Schleswig, Urt. v. 04.11.2003 – 6 U 73/02, IR 2004, 36 (36); LG Kassel, Urt. v. 12.05.2005 – 11 O 4178/04 (n.v.), S. 12.

183 *Weck*, Die garantierte Einspeisevergütung, S. 279; *Böwing*, in: Säcker, BK, § 3 Rn. 30 f.

184 BGH, Urt. v. 11.06.2003 – VIII ZR 160/02, RdE 2003, 268 (272).

185 *Müller*, RdE 2004, 237 (238); vgl. dazu auch 5. Kapitel:E.IV, S. 142.

186 Gesetz zur Neuregelung des Rechts der Erneuerbaren Energien im Strombereich v. 21.07.2004, BGBl. I, S. 1918.

systematik hinsichtlich der Netzausbaupflicht und der Kostentragungsregeln materiell-rechtlich übereinstimmend übernommen[187].

Für die der Netzausbaupflicht vorgelagerte Anschlusspflicht wurde in das Gesetz aufgenommen, dass der nach dem EEG richtige Netzverknüpfungspunkt nicht zwangsläufig der räumlich nächste sein müsse, sondern dass auch technische und wirtschaftliche Gesichtspunkte bei der Bestimmung zu berücksichtigen sind. Diesen Gedanken hatte der BGH schon in einer frühen Entscheidung zum EEG 2000 geäußert[188]. Deshalb wurde die Erweiterung des Gesetzestextes überwiegend auch lediglich als Klarstellung aufgefasst[189].

In der Erkenntnis, dass es bei der Abgrenzung zwischen einem Netzausbau und einem Netzanschluss nach dem EEG zu massiven Problemen in der Praxis gekommen war, die häufig gerichtlich ausgefochten wurden, nahm der Gesetzgeber in die Fassung des EEG 2004 Unterscheidungsmerkmale auf[190] und folgte damit Vorschlägen in der Literatur[191]. Fortan hieß es in § 4 Abs. 2 Satz 4 EEG 2004:

„Die Pflicht zum Ausbau erstreckt sich auf sämtliche für den Betrieb des Netzes notwendigen technischen Einrichtungen sowie die im Eigentum des Netzbetreibers stehenden oder in sein Eigentum übergehenden Anschlussanlagen."

Dieser Passus ist inhaltlich gleichlautend auch in der jetzigen Fassung des EEG in § 9 Abs. 2 enthalten. Obwohl laut Gesetzesbegründung ursprünglich offenbar lediglich als Abgrenzungskriterien in das Gesetz eingefügt[192], sind Bedeutung und Reichweite dieser Bestimmungen bislang weitgehend ungeklärt und bereiten zunehmend Schwierigkeiten.

---

187 BGH, Urt. v. 28.11.2007 – VIII ZR 306/04, ZNER 2008, 53 (54); *Broch/Krutisch*, Kommunalwirtschaft 2004, 649 (657); *Rottnauer*, RdE 2006, 122 (122).

188 BGH, Urt. v. 08.10.2003 – VIII ZR 165/01, RdE 2004, 46 (48); BGH, Urt. v. 10.11.2004 – VIII ZR 391/03, RdE 2005, 79 (82). Auch nach § 5 Abs. 1 Satz 1 EEG sind EE-Anlagen grundsätzlich am geographisch nächsten Netzverknüpfungspunkt anzuschließen, wenn nicht ein anderes Netz einen technisch und wirtschaftlich günstigeren Verknüpfungspunkt aufweist.

189 Vgl. nur *Fischer/Henning*, ZUR 2006, 225 (225).

190 So die Erwägungen in BT-Drucks. 15/2864, S. 34; *Müller*, RdE 2004, 237 (242).

191 Die Formulierungen bei *Niedersberg*, Schwachstellenanalyse, S. 31 kommen der Gesetz gewordenen Fassung sehr nahe. Schon für das EEG 2000 wurde die Aufnahme einer an die Eigentumsverhältnisse anknüpfenden Regelung im Gesetz gefordert von *Niedersberg/Weißferdt*, EE 3/2000, 1 (3).

192 BT-Drucks. 15/2864, S. 34.

III. EEG-Änderung zum 01.01.2009

Mit der Neufassung des EEG 2009 hat das EEG eine weitere Überarbeitung erfahren. Am Beginn des Gesetzgebungsverfahrens[193] stand ein Referenten-Entwurf zum EEG[194] (EEG-Ref-Entwurf), den das federführende Bundesumweltministerium vorlegte. Der daraufhin am 05.12.2007 von der Bundesregierung verabschiedete Entwurf einer Novelle des EEG[195] (EEG-Reg-Entwurf) stand im Zusammenhang mit einem Maßnahmenpaket zum Klimaschutz, welches wiederum auf das integrierte Energie- und Klimaschutzprogramm der Bundesregierung von Meseberg zurückging[196]. Die am 15.02.2008 vom Bundesrat empfohlenen Änderungen zum EEG-Reg-Entwurf lehnte die Bundesregierung in ihrer Stellungnahme vom 29.02.2008 weitgehend ab[197]. Einige Änderungen der EEG-Novelle resultierten dann noch aus einer Koalitionsrunde am 29.05.2008, welche schließlich am 04.06.2008 in eine Beschlussempfehlung des Umweltausschusses des Bundestags aufgenommen wurden[198]. Endgültig ist das EEG am 06.06.2008 vom Bundestag verabschiedet worden und trat zum 01.01.2009 in Kraft.

Auf den ersten Blick fällt sofort die massiv erweiterte Anzahl der Normen auf. Anstelle von 21 Paragraphen und einer Anlage umfasst das EEG nunmehr 66 Paragraphen und 5 Anlagen. Eine nähere Betrachtung lässt allerdings erkennen, dass die Regelungsdichte keineswegs im gleichen Maße zugenommen hat. Die gesteigerte Anzahl von Paragraphen ist deshalb primär der Entzerrung des Regelungswerks geschuldet[199].

Für den Bereich der zu untersuchenden Thematik sind einige relevante Gesetzesänderungen hervorzuheben. Auch in diesem Bereich ist vorab eine Zunahme der Paragraphenzahl zu attestieren. Die diesbezüglichen Beweggründe des Gesetzgebers sind in einer gesteigerten Anwenderfreundlichkeit und Verständlich-

---

193 Hierzu im Einzelnen *Altrock/Lehnert*, ZNER 2008, 118 (118).

194 Entwurf eines Gesetzes zur Neuregelung des Rechts der Erneuerbaren Energien im Strombereich v. 09.10.2007, BMU – KI III 4.

195 Der Entwurf nebst Gesetzesbegründung ist enthalten in BT-Drucks. 16/8148.

196 Neben der EEG-Novelle enthielt das Klimaschutzpaket 13 weitere Maßnahmen, unter anderem die Einführung des Erneuerbare-Energien-Wärme-Gesetzes (EEGWärmeG) und eine Novellierung des Kraft-Wärme-Kopplungsgesetzes (KWKG).

197 Die Änderungsvorschläge des Bundesrats finden sich in BR-Drucks. 10/08 v. 15.02.2008. Zur Stellungnahme der Bundesregierung siehe BT-Drucks. 16/8393.

198 Beschlussempfehlung mit den Änderungen gegenüber dem EEG-Reg-Entwurf in BT-Drucks.16/9477.

199 *Altrock/Lehnert*, ZNER 2008, 118 (119); das soll speziell auch im Bereich der Vorschriften zum Netzanschluss und der Kapazitätserweiterung gelten, vgl. BT-Drucks. 16/8148, S. 41.

keit zu suchen[200]. Bereits im EEG-Ref-Entwurf war vorgesehen, die aus den Vorgängerregelungen des EEG bekannte Netzausbaupflicht durch den Oberbegriff der Erweiterung der Netzkapazität zu ersetzen. Dieser Oberbegriff sollte Maßnahmen zur Bereitstellung neuer Netzkapazitäten durch die Optimierung, die Verstärkung oder den Ausbau des Netzes umfassen[201].

Im Rahmen der Anschlusspflicht stellte der EEG-Ref-Entwurf zur Ermittlung des Verknüpfungspunkts dem Wortlaut nach ausdrücklich nicht mehr auf die technisch und wirtschaftlich günstigste Lage ab, sondern begnügte sich allein mit den Anforderungen, dass der Verknüpfungspunkt im Hinblick auf die Spannungsebene geeignet ist und die kürzeste Entfernung zum Standort der Anlage aufweist[202]. Folglich war auch keine Sonderbestimmung mehr für Anlagen mit einer Leistung bis 30 kW enthalten. Zudem sah der Referentenentwurf ein Wahlrecht des Anlagenbetreibers und darüber hinaus ein Zuweisungsrecht des Netzbetreibers in § 5 Abs. 2 und 3 vor. Diese Rechte sind gleichlautend und an derselben Stelle auch in die Gesetzesfassung des EEG übernommen worden. Damit hat sich, wie noch zu zeigen sein wird, die Gesetzessystematik erheblich verändert[203].

Im weiteren Verlauf des Gesetzgebungsverfahrens kehrte das EEG in § 5 Abs. 1 Satz 1 2. HS dann jedoch zu der Teilformulierung des EEG 2004 „wenn nicht ein anderes Netz einen technisch und wirtschaftlich günstigeren Verknüpfungspunkt aufweist" zurück. Auch wurde klargestellt, dass es auf die „in der Luftlinie" kürzeste Entfernung zum Standort der Anlage ankommt.

Anknüpfend an das EEG 2004 besteht die Pflicht zum Netzanschluss auch dann, wenn die Abnahme des Stroms erst durch eine Maßnahme der Kapazitätserweiterung des Netzes möglich wird[204]. Innerhalb der Pflicht zur Erweiterung der Netzkapazität wird vom Netzbetreiber nunmehr allerdings verlangt, dass er dieser Pflicht entsprechend dem *Stand der Technik* nachkommt[205]. Neuerdings ist nach § 59 Abs. 1 EEG der Erlass einer einstweiligen Verfügung gegen den Netzbetreiber auch zur Vornahme einer Kapazitätserweiterung möglich.

Die Regelungen zur Ausführung und Nutzung des Anschlusses an das Netz durch die EE-Anlage in § 7 EEG Abs. 1 und 2 EEG entsprechen weitgehend § 13 Abs. 1 Satz 3 und 4 EEG 2004[206]. § 6 EEG stellt bestimmte zusätzliche

200 BT-Drucks. 16/8148, S. 41 und 44.

201 So bereits die Legaldefinition in § 3 Nr. 5 EEG-Ref-Entwurf. Daneben war der Begriff der Optimierung des Netzes in § 3 Nr. 10 EEG-Ref-Entwurf festgelegt.

202 § 5 Abs. 1 EEG-Ref-Entwurf.

203 Dazu später 5. Kapitel:C.II, S. 106.

204 Jetzt geregelt in § 5 Abs. 4 EEG gegenüber § 4 Abs. 2 Satz 2 EEG 2004.

205 Erst auf die Beschlussempfehlung des Umweltausschusses wurde dieser Passus in § 9 Abs. 1 EEG eingefügt, BT-Drucks. 16/9477, S. 2.

206 Davon geht auch die Gesetzesbegründung aus, BT-Drucks. 16/8148, S. 43.

technische und betriebliche Vorgaben für Anlagen mit einer Leistung von mehr als 100 kW und für Windenergieanlagen auf. Das aus § 4 Abs. 3 EEG 2004 bekannte Erzeugungsmanagement heißt jetzt Einspeisemanagement und ist dem Grunde nach detailliert in § 11 EEG und hinsichtlich der rechtlichen Konsequenzen in § 12 EEG geregelt. Mit diesem Instrument können Netzbetreiber unter bestimmten Voraussetzungen EE-Anlagen im Hinblick auf ihr Einspeiseverhalten regeln[207]. Bestimmungen zur Vorlage und zum Nachweis eines Konzepts der Kapazitätserweiterung gegenüber der Bundesnetzagentur in § 11 und 12 EEG-Ref-Entwurf sind in das EEG hingegen nicht übernommen worden.

C. Systematisches Verhältnis zu anderen Vorschriften

Das Verhältnis der Pflicht zur Kapazitätserweiterung nach dem EEG zu anderen Vorschriften ist in § 9 Abs. 4 EEG geregelt. Dem Wortlaut nach bleiben nur die Pflichten nach § 4 Abs. 6 KWKG und § 12 Abs. 3 EnWG unberührt. Es fragt sich jedoch, wie es sich mit den entsprechenden Pflichten nach anderen Gesetzen verhält. Sollen diese durch das EEG verdrängt werden, wenngleich möglicherweise keine Überschneidungen entstehen? Schon der Verweis auf den Pflichtenkatalog des § 12 Abs. 3 EnWG, nicht hingegen auf die Pflicht zum bedarfsgerechten Netzausbau nach § 11 Abs. 1 EnWG, erscheint ohne klaren Grund erfolgt zu sein, weil nicht einsehbar ist, warum die Ausbaupflicht des EnWG durch die Kapazitätserweiterung nach dem EEG beschnitten werden sollte. Systematisch unklar wäre ein unbedingter Ausschluss auch vor dem Hintergrund der in § 17 Abs. 2a EnWG enthaltenen Spezialregelungen für Offshore-Anlagen, wodurch Netzbetreiber insbesondere die Pflicht zur Errichtung der Leitung zwischen Umspannwerk und Netz trifft. Umgekehrt ordnet § 2 Abs. 2 EnWG die grundsätzliche Unberührtheit der Pflichten nach dem EEG an. Die gleiche Anordnung trifft auch § 1 Abs. 2 der insbesondere auf § 17 Abs. 3 EnWG basierenden Kraftwerks-Netzanschlussverordnung[208] (KraftNAV) im Bereich des Anschlusses von Anlagen zur Erzeugung von Elektrizität mit einer Leistung ab 100 MW an die Hoch- und Höchstspannungsnetze.

Um die aufgezeigten systematischen Widersprüche zu vermeiden, wird man § 9 Abs. 4 EEG als generelle Klarstellung dahingehend auffassen müssen, dass nicht nur die dort ausdrücklich genannten, sondern letztlich auch alle übrigen Vorschriften unberührt bleiben[209]. Soweit es nicht zu direkten Kollisionen mit

207 Das Einspeisemanagement spielt im Rahmen der Abnahmepflicht eine entscheidende Rolle, 5. Kapitel:C.II, S. 106.

208 Verordnung zur Regelung des Netzanschlusses von Anlagen zur Erzeugung von elektrischer Energie v. 26.06.2007, BGBl. I S. 1187.

209 Im Ergebnis so auch *Schäfermeier*, in: Reshöft, EEG 2009, § 9 Rn. 48; *Ehricke*, in: Frenz/Müggenborg, EEG, § 9 Rn. 50.

Rechtsfolgen des EEG kommt, bleiben die Pflichten nach anderen Vorschriften ohne Beeinträchtigung erhalten. Eine solch deklaratorische Bedeutung des Vorbehalts in § 9 Abs. 4 EEG dürfte ebenfalls in Übereinstimmung mit dem dokumentierten Willen des Gesetzgebers stehen, der das EEG in seinem Anwendungsbereich als lex specialis im Verhältnis zu den Vorschriften des allgemeinen Energiewirtschaftsrecht betrachtet, soweit es zu Kollisionen mit den Rechtsfolgen des EEG kommt[210].

Unter besonderer Beachtung der dargestellten Neuregelungen durch die EEG-Novelle 2009 ist es das Anliegen der folgenden Untersuchungsschritte, die tatsächlichen und rechtlichen Voraussetzungen der Pflicht zur Erweiterung der Netzkapazität zwecks Abnahme des in EE-Anlagen produzierten Stroms zu klären.

210 BT-Drucks. 16/8148, S. 38. Dieses Verständnis wird auch noch an anderen Stellen deutlich: So soll beispielsweise auch die Anschlusspflicht des EnWG von derjenigen des EEG unberührt bleiben, ebd., S. 42.

4. Kapitel: Die Voraussetzungen der Kapazitätserweiterung

Das EEG verpflichtet gemäß der Grundnorm des § 5 Abs. 1 Satz 1 Netzbetreiber zum unverzüglichen und vorrangigen Anschluss von EE-Anlagen „an der Stelle ihres Netzes, die im Hinblick auf die Spannungsebene geeignet ist, und die in der Luftlinie kürzeste Entfernung zum Standort der Anlage aufweist, wenn nicht ein anderes Netz einen technisch und wirtschaftlich günstigeren Verknüpfungspunkt aufweist".

Abweichend von dieser Regelung steht dem Anlagenbetreiber das Recht aus § 5 Abs. 2 EEG zu, einen Verknüpfungspunkt „dieses oder eines anderen Netzes" zu wählen. Letztlich kann der Netzbetreiber gestützt auf sein Zuweisungsrecht aus § 5 Abs. 3 EEG die Lage des Netzverknüpfungspunkts bestimmen. Sollte aufgrund der Netzbeschaffenheit die Abnahme des Stroms an dem unter Anwendung des geschilderten Systems ermittelten Verknüpfungspunkt nicht möglich sein, ordnet das Gesetz gleichwohl den Fortbestand der Pflicht zum Netzanschluss an, wenn die Abnahme des Stroms erst durch die Optimierung, die Verstärkung und den Ausbau des Netzes ermöglicht wird. Dieses Verhältnis ist geregelt in § 5 Abs. 4 EEG, der auf § 9 Abs. 1 EEG und die dort manifestierte Pflicht des Netzbetreibers zur Erweiterung der Netzkapazität verweist. In den Grenzen der wirtschaftlichen Zumutbarkeit[211] ist der Netzbetreiber auf Verlangen des Einspeisewilligen unverzüglich zur Erweiterung seiner Netzkapazität verpflichtet. In den §§ 13 und 14 EEG unterscheidet das Gesetz zwischen Netzanschluss und Kapazitätserweiterung und setzt damit das bisherige System der Abgrenzung zwischen Netzanschluss und Netzausbau im Wesentlichen fort. Die Kosten des Anschlusses trägt gemäß § 13 Abs. 1 EEG der Anlagenbetreiber, während der Netzbetreiber für die Kosten der Kapazitätserweiterung nach § 14 EEG zuständig ist und ihm nach § 13 Abs. 2 EEG auch die Mehrkosten obliegen, die sich aus dem Gebrauch seines Zuweisungsrechts ergeben.

Um den Umfang der Kapazitätserweiterungspflicht des Netzbetreibers zu klären, sind die zur Auslösung der Pflicht führenden Voraussetzungen zu untersuchen. Dazu ist es insbesondere erforderlich, dass die Beteiligten des Schuldverhältnisses feststehen und eine in der Praxis tragfähige Definition des Netzes im Sinne des EEG herausgearbeitet wird, auf das sich die Pflicht erstreckt. Des Weiteren ist die Bedeutung des Verknüpfungspunkts, an dem die EE-Anlage an das Netz anzuschließen ist, und das Verfahren zur Bestimmung des Verknüpfungspunkts zu klären. In diesem Rahmen werden die aus der Neueinführung des Wahl- und Zuweisungsrechts folgenden Konsequenzen eine maßgebliche Rolle spielen.

211 Die wirtschaftliche Unzumutbarkeit bildet nach § 9 Abs. 3 EEG die Grenze der Pflicht des Netzbetreibers zur Erweiterung der Netzkapazität; dazu ausführlich noch 5. Kapitel:D, S. 110.

Schließlich ist es erforderlich, die sonstigen Voraussetzungen für die Fälligkeit des Anspruchs auf Erweiterung der Netzkapazität zu erfassen. Soweit die Gesetzessystematik keine Änderungen erfahren hat, wird im Folgenden auf die bislang zum EEG 2000 und 2004 ergangenen Urteile und vertretenen Standpunkte in der Literatur Bezug genommen.

A. Die Akteure

§ 9 Abs. 1 Satz 1 EEG verpflichtet Netzbetreiber auf Verlangen der Einspeisewilligen zur unverzüglichen Erweiterung ihrer Netzkapazität, um die Abnahme, Übertragung und Verteilung des Stroms aus EE-Anlagen sicher zu stellen. Wichtig ist also die eindeutige Bestimmung dieser an dem Rechtsverhältnis beteiligten Akteure.

I. Anspruchsberechtigter „Einspeisewilliger"

Grundsätzlich manifestiert das EEG nur eine *Pflicht* des Netzbetreibers zur Erweiterung seiner Netzkapazität. Da diese Pflicht des Netzbetreibers sich umgekehrt zugleich als Anspruchsgrundlage des Einspeisewilligen darstellt, kann jedoch auch von einem Ausbauanspruch gesprochen werden. Das ergibt sich daraus, dass diese Pflicht nur dann den Regelungszweck des Gesetzes fördern kann, wenn sie im Umkehrschluss auch einen Anspruch zur Durchsetzung begründet. Auch der Gesetzeswortlaut in § 2, wonach das EEG die Abnahme und Vergütung von Strom *regelt*, bestätigt diese Sichtweise[212].

1. Bedeutung und Verhältnis zum Anlagenbetreiber

Der Begriff des Einspeisewilligen ist im Gegensatz zum Anlagen- und Netzbetreiber im EEG nicht definiert[213]. Da das Gesetz zwischen den in § 3 Nr. 2 EEG legal definierten Begriffen der Anlagenbetreiberin oder des Anlagenbetreibers[214] und dem Einspeisewilligen unterscheidet, zeigt sich, dass die Begriffe nicht identisch sind[215]. Zur Abgrenzung ist zweckmäßigerweise von der Legaldefiniti-

212 So auch *Müller*, RdE 2004, 237 (237), der zusätzlich auf den Wortlaut des § 12 Abs. 5 EEG 2004 – nunmehr § 59 EEG – verweist.

213 Eine Definition des Netzbetreibers findet sich in § 3 Nr. 8 EEG, wo der Wortlaut des § 3 Abs. 7 Satz 1 EEG 2004 übernommen worden ist.

214 Der Einfachheit halber werden für diese Arbeit die im Gesetz zusätzlich enthaltenen weiblichen Formen fortan nicht verwendet.

215 *Hinsch/Meier*, ZNER 2002, 290 (292).

on in § 3 Nr. 2 EEG auszugehen. Danach ist Anlagenbetreiber, wer unabhängig vom Eigentum[216] die Anlage für die Erzeugung von Strom nutzt, also derjenige, der über den Einsatz der Anlage bestimmt oder zumindest bestimmenden Einfluss ausübt[217]. Einspeisewilliger ist also jemand, der eine solche Anlage noch nicht nutzt. Da er jedoch getreu dem Wortlaut, den – ernsthaften[218] – Willen haben muss, Strom aus einer solchen Anlage einzuspeisen, deutet das auf eine Ansiedlung des Einspeisewilligen im zeitlichen Vorfeld des Anlagenbetreibers hin. Einspeisewilliger ist folglich derjenige, der Strom aus einer – möglicherweise noch nicht einmal errichteten – Anlage einspeisen möchte[219].

Nicht zuzustimmen ist der Ansicht, der Begriff des Einspeisewilligen sei lediglich eine andere Bezeichnung für den Anlagenbetreiber, solange die Anlage noch nicht errichtet ist[220]. Die Begriffe können durchaus personenverschiedene Individuen bezeichnen, wie schon das Beispiel einer Projektierungsgesellschaft im Vorfeld der Errichtung einer EE-Anlage aufzeigt, welche die Nutzungsrechte an dem Projekt mit Errichtung auf eine andere Person oder Betreibergesellschaft überträgt[221].

2. Systematisch fehlerhafte Bezeichnung

Nicht zuletzt aus § 5 Abs. 4 EEG folgt, dass die Kapazitätserweiterung die Abnahme des Stroms sicherstellen soll und zeitlich schon im Vorfeld der Anschlusspflicht für EE-Anlagen besteht. Für den Anspruch auf Kapazitätserweite-

216 Entscheidend sind nach der Gesetzesbegründung vielmehr die Risikotragung und das Nutzungsrecht hinsichtlich der EE-Anlage, BT-Drucks. 16/8148, S. 38.

217 *Cosack*, in: Frenz/Müggenborg, EEG, § 5 Rn. 15.

218 *Bönning*, in: Loibl u.a., Biogasanlagen, S. 219 Rn. 21.

219 BGH, Urt. v. 18.07.2007 – VIII ZR 288/05, RdE 2008, 18 (20); zustimmend zur Sichtweise des BGH Clearingstelle EEG, Votum v. 19.09.2008 – 2008/14, http://wwwclearingstelle-eeg.de/files/private/active/0/Votum_2008-14.pdf (Zugriff 03. 06.2010), S. 9; *Schäfermeier*, in: Loibl u.a., Biogasanlagen, S. 230 Rn. 16.

220 So aber wohl *Reshöft*, in: ders., EEG 2009, § 3 Rn. 45.

221 Etwa im Falle des BGH, Urt. v. 18.07.2007 – VIII ZR 288/05, RdE 2008, 18 (20). In diesem, zu einem Sachverhalt im Geltungszeitraum des EEG 2004 ergangenen Urteil, ging es um die Frage, ob auch ein Projektierer einer dem EEG unterfallenden Anlage berechtigt ist, den Netzausbauanspruch geltend zu machen. Dies wurde vom BGH zu Recht mit der Begründung bejaht, dass es sich auch bei einer solchen Projektierungsgesellschaft um einen Einspeisewilligen im Sinne des EEG handelt; im Bereich der Sonderregel des § 17 Abs. 2 a EnWG für Offshore-Windenergieanlagen ebenso *Hinsch*, ZNER 2009, 333 (337).

rung ist deshalb anerkannt, dass er bereits vor Errichtung der EE-Anlage geltend gemacht werden kann[222].

Für den Anschlussanspruch hatte der BGH noch unter Geltung des EEG 2004 entschieden, dass dieser die Fertigstellung der anzuschließenden EE-Anlagen voraussetzt[223]. Der Ansicht des BGH war die Literatur vor allem mit dem Argument entgegengetreten, dass vor dem Aufbau einer Anlage in der Praxis regelmäßig erst der Anschluss hergestellt werde[224]. Die Neuregelungen im EEG sprechen für die Entstehung des Anschlussanspruchs schon vor Errichtung der EE-Anlage[225]. Zum einen verzichtet das EEG nunmehr auf das noch in § 4 Abs. 2 Satz 3 EEG 2004 vorgesehene Genehmigungserfordernis für die Pflicht zur Kapazitätserweiterung und damit auch für die Pflicht auf Netzanschluss im Falle mangelnder Abnahmekapazität. Vor allem aber regelt darüber hinaus § 59 Abs. 1 EGG jetzt auch den Fall eines vorläufigen Anschlusses schon *vor* Errichtung der Anlage. Das dokumentiert den gesetzgeberischen Willen einer Abkehr von der vorzitierten Rechtsprechung des BGH.

Bei diesem Verständnis fällt auf, dass der Gesetzgeber die Begriffe „Einspeisewilliger" und „Anlagenbetreiber" systematisch nicht sauber auseinandergehalten hat. So billigt etwa der Wortlaut des § 5 Abs. 2 EEG dem Anlagenbetreiber das Wahlrecht hinsichtlich des Verknüpfungspunkts für den Anschluss der Anlage zu, obwohl der Anschlussanspruch wie gezeigt schon im Vorfeld der Errichtung der EE-Anlage besteht und ein Anlagenbetreiber in diesem Stadium noch nicht existiert. Richtigerweise müsste das Gesetz daher im Rahmen des Anschlussanspruchs nach § 5 Abs. 2 EEG vom Einspeisewilligen sprechen, ebenso wie in § 9 Abs. 1 Satz 1 EEG im Zusammenhang mit der Pflicht zur Kapazitätserweiterung. Dasselbe gilt konsequenterweise auch für den damit zusammenhängenden Anspruch auf Herstellung des Anschlusses in § 7 Abs. 1 EEG und ebenso für die Kostenregel des § 13 Abs. 1 EEG, wonach der Anlagenbetreiber die notwendigen Kosten des Netzanschlusses und der Messeinrichtungen trägt. Es wäre nicht nachvollziehbar, wenn der Netzbetreiber diese Kosten tragen müsste, solange es mangels Anlagenerrichtung noch keinen Anlagenbetreiber gibt. Insbesondere im Falle der endgültigen Nichterrichtung einer EE-Anlage – beispielsweise wegen einer Fehlplanung des Einspeisewilligen – könnte eine wortlautgetreue Anwendung der Normen zu Unbilligkeiten führen.

---

222 BGH, Urt. v. 18.07.2007 – VIII ZR 288/05, RdE 2008, 18 (20); *Schäfermeier*, in: Reshöft, EEG 2009, § 9 Rn. 11.

223 BGH, Urt. v. 12.07.2006 – VIII ZR 235/04, ZNER 2006, 238 (238); dazu kritisch *Dreher*, ZNER 2006, 239 (240) und *Brettschneider*, IR 2008, 12 (13).

224 *Dreher*, ZNER 2006, 239 (240); *Altrock/Wustlich*, in: Altrock/Oschmann/Theobald, EEG 2008, § 4 Rn. 22b.

225 Dafür spricht sich auch die Gesetzesbegründung aus, BT-Drucks. 8148, S. 41; ebenso *Schäfermeier*, in: Loibl u.a., Biogasanlagen, S. 237 Rn. 29.

Das EEG sollte daher in §§ 5 Abs. 2, 7 Abs. 1 und 13 Abs. 1 Satz 1 entsprechend der Anspruchssystematik sprachlich angepasst werden[226].

3. Extensives Verständnis

Nicht eindeutig ist, ob der Anspruch auf Erweiterung der Netzkapazität von Einspeisewilligen nur für komplett neu zu errichtende EE-Anlagen oder auch für reaktivierte und erweiterte Anlagen geltend gemacht werden kann. Denn die bislang in § 13 Abs. 2 Satz 1 EEG 2004 enthaltene Klarstellung zur Kostentragung des Netzbetreibers für einen Netzausbau auch in diesen Fällen, ist in das EEG in der aktuellen Fassung nicht übernommen worden. Sachgerechte Gründe hierfür sind nicht ersichtlich. Es könnte folglich durchaus von einem Versehen ausgegangen werden, weil nicht anzunehmen ist, dass der Gesetzgeber seine Position in der noch unter Geltung des EEG 2000 geführten, infolge der Klarstellung im EEG 2004 dann aber beigelegten Diskussion[227] ändern wollte. Für ein weites Verständnis spricht neben dem im Hinblick auf die Anschlusspflicht offenen Wortlaut des § 5 Abs. 1 Satz 1 und Abs. 4 EEG auch das Anliegen, den Anteil von Strom aus Erneuerbaren Energien soweit wie möglich zu erhöhen[228].

II. Verpflichteter Netzbetreiber

Passivlegitimiert für den Anspruch auf Kapazitätserweiterung sind nach § 9 Abs. 1 Satz 1 EEG Netzbetreiber. Als Netzbetreiber können grundsätzlich nach der Legaldefinition in § 3 Abs. 8 EEG die Betreiber von Netzen aller Spannungsebenen für die allgemeine Versorgung mit Elektrizität verpflichtet sein. Die Definition führt inhaltlich § 3 Abs. 7 Nr. 1 EEG 2004 fort, der bereits an die Bestimmung in § 2 Abs. 3 EEG 2000 anknüpfte[229], und entspricht wörtlich ebenfalls der Formulierung in § 3 Abs. 9 des Gesetzes zur Förderung der Kraft-

---

226 Offenbar sind die Differenzen schlicht übersehen worden, während der Gesetzgeber in § 10 Abs. 1 EEG das ursprüngliche Redaktionsversehen erkannt und behoben hat, BT-Drucks. 16/9477, S. 22.

227 Für eine Pflicht in solchen Fällen auch ohne Anordnung nach dem Gesetzeswortlaut des EEG 2000 OLG München, Urt. v. 23.09.2003 – 15 U 1772/03 (n.v.), S. 14; dagegen *Weißenborn*, in: Böhmer, Erneuerbare Energien, S. 71 (124); zum damaligen Streitstand vgl. auch *Jahn*, IR 2004, 199 (201) und *Salje*, EEG 2007, § 13 Rn. 55.

228 BT-Drucks. 16/8148, S. 48; zustimmend *Schäfermeier*, in: Reshöft, EEG 2009, § 9 Rn. 7; *Ekardt*, in: Frenz/Müggenborg, EEG, § 14 Rn. 6.

229 *Altrock*, in: Altrock/Oschmann/Theobald, EEG 2011, § 5 Rn. 41.

Wärme-Kopplung[230] (KWKG). Hintergrund der weitgefassten Pflicht zur Kapazitätserweiterung ist die naturgemäß und grundsätzlich marktbeherrschende Stellung (natürliches Monopol) der Betreiber von Netzen zur Fortleitung von Elektrizität[231].

1. Tatsächliche Herrschaft maßgeblich

Schon der Wortlaut des EEG beantwortet zwei Fragen eindeutig: Zum einen kommen grundsätzlich Netzbetreiber aller Spannungsebenen, also Betreiber von Höchst-, Hoch-, Mittel- und Niederspannungsnetzen als Verpflichtete im Rahmen der Netzkapazitätserweiterungspflicht in Betracht[232]. Zum anderen kommt es nach dem Gesetz allein auf den *Betrieb* des Netzes an. Damit verzichtet das EEG offenbar bewusst auf eine eigentumsrechtliche Anknüpfung. Es ist deshalb anerkannt, dass Netzbetreiber auch derjenige sein kann, der kein Eigentum an diesem Netz hat, sondern das Netz auch vollständig gepachtet oder gemietet haben kann[233]. Für die Eigenschaft des Netzbetreibers reicht daher die tatsächliche Herrschaft des Betroffenen über das fragliche Netz – also die Sachherrschaft über dessen Einsatz – aus.

2. Mittelbar Verpflichtete

Der Kapazitätserweiterungsanspruch des Anlagenbetreibers besteht nach § 5 Abs. 4 i.V.m. § 9 Abs. 1 Satz 1 EEG grundsätzlich gegenüber demjenigen Betreiber des Netzes, an das die EE-Anlage unmittelbar angeschlossen ist. Das wird in vielen Fällen aufgrund der vorherrschenden Spannungsebenen der Ver-

---

230 Gesetz für die Erhaltung, die Modernisierung und den Ausbau der Kraft-Wärme-Kopplung v. 19.03.2002, BGBl. I S. 1092, zuletzt geändert durch Art. 11 des Gesetzes v. 28.07.2011, BGBl. I S. 1634.

231 BT-Drucks. 16/8184, S. 42.

232 Ebenso *Müller*, RdE 2004, 237 (240); *Salje*, EEG 2009, § 3 Rn. 101. Der Streit, ob auch ein Übertragungsnetzbetreiber richtiger Adressat der Anschluss- und Kapazitätserweiterungspflicht sein kann, ist daher entschieden.

233 BGH, Urt. v. 28.03.2007 – VIII ZR 42/06, RdE 2007, 310 (312 f.); offenbar auch OLG Nürnberg, Urt. v. 30.04.2002 – 3 U 4066/01, ZNER 2002, 225 (226); OLG Celle, Urt. v. 12.01.2006 – 20 U 34/05 (n.v.), S. 5; OLG Stuttgart, Beschl. v. 27.05.2010 – 202 EnWG 1/10, RdE 2011, 62 (64); *Weißenborn*, in: Schmidt-Schlaeger/Zinow, Grundlagen des Energierechts, S. 121 (127); *Cosack*, in: Frenz/Müggenborg, EEG, § 5 Rn. 13; bereits zum StrEG: *Pingel*, in: VDEW, StrEG, S. 44. Auch der Betrieb von Wärmenetzen setzt gemäß § 3 Abs. 14 Satz 2 KWKG nicht das Eigentum an dem entsprechenden Netz voraus.

teilnetzbetreiber sein[234]. Es fragt sich aber, ob darüber hinaus auch nachgelagerte Netzbetreiber, zu deren Netzen keine unmittelbare Verbindung zur EE-Anlage besteht, zur Erweiterung ihrer Netzkapazität verpflichtet sein können[235].

Dagegen spricht möglicherweise § 8 Abs. 4 EEG, der das Rechtsverhältnis des den Strom aus der EE-Anlage aufnehmenden Netzbetreibers, der nicht Übertragungsnetzbetreiber ist, zu den übrigen Netzbetreibern im Hinblick auf die Abnahme, Übertragung und Verteilung des Stroms regelt. Eine Ausschlusswirkung zu Lasten des Anlagenbetreibers lässt sich der Vorschrift allerdings nicht entnehmen. Das Ziel der Vorschrift, die inhaltlich den früheren § 4 Abs. 6 EEG 2004 wiedergibt, ist vielmehr die Sicherstellung des bundesweiten Belastungsausgleichs[236].

Für eine Pflicht zur Kapazitätserweiterung auch der nachgelagerten Netzbetreiber spricht hingegen der offene Wortlaut von § 9 Abs. 1 Satz EEG, der gerade nicht nur den unmittelbar Strom aufnehmenden Netzbetreiber benennt, sondern sich allgemein an Netzbetreiber richtet. Dafür, dass der Gesetzgeber das Problem gesehen und gelöst hat, lässt sich ebenfalls die Neuregelung des § 12 Abs. 1 EEG anführen. Die dort normierte Härtefallregelung gibt dem Anlagenbetreiber einen Entschädigungsanspruch gegen denjenigen Netzbetreiber, in dessen Netz die Ursache für die Anwendung von Maßnahmen des Einspeisemanagements nach § 11 EEG liegt, unabhängig davon, ob seine EE-Anlage an dieses Netz unmittelbar angebunden ist. Eine Grundvoraussetzung für das Einspeisemanagement ist die Überlastung der Netzkapazität im jeweiligen Netzbereich durch Strom aus EE-Anlagen. Selbst dann darf das Einspeisemanagement gemäß § 11 Abs. 1 Satz 2 EEG aber nur während einer Übergangszeit, bis zum Abschluss von Kapazitätserweiterungsmaßnahmen durchgeführt werden. Das EEG geht folglich von einer grundsätzlich bestehenden Pflicht jedes Netzbetreibers zur Netzerweiterung aus, gleich ob die betroffene EE-Anlage an sein Netz unmittelbar oder nur mittelbar angeschlossen ist. Deshalb ist es nur konsequent, die Ausgangsfrage zu bejahen und auch Betreiber von dem aufnehmenden Netz nachgelagerten Netzen als Adressaten der Kapazitätserweiterungspflicht anzusehen, wenn die Stromabnahme aus der EE-Anlage ansonsten nicht sichergestellt ist.

Die zuvor untersuchte Netzbetreibereigenschaft knüpft an den Betrieb von *Netzen* an. Bei dem Begriff des Netzbetreibers handelt es sich daher um einen zusammengesetzten Begriff, dessen Reichweite abhängig ist von der juristischen

---

234 *Ekardt*, in: Frenz/Müggenborg, EEG, § 3 Rn. 64.

235 Zur Rechtslage des EEG 2004 bereits bejahend *Altrock/Wustlich*, in: Altrock/Oschmann/Theobald, EEG 2008, § 4 Rn. 56; zum EEG 2009 *Kühling/Pisal*, ZNER 2011, 13 (15); *Schäfermeier*, in: Reshöft, EEG 2009, § 9 Rn. 8; zustimmend *Wustlich*, in: Altrock/Oschmann/Theobald, EEG 2011, § 9 Rn. 11.

236 BT-Drucks. 8148, S. 44.

Definition des Netzbegriffes[237]. Zwingend schließt sich deshalb die Frage an, was unter dem Netz i.S.v. § 3 Nr. 7 EEG zu verstehen ist.

B. Das Netz der allgemeinen Versorgung im EEG

Das Verständnis des Netzbegriffs des EEG ist für die Pflicht zur Kapazitätserweiterung von zentraler Bedeutung. Der Begriff erlangt Relevanz unter anderem im Zusammenhang mit den Anschluss-, Abnahme- und Vergütungspflichten nach §§ 5 Abs. 1, 8 Abs. 1 und 16 Abs. 1 EEG. Denn die Reichweite des Netzes entscheidet auch über die Bestimmung des Verknüpfungspunkts, an dem die EE-Anlage gemäß § 5 Abs. 1 EEG an das Netz anzuschließen und die Abnahmepflicht für den Strom zu erfüllen ist. Die Anschlusspflicht besteht nach § 5 Abs. 4 EEG auch dann, wenn die Abnahme des Stroms an dem fraglichen Netzverknüpfungspunkt erst durch eine Maßnahme des Netzbetreibers zur Kapazitätserweiterung ermöglicht wird. Durch diese systematische Verknüpfung spielt der Netzbegriff auch für die Kapazitätserweiterung eine maßgebliche Rolle.

I. Legaldefinition in § 3 Nr. 7 EEG

Angelehnt an § 3 Abs. 6 EEG 2004 versteht das EEG unter dem *Netz* in § 3 Nr. 7 die „Gesamtheit der miteinander verbundenen technischen Einrichtungen zur Übertragung und Verteilung von Elektrizität für die allgemeine Versorgung". Innerhalb der Legaldefinition in § 3 Nr. 7 EEG knüpft das Gesetz an das im EEG nicht definierte Merkmal der *allgemeinen Versorgung* an.

II. Sondervorschrift des § 8 Abs. 2 EEG

Gleichwohl ist festzustellen, dass an dem Kriterium der allgemeinen Versorgung im EEG nicht durchgehend festgehalten wird. § 8 Abs. 2 EEG etwa nennt abweichend ein Netz, welches gerade nicht die Anforderungen von § 3 Nr. 7 EEG erfüllt.

Die Vorschrift des § 8 Abs. 2 EEG erlaubt auch die Einspeisung in ein Netz des Anlagenbetreibers oder eines Dritten und die kaufmännisch-bilanzielle Weitergabe des Stroms in ein nachgelagertes Netz der allgemeinen Versorgung. § 8 Abs. 2 EEG gestattet also in bestimmten Anbindungskonstellationen auch den nur mittelbaren Anschluss an das Netz der allgemeinen Versorgung. Hintergrund ist eine mögliche Kostenersparnis durch Vermeidung unnötiger Aufwen-

---

237 *Salje*, RdE 2007, 314 (314).

dungen für einen unmittelbaren Anschluss der EE-Anlage an das Netz der allgemeinen Versorgung[238]. Für die Berufung auf die Sondervorschrift des § 8 Abs. 2 EEG darf der jeweils Verantwortliche für das Netz nicht Netzbetreiber i.S.v. § 3 Nr. 8 EEG sein. Da jedoch auch über ein solches Bereichsnetz jemand die tatsächliche Herrschaft ausüben und damit Betreiber sein wird, kann eine Differenzierung zwischen dem für die Pflicht zur Kapazitätserweiterung maßgeblichen Netzbegriff des § 3 Nr. 7 EEG und dem Verständnis des § 8 Abs. 2 EEG nur anhand des Merkmals der allgemeinen Versorgung vorgenommen werden[239]. Nur die Betreiber von Netzen i.S.v. § 3 Nr. 7 EEG können zur Kapazitätserweiterung nach dem EEG verpflichtet sein.

III. Extensive Auslegung

Das EEG kennt also wie gezeigt mehrere Netze, die strikt auseinanderzuhalten sind[240]. Der für die weitere Untersuchung entscheidende Netzbegriff in § 3 Nr. 7 EEG zerfällt letztlich in zwei Elemente – zum einen in die vom Gesetz bereitgehaltene Legaldefinition des Netzes und zum anderen in das qualifizierende Kriterium der allgemeinen Versorgung. Damit möchte der Gesetzgeber an Begriffsbestimmungen des EnWG anknüpfen, allerdings einen davon unabhängigen Netzbegriff für das EEG festlegen[241]. Der Gesetzgeber wird diese Unabhängigkeit in erster Linie nur in Bezug auf das erste Element des Netzes, nicht jedoch auch für den Begriff der allgemeinen Versorgung betonen wollen. Denn das Merkmal der allgemeinen Versorgung ist im EEG gerade nicht näher konkretisiert, sondern wird vielmehr vorausgesetzt.

Bei näherer Betrachtung erweist sich aber auch die vom EEG präzisierte Reichweite des Netzes in § 3 Nr. 7 als rein technisch und nicht eindeutig. Denn die dort genannten technischen Einrichtungen können etwa Freileitungen, Erdkabel, Umspanneinrichtungen und sonstige Schaltanlagen mit ihren Sicherungs- und Überwachungseinrichtungen sein, die zur Übertragung und Verteilung der Elektrizität notwendig sind. Ebenso gut können diese Einrichtungen aber auch dem Anlagenanschluss an das Netz dienen[242]. Ist der Anlagenanschluss erstellt, liegt notwendigerweise auch eine Verbindung der jeweiligen Einrichtungen vor, da ansonsten ein Stromfluss nicht möglich wäre.

238 Vgl. BT-Drucks. 16/8148, S. 43 f.

239 Zum Begriff des Netzbetriebs bereits 4. Kapitel:A.II.1, S. 44.

240 Die vom BGH, Urt. v. 10.11.2004 – VIII ZR 391/03, RdE 2005, 79 (81) vorgefundene alleinige Unterscheidung von Netz, Anlage und Anschluss dürfte daher jedenfalls in der jetzigen Fassung des EEG überholt sein.

241 BT-Drucks. 8148, S. 40.

242 Vgl. *Salje*, EEG 2009, § 14 Rn. 13.

Daran zeigt sich die Schwierigkeit und das Bedürfnis, das Netz der allgemeinen Versorgung im Sinne des § 3 Nr. 7 EEG von sonstigen Leitungen, insbesondere von bloßen Anschlusseinrichtungen für EE-Anlagen abzugrenzen, um dem Begriff eine randscharfe Kontur zu geben. Allein anhand der technischen Begriffsfestlegung wird dies kaum möglich sein. Im allgemeinen Energiewirtschaftsrecht gehören etwa Direktleitungen gemäß § 3 Nr. 12 EnWG, der inhaltlich auf Art. 2 Nr. 15 der Elektrizitätsbinnenmarktrichtlinie v. 26.06.2003[243] zurückgeht, nicht zum Netz[244]. Dasselbe gilt für die Verbindungsleitungen in § 3 Nr. 34 EnWG. Derartige Differenzierungen finden sich im EEG hingegen nicht. Angesichts des dominierenden Prinzips, die Kosten des Anlagenanschlusses niedrig zu halten und dadurch eine möglichst große Anzahl von EE-Anlagen an das Netz anzubinden[245], scheint eine Unterscheidung auch nicht notwendig. Vielmehr ist ein weitreichendes Verständnis des Netzes diesem Zweck zuträglich[246]. Deshalb sollen nach dem Willen des Gesetzgebers auch Anschlussleitungen, mittels derer Kunden mit Elektrizität versorgt werden, zum Netz gehören[247]. Auch in quantitativer Hinsicht lassen sich dem EEG keine Vorgaben entnehmen, weshalb nichts dagegen spricht, etwa auch ein kurzes Leitungsstück als Netz anzusehen[248].

IV. Abgrenzung über „allgemeine Versorgung“

Der Gesetzgeber hat in § 3 Nr. 7 EEG den Netzbegriff nicht rein technisch festgelegt, sondern durch Hinzunahme der Voraussetzung der allgemeinen Versorgung einen juristischen Netzbegriff geprägt[249]. Der Schwerpunkt der Untersuchung muss daher auf dem Begriff der allgemeinen Versorgung liegen, womit sich das EEG nicht auseinandersetzt[250].

---

243 Richtlinie 2003/54/EG des Europäischen Parlaments und des Rates über gemeinsame Vorschriften für den Elektrizitätsbinnenmarkt und zur Aufhebung der Richtlinie 96/92/EG, Abl. L 176 v. 15.07.2003, S. 37.

244 *Salje*, EEG 2009, § 3 Rn. 90.

245 BT-Drucks. 16/8148, S. 48.

246 Ähnlich *Salje*, EEG 2009, § 3 Rn. 96.

247 BT-Drucks. 16/8148, S. 40; dazu später 4. Kapitel:B.V.1, S. 54.

248 *Salje*, EEG 2009, § 3 Rn. 121; zustimmend *Ekardt*, in: Frenz/Müggenborg, EEG, § 3 Rn. 59. Damit stimmt überein, dass nach der Gesetzesbegründung die Arealnetz-Regeln des § 8 Abs. 2 EEG auch auf nur ein einzelnes Umspannwerk anzuwenden sind, BT-Drucks. 16/8148, S. 44.

249 *Salje*, EEG 2009, § 3 Rn. 91; *Ekardt*, in: Frenz/Müggenborg, EEG, § 3 Rn. 54.

250 *Salje*, EEG 2009, § 3 Rn. 108 verweist zu Recht darauf, dass zu diesem zentralen Begriff generell kaum Untersuchungen vorliegen.

1. Allgemeine Versorgung im EnWG

Demgegenüber hält das EnWG in § 3 Nr. 17 eine Definition[251] für Energieversorgungsnetze der allgemeinen Versorgung bereit. Solche Netze sind diejenigen,

„die der Verteilung von Energie an Dritte dienen und von ihrer Dimensionierung nicht von vornherein nur auf die Versorgung bestimmter, schon bei der Netzerrichtung feststehender oder bestimmbarer Letztverbraucher ausgelegt sind, sondern grundsätzlich für die Versorgung jedes Letztverbrauchers offen stehen".

2. Übertragung auf das EEG

Mangels eigenständiger Definition des Begriffs der allgemeinen Versorgung im EEG, spricht m.E. nichts dagegen, diese Definition des allgemeinen Energiewirtschaftsrechts grundsätzlich zunächst auch für den Anwendungsbereich des EEG heranzuziehen, zumal der Gesetzgeber in der Gesetzesbegründung unter § 3 Nr. 7 EEG ausdrücklich auf die Regelung des EnWG und die dazu ergangene Rechtsprechung des BGH Bezug nimmt[252]. Letztlich spricht hierfür auch das Bedürfnis nach einem einheitlichen Verständnis der Rechtsordnung. Es erscheint nicht sinnvoll, für die energiewirtschaftlichen Nebengesetze eine abweichende und besondere Definition des Begriffs der allgemeinen Versorgung vorzunehmen[253].

Die Übertragung der Definition des EnWG in das Spezialgesetz EEG wird auch durch die zum Verhältnis der energierechtlichen Vorschriften untereinander gefundenen Ergebnisse gestützt, wonach insbesondere die Vorschriften des EnWG subsidiär insoweit anwendbar bleiben, als dass es nicht zu Kollisionen mit den Rechtsfolgen des EEG kommt[254].

---

251 Ein Verständnis der allgemeinen Versorgung, das der Gesetz gewordenen Festlegung nahe kommt, findet sich bereits vor expliziter Aufnahme in das EnWG bei BGH, Urt. v. 08.10.2003 – VIII ZR 165/01, RdE 2004, 46 (47 f.); BGH, Urt. v. 10.03.2004 – VIII ZR 213/02, RdE 2004, 167 (169); zustimmend *Reichert-Clauß*, RdE 2004, 171 (171); ebenso *Weißenborn*, in: Schmidt-Schlaeger/Zinow, Grundlagen des Energierechts, S. 121 (127); *Langbein/Weißenborn*, EW 19,20/2004, 20 (24).

252 BT-Drucks. 8148, S. 40.

253 *Salje*, EEG 2009, § 3 Rn. 118. So sieht das offenbar in seiner neuesten Rechtsprechung auch der BGH, der die die Begriffsdefinition des EnWG für das EEG ohne weiteres zu Grunde legt, vgl. BGH, Urt. v. 01.10.2008 – VIII ZR 21/07, RdE 2009, 146 (149).

254 Vgl. 3. Kapitel:C, S. 37. Das Nachrangigkeitsverhältnis vom EnWG zum EEG wird mittelbar auch durch § 2 Abs. 2 EnWG klargestellt, wonach die Verpflichtungen nach dem EEG grundsätzlich unberührt bleiben.

Bei der Übertragung von Konzepten des EnWG auf das EEG darf zwar die gegenüber dem EnWG grundsätzlich deutlich eingeschränkte Zwecksetzung des EEG nicht übersehen werden, welche nach § 2 Nr. 1 EEG in erster Linie auf den Anschluss von EE-Anlagen an die Netze abzielt. Das EEG differenziert konsequenterweise – anders als das EnWG – gerade nicht zwischen verschiedenen *Arten* des Netzes[255].

Betroffen vom Pflichtenkatalog des EEG ist nur ein Ausschnitt der in § 3 Nr. 18 EnWG genannten Energieversorgungsunternehmen, nämlich nur diejenigen, die Netze der allgemeinen Versorgung betreiben[256]. Für den Begriff der allgemeinen Versorgung hat der beschränkte Anwendungsbereich des EEG allerdings keine Auswirkungen.

3. Definition der allgemeinen Versorgung

Gleichwohl enthält die Festlegung zur allgemeinen Versorgung in § 3 Nr. 17 EnWG wiederum einige klärungsbedürftige Rechtsbegriffe, so dass der Vorschrift eine eindeutige Aussage zunächst nicht zu entnehmen ist[257]. Über die Definition der „Verteilung" gemäß § 3 Nr. 37 EnWG ist auf den ersten Blick kaum eine nähere Eingrenzung des Begriffs zu erreichen[258]. Die Formulierung „ermöglichen" lässt eine weitgehende Einbeziehung von technischen Einrichtungen zu, auch wenn sie der Versorgung nur mittelbar dienen sollten[259]. Daneben ist auch der Versorgungsbegriff in § 3 Nr. 36 EnWG nahezu umfassend, da er sowohl die Erzeugung als auch die Belieferung und den Netzbetrieb von Kunden beinhaltet.

a. Versorgung

Die Definition der „Versorgung" in § 3 Nr. 36 EnWG und das inzident zu prüfende Merkmal der Verteilung zeigen im Zusammenspiel andererseits aber auch,

---

255 Das EEG nennt in § 3 Nr. 7 nur den Begriff des „Netzes", während das EnWG insbesondere Übertragungsnetze (§ 3 Nr. 10), örtliche Verteilernetze (§ 3 Nr. 29b), Teilnetze (§ 3 Nr. 31a) und Verbundnetze (§ 3 Nr. 35) kennt.

256 *Salje*, EEG 2009, § 3 Rn. 106.

257 Insoweit auch kritisch *Theobald/Zenke/Ochsenfahrt*, in: Schneider/Theobald, Energiewirtschaft 2008, § 14 Rn. 1 und *Ekardt*, in: Frenz/Müggenborg, EEG, § 3 Rn. 58.

258 Danach ist Verteilung „der Transport von Elektrizität mit hoher, mittlerer oder niederer Spannung über Elektrizitätsverteilernetze um die Versorgung von Kunden zu ermöglichen, jedoch nicht die Belieferung der Kunden selbst".

259 Nach LG Itzehoe, Urt. v. 09.05.2007 – 6 O 152/06 (n.v.), S. 7 dient die Stromeinspeisung aus der EE-Anlage der allgemeinen Versorgung.

dass nur Netze das Merkmal der allgemeinen Versorgung erfüllen, die letztlich eine Stromabgabe an Kunden unterstützen, also gemäß der Legaldefinition in § 3 Nr. 24 EnWG an Großhändler, Letztverbraucher und Unternehmen, die Energie für den eigenen Verbrauch kaufen. Technische Einrichtungen, die sich keiner der aufgeführten Fallgruppen zuordnen lassen, unterstehen im Umkehrschluss nicht dem Begriff der allgemeinen Versorgung. Gleichwohl scheint eine brauchbare Begrenzung allein über die in § 3 Nr. 34 EnWG gesetzlich definierte „Versorgung" nicht möglich.

b. Objektives und subjektives Merkmal

Ungeachtet der über die vorgenannten Merkmale kaum erreichbaren Eingrenzung der allgemeinen Versorgung, fordert die Begriffsdefinition in § 3 Nr. 17 EnWG zu Energieversorgungsnetzen für die Annahme eines Netzes der allgemeinen Versorgung sowohl ein objektives ("ausgelegt") als auch ein subjektives ("dienen", "bestimmter", "offenstehen") Element.

Der Netzbetreiber muss also nicht nur grundsätzlich objektiv in der Lage, sondern auch subjektiv bereit oder gar verpflichtet sein, jeden Letztverbraucher im Einzugsbereich seines Netzes, unabhängig von der Individualität des Letztverbrauchers, an sein Netz anzuschließen und über dieses versorgen zu lassen, sofern dies gewünscht ist[260]. *Allgemeine* Versorgung steht damit im Gegensatz zur *Spezial*versorgung, die allein die Belieferung bestimmter Abnehmer bezweckt[261].

„Offen" ist das Netz dann, wenn – zumindest theoretisch – eine unbegrenzte Anzahl von Kunden und Kunden unterschiedlichster Art in dem Netzgebiet an dieses Netz angeschlossen und darüber mit Energie versorgt werden könnten[262]. Der Begriff der „Dimensionierung" ist weit zu verstehen und hat sowohl ein

---

260 OLG Düsseldorf, Beschl. v. 24.01.2007 – VI-3 Kart 452/06 (V), RdE 2007, 274 (275); zustimmend *Ekardt*, in: Frenz/Müggenborg, EEG, § 3 Rn. 60; *Burmeister/Krause*, e/m/w 6/2004, 22 (24); *Rosin*, RdE 2006, 9 (15); *Schroeder-Czaja/Jacobshagen*, IR 2006, 50 (53); *Reimann/Birkenmaier*, RdE 2006, 230 (234); *Börner*, in: *Bartsch* u.a., Stromwirtschaft, S. 898; in diesem Sinne auch *Theobald/Zenke/Ochsenfahrt*, in: Schneider/Theobald, Energiewirtschaft 2008, § 14 Rn. 2.

261 *Ekardt*, in: Frenz/Müggenborg, EEG, § 3 Rn. 58.

262 OLG München, Urt. v. 03.08.2006 – U (K) 5768/05, ZNER 2006, 264 (267); OLG Stuttgart, Beschl. v. 27.05.2010 – 202 EnWG 1/10, RdE 2011, 62 (65) Die äußerst umstrittene Frage, welcher rechtliche Status Objektnetzen i.S.v. § 110 EnWG in Abgrenzung zu Netzen der allgemeinen Versorgung zukommt, dürfte sich vor dem Hintergrund der neuen Rechtsprechung des EuGH zu den Objektnetzen erledigt haben, EuGH, Urt. v. 22.05.2008 – C-439/06, RdE 2008, 245 (246 ff.); zur Vertiefung vgl. die Nachweise bei *Salje*, EEG 2007, § 3 Rn. 103 ff.

räumliches, als auch ein technisches Element (Spannungsstufe und Kapazität des Netzes etc.)[263].

c. Zweckrichtung und Beurteilungszeitpunkt

Dieses Begriffsverständnis macht deutlich, dass es jedenfalls nicht allein auf die tatsächliche Nutzungsart der zu beurteilenden Einrichtung ankommt, sondern auch die subjektive Zweckrichtung hinsichtlich der zu beurteilenden technischen Einrichtungen relevant ist. Unschädlich für die Annahme der allgemeinen Versorgung ist es daher, dass die entsprechende Netzeinrichtung derzeit noch keinen oder nur einen Anschlussnehmer versorgt, wenn nur die grundsätzliche Bereitschaft besteht, weitere hinzuzunehmen. Zusammengefasst ist das qualitative Merkmal der Unbegrenztheit und nicht das quantitative Merkmal der Anzahl der Versorgten ausschlaggebend[264]. Als zu eng abzulehnen ist hingegen die Auffassung, für den Begriff der allgemeinen Versorgung komme es auf den Status quo des Netzes an[265].

Der BGH verneinte jüngst eine Netzerweiterungspflicht des Netzbetreibers mit der Begründung, das Einspeisekabel einer Photovoltaikanlage diene lediglich der Einspeisung und nicht der Versorgung einer unbestimmten Anzahl von Anschlussnehmern, weshalb das Merkmal der allgemeinen Versorgung im Sinne des § 3 Nr. 17 EnWG fehle[266]. Der Entscheidung des BGH ist zwar im Ergebnis zuzustimmen. Vermissen lässt der BGH jedoch eine Auseinandersetzung mit den genauen Voraussetzungen der herangezogenen Vorschrift des § 3 Nr. 17 EnWG[267]. Überzeugender wäre es insofern gewesen, wenn der BGH nicht allein die tatsächliche Situation, sondern die subjektive Bereitschaft des Betreibers der Photovoltaikanlage zur allgemeinen Versorgung geprüft und verneint hätte.

Fraglich ist der Beurteilungs*zeitpunkt* für die erforderliche Zweckrichtung. Hier dürfte allein der Zeitpunkt des Anschlussbegehrens maßgeblich sein. Ein Abstellen auf den Errichtungszeitpunkt des Netzes[268] oder mögliche zukünftige Verän-

263 *Rosin*, RdE 2006, 9 (15); *Burmeister/Krause*, e/m/w 6/2004, 22 (25).

264 *Theobald*, in: Danner/Theobald, Bd. 1, EnWG § 3 Rn. 133; *Oschmann*, in: Altrock/Oschmann/Theobald, EEG 2011 § 3 Rn. 115; zustimmend *Ekardt*, in: Frenz/Müggenborg, EEG, § 13 Rn. 12. *Schroeder-Czaja/Jacobshagen*, IR 2006, 50 (53) wollen entscheidend auf den subjektiven Willen des Netzbetreibers abstellen.

265 In diese Richtung aber offenbar *Hellermann*, in: Britz/Hellermann/Hermes, § 3 Rn. 33, wonach Direkt- und Stichleitungen ohne weitere Differenzierung nicht als Bestandteil des Netzes der allgemeinen Versorgung im Sinne des EnWG anzusehen sind.

266 BGH, Urt. v. 11.11.2008 – KZR 43/07, RdE 2009, 378 (379).

267 Kritisch zur Entscheidung des BGH auch *Fricke*, RdE 2009, 380 (381 f.).

268 Dafür *Stötzel*, in: Britz/Hellermann/Hermes, § 18 Rn. 7; *Boesche/Wolf*, ZNER 2005, 285 (292).

derungen würde zu Zufallsergebnissen führen. Zum einen ist durchaus denkbar, dass Netzbetreiber ein zunächst zur Spezialversorgung errichtetes Netz im Nachhinein zur Versorgung der Allgemeinheit umwidmen. Es ist nicht einsehbar, warum in einem solchen Fall das Netz dann nicht Teil der allgemeinen Versorgung im Sinne des Gesetzes werden sollte. Wollte man andererseits durch beabsichtigte Veränderungen in (weiter) Zukunft das Merkmal verneinen, so läge es allein in der Hand des einzelnen Netzbetreibers über das Vorliegen des Netzanschlussanspruchs und der Pflicht zur Kapazitätserweiterung zu befinden, da er sich mit der Erklärung einer bevorstehenden Um-/Abrüstung seiner Pflichten entledigen könnte[269].

Angesichts der vielen Einzelstreitigkeiten zur Reichweite und zum dogmatischen Ansatz[270] wäre es vermessen, das Merkmal der allgemeinen Versorgung im Rahmen dieser Bearbeitung abschließend definieren zu wollen. Das wird im Übrigen aber auch nicht erforderlich sein, da die dargestellten Kriterien im Rahmen des EEG ausreichen dürften, die bislang in der Praxis aufgetauchten Probleme mit hinreichender Rechtssicherheit einer sachgerechten Lösung zuzuführen[271].

Anhand dieser Richtschnur sollen nun besonders praxisrelevante Fragen untersucht werden.

V. Besonders praxisrelevante Konstellationen

Der Streit über die Netzzugehörigkeit entzündet sich in der Praxis im Wesentlichen in zwei Konstellationen: Zum einen existiert in vielen Fällen im näheren Umkreis der anzuschließenden EE-Anlage bereits ein Hausanschluss zur Stromversorgung eines oder mehrerer Anschlussnehmer im Sinne von § 10 AVBEltV[272] bzw. jetzt § 5 NAV[273] in Niederspannung. Ist der Hausanschluss zwar

269 Im Ergebnis so auch LG Dortmund, Urt. v. 10.08.2006 (n.v.), S. 10 f. zur Beurteilung einer Notstromleitung als Bestandteil des Netzes der allgemeinen Versorgung.

270 Ein Überblick über den Meinungsstand findet sich bei *Salje*, EEG 2009, § 3 Rn. 108 f.; teilweise soll gar vollständig auf allgemeine Kriterien verzichtet und die Abgrenzung dem Einzelfall überlassen bleiben, vgl. *Oschmann*, in: Danner/Theobald, Bd. 2, EEG § 3 Rn. 107.

271 In diesem Sinne auch *Klemm*, RdE 2004, 49 (49) im Hinblick auf die Definition des Begriffs der allgemeinen Versorgung durch den BGH, Urt. v. 08.10.2003 – VIII ZR 165/01, RdE 2004, 46 (47 f.).

272 Allgemeine Bedingungen für die Elektrizitätsversorgung von Tarifkunden vom 21.06.1979, BGBl. I S. 684, mit Änderungen in 2004, BGBl. I S. 3214, außer Kraft getreten und ersetzt durch die NAV, BGBl. I 2006, S. 2494.

im Hinblick auf die Spannungsebene, nicht aber, wie sehr häufig, zur Abnahme des in der EE-Anlage produzierten Stroms geeignet, stellt sich die Frage nach einer Kapazitätserweiterung des Hausanschlusses.

Der andere Fall geht noch einen Schritt weiter und betrifft die generelle Problematik, ob auch im Rahmen des Anschlusses von EE-Anlagen zu errichtende Anschlusseinrichtungen zum Netz für die allgemeine Versorgung gehören können und der Netzbetreiber demnach gegebenenfalls verpflichtet ist, diese Anschlusseinrichtungen auf eigene Kosten zu schaffen[274].

1. Hausanschluss als Netz der allgemeinen Versorgung

§ 5 NAV definiert für den Bereich von Anschlussnehmern in Niederspannung den „Netzanschluss“ als Verbindung des Elektrizitätsversorgungsnetzes der allgemeinen Versorgung mit der elektrischen Anlage des Anschlussnehmers. Er beginnt an der Abzweigstelle des Niederspannungsnetzes und endet regelmäßig mit der Hausanschlusssicherung. Der in § 5 NAV genannte Netzanschluss darf nicht mit dem Netzanschluss i.S.v. § 13 Abs. 1 EEG verwechselt werden. Der Netzanschluss nach dem EEG dient der Anbindung der EE-Anlage an das Netz und der Einspeisung des produzierten Stroms, während der Netzanschluss nach der NAV (Hausanschluss) die Versorgung des Letztverbrauchers sicherstellt[275].

Während teilweise maßgeblich unter Berufung auf den früheren § 10 AVBEltV bzw. nunmehr auf § 5 NAV die Zugehörigkeit des Hausanschlusses zum Netz im Sinne des EEG verneint wird[276], ist nach Ansicht des BGH[277], einiger Instanzengerichte[278] und verbreiteter Auffassung in der Literatur[279] der Hausanschluss

---

273 Verordnung über Allgemeine Bedingungen für den Netzanschluss und dessen Nutzung für die Elektrizitätsversorgung in Niederspannung v. 01.11.2006, BGBl. 2006, S. 2477, zuletzt geändert durch Art. 2 Abs. 5 der Verordnung v. 17.10.2008, BGBl. I S. 2006.

274 Damit eng verbunden ist die im Folgenden noch zu behandelnde, höchst streitige Frage nach einem "quantitativen“ Netzausbau, 6. Kapitel:E, S. 187.

275 *Salje*, EEG 2009, § 3 Rn. 93. Um Verwechslungsgefahr mit dem Netzanschluss gemäß § 13 Abs. 1 EEG zu vermeiden, wird der Netzanschluss nach § 5 NAV im Folgenden als Hausanschluss bezeichnet.

276 LG Ravensburg, Urt. v. 03.02.2003 – 3 O 308/02, RdE 2003, 214 (215); *Langbein/Weißenborn*, EW 19,20/2004, 20 (24); *Weißenborn*, in: Böhmer, Erneuerbare Energien, S. 71 (123); *Böwing*, in: Säcker, BK, § 10 Rn. 11.

277 BGH, Urt. v. 10.11.2004 – VIII ZR 391/03, RdE 2005, 79 (80 f.); dem folgend BT-Drucks. 16/8148, S. 40; zustimmend zur Ansicht des BGH auch Clearingstelle EEG, Votum v. 19.09.2008 – 2008/14, http://www.clearingstelle-eeg.de/files/private/active/0/Votum_2008-14.pdf (Zugriff 03.06.2010), S. 8.

278 Vgl. nur OLG Nürnberg, Urt. v. 07.03.2007 – 4 U 398/06, RdE 2007, 235 (236).

als Teil des Netzes der allgemeinen Versorgung anzusehen. In der Konsequenz müsste der Hausanschluss gemäß § 10 AVBEltV bzw. § 5 NAV, der in vielen Fällen geographisch am nächsten liegt, hinsichtlich seiner Kapazität vom Netzbetreiber notfalls erweitert werden, soweit er hinsichtlich der Spannungsebene geeignet ist und kein anderes Netz einen technisch und wirtschaftlich günstigeren Verknüpfungspunkt aufweist[280].

§ 5 NAV spricht auf den ersten Blick dagegen, den Hausanschluss als Teil des Netzes der allgemeinen Versorgung zu begreifen, denn die Vorschrift differenziert dort gerade zwischen Netzanschluss und Elektrizitätsversorgungsnetz der allgemeinen Versorgung. Diese Unterscheidung nimmt die Verordnung zudem ausdrücklich auch in § 9 Abs. 3 (vormals § 10 Abs. 6 AVBEltV) vor, wonach der Hausanschluss erst bei Hinzutreten weiterer Anschlussnehmer zum Bestandteil des Verteilnetzes wird.

Allerdings ist zu berücksichtigten, dass der NAV ein anderer Regelungszweck als dem EEG zu Grunde liegt[281]. Eine direkte Anwendung der Hausanschluss-Vorschriften im Bereich des EEG verbietet sich daher, wie auch § 1 Abs. 1 Satz 4 NAV zeigt. Zudem kennt das EEG – anders als die NAV – den Begriff des Hausanschlusses nicht, sondern unterscheidet lediglich Netze der allgemeinen Versorgung in § 3 Nr. 7 EEG und sonstige Netze, die das qualifizierende Merkmal der allgemeinen Versorgung nicht aufweisen. Systematisch betrachtet verdrängt das EEG daher aufgrund seiner Spezialität und Höherrangigkeit die Regelungen der NAV hinsichtlich des Hausanschlusses[282].

Des Weiteren bestimmt § 8 Abs. 1 NAV, dass Hausanschlüsse zu den Betriebsanlagen des Netzbetreibers gehören und der Netzbetreiber sicherzustellen hat, dass sie in seinem Eigentum stehen oder ihn zumindest zur wirtschaftlichen Nutzung überlassen werden. Schon kraft Gesetzes übt der Netzbetreiber daher auch die tatsächliche Herrschaft über den Hausanschluss aus. Zudem ist er über § 18 Abs. 1 EnWG i.V.m. § 6 Abs. 1 NAV verpflichtet, gegebenenfalls weitere

---

279 *Oschmann*, in: Altrock/Oschmann/Theobald, EEG 2011, § 3 Rn. 112; *ders.*, in: Danner/Theobald, Bd. 2, EEG § 3 Rn. 103; *Schäfermeier*, in: Reshöft, EEG 2009, § 9 Rn. 45; *Ekardt*, in: Frenz/Müggenborg, EEG, § 3 Rn. 61.

280 So gemäß dem grundsätzlichen Verfahren in § 5 Abs. 1 Satz 1 EEG.

281 So auch Clearingstelle EEG, Votum v. 09.04.2009 – 2008/24, http://www.clearingstelle-eeg.de/files/private/active/0/Votum_2008-24.pdf (Zugriff 03.06.2010), S. 9.

282 BGH, Urt. v. 10.11.2004 – VIII ZR 391/03, RdE 2005, 79 (81), speziell zur Regelung der Kosten des Hausanschlusses in § 9 Abs. 3 AVBEltV (jetzt § 9 Abs. 1 NAV). In seiner Entscheidung vom 28.03.2007 – VIII ZR 42/06, RdE 2007, 310 (312) modifiziert der BGH seinen Standpunkt allerdings zu Recht dahingehend, dass der Hausanschluss nur dann als Netz für die allgemeine Versorgung anzusehen ist, wenn der Netzbetreiber entweder das Eigentum an diesem Netzanschluss hat oder der Hausanschluss dem Netz sonst funktional zugeordnet ist.

Anschlussnehmer an die Hausanschlussleitung anzuschließen, wie sich auch aus § 9 Abs. 3 NAV ergibt. Damit sind die aus den Bestimmungen des EnWG entwickelten objektiven und subjektiven Kriterien erfüllt, weshalb Hausanschlüsse zum Netz der allgemeinen Versorgung im Sinne des EEG zu zählen sind[283].

Das Ergebnis wird gestützt durch die Erwägung, dass die Einbeziehung des Hausanschlusses in den Netzbegriff des EEG ebenfalls dem gesetzgeberisch verfolgten Ziel dient, die Anbindungskosten möglichst niedrig zu halten und für eine gute Erreichbarkeit des allgemeinen Versorgungsnetzes zu sorgen[284]. Davon zu unterscheiden ist die hinter der Hausanschlusssicherung – und damit hinter dem Hausanschluss[285] – beginnende Hausverteilungsanlage. Die Hausverteilungsanlage stellt kein Netz der allgemeinen Versorgung im Sinne des EEG dar, da sie zum einen nicht in der tatsächlichen oder rechtlichen Verfügungsgewalt des Netzbetreibers steht und darüber hinaus weder objektiv noch subjektiv für die Anbindung beliebiger Anschlussnehmer offensteht[286].

2. Einspeiseeinrichtungen als Netz?

Zweifelhaft ist, ob auch Netzanschlüsse (beispielsweise reine Einspeisekabel samt gegebenenfalls erforderlichen Umspanneinrichtungen für die Spannungsänderung des in der EE-Anlage produzierten Stroms) einen Teil des Netzes der allgemeinen Versorgung im Sinne des EEG darstellen[287] oder ob sie separat zu betrachten sind[288]. Die Frage ist zunächst deshalb schwierig zu beantworten,

283 Vgl. 4. Kapitel:B.IV.3.b, S. 51.

284 BT-Drucks. 16/8148, S. 48; *Salje*, EEG 2009, § 3 Rn. 96; *Ekardt*, in: Frenz/Müggenborg, EEG, § 3 Rn. 56.

285 Entsprechend der Legaldefinition in § 5 NAV umfasst der Hausanschluss auch die Hausanschlusssicherung.

286 So im Ergebnis auch OLG Dresden, Urt. v. 14.03.2002 – 7 U 1579/01, RdE 2002, 310 (311); zustimmend *Burckhardt/Eckardt*, RdE 2002, 312 (312); *Oschmann*, in: Altrock/Oschmann/Theobald, EEG 2011, § 3 Rn. 120; *ders.*, in: Danner/Theobald, Bd. 2, EEG § 3 Rn. 108; *Salje*, EEG 2009, § 3 Rn. 117.

287 OLG Nürnberg, Urt. v. 30.04.2002 – 3 U 4066/01, ZNER 2002, 225 (227); OLG Stuttgart, Urt. v. 26.06.2003 – 2 U 43/03, RdE 2004, 23 (25); OLG Celle, Urt. v. 12.01.2006 – 20 U 34/05 (n.v.), S. 5; OLG Nürnberg, Urt. v. 19.12.2006 – 3 U 1426/06, ZNER 2007, 216 (217); LG Darmstadt, Urt. v. 11.09.2006 – 22 O 109/06, RdE 2007, 237 (237).

288 Für reine Einspeisekabel ausdrücklich jetzt BGH, Urt. v. 01.10.2008 – VIII ZR 21/07, RdE 2009, 146 (148 f.); BGH, Urt. v. 11.11.2008 – KZR 43/07, RdE 2009, 378 (379); OLG Karlsruhe, Urt. v. 14.07.2005 – 9 U 31/05, RdE 2005, 277 (277); OLG Nürnberg, Urt. v. 07.03.2007 – 4 U 398/06, RdE 2007, 235 (236); offenbar auch LG München I, Urt. v. 11.07.2008 – 6 O 1551/08 (n.v.), S. 5 f.; *Schmeken*, ZNER 2001, 239 (241); *Rottnauer*, RdE 2006, 122 (123); Altrock, IR 2007, 65 (66); *Salje*, EEG 2009, § 3 Rn. 93; *Ekardt*, in: Frenz/Müggenborg, EEG, § 3 Rn. 56.

weil die Anschlusseinrichtungen nach Anbindung der EE-Anlage jedenfalls mit dem Netz der allgemeinen Versorgung verbunden sind, um die Stromeinspeisung zu ermöglichen. Eine Entscheidung kann deshalb wiederum nur anhand der zur allgemeinen Versorgung entwickelten Kriterien erfolgen[289].

a. Weite Ansicht

Von den Befürwortern des weiten Netzbegriffs wird angeführt, dass ein Stromnetz für die allgemeine Versorgung notwendigerweise Leitungen enthalten müsse, die den Abnehmern Strom zuführen, zudem aber auch Leitungen, die den Strom von Stromerzeugern heranführen. Ohne solche den Strom heranführenden Leitungen liege nur ein funktionsloses Gewirr von Kabeln und Anlagen vor[290]. Auch werde mit Hilfe von Einspeisekabeln der Strom übertragen und weiter an die Kunden des Versorgungsunternehmens verteilt, weshalb der Netzanschluss als Teil des Netzes der allgemeinen Versorgung anzusehen sei[291].

b. Stellungnahme

Auf den ersten Blick erscheint die Argumentation der weiten Auffassung schlüssig. Für die Sichtweise mag auch sprechen, dass nach § 8 Abs. 1 EEG Netzbetreiber nunmehr ausdrücklich zur Verteilung des abgenommen Stroms aus den EE-Anlagen verpflichtet sind. Unbefangen könnte daher angenommen werden, dass es sich bei dem Netzanschluss zwischen Anlage und zuvor vorhandenem Netz um das Netz der allgemeinen Versorgung i.S.v. § 3 Abs. 7 EEG handelt.

Allerdings würde dabei übersehen, dass für die Anwendung des § 13 Abs. 1 EEG auf den Netzanschluss bei einem derart extensiven Verständnis des Netzbegriffs der allgemeinen Versorgung kein Raum bliebe, da letztlich sämtliche Einrichtungen zum Netz gehörten. Das Ergebnis steht daher offensichtlich im Widerspruch zu den Abgrenzungsvorschriften hinsichtlich der Kosten nach §§ 13 Abs. 1 und 14 EEG.

Entscheidend gegen diese Sichtweise spricht auch die folgende Überlegung: Es wurde bereits das Ergebnis erzielt, dass der Begriff des Netzbetreibers in § 3 Nr. 8 EEG unlösbar mit dem juristischen Begriff des Netzes der allgemeinen Versorgung verknüpft ist und den *Betrieb* eines solchen i.S.v. § 3 Nr. 7 EEG vo-

289 Auch der BGH, Urt. v. 01.10.2008 – VIII ZR 21/07, ZNER 2008, 370 (148 f.) stützt die Abgrenzung maßgeblich auf das Merkmal der allgemeinen Versorgung.

290 OLG Nürnberg, Urt. v. 30.04.2002 – 3 U 4066/01, ZNER 2002, 225 (227).

291 OLG Nürnberg, Urt. v. 19.12.2006 – 3 U 1426/06, ZNER 2007, 216 (217); ablehnend dazu Altrock, IR 2007, 65 (66).

raussetzt. Das Merkmal ist erfüllt, wenn der Netzbetreiber die tatsächliche Gewalt über dieses Netz ausüben kann[292]. Da es nach § 13 Abs. 1 EEG gerade Aufgabe des Anlagenbetreibers ist, für den Anschluss der Anlage an den Verknüpfungspunkt des Netzes zu sorgen, wird der Anlagenbetreiber regelmäßig auch die alleinige Verfügungsgewalt über den Netzanschluss haben[293]. Umgekehrt liegt diese dann nicht beim Betreiber des vorhandenen Netzes der allgemeinen Versorgung. Deshalb fehlt dem Betreiber des vorhandenen Netzes für die allgemeine Versorgung jede Einwirkungsmöglichkeit und damit die tatsächliche Herrschaft hinsichtlich des Netzanschlusses zwischen Anlage und vorhandenem Netz. Demnach kann es sich bei den technischen Einrichtungen des Netzanschlusses gemäß § 13 Abs. 1 EEG jedenfalls nicht um einen Teil des vorhandenen Netzes der allgemeinen Versorgung handeln.

Nur scheinbar komplizierter wird es, wenn insbesondere im Falle von Biogasanlagen, die naturgemäß einen hohen Eigenstrombedarf aufweisen, der Netzanschluss neben der Stromeinspeisung für die Deckung des benötigten Eigenbedarfs aus dem Netz der allgemeinen Versorgung genutzt wird. Auch in diesen Fällen liegt die Grenze der Verfügungsbereiche regelmäßig am Netzverknüpfungspunkt, weshalb dem Netzbetreiber wiederum die Zugriffsmöglichkeiten auf den Netzanschluss fehlen. Trotz der möglichen Nutzung des Netzanschlusses für die Stromversorgung der EE-Anlage kann diese daher jedenfalls dann nicht als Bestandteil des Netzes für die allgemeine Versorgung angesehen werden, wenn der Netzbetreiber weder kraft Eigentums, noch aufgrund eines sonstigen Rechtsverhältnisses (vgl. § 868, Miete, Leihe, Pacht, Nießbrauch) über die Anschlusseinrichtungen zu disponieren vermag[294].

Davon zu unterscheiden ist die Frage, ob der Betreiber der entsprechenden Anlage gegen den Netzbetreiber einen Anspruch auf Herstellung eines von der Einspeiseleitung separaten Netzanschlusses für den Strombezug der EE-Anlage hat. Ein solcher Anspruch dürfte in Abhängigkeit vom individuellen Bedarf nach den allgemeinen Regeln des Energiewirtschaftsrechts unzweifelhaft aus §§ 17, 18 EnWG folgen. Der Anlagenbetreiber müsste dann allerdings die Kosten dieser Anschlussleitung tragen. Nichts anderes kann gelten, wenn der Anlagenbetreiber sich zur Minimierung seiner Kosten einer kombinierten Einspeise-/ Bezugseinrichtung bedient[295]. Der Netzanschluss nach § 13 Abs. 1 EEG ist demnach bereits aufgrund fehlender Beherrschungsmöglichkeiten grundsätzlich nicht als

292 Vgl. 4. Kapitel:A.II.1, S. 44.

293 Ähnlich auch *Salje*, EEG 2009, § 3 Rn. 93; ebenso bereits *Schmeken*, ZNER 2001, 239 (241).

294 Bereits zur insoweit identischen Systematik des EEG 2004 *Salje*, RdE 2007, 314 (314); Altrock, IR 2007, 65 (66).

295 Im Ergebnis so auch LG München I, Urt. v. 11.07.2008 – 6 O 1551/08 (n.v.), S. 6; LG Münster, Urt. v. 09.06.2009 – 04 O 342/08 (n.v.), S. 11.

Teil des Netzes der allgemeinen Versorgung im Sinne von § 3 Nr. 7 EEG anzusehen[296]. Ob die Frage anders zu beurteilen ist, wenn der Netzbetreiber das Eigentum an den Anschlusseinrichtungen beansprucht oder sonst die Verfügungsgewalt hierüber ausübt, braucht an dieser Stelle nicht weiter vertieft zu werden[297].

3. Anlagenbetreiber als Netzbetreiber?

Allenfalls kann noch fraglich sein, ob der Betreiber der EE-Anlage selbst als Betreiber eines Netzes im Sinne des EEG hinsichtlich der technischen Einrichtungen des Netzanschlusses angesehen werden muss. Die Frage kann praktisch von hohem Interesse sein, wenn in räumlicher Nähe zur anzubindenden Anlage bereits eine EE-Anlage mit entsprechenden Anschlusseinrichtungen vorhanden ist.

Erschöpft sich die bestehende Infrastruktur in dem geschilderten Szenario auf eine isolierte Stromleitung zur Anbindung an das Netz, so kann schon problematisiert werden, ob eine bloße Anschlussleitung ein *Netz* darstellt, weil ansonsten so viele Netze bestehen würden, wie Leitungen vorhanden sind[298]. Für eine einschränkende Betrachtung spricht möglicherweise auch die Differenzierung im allgemeinen Energiewirtschaftsrecht, das eine solche Anschlussleitung nicht als Netz, sondern als Direktleitung gemäß § 3 Nr. 12 EnWG einordnet. Dagegen lässt sich allerdings die besondere Zwecksetzung des EEG und das daraus abzuleitende Gebot einer extensiven Auslegung anführen[299].

Letztlich kann die Frage offen bleiben. Denn jedenfalls sind die zum Begriff der allgemeinen Versorgung entwickelten Kriterien bei einer reinen Anschlussleitung nicht gegeben. Reine Einspeiseeinrichtungen sind offensichtlich schon aus Kostengründen wegen ihrer Dimensionierung weder objektiv zur Anbindung beliebiger weiterer Anschlussnehmer geeignet[300], noch ist der Anlagenbetreiber subjektiv zur Anbindung beliebiger Letztverbraucher bereit. Wie sich aus der Sonderregel des § 8 Abs. 2 EEG ergibt, geht auch der Gesetzgeber von diesem Verständnis aus. In einer solchen Konstellation, etwa bei gemeinsamer Nutzung eines Umspannwerks durch einen Windpark, bleibt der Netzbetreiber allein Verpflichteter nach dem EEG[301]. Der Anlagenbetreiber wird daher durch die

296 Ähnlich *Salje*, EEG 2009, § 3 Rn. 93; ebenso bereits *Schmeken*, ZNER 2001, 239 (241).

297 Dazu noch eingehend 6. Kapitel:E.IV.3.b, S. 195.

298 So etwa *Salje*, EEG 2009, § 14 Rn. 31, der andererseits in § 3 Rn. 121 aber auch dafür plädiert, ein nur kurzes Leitungsstücks in den Netzbegriff einzubeziehen.

299 Vgl. bereits 4. Kapitel:B.III, S. 47.

300 Mit dieser Argumentation dafür, dass auch ein Hausanschluss keinen Teil des Netzes darstellt *Langbein/Weißenborn*, EW 19,20/2004, 20 (24).

301 BT-Drucks. 16/8148, S. 44.

Anbindung an das Netz grundsätzlich nicht zum Betreiber eines Netzes der allgemeinen Versorgung.

VI. Verschiedene Netze

An einigen für die vorliegende Untersuchung relevanten Stellen nimmt das EEG sprachliche Unterscheidungen innerhalb des Netzbegriffs vor. Insbesondere in der zentralen Vorschrift des § 5 EEG wird in Absatz 1 und Absatz 2 zwischen *diesem* und einem *anderen* Netz differenziert. Fraglich ist, was darunter zu verstehen ist. Ausgehend von der Legaldefinition in § 3 Nr. 7 und Nr. 8 EEG wird deutlich, dass damit nicht unterschiedliche Spannungsebenen des Netzes gemeint sein können. Denn das Netz bildet gerade die „Gesamtheit" der miteinander verbundenen Einrichtungen zur Abnahme, Übertragung und Verteilung von Elektrizität. Deshalb kann durchaus ein Netz mit verschiedenen Spannungsebenen von einem Netzbetreiber betrieben werden.

Umgekehrt wird von verschiedenen Netzen auszugehen sein, wenn unterschiedliche Netzbetreiber vorliegen[302]. Abzugrenzen ist für die Annahme von unterschiedlichen Betreibern im Anschluss an die bereits gefundenen Kriterien nach dem tatsächlichen Herrschaftsbereich[303]. Eine Verschiedenheit von Netzen dürfte sich entsprechend der Legaldefinition weiterhin auch innerhalb des tatsächlichen Herrschaftsbereichs nur *eines* Netzbetreibers daraus ergeben, dass es an einer Verbindung der technischen Einrichtungen fehlt[304].

VII. Zwischenergebnis zum Netzbegriff des EEG

Als Zwischenergebnis zeigt sich, dass das EEG verschiedene Netze kennt und zwischen qualifizierten Netzen der allgemeinen Versorgung und sonstigen Netzen unterscheidet. Abschließende Begriffsbestimmungen finden sich im EEG nicht, so dass es sinnvollerweise eines Rückgriffs auf das EnWG bedarf. Die dortige Definition der „allgemeinen Versorgung" ist geeignet, die im EEG bestehende Lücke in § 3 Nr. 7 EEG auszufüllen und ohne Einschränkungen zu übernehmen. Ein Netz der allgemeinen Versorgung im Sinne des EEG betreibt unter Anwendung dieser Begriffsbestimmung nur derjenige, der zumindest die tatsächliche Herrschaft über ein Stromnetz hat und damit objektiv zur Versorgung einer unbestimmten Anzahl von Anschlussnehmern in der Lage ist.

---

302 *Bönning*, in: Reshöft, EEG 2009, § 5 Rn. 24; *Schäfermeier*, in: Loibl u.a., Biogasanlagen, S. 233 Rn. 24.

303 Vgl. 4. Kapitel:A.II.1, S. 44.

304 *Bönning*, in: Reshöft, EEG 2009, § 5 Rn. 24; *Schäfermeier*, in: Loibl u.a., Biogasanlagen, S. 233 Rn. 24.

Ferner muss der Betreiber des Netzes auch subjektiv bereit oder verpflichtet sein, dieses Netz einer grundsätzlich unbestimmten Anzahl von Anschlussnehmern zwecks Versorgung zur Verfügung zu stellen[305]. Dabei entscheidet nicht der Status quo der an das Netz Angeschlossenen, sondern die Unbegrenztheit möglicher Anschlussnehmer im Zeitpunkt des Anschlussbegehrens.

Auch der zwischen dem Verteilungsnetz und der Hausanschlusssicherung bestehende Hausanschluss ist in Übereinstimmung mit der Rechtsprechung des BGH[306] Teil des Netzes im Sinne des EEG, mit den sich daraus ergebenden Konsequenzen der Pflichten des EEG, insbesondere der Pflicht zur Erweiterung der Kapazität bei Vorliegen der sonstigen Voraussetzungen. In Abgrenzung dazu bildet die hinter der Hausanschlusssicherung liegende Hausverteilung kein Netz im Sinne des EEG.

Der Netzanschluss, über den die EE-Anlage mit dem vorhandenen Netz verbunden ist, stellt grundsätzlich kein Netz im Sinne des EEG dar. Auch wird er regelmäßig nicht vom Betreiber der daran angeschlossenen Anlage i.S.d. EEG „betrieben".

Ein *anderes* Netz liegt entweder bei verschiedenen Netzbetreibern oder bei fehlender Verbindung der technischen Einrichtungen innerhalb des Herrschaftsbereichs eines Netzbetreibers vor.

C. Der Verknüpfungspunkt

An die Klärung des Netzbegriffs des EEG knüpft sich die Problematik des richtigen Anschlussorts für die EE-Anlage an das Netz. Um die Bestimmung des Anschlussorts (Netzverknüpfungspunkt) ranken sich seit Inkrafttreten des EEG zum 01.04.2000 eine Vielzahl von Rechtsfragen, die erhebliches Streitpotential bergen[307]. Die nunmehr in § 5 Abs. 1 Satz 1 EEG enthaltenen Anschlussregeln sind dem Wortlaut nach durch die EEG-Novelle zum 01.01.2009 gegenüber der vorherigen Regelung in § 4 EEG 2004 modifiziert worden. Das Gesetz verpflichtet Netzbetreiber, EE-Anlagen „an der Stelle ihres Netzes anzuschließen (Verknüpfungspunkt), die im Hinblick auf die Spannungsebene geeignet ist, und die in der Luftlinie kürzeste Entfernung zum Standort der Anlage aufweist,

---

305 OLG Düsseldorf, Beschl. v. 24.01.2007 – VI-3 Kart 452/06 (V), RdE 2007, 274 (275); *Burmeister/Krause*, e/m/w 6/2004, 22 (25); *Rosin*, RdE 2006, 9 (16); *Börner*, in: Bartsch u.a., Stromwirtschaft, S. 898; den subjektiven Willen des Netzbetreibers als maßgebliches Abgrenzungskriterium betonen *Schroeder-Czaja/Jacobshagen*, IR 2006, 50 (53).

306 BGH, Urt. v. 10.11.2004 – VIII ZR 391/03, RdE 2005, 79 (80 f.).

307 *Cosack*, in: Frenz/Müggenborg, EEG, § 5 Rn. 37.

wenn nicht ein anderes Netz einen technisch und wirtschaftlich günstigeren Verknüpfungspunkt aufweist".

Nach der jetzt enthaltenen Legaldefinition handelt es sich bei dem Verknüpfungspunkt um die Stelle des Netzes, an die die EE-Anlage angeschlossen ist. Anders als der Wortlaut des § 4 Abs. 1 i.V.m. Abs. 2 EEG 2004, der sich an den passivlegitimierten Netzbetreiber richtete, dient die jetzige Vorschrift der Ermittlung des konkreten Verknüpfungspunkts für die EE-Anlage[308]. Materiellrechtlich dürfte sich durch die Neufassung allerdings nichts geändert haben. Denn schon bislang war allgemein anerkannt, dass die ursprüngliche Regelung nicht nur Bedeutung für die Identifizierung des verpflichteten Netzbetreibers hatte, sondern auch zur Bestimmung der genauen Lage des Verknüpfungspunkts innerhalb des Netzes herangezogen werden konnte[309]. Der Ermittlung des Verknüpfungspunkts kommt sowohl in technischer als auch in rechtlicher Hinsicht weitreichende Bedeutung zu. Im Zusammenspiel mit § 13 Abs. 1 und § 14 EEG bestimmt die Lage des Netzverknüpfungspunkts letztlich über die Tragung der Kosten, die im Rahmen der Anbindung der Anlage an das Netz anfallen. Die nachfolgenden Erörterungen beschäftigen sich mit der Bedeutung und dem Verfahren zur Ermittlung des Verknüpfungspunkts.

I. Technische Bedeutung

Auch technisch betrachtet ist der Netzanschlusspunkt der Punkt, an dem ein Netznutzer mit dem Netz verbunden ist[310]. Der Netzanschluss ist aufgrund der Leitungsgebundenheit des Stroms zwingende physikalische Voraussetzung für die Abnahme und Weiterleitung des Stroms. Die Ausführung des Anschlusses und die übrigen für die Sicherheit des Netzes notwendigen Einrichtungen müssen nach § 7 Abs. 2 EEG den im Einzelfall notwendigen technischen Anforderungen des Netzbetreibers und § 49 EnWG entsprechen. Nach § 49 EnWG sind Energieanlagen so zu errichten und zu betreiben, dass die technische Sicherheit gewährleistet ist. Dabei sind grundsätzlich die allgemein anerkannten Regeln der Technik zu beachten, deren Einhaltung nach § 49 Abs. 2 Nr. 1 EnWG vermutet

308 Darauf weist auch *Bönning*, in: Loibl u.a., Biogasanlagen, S. 217 Rn. 14 hin.

309 BGH, Urt. v. 08.10.2003 – VIII ZR 165/01, RdE 2004, 46 (48); BGH, Urt. v. 28.11.2007 – VIII ZR 306/04, ZNER 2008, 53 (54); OLG Nürnberg, Urt. v. 30.04.2002 – 3 U 4066/01, ZNER 2002, 225 (226); *Fischer/Henning*, ZUR 2006, 225 (225); *Schäfermeier*, in: Loibl u.a., Biogasanlagen, S. 227 Rn. 7. Auch die Gesetzesbegründung zum EEG spricht davon, dass grundsätzlich der Netzbetreiber „nach wie vor" verpflichtet ist, die Anlage an das Netz anzuschließen, BT-Drucks., S. 41.

310 *Kraus*, Lexikon der Energiewirtschaft, S. 141, Stichwort „Netzanschluss".

wird, wenn die Anschlussanlage den technischen Regeln des VDE[311] entspricht. Da es sich bei den technischen Einrichtungen des Netzanschlusses für Stromerzeugungsanlagen aus Erneuerbaren Energien zweifellos um Energieanlagen im Sinne von § 3 Nr. 15 i.V.m. § 49 Abs. 1 EnWG handelt, ist der Verweis in § 7 Abs. 2 EEG letztlich rein deklaratorischer Natur[312].

In der Praxis sind viele Netzbetreiber dazu übergegangen, beim Anschluss von EE-Anlagen die Einhaltung der Richtlinien des *VDEW*[313] bzw. *BDEW*[314] zu verlangen, weil diese die allgemein anerkannten Regeln der Technik wiedergäben[315]. Nach diesen Regelwerken ist insbesondere sicherzustellen, dass die angeschlossene EE-Anlage am Netzanschlusspunkt ohne störende Rückwirkungen auf das Netz betrieben werden kann und andere Anschlussnehmer nicht beeinträchtigt werden[316]. Für die Berechnung der maßgeblichen Rückwirkung auf das Mittelspannungsnetz ist daher im Allgemeinen der normale Schaltzustand des Netzes zu Grunde zu legen[317]. Insbesondere ist es erforderlich, die EE-Anlage jederzeit vom Netz trennen zu können. Dafür ist die Einrichtung einer jederzeit zugänglichen Schaltstelle mit Trennfunktion (sog. Übergabeschalteinrichtung) regelmäßig in der Übergabestation vorzusehen[318]. Der Installationsort der notwendigen Messeinrichtungen zur Erfassung der aus der EE-Anlage gelieferten Arbeit und gegebenenfalls auch der Leistung ist technisch betrachtet hingegen nicht zwingend am Netzanschlusspunkt unterzubringen[319].

II. Rechtliche Bedeutung

Die rechtliche Bedeutung des Verknüpfungspunkts erschöpft sich nicht in der bereits angesprochenen Anschlusspflicht nach § 5 Abs. 1 Satz 1 EEG. Vielmehr

311 Verband der Elektrotechnik Elektronik Informationstechnik e.V.; zu den technischen Fragen im Detail siehe *Schlabbach/Metz*, Netzsystemtechnik, S. 221.

312 *Salje*, EEG 2009, § 7 Rn. 27 ff.; *Wustlich*, ZUR 2007, 122 (127).

313 Vereinigung Deutscher Elektrizitätswerke e.V., mittlerweile aufgegangen im Bundesverband der Elektrizitäts- und Wasserwirtschaft e.V. (*BDEW*). Maßgeblich sind hier insbesondere die Richtlinien *VDEW*, Eigenerzeugungsanlagen am Niederspannungsnetz und *BDEW*, Eigenerzeugungsanlagen am Mittelspannungsnetz.

314 Bundesverband der Elektrizitäts- und Wasserwirtschaft e.V.

315 Dieser Einschätzung sind einige Instanzengerichte gefolgt, vgl. OLG Nürnberg, Urt. v. 11.03.2008 – 1 U 1467/07 (n.v.), S. 11; so offenbar auch LG Dessau-Roßlau, Urt. v. 19.09.2008 – 2 O 149/05 (n.v.), S. 6; dagegen *Bönning*, in: Loibl u.a., Biogasanlagen, S. 222 Rn. 34.

316 *BDEW*, Eigenerzeugungsanlagen am Mittelspannungsnetz, S. 9; entsprechend auch *VDEW*, Eigenerzeugungsanlagen am Niederspannungsnetz, S. 17.

317 *BDEW*, Eigenerzeugungsanlagen am Mittelspannungsnetz, S. 13.

318 *BDEW*, Eigenerzeugungsanlagen am Mittelspannungsnetz, S. 31.

319 *BDEW*, Eigenerzeugungsanlagen am Mittelspannungsnetz, S. 49.

ist an diesem Ort auch der Strom abzunehmen. Das folgt aus § 5 Abs. 4 EEG i.V.m. § 8 Abs. 1 EEG, wonach Netzbetreiber verpflichtet sind, den gesamten *angebotenen* Strom aus Erneuerbaren Energien und aus Grubengas unverzüglich vorrangig abzunehmen. Des Weiteren bestimmt der Verknüpfungspunkt indirekt über die Vergütungssumme, da der abgenommene Strom nach § 16 Abs. 1 EEG vom Netzbetreiber zu vergüten ist[320]. Aus dem Wortlaut von § 16 EEG geht zwar nicht eindeutig hervor, dass nur der zuvor nach § 8 EEG abgenommene Strom zu vergüten ist. Dies ergibt sich allerdings aus einer Zusammenschau mit § 18 Abs. 2 EEG, wonach zur Vergütungsberechnung die nach § 8 EEG abgenommenen Kilowattstunden zu Grunde gelegt werden. Da also nur der abgenommene Strom vom Netzbetreiber zu vergüten ist, gehen die *vor* dem Netzverknüpfungspunkt angefallenen Umspann- oder Leitungsverluste zu Lasten des Anlagenbetreibers, weshalb der Netzverknüpfungspunkt auch hier erhebliche rechtliche Wirkungen entfaltet.

Der Netzverknüpfungspunkt entscheidet auch über die Tragung der Kosten für die Einrichtungen und Arbeiten, die zur Anbindung der Anlage an das Netz notwendig sind. Denn die Kostentragungspflicht richtet sich grundsätzlich nach dem richtigen Netzverknüpfungspunkt, wie § 5 i.V.m. § 13 Abs. 1 EEG zu entnehmen ist. Einrichtungen von der Anlage bis zum Verknüpfungspunkt hat daher der Anlagenbetreiber zu zahlen. Kosten ab dem Verknüpfungspunkt fallen dem Netzbetreiber zur Last[321].

1. Pflicht zum Netzanschluss

Nach § 5 Abs. 1 Satz 1 EEG ist der Netzbetreiber gehalten, EE-Anlagen an den Verknüpfungspunkt anzuschließen.

a. Inhalt und Rechtsnatur

Wie schon die Differenzierung in § 5 Abs. 1 und § 8 Abs. 1 EEG nahe legt, zielt der Netzanschlussanspruch in Abgrenzung zum Abnahmeanspruch auf die physikalisch wirksame Verbindung der Anschlussanlage mit dem Netz und bezweckt, die Anlage auf Dauer mit dem Netz zu verbinden[322]. Der Netzanschluss erfordert deshalb nicht nur eine einmalige Verbindung, sondern den dauerhaften

---

320 Nach der Gesetzesbegründung setzt die Vergütung grundsätzlich voraus, dass der Strom nach § 8 abgenommen worden ist. Eine Ausnahme hiervon bildet § 33 Abs. 3 (jetzt Abs. 2) EEG, BT-Drucks. 16/8148, S. 48 i.V.m. BT-Drucks. 16/9477, S. 8.

321 *Loibl*, in: Germer/Loibl, Energierecht, S. 461, schon zur Rechtslage des EEG 2004.

322 So zum Netzanschluss nach § 18 EnWG *Salje*, EnWG, § 18 Rn. 37; *Sieberg*, in: Bartsch u.a., Stromwirtschaft, S. 652.

Vorhalt des Netzes. Die Netzanschlusspflicht des Netzbetreibers begründet deshalb ein Dauerschuldverhältnis zwischen den Beteiligten[323].

Andererseits erschöpft sich die Netzanschlusspflicht des Netzbetreibers aber auch in der physischen Verbindung der Anschlussleitung mit dem Netz der allgemeinen Versorgung. Auf den Netzzugang als Mitbenutzungsrecht an einer Elektrizitätsleitung, ohne dass der Zugangsberechtigte daran Mitbesitzer wird[324], kommt es für den Netzanschluss nicht an. Vielmehr bildet der Netzanschluss umgekehrt die tatsächliche und rechtliche Voraussetzung für den Netzzugang[325].

b. Verhältnis von Anschluss- und Abnahmepflicht

Physikalisch entstehen Netzengpässe nicht durch den Anschluss einer Anlage, sondern erst durch die Einspeisung von Strom. Fehlende Netzkapazität kann demnach außer im Falle der wirtschaftlichen Unzumutbarkeit entsprechender Maßnahmen nach § 9 Abs. 3 EEG nicht zur Verweigerung des Netzanschlusses führen[326]. Der Netz*anschluss* der Anlage ist daher systematisch strikt vom Netz*zugang* und damit von der Stromabnahme nach § 8 Abs. 1 EEG zu unterscheiden[327]. Dieses Verhältnis ergibt sich deutlich aus § 5 Abs. 4 EEG, wonach die Pflicht zum Netzanschluss auch dann besteht, wenn die Abnahme des Stroms erst durch Maßnahmen zur Kapazitätserweiterung möglich wird. Sollte also für die Abnahme des Stroms eine derartige Maßnahme (zukünftig) erforderlich sein, kann der Anschluss gleichwohl verlangt werden[328].

Diese klare Unterscheidung ist konsequent vor dem Hintergrund des allgemeinen Energiewirtschaftsrechts. Auch hier wird in § 17 f. und § 20 f. EnWG streng

323 BT-Drucks. 16/8148, S. 42; *Salje*, IR 2008, 194 (197); *Schäfermeier*, in: Loibl u.a., Biogasanlagen, S. 238 Rn. 31; *Cosack*, in: Frenz/Müggenborg, EEG, § 5 Rn. 24 f.; *Altrock*, in: Altrock/Oschmann/Theobald, EEG 2011, § 5 Rn. 44.

324 *Salje*, EnWG, § 20 Rn. 1; zustimmend *Holznagel/Schumacher*, ZNER 2006, 218 (221); *Sieberg*, in: Bartsch u.a., Stromwirtschaft, S. 650; ähnlich auch *Britz*, in: Britz/Hellermann/Hermes, Vorb. §§ 20 ff. Rn. 5.

325 *Stötzel*, in: Britz/Hellermann/Hermes, § 17 Rn. 2 zum allgemeinen Energiewirtschaftsrecht.

326 Vgl. OLG Hamm, Urt. v. 03.05.2011 – I-21 U94/10, ZNER 2011, 327 (327); LG Arnsberg, Urt. v. 06.05.2010 – I-4 O 434/09, ZNER 2010, 299 (300); LG Arnsberg, Urt. v. 07.10.2010 – I-4 O 72/10 (n.v.), S. 8 f.

327 Bereits zum EEG 2004 LG Itzehoe, Urt. v. 23.12.2005 – 2 O 254/05, ZNER 2006, 60 (62); *Altrock/Wustlich*, in: Altrock/Oschmann/Theobald, EEG 2008, § 4 Rn. 92; *Salje*, EEG 2009, § 5 Rn. 1.

328 Ebenso OLG Hamm, Urt. v. 03.05.2011 – I-21 U94/10, ZNER 2011, 327 (327); LG Arnsberg, Urt. v. 06.05.2010 – I-4 O 434/09, ZNER 2010, 299 (300); LG Duisburg, Urt. v. 06.08.2010 – 2 O 310/09, ZNER 2010, 521 (522); LG Arnsberg, Urt. v. 07.10.2010 – I-4 O 72/10 (n.v.), S. 8 f.

zwischen einem Netzanschluss und einem Netzzugang unterschieden[329]. Die systematische Trennung erlangt etwa Bedeutung bei der Frage, unter welchen Voraussetzungen ein Netzanschluss verweigert werden kann. Eine solche Verweigerung ist sowohl in § 17 Abs. 2 als auch in § 20 Abs. 2 Satz 3 EnWG im Falle eines Kapazitätsmangels vorgesehen. Nach § 20 EnWG kann damit nur die Kapazität im Netz, das dem Anschlussknoten nachgelagert ist gemeint sein. Demgegenüber kann in § 17 die Verweigerung nur mit fehlender Kapazität am Anschlusspunkt (etwa nicht ausreichende Netzkurzschlussleistung oder ein unzureichender Abfuhrquerschnitt) begründet werden. Kurzzeitige Kapazitätsengpässe (Starkwind bei Windenergieanlagen) im Netz sind eine Frage des Netzzugangs und nicht des Netzanschlusses nach § 17 EnWG[330].

Als Zwischenergebnis kann festgehalten werden, dass die Netzanschlusspflicht am Netzverknüpfungspunkt zu erbringen ist und grundsätzlich nicht mit dem Argument abgelehnt werden kann, dass die Abnahme des Stroms an dem jeweiligen Netzverknüpfungspunkt gegenwärtig nicht gewährleistet ist[331].

c. Anschlussherstellung

Der Anspruch auf Netzanschluss nach § 5 Abs. 1 Satz 1 EEG darf nicht mit dem auf *Herstellung* des Anschlusses gerichteten Anspruch nach § 7 Abs. 1 EEG verwechselt werden. Anspruchsinhalt ist die Erstellung der Anschlusseinrichtungen zur Verbindung der Anlage mit dem Netzverknüpfungspunkt (beispielsweise Kabellegung vom Anlagenstandort zum Netzverknüpfungspunkt, Bau von Transformatoren- und Übergabestationen). Dem Anlagenbetreiber steht es in Form eines Wahlrechts[332] frei, entweder den Netzbetreiber mit der Durchführung dieser Arbeiten zu betrauen oder eine fachkundige dritte Person zu beauftragen. In jedem Fall trägt er gemäß § 13 Abs. 1 EEG die Kosten.

Dasselbe gilt für die Messeinrichtungen gemäß § 7 Abs. 1 EEG. Auch den Betrieb dieser Einrichtungen und die Messung selbst kann der Anlagenbetreiber von einem entsprechend qualifizierten Dritten anstelle des Netzbetreibers durchführen lassen. Der Wortlaut sowie auch Sinn und Zweck der Vorschrift lassen es

---

329 *Büdenbender*, RdE 2005, 285 (288).

330 So zutreffend *vom Hammerstein*, ZNER 2007, 110 (110); zustimmend *Holznagel/Schumacher*, ZNER 2006, 218 (222); a.A. offenbar *Stötzel*, in: Britz/Hellermann/Hermes, § 17 Rn. 27, der in dem Recht zur Verweigerung des Netzzugangs nach § 20 EnWG auch ein Recht zur Verweigerung des Netzanschlusses erblickt; eingehend zur Historie des Netzzugang nach dem EnWG vgl. *Tüngler*, Netzzugang, S. 14 ff.

331 Diese Frage ist klar abzugrenzen von der Problematik, wie der richtige Netzverknüpfungspunkt ermittelt wird und ob eine gegebenenfalls erforderliche Kapazitätserweiterungsmaßnahme wirtschaftlich zumutbar ist, dazu noch 5. Kapitel:D, S. 110.

332 *Stecher*, ZNER 2009, 216 (220).

zu, dass jeder entsprechend qualifizierte Dritte im formalrechtlichen Sinn die Messung durchführen darf. Danach wäre beispielsweise die Beteiligung des Anlagenbetreibers an der ausführenden Gesellschaft unschädlich[333]. Hintergrund der einschränkenden Anordnung des § 7 Abs. 1 EEG ist offenbar, die Verantwortungsbereiche klar auseinander zu halten. Das ist durch eine formalrechtliche Trennung gewährleistet.

Da die Auslösung des Anschlussherstellungsanspruchs von der Geltendmachung durch den Anlagenbetreiber abhängt, ist dieser rechtstechnisch als verhaltener Anspruch zu qualifizieren[334].

2. Pflicht zur Stromabnahme

Aus rechtlicher Sicht ist am Netzverknüpfungspunkt auch die Abnahmepflicht bezüglich des mit der EE-Anlage produzierten Stroms durch den Netzbetreiber zu erfüllen[335]. Das hat weitreichende Konsequenzen. Denn der Abnahmeort ist spiegelbildlich zugleich der Ort, wo der Strom in das Netz eingespeist wird. Mit der Einspeisung entsteht zugleich der Vergütungsanspruch nach § 16 Abs. 1 i.V.m. § 18 EEG. Der Abnahme- und damit Einspeiseort ist deshalb zugleich Erfüllungsort für die Stromlieferungen aus der EE-Anlage[336].

Die Abnahme des angebotenen Stroms steht gemäß § 8 Abs. 1 EEG allein unter dem Vorbehalt der Durchführung von Maßnahmen des Einspeisemanagements nach § 11 EEG in Fällen der Netzüberlastung[337]. Durch diesen Vorbehalt gewährleistet das EEG die Sicherheit und Funktionsfähigkeit des Netzes und damit die Versorgungssicherheit[338].

---

333 *Salje*, EEG 2009, § 13 Rn. 28; *Ekardt*, in: Frenz/Müggenborg, EEG, § 13 Rn. 36.

334 BGH, Urt. v. 26.11.2003 – VIII ZR 89/03, NVwZ, 766 (768) zur inhaltlich vergleichbaren Regelung in 10 Abs. 1 Satz 3 EEG 2000. Danach ist das Verlangen des Anlagenbetreibers, den Anschluss herzustellen, aus Sicht des Netzbetreibers dahin zu verstehen, dass er zu dieser Leistung nur gegen Zahlung des Entgelts verpflichtet sein soll. Durch die Ausübung des Wahlrechts durch den Anlagenbetreiber entsteht deshalb in umgekehrter Stoßrichtung ein Erstattungsanspruch des Netzbetreibers hinsichtlich der erbrachten Leistungen.

335 § 8 Abs. 1 i.V.m. § 18 Abs. 1 und Abs. 2 EEG.

336 OLG Celle, Urt. v. 02.11.2006 – 5 U 78/06, ZNER 2007, 72 (73).

337 Im EEG 2004 war dieses Vorgehen noch unter dem Stichwort „Erzeugungsmanagement" gemäß § 4 Abs. 3 bekannt; im Einzelnen dazu noch 5. Kapitel:C.II, S. 106.

338 *Jarass/Obermair*, ET 2005, 398 (398).

3. Sonderfall mittelbarer Anschluss

§ 8 Abs. 2 EEG stellt ausdrücklich klar, dass der Netzbetreiber den Strom auch dann abnehmen muss, wenn der Anschluss der Anlage an das Netz nur mittelbar und unter Zuhilfenahme des Netzes eines Dritten oder des Anlagenbetreibers besteht. Eine direkte Verbindung zwischen dem Netz der allgemeinen Versorgung und dem Anlagenanschluss existiert in einer solchen Konstellation also nicht[339]. Da es in der Vergangenheit häufig Streit zwischen den Beteiligten darüber gab, ob der Netzbetreiber den Strom bei einem mittelbaren Anschluss gleichwohl abzunehmen hat, ist die Frage nunmehr ausdrücklich im Gesetz geregelt worden. Die Bezeichnung als „kaufmännisch-bilanzielle“ Weitergabe impliziert eine notfalls auch rein virtuelle Abnahme des Stroms[340]. Es ist also nicht erforderlich, dass überhaupt Strom aus der Anlage im Netz ankommt. Der Strom kann auch bereits in dem vorgelagerten Netz, das nicht der allgemeinen Versorgung dient, teilweise oder gar vollständig verbraucht worden sein. Im Falle des mittelbaren Anschlusses wird der Abnahmeort für den Strom weiterhin am Netzverknüpfungspunkt fingiert, selbst wenn physikalisch dort überhaupt kein Strom aus der EE-Anlage eingespeist wird. Während das EEG also nur einen *un*mittelbaren Anschlussanspruch kennt, lässt es einen mittelbaren Abnahmeanspruch zu[341].

4. Einfluss auf Vergütungsanspruch und Netzverluste

In Anknüpfung an die Abnahmepflicht des Netzbetreibers hat der Netzbetreiber die Strommenge zu vergüten, die am Netzverknüpfungspunkt zwischen Anlage und Netz in sein Netz eingespeist wird[342]. Es muss jedoch hervorgehoben werden, dass der Ort der Messung des Stroms aus der EE-Anlage kein Indiz dafür ist, dass der Strom gerade auch an dieser Stelle in das Netz eingespeist wird, da die Messung etwa aus Kostengründen auch an einem anderen Ort erfolgen kann[343]. Aus dem Installationsort der Messeinrichtungen kann also nicht auf die

339 Vgl. dazu bereits 4. Kapitel:B.II, S. 46.

340 *Altrock*, in: Altrock/Oschmann/Theobald, EEG 2011, 8 Rn. 22 f.

341 So auch *Cosack*, in: Frenz/Müggenborg, EEG, § 5 Rn. 16; anders *Bönning*, in: Reshöft, EEG 2009, § 5 Rn. 45. Der Einspeiser darf nach BGH, Urt. v. 28.03.2007 – VIII ZR 42/06, RdE 2007, 310 (313 f.) allerdings bei virtueller Einspeisung nicht besser stehen, als bei einem unmittelbaren Netzanschluss und muss sich deshalb fiktive Umspannverluste vom Netzbetreiber anrechnen lassen; dagegen *Altrock*, in: Altrock/Oschmann/Theobald, EEG 2011, § 5 Rn. 30.

342 BGH, Urt. v. 28.03.2007 – VIII ZR 42/06, RdE 2007, 310 (312).

343 BGH, Urt. v. 28.03.2007 – VIII ZR 42/06, RdE 2007, 310 (313); BGH, Urt. v. 28.11.2007 – VIII ZR 306/04, ZNER 2008, 53 (54); *Rottnauer*, RdE 2006, 122 (123);

Lage des Netzverknüpfungspunkts geschlossen werden. Für dieses rechtliche Ergebnis spricht auch, dass damit ein Gleichlauf bezüglich der technischen Sichtweise hergestellt wird[344].

Die Strommenge wird vermindert durch gegebenenfalls auftretende Umspann- oder Leitungsverluste in den technischen Einrichtungen des Netzanschlusses bis zum Netzverknüpfungspunkt. So wirkt sich, wie schon gesagt, die Lage des Verknüpfungspunkts auch auf die Höhe des Vergütungsanspruchs aus.

5. Entscheidung über Kostentragung

Neben den zuvor angesprochenen durch Netzverluste verursachten Kosten, entscheidet der Netzverknüpfungspunkt aus rechtlicher Sicht auch über die Qualifizierung der entstehenden Anbindungskosten als Netzanschluss- oder Kapazitätserweiterungskosten. Die Frage der Kostenverteilung ist von der zeitlich zwingend vorgelagerten Ermittlung des Netzverknüpfungspunkts folglich streng zu unterscheiden[345]. Nach § 13 Abs. 1 EEG hat der Anlagenbetreiber nur die notwendigen Kosten des Anschlusses der EE-Anlage an den Verknüpfungspunkt zu tragen. Sinn dieser eindeutigen Regelung ist die Lösung der Problematik, dass Anlagenbetreibern in der Praxis teilweise zu hohe oder nicht nachvollziehbare Kosten für den Anschluss der Anlage von Netzbetreibern in Rechnung gestellt wurden[346].

III. Änderungen zum Verknüpfungspunkt durch das EEG 2009

Da der Verknüpfungspunkt wie gezeigt von zentraler Bedeutung im EEG ist, stellt sich die Frage, wie genau die räumliche Lage des Netzverknüpfungspunkts zu bestimmen ist. Ausgangspunkt ist insoweit wiederum die Vorschrift des § 5 Abs. 1 Satz 1 EEG. Danach besteht die Anschlusspflicht für EE-Anlagen mit einer Leistung ab 30 kW grundsätzlich an der Stelle des Netzes, die im Hinblick auf die Spannungsebene geeignet ist, und die in der Luftlinie kürzeste Entfernung zum Anlagenstandort aufweist, wenn nicht ein anderes Netz einen technisch und wirtschaftlich günstigeren Verknüpfungspunkt aufweist. Dem Wortlaut nach orientiert sich das EEG insoweit an der vergleichbaren Vorgängerrege-

---

a.A. wohl *Herrmann/Gottwald*, Biogas Journal 2011, Heft 2, 110 (110). Nach *Altrock*, in: Altrock/Oschmann/Theobald, EEG 2011, § 5 Rn. 59, bildet die Eigentumsgrenze den Netzverknüpfungspunkt.

344 *BDEW*, Eigenerzeugungsanlagen am Mittelspannungsnetz, S. 49.

345 *Salje*, IR 2008, 194 (194).

346 So bereits zur Rechtslage des EEG 2000 *Niedersberg*, NVwZ 2001, 21 (22); *Weck*, Die garantierte Einspeisevergütung, S. 85.

lung in § 4 Abs. 2 Satz 1 EEG 2004, so dass der Eindruck entstehen könnte, die Bestimmung des Verknüpfungspunkts habe wie nach altem Recht zu erfolgen[347]. Maßgebliches und alleiniges Kriterium war bislang unter Beachtung des Gesetzeszwecks aus § 1 Abs. 1 EEG das Prinzip der gesamtwirtschaftlichen Kostenminimierung, wobei losgelöst von der jeweiligen Kostentragungspflicht die Gesamtkosten miteinander zu vergleichen sind, die bei den verschiedenen Ausführungsmöglichkeiten für die Anbindung der betreffenden Anlagen sowie für den Netzausbau anfallen würden[348].

Dieses Vorgehen scheint bei näherer Betrachtung durch die EEG-Novelle seit dem 01.01.2009 aber nur noch in einem partiellen Bereich der Anschlussvorschrift des § 5 EEG vorgeschrieben[349]. Das EEG lässt es gerade nicht mehr allein auf der rein gesetzlichen Ermittlung des Verknüpfungspunkts beruhen, sondern billigt davon abweichend dem Anlagenbetreiber in § 5 Abs. 2 EEG das Recht zu, einen anderen Verknüpfungspunkt dieses oder eines anderen im Hinblick auf die Spannungsebene geeigneten Netzes zu wählen. Eine Bezugnahme wie in § 5 Abs. 1 Satz 1 EEG auf die geographisch kürzeste Entfernung oder die technisch und wirtschaftlich günstigste Lage erfolgt dabei nicht. Jedenfalls nach dem eindeutigen Wortlaut ist die Geeignetheit des Netzes im Hinblick auf die Spannungsebene die einzige Einschränkung dieses Wahlrechts[350].

Ähnliches gilt für das Recht des Netzbetreibers in § 5 Abs. 3 EEG, der EE-Anlage abweichend von den Absätzen 1 und 2 einen anderen Verknüpfungspunkt zuzuweisen. Auch hier werden nicht die Kriterien aus § 5 Abs. 1 Satz 1 EEG genannt. Die Verwendung des Wortes „abweichend“ gibt hingegen die Absicht des Gesetzgebers zu erkennen, das Zuweisungsrecht des Netzbetreibers systematisch noch über das Wahlrecht des Anlagenbetreibers zu stellen. Damit dürfte der Netzbetreiber bei der Bestimmung des Verknüpfungspunkts im Ergebnis stets das letzte Wort haben[351]. Ein solches Zuweisungsrecht kannte das EEG 2004 lediglich im Bereich kleinerer EE-Anlagen mit einer Leistung bis zu 30 kW, die sich auf einem Grundstück mit bestehendem Hausanschluss befanden[352].

---

347 Dafür scheint auf den ersten Blick auch die Gesetzesbegründung zu sprechen, BT-Drucks. 16/8148, S. 41; ebenso *Schulte-Middelich*, EE 1/2009, 92 (92).

348 Ständige Rechtsprechung, vgl. BGH, Urt. v. 10.11.2004 – VIII ZR 391/03, RdE 2005, 79 (82); BGH, Urt. v. 18.07.2007 – VIII ZR 288/05, RdE 2008, 18 (21); BGH, Urt. v. 28.11.2007 – VIII ZR 306/04, ZNER 2008, 53 (54); BGH, Urt. v. 01.10.2008 – VIII ZR 21/07, RdE 2009, 146 (147); ebenso BT-Drucks. 16/8148, S. 41; näheres im 4. Kapitel:C.IV.4, S. 79.

349 Dazu noch eingehend 4. Kapitel:C.IV.4.b, S. 82.

350 So auch BT-Drucks. 16/8148, S. 41.

351 Ebenso *Stecher*, ZNER 2009, 216 (220); *Cosack*, in: Frenz/Müggenborg, EEG, § 5 Rn. 68.

352 Nämlich in § 13 Abs. 1 Satz 2 2. HS EEG 2004.

Feststellbar ist an dieser Stelle demnach bereits eine grundlegende Änderung der Gesetzessystematik im Bereich der Ermittlung des Netzverknüpfungspunkts[353]. Die Prüfungsreihenfolge vollzieht sich dem Aufbau nach über insgesamt drei Stufen. Auf der ersten Stufe gemäß § 5 Abs. 1 Satz 1 EEG steht die gesetzliche Bestimmung des Verknüpfungspunkts unter Beachtung der Kriterien der kürzesten Luftlinien-Entfernung und dem Prinzip der gesamtwirtschaftlichen Kostenminimierung. Das Wahlrecht des Anlagenbetreibers bildet Stufe zwei, während dem Netzbetreiber auf der dritten und letzten Stufe ein Zuweisungsrecht zusteht. Die aus dieser Hierarchie resultierenden rechtlichen Konsequenzen sind Gegenstand der nachfolgenden Untersuchung.

IV. Erste Stufe: Gesetzliche Ermittlung des Verknüpfungspunkts

Auf dieser Ebene ist der Verknüpfungspunkt grundsätzlich an der spannungsgeeigneten und geographisch nächsten Stelle des Netzes zu suchen. Ausnahmsweise erfolgt der Anschluss an ein anderes Netz, wenn dieses einen technisch und wirtschaftlich günstigeren Punkt aufweist. Eine Sonderregelung besteht für Kleinanlagen mit einer elektrischen Leistung bis zu 30 kW[354].

1. In Luftlinie kürzeste Entfernung

Anders als noch in der bisherigen Fassung des EEG 2004 kommt es nun ausdrücklich auf die „in der Luftlinie" kürzeste Entfernung an[355]. Der Wortlaut der Vorschrift ist insoweit eindeutig und lässt keinen Interpretationsspielraum zu. Bei der Ermittlung des Verknüpfungspunkts in kürzester Entfernung zum Standort der Anlage kann demnach schlicht auf die Luftlinienentfernung abgestellt werden, ohne Berücksichtigung von möglicherweise zwischen Anlagenstandort und Verknüpfungspunkt befindlichen Hindernissen – beispielweise Berge, Gewässer oder bauliche Anlagen[356]. Dieses Kriterium hat erhebliche praktische Auswirkungen bei bereits erschlossenen Grundstücken. Denn bei ei-

353 Dagegen sieht *Schumacher*, ZUR 2008, 121 (126) keine tiefgreifenden Änderungen.

354 § 5 Abs. 1 Satz 2 EEG.

355 Die Gesetzesbegründung zum EEG 2009 geht davon aus, dass in der Sache damit keine rechtliche Änderung verbunden ist, BT-Drucks. 16/8148, S. 41. Demgegenüber stellte die bisher überwiegende Meinung nicht auf die Luftlinienentfernung, sondern auf die tatsächlich für die Leitungstrasse zurückzulegende Wegstrecke ab, so etwa *Weißenborn*, in: Böhmer, Erneuerbare Energien, S. 71 (113); *Lippert*, Energiewirtschaftsrecht, S. 449; *Altrock/Wustlich*, in: Altrock/Oschmann/Theobald, EEG 2008 § 4 Rn. 80; ebenso bereits zum EEG 2000 *Schneider*, in: Schneider/Theobald, Energiewirtschaft 2003, § 18 Rn. 98.

356 *Schäfermeier*, in: Loibl u.a., Biogasanlagen, S. 232 Rn. 22.

nem vorhandenen Hausanschluss reicht das Netz der allgemeinen Versorgung, wie gezeigt[357], bis zum Hausanschlusskasten und nicht bloß zur Abzweigung des Grundstücks heran[358].

Zwar hatte der BGH unter Geltung des EEG 2000 aus der damals allein im Gesetz verwendeten Formulierung „kürzeste Entfernung" nicht lediglich eine räumliche Abstandsregelung sondern auch die Normierung des Prinzips der gesamtwirtschaftlichen Kostenminimierung gefolgert[359]. Die damalige Begriffsverwendung im EEG 2000 ist aber wegen des Zusatzes der *Luftlinie* in der jetzigen Fassung des EEG schon sprachlich nicht vergleichbar. Die Bedeutung der kürzesten Entfernung im EEG 2000 kann folglich nicht auf die jetzige Formulierung des EEG übertragen werden, da dort nach der Rechtsprechung des BGH auf wirtschaftliche Kriterien und nicht – wie jetzt – auf den räumlichen Abstand abzustellen war[360]. Entsprechend muss der Verknüpfungspunkt nicht bereits existieren und kann mit einem „Zirkelschlag" ermittelt werden[361].

2. Ausgestaltung als gesetzliche Vermutung

Die Bestimmung des Verknüpfungspunkts anhand der Luftliniendistanz steht unter dem Vorbehalt, dass nicht ein „anderes Netz einen technisch und wirtschaftlich günstigeren Verknüpfungspunkt aufweist". Dieses Regel-Ausnahme-Prinzip bestand auch bereits in § 4 Abs. 2 Satz 1 EEG 2004. Entsprechend lässt sich dem Wortlaut des § 5 Abs. 1 Satz 1 2. HS EEG „(…) wenn nicht (…)" eine gesetzliche Vermutung dafür entnehmen, dass der geographisch nächste Netzverknüpfungspunkt auch der technisch und wirtschaftlich günstigste ist. Dieses Verhältnis folgt der überzeugenden Überlegung, dass der nächstliegende Verknüpfungspunkt regelmäßig die geringsten Kosten für Material und Tiefbauarbeiten erforderlich machen wird[362]. Die gesetzliche Vermutung kann gemäß § 292 ZPO widerlegt werden. Die Voraussetzungen dieser Ausnahme hat in

357 Vgl. 4. Kapitel:B.V.1, S. 54.

358 BGH, Urt. v. 10.11.2004 – VIII ZR 391/03, RdE 2005, 79 (81); OLG München, Urt. v. 23.09.2003 – 15 U 1772/03 (n.v.), S. 13.

359 BGH, Urt. v. 08.10.2003 – VIII ZR 165/01, RdE 2004, 46 (48); BGH, Urt. v. 10.11.2004 – VIII ZR 391/03, RdE 2005, 79 (82).

360 So auch *Schäfermeier*, in: Loibl u.a., Biogasanlagen, S. 232 Rn. 22.

361 *Bönning*, ZNER 2003, 296 (297) bereits zum EEG 2000; *dies.*, in: Loibl u.a., Biogasanlagen, S. 217 Rn. 13; *Cosack*, in: Frenz/Müggenborg, EEG, § 5 Rn. 27.

362 *Cosack*, in: Frenz/Müggenborg, EEG, § 5 Rn. 49; gegen eine gesetzliche Vermutung und für eine Beweislastverteilung hingegen *Salje*, EEG 2009, § 5 Rn. 13.

Anwendung allgemeiner Beweisregeln gegebenenfalls der hierdurch begünstigte Netzbetreiber darzulegen und notfalls zu beweisen[363].

3. Kriterium der Spannungsebene

Anders als bislang[364] kommt es nach dem Wortlaut des EEG nunmehr allein darauf an, dass das Netz im Hinblick auf die Spannungsebene geeignet ist[365]. Der Gesetzgeber hat die Anforderungen an den Netzverknüpfungspunkt als wesentlichen Bestandteil des Anschlussanspruchs damit offenbar herabgesetzt. Anlage und Netz müssen also für den Netzanschlussanspruch nur noch hinsichtlich der Spannungsebene zusammenpassen[366]. Daraus folgt eine erhebliche Einengung des Darlegungsbereichs des Einspeisewilligen, der zukünftig im Rahmen des Anschlussanspruchs lediglich die Spannungsgeeignetheit des Verknüpfungspunkts darlegen und notfalls beweisen muss[367].

Das führt allerdings zu der Frage, was mit diesem Begriff genau gemeint ist. Der Gesetzgeber hat die Bedeutung nicht erläutert, sondern setzt das Verständnis vielmehr voraus[368]. Ausgehend vom Kriterium der „Spannungsebene", von der das EEG auch im Zusammenhang mit dem Begriff des Netzbetreibers in § 3 Nr. 8 spricht, erscheint es sachgerecht auf die Erläuterungen zum technischen Aufbau von Stromnetzen zurückzugreifen[369]. Der Zusatz „geeignet" bedeutet nach dem überkommenen Verständnis einem bestimmten Zweck oder bestimmten Anforderungen entsprechend[370]. Die Geeignetheit des Netzes im Hinblick auf die Spannungsebene lässt sich mit anderen Worten so verstehen, dass der Ver-

---

363 BGH, Urt. v. 18.07.2007 – VIII ZR 288/05, RdE 2008, 18 (21) zum EEG 2004; LG Berlin, Urt. v. 05.03.2009 – 14 O 145/08 (n.v.), S. 14; *Wernsmann*, AUR 2008, 329 (334); *Cosack*, in: Frenz/Müggenborg, EEG, § 5 Rn. 30.

364 Nach der bisherigen Rechtslage gemäß § 4 Abs. 2 Satz 1 EEG 2004 musste der Anschluss am „technisch für die Aufnahme geeigneten Netz" erfolgen.

365 BT-Drucks. 16/8148, S. 41. Die Wortlautänderung übersieht offenbar *Salje*, EEG 2009, § 5 Rn. 8, der von der „technischen" Eignung des Netzes spricht.

366 OLG Hamm, Urt. v. 03.05.2011 – I-21 U94/10, ZNER 2011, 327 (327); LG Arnsberg, Urt. v. 06.05.2010 – I-4 O 434/09, ZNER 2010, 299 (300); LG Duisburg, Urt. v. 06.08.2010 – 2 O 310/09, ZNER 2010, 521 (522); LG Arnsberg, Urt. v. 07.10.2010 – I-O 72/10 (n.v.), S. 9; *Cosack*, in Frenz/Müggenborg, EEG, § 5 Rn. 32.

367 *Bönning*, in: Loibl u.a., Biogasanlagen, S. 215 Rn. 8; *Wernsmann*, AUR 2008, 329 (334).

368 Weder die ursprüngliche Begründung des Regierungsentwurfs, BT Drucks. 16/8148, noch die infolge der Empfehlung des Umweltausschusses erfolgte Änderungsbegründung, BT-Drucks. 16/9477, enthalten hierzu nähere Angaben.

369 Vgl. 2. Kapitel:A, S. 9 (Einteilung der Spannungsebene des Netzes nach Nieder-, Mittel-, Hoch- und Höchstspannung).

370 Vgl. *Schäfermeier*, in: Loibl u.a., Biogasanlagen, S. 231 Rn. 21.

knüpfungspunkt Anforderungen an die Höhe der Spannung erfüllen muss. Aber auf welche Spannung beziehen sich diese Anforderungen? Der Wortlaut ist insoweit unklar. In einem ersten Schritt ist daher zu klären welchen Bezugspunkt die Anforderungen an die Netzspannung haben. Hier könnte einerseits auf die Höhe der Spannung des *erzeugten* Stroms aus der EE-Anlage, andererseits auch auf die Spannungsstufe des Netzes in Bezug auf die *Abnahme* des Stroms abgestellt werden.

a. Bezugspunkt

Bei einer Sichtweise, wonach die Spannungsebene des Netzes lediglich mit der Spannungsebene des Stroms aus der EE-Anlage übereinstimmen müsste, wäre folgende Problematik zu beachten: Regelmäßig produzieren EE-Anlagen ihren Strom in Niederspannung[371], so dass die Anbindung jeglicher EE-Anlage bei diesem Verständnis an ein Niederspannungsnetz nach § 5 Abs. 1 Satz 1 EEG verlangt werden könnte – unabhängig von der Einspeiseleistung. Beispielsweise könnte dann eine Biomasseanlage mit einer elektrischen Leistung von 1 MW an das Niederspannungsnetz angeschlossen werden, weil der Strom ebenfalls in Niederspannung durch den Anlagengenerator produziert wird. Aber auch für den Fall, dass nur ein Verknüpfungspunkt mit höherer Spannungsebene als nächster Punkt vorhanden ist, könnte der Strom in der Regel unproblematisch durch Umspanneinrichtungen auf die entsprechende Spannung transformiert werden. Ein derartiges Begriffsverständnis hätte demnach zur Konsequenz, dass letztlich jeder Netzverknüpfungspunkt im Hinblick auf die Spannungsebene geeignet wäre.

Dieses Ergebnis erscheint jedenfalls fraglich, weil das Kriterium dann konturlos bliebe und der Gesetzgeber auf den Begriff „im Hinblick auf die Spannungsebene geeignet“ auch hätte verzichten können. Da grundsätzlich zu unterstellen ist, dass der Gesetzgeber mit sämtlichen Regelungen einer Norm bzw. eines Gesetzes einen Zweck verfolgt, spricht das gegen eine solche Betrachtung der Spannungsebene des erzeugten Stroms[372]. Darüber hinaus bezweckt der Anlagenanschluss, wie § 5 Abs. 4 EEG zeigt, offensichtlich nicht die Übereinstimmung mit der Spannungsstufe des erzeugten Stroms, sondern die *Abnahme* des Stroms. Damit muss sich das Kriterium „im Hinblick auf die Spannungsebene geeignet“ sinnvollerweise auf die Stromabnahme beziehen. Die Stromabnahme kann gemäß § 5 Abs. 4 EEG auch erst durch eine Maßnahme der Kapazitätserweiterung des Netzes ermöglicht werden. Erweiterte Kapazität bedeutet demnach eine er-

---

371 *Bönning*, in: Loibl u.a., Biogasanlagen, S. 216 Rn. 9; *dies.*, in: Reshöft, EEG 2009, § 5 Rn. 18.

372 Ebenfalls ablehnend *Bönning*, in: Loibl u.a., Biogasanlagen, S. 216 Rn. 9; *dies.*, in: Reshöft, EEG 2009, § 5 Rn. 18.

höhte Stromabnahmefähigkeit. Kapazität und Netzspannung stehen in einem engen technischen Zusammenhang – je höher die Spannung, desto größere Strommengen können vom Netz aufgenommen werden[373]. Zunächst muss also die Spannungsebene des Netzverknüpfungspunkts (Nieder-, Mittel-, Hoch- oder Höchstspannung) festgestellt werden. Sodann ist in Abhängigkeit von der festgestellten Spannung die Kapazität des Netzes festzustellen. Dies kann entweder anhand abstrakter Kriterien, die allgemein für alle Fälle gelten, oder aber unter Berücksichtigung des konkreten Netzzustands im Einzelfall erfolgen[374]. Der Gesetzesanwender steht also vor der Problematik, ob ein abstraktes oder ein konkretes Verständnis der Spannungsgeeignetheit zu Grunde zu legen ist.

b. Abstrakte Betrachtung

Aus diesem Blickwinkel wäre zu ermitteln, welche Spannungsebene für die jeweils anzuschließende elektrische Anlagenleistung technisch zu wählen ist, ohne auf den Auslastungszustand des konkret vorhandenen Netzes zu achten. Es wäre letztlich Aufgabe von Fachleuten, in Abhängigkeit von der vorherrschenden Spannungsebene allgemein gültige Grenzwerte für die Einspeiseleistung festzusetzen[375]. Derartige Vorgaben könnten etwa so aussehen, dass Anlagenleistungen bis 150 kW stets an das Niederspannungsnetz anzuschließen sind. Bei der Ermittlung der Bezugsgrößen sollten gemäß § 7 Abs. 2 EEG i.V.m. § 49 EnWG die „allgemein anerkannten Regeln der Technik[376]" beachtet werden.

Das geforderte Korrektiv der Beachtung der allgemein anerkannten Regeln der Technik erklärt sich bereits systematisch aus dem Umstand, dass das EEG in § 7 Abs. 2 auf das Anforderungsniveau des § 49 EnWG für die Ausführung des Anschlusses verweist. Des Weiteren ist folgender Hintergrund zu beachten: Grundsätzlich kann fast jede Strommenge beispielsweise in ein Niederspannungsnetz eingespeist werden, wenn nur der Gesamtleiterquerschnitt groß genug ist. Dazu wäre nur eine entsprechend hohe Anzahl von Niederspannungskabeln erforderlich, die dann parallel zueinander verlegt werden müssten, was jedoch in aller Regel deutlich kostenintensiver wäre als ein Direktanschluss an eine höhere

---

373 *Altrock/Wustlich*, in: Altrock/Oschmann/Theobald, EEG 2008, § 4 Rn. 52; zu diesem physikalischen Zusammenhang bereits 2. Kapitel:A, S. 9.

374 So auch *Bönning*, in: Loibl u.a., Biogasanlagen, S. 216 Rn. 11; *dies.*, in: Reshöft, EEG 2009, § 5 Rn. 20.

375 In diesem Sinne auch *Bönning*, in: Loibl u.a., Biogasanlagen, S. 216 Rn. 11; *dies.*, in: Reshöft, EEG 2009, § 5 Rn. 20. *Büdenbender*, RdE 2005, 285 (290) weist zu Recht darauf hin, dass in der Energiewirtschaft solche Grenzwerte bislang nicht existieren.

376 Zu diesem Anforderungsniveau noch ausführlich 5. Kapitel:B, S. 102.

Spannungsebene[377]. In der Praxis werden auf der Grundlage von anerkannten Erfahrungswerten in Abhängigkeit von der Anschlussleistung daher korrespondierende Spannungsstufen gewählt. Die Anschlussleistungen an der jeweiligen Spannungsebene des Verknüpfungspunkts wären demnach durch die allgemein anerkannten Regeln der Technik begrenzt.

Der Vorteil dieser Sichtweise liegt vor allem in ihrer Einfachheit. Anhand von Tabellen, die von Sachverständigen errichtet werden, könnten Anlagen- und Netzbetreiber ohne weiteren Streit bestimmen, ob der jeweilige Netzverknüpfungspunkt für den Anschluss in Betracht kommt oder nicht. Es dürfte davon auszugehen sein, dass sich im Laufe der Zeit in der Praxis abstrakte Kriterien durchsetzen, die von den Beteiligten als allgemeinverbindlich akzeptiert werden. Insbesondere wäre auch die Problematik entschärft, ob am jeweiligen Netzverknüpfungspunkt die Vorgaben der *VDEW*- bzw. *BDEW*- Richtlinien[378] eingehalten werden müssen[379]. Denn diese treffen nur hinsichtlich der Frage Aussagen, *wie* innerhalb einer Spannungsebene anzuschließen ist, nicht jedoch *ob* die Spannungsebene generell geeignet ist[380]. Für den hinsichtlich der Spannungsebene geeigneten Verknüpfungspunkt sind die Richtlinien daher jedenfalls ohne Bedeutung.

Eine Betrachtung von bereits angeschlossenen EE-Anlagen bliebe im Rahmen dieser abstrakten Betrachtung ebenfalls außen vor.

c. Konkrete Betrachtung

Dagegen wäre bei einer konkreten Betrachtung der Status quo des Netzes vor Ort ausschlaggebend für die Entscheidung, ob das Netz für die Abnahme des Stroms hinsichtlich der Spannungsebene geeignet ist oder nicht. Relevant wären dabei also insbesondere das Abnahmeverhalten von in der Nähe befindlichen Anschlussnehmern[381], die Einspeisesituation bereits angeschlossener EE-Anlagen und die Entfernung des jeweiligen Verknüpfungspunkts zur nächsten

---

377 Diesen Zusammenhang beinhaltet offenbar auch das EEG und berücksichtigt diesen Umstand in § 5 Abs. 1 Satz 1 mit dem *technisch* und wirtschaftlich *günstigeren* Verknüpfungspunkt.

378 Insbesondere sind das die Richtlinien *VDEW*, Eigenerzeugungsanlagen am Niederspannungsnetz und *BDEW*, Eigenerzeugungsanlagen am Mittelspannungsnetz.

379 Dafür OLG Nürnberg, Urt. v. 11.03.2008 – 1 U 1467/07 (n.v.), S. 11; LG Dessau-Roßlau, Urt. v. 19.09.2008 – 2 O 149/05 (n.v.), S. 6; dagegen *Bönning*, in: Loibl u.a., Biogasanlagen, S. 222 Rn. 34 m.w.N.; dazu schon 4. Kapitel:C.I, S. 62.

380 Vgl. *Schäfermeier*, in: Loibl u.a., Biogasanlagen, S. 233 Rn. 23.

381 *Bönning*, in: Loibl u.a., Biogasanlagen, S. 216 Rn. 11; ebenso *Altrock*, in: Altrock/Oschmann/Theobald, EEG 2011, § 5 Rn. 54.

Umspanneinrichtung[382]. Aufgrund der Vielzahl zu berücksichtigender Umstände führt die konkrete Sichtweise daher zu einem gegenüber der abstrakten Betrachtung stark erhöhten Aufwand[383]. Regelmäßig dürfte die Einschaltung eines Sachverständigen erforderlich sein, der Angaben dazu macht, ob der im Einzelfall eingespeiste Strom aus der anzuschließenden EE-Anlage am fraglichen Netzverknüpfungspunkt abgenommen werden kann.

d. Stellungnahme

Ob das Kriterium der Geeignetheit im Hinblick auf die Spannungsebene abstrakt oder über die Umstände der konkreten technischen Situation zu bestimmen ist, lässt sich nur schwer beantworten. Dem Vorteil der Einfachheit der abstrakten Sichtweise steht der Nachteil der mangelnden Flexibilität gegenüber. Bei der konkreten Betrachtungsweise ist es genau umgekehrt.

Folge der isolierten Anwendung einer abstrakten Betrachtung wäre, dass in vielen Fällen bei konkreter Ungeeignetheit des Netzes zur Abnahme des Stroms die Problematik auf die Ebene der Voraussetzungen einer Kapazitätserweiterung verlagert würde. Denn die Kapazitätserweiterung dient gemäß § 5 Abs. 4 EEG der Sicherstellung der Abnahmefähigkeit des Netzes[384].

Andererseits würden die Probleme der Abnahme bei einer rein konkreten Sichtweise in das Tatbestandsmerkmal "im Hinblick auf die Spannungsebene geeignet" integriert. Das erscheint aber zum einen im Hinblick auf den Wortlaut bedenklich und widerspräche zum anderen offensichtlich der Gesetzessystematik. Wie die Regelung in § 5 Abs. 4 EEG zeigt, ist es für den Anschlussanspruch gerade nicht notwendig, dass der Strom bereits gegenwärtig ohne weiteres abgenommen werden kann[385]. Der Anschlussanspruch besteht vielmehr auch dann, wenn die Abnahme erst durch eine Maßnahme der Kapazitätserweiterung ermöglicht wird, denn der Kapazitätserweiterungsanspruch stellt primär den Abnahmeanspruch und nicht den Anschlussanspruch sicher[386]. Damit unvereinbar

---

382 Denn die Kapazität in der jeweiligen Spannungsebene schwankt mit der Entfernung des Netzausläufers zur nächsten Spannungsebene. Dabei gilt, dass sich die Kapazität einer untergeordneten Spannungsebene derjenigen der nächsthöheren Spannungsebene mit abnehmender Entfernung zur Umspanneinrichtung annähert, so dass beispielsweise direkt an einer Ortsnetzstation die Niederspannungsebene annähernd die gleiche Kapazität hat, wie die nachfolgende Mittelspannungsebene; dazu *Schäfermeier*, in: Loibl u.a., Biogasanlagen, S. 231 Rn. 21.

383 *Bönning*, in: Loibl u.a., Biogasanlagen, S. 216 Rn. 11.

384 *Schäfermeier*, in: Reshöft, EEG 2009, § 9 Rn. 9.

385 Zur systematischen Trennung der Fragen von Netzanschluss und Stromabnahme bereits 4. Kapitel:C.II.1.b, S. 65.

386 So offenbar auch *Schäfermeier*, in: Reshöft, EEG 2009, § 9 Rn. 1.

wäre es, schon innerhalb des Kriteriums der Spannungsgeeignetheit diejenigen Fragen zu behandeln, die sich nach § 5 Abs. 4 EEG erst im Rahmen der Kapazitätserweiterung stellen.

Gegen eine konkrete Sicht spricht zudem der dokumentierte Wille des Gesetzgebers. Danach bezweckt die Ausgestaltung des EEG im Hinblick auf den Netzanschluss sowohl die Kosten als auch die Marktzutrittsschranken für Anlagenbetreiber so niedrig wie möglich zu halten, um so eine möglichst hohe Anzahl von EE-Anlagen an das Netz anzuschließen und dadurch deren Anteil an der Gesamtstromerzeugung zu erhöhen[387]. Der Gesetzgeber möchte den Anlagenanschluss daher möglichst einfach ausgestalten. Diese Anforderung der Einfachheit und Transparenz würde jedoch verfehlt, wenn man allein auf die konkrete Verfassung des Netzes vor Ort abstellen wollte[388].

Das muss aber keineswegs einen kompletten Verzicht auf die Vorzüge der konkreten Sichtweise bedeuten. Vielmehr scheint eine Kombination der Vorzüge beider Ansichten möglich[389]. Dazu könnte durch die Schaffung abstrakter Kriterien in einem ersten Schritt rechtlich und tatsächlich einfach die grundsätzliche Lage des Verknüpfungspunkts durch die Beteiligten bestimmt werden. Als Korrektiv müsste aber in einem zweiten Schritt die Möglichkeit bestehen bleiben, unter konkreter Betrachtung des Einzelfalls zu überprüfen, ob eine Abnahme des Stroms im Hinblick auf die Spannungsebene abweichend von den Aussagen der abstrakten Kriterien möglich ist, mithin das Netz konkret im Hinblick auf die Spannungsebene zur Abnahme des Stroms bereits gegenwärtig ohne Kapazitätserweiterung geeignet ist[390]. Die gesetzlich angeordnete Unterscheidung zwischen Netzanschluss- und Abnahmeanspruch bliebe damit gewahrt.

Die Darlegungs- und Beweislast dafür, dass abweichend von einer abstrakten Betrachtung die Stromabnahme doch möglich ist, obliegt nach allgemeinen zivilrechtlichen Regeln dem Einspeisewilligen bzw. dem Anlagenbetreiber[391], da es sich bei dem Kriterium der Spannungsgeeignetheit um eine Voraussetzung des Anschlussanspruchs handelt.

Umgekehrt kann der Netzbetreiber nachweisen, dass ein technisch und wirtschaftlich günstigerer Verknüpfungspunkt in einem anderen Netz existiert, oder dass eine möglicherweise zur Abnahme des Stroms erforderliche Maßnahme der Kapazitätserweiterung wirtschaftlich unzumutbar ist. Bei größtmöglicher rechtlicher und tatsächlicher Einfachheit der grundsätzlichen Ermittlung des Verknüpfungspunkts bleibt deshalb für die Beteiligten über die angesprochenen

---

387 Zum System der „flachen Netzanschlusskosten" BT-Drucks. 16/8148, S. 48.

388 Dafür aber wohl *Schäfermeier*, in: Loibl u.a., Biogasanlagen, S. 231 Rn. 21.

389 *Bönning*, in: Loibl u.a., Biogasanlagen, S. 216 Rn. 12.

390 In diesem Sinne auch *Bönning*, in: Loibl u.a., Biogasanlagen, S. 216 Rn. 12.

391 Zu den Begriffen 4. Kapitel:A.I, S. 40.

Darlegungs- und Beweismöglichkeiten auch die notwendige Flexibilität erhalten.

Diese Kombination von abstrakten und konkreten Maßstäben steht in Übereinklang mit der anerkannten Flexibilität bei der Wahl der Spannungsebene im Rahmen des allgemeinen Anschlussanspruchs nach § 17 EnWG[392]. Für das gefundene Ergebnis spricht auch, dass dadurch das im Folgenden zu untersuchende Prinzip der gesamtwirtschaftlichen Kostenminimierung sichergestellt ist.

4. Das gesamtwirtschaftliche Optimierungsprinzip

In § 5 Abs. 1 Satz 1 2. HS EEG ist in Anlehnung an § 4 Abs. 2 Satz 1 EEG 2004 ausdrücklich klargestellt, dass der richtige Netzverknüpfungspunkt nicht zwangsläufig der räumlich nächstgelegene sein muss, sondern dass auch technische und wirtschaftliche Gesichtspunkte zu berücksichtigen sind[393]. Die in der Luftlinie kürzeste Entfernung und die Eignung im Hinblick auf die Spannungsebene gelten zur Ermittlung des Verknüpfungspunkts dann,

„wenn nicht ein anderes Netz einen technisch und wirtschaftlich günstigeren Verknüpfungspunkt aufweist."

Der in der Luftlinie nächstgelegene Netzverknüpfungspunkt ist folglich nur dann maßgeblich, wenn nicht ein Verknüpfungspunkt in einem anderen Netz insbesondere *wirtschaftlich* besser geeignet ist. Bei einer größeren Entfernung zum Anlagenstandort hat die Kosten einer gegebenenfalls längeren Anschlussleitung dann nach § 13 Abs. 1 EEG der Anlagenbetreiber zu tragen, soweit das Grundprinzip nicht durch die Sonderregelung für Kleinanlagen in § 5 Abs. 1 Satz 2 EEG durchbrochen wird[394] oder das noch zu untersuchende Wahlrecht des Anlagenbetreibers oder das Zuweisungsrecht des Netzbetreibers zu abweichenden Ergebnissen führt.

Hat man also in einem ersten Schritt den in räumlich kürzester Entfernung befindlichen Netzverknüpfungspunkt ausfindig gemacht, ist nach den obigen Ausführungen weiter zu prüfen, ob der Verknüpfungspunkt auch hinsichtlich der

---

392 Im Bereich des allgemeinen Anschlussanspruchs des § 17 EnWG ist mittlerweile höchstrichterlich anerkannt, dass der Anschlusspetent die Spannungsebene grundsätzlich frei wählen darf, BGH, Beschl. v. 23.06.2009 – EnVR 48/08, ZNER 2009, 239 (240); ebenso *Stötzel*, in: Britz/Hellermann/Hermes, § 17 Rn. 37; einschränkend noch LG Nürnberg-Fürth, Urt. v. 25.05.2007 – 4HK O 3005/06, RdE 2007, 325 (327).

393 *Cosack*, in: Frenz/Müggenborg, EEG, § 5 Rn. 41; zur Vorgängerregelung des EEG 2004 bereits *Klemm*, RdE 2004, 49 (49) und *Fischer/Henning*, ZUR 2006, 225 (226).

394 *Weißenborn*, in: Schmidt-Schlaeger/Zinow, Grundlagen des Energierechts, S. 121 (128); dazu noch 4. Kapitel:C.IV.5, S. 86.

Spannungsebene für die Stromabnahme geeignet ist. In einem zweiten Schritt ist sodann zu ermitteln, ob es gegebenenfalls einen technisch und wirtschaftlich günstigeren Verknüpfungspunkt in einem anderen Netz gibt. Nach gefestigter Rechtsprechung[395] und inzwischen auch allgemeiner Auffassung in der Literatur[396] sind zwecks Ermittlung des „technisch und wirtschaftlich" günstigsten Verknüpfungspunkt bei mehreren Verknüpfungspunkten zunächst die *Gesamtkosten* der Herstellung der Verbindung zu berechnen. Dabei sind nicht allein die Interessen des Anlagen- oder des Netzbetreibers zu berücksichtigen[397]. Vielmehr sind die insgesamt geringsten Kosten für die Herstellung des Anschlusses und die Durchführung der Stromeinspeisung festzustellen.

Es ist also ein Kostenvergleich durchzuführen, bei dem, losgelöst von der jeweiligen Kostentragungspflicht, die Gesamtkosten miteinander zu vergleichen sind, die bei verschiedenen in Betracht kommenden Verknüpfungspunkten für den Anschluss der betreffenden Anlage sowie für einen eventuell erforderlichen Netzausbau anfallen[398]. Die so ermittelte günstigste Variante verdient dann den Vorrang. Damit ist im Ergebnis dieses Verfahrens unter mehreren in Betracht kommenden Verknüpfungspunkten stets derjenige zu wählen, an dem insgesamt und unabhängig von der Verteilung der Kosten die geringsten Kosten entstehen[399].

Hintergrund dieser Sichtweise ist das Anliegen, die volkswirtschaftlichen Kosten der Energieversorgung so gering wie möglich zu halten[400]. Deshalb erfordert das Prinzip der gesamtwirtschaftlichen Kostenoptimierung auch die Berücksichtigung von Projekten anderer Einspeisewilliger zur Errichtung von EE-Anlagen

395 BGH, Urt. v. 08.10.2003 – VIII ZR 165/01, RdE 2004, 46 (48); BGH, Urt. v. 10.11.2004 – VIII ZR 391/03, RdE 2005, 79 (82); BGH, Urt. v. 28.11.2007 – VIII ZR 306/04, ZNER 2008, 53 (54); BGH, Urt. v. 01.10.2008 – VIII ZR 21/07, RdE 2009, 146 (147); OLG Karlsruhe, Urt. v. 14.07.2005 – 9 U 31/05, RdE 2005, 277 (277); OLG Thüringen, Urt. v. 07.02.2007 – 7 U 1221/05 (n.v.), S. 19.

396 Siehe nur *Salje*, EEG 2009, § 5 Rn. 12.

397 So aber wohl noch zum EEG 2000 *Bönning*, ZNER 2001, 272 (272).

398 BGH, Urt. v. 08.10.2003 – VIII ZR 165/01, RdE 2004, 46 (48); BGH, Urt. v. 10.11.2004 – VIII ZR 391/03, RdE 2005, 79 (82); BGH, Urt. v. 28.11.2007 – VIII ZR 306/04, ZNER 2008, 53 (54); BGH, Urt. v. 01.10.2008 – VIII ZR 21/07, RdE 2009, 146 (147).

399 OLG Karlsruhe, Urt. v. 14.07.2005 – 9 U 31/05, RdE 2005, 277 (277); *Müller*, in: Danner/Theobald, Bd. 2, EEG § 13 Rn. 10, wonach die tatsächliche Wegstrecke nicht mehr als ein erster Anhaltspunkt ist; insoweit einschränkend *Salje*, EEG 2007, § 4 Rn. 16, der bei einer aus Sicht des Anlagenbetreibers unzumutbar langen Anschlussleitung das Prinzip durchbrechen möchte; zum EEG 2000 wohl auch noch a.A. *Böwing*, in: Säcker, BK, § 3 Rn. 17 und *Bönning*, ZNER 2001, 272 (272).

400 BT-Drucks. 16/8148, S. 36. So auch *Schneider*, IR 2009, 2 (7), der überzeugend den Effizienzgedanken aus den Zielen des EnWG in § 1 ableitet.

bei der Koordinierung des Anschlusses[401]. Es sind keine sachlichen Gründe ersichtlich, dieses zu den vorherigen Fassungen des EEG entwickelte Grundprinzip zur Ermittlung des günstigsten Verknüpfungspunkts unter mehreren nicht auf § 5 Abs. 1 Satz 1 EEG zu übertragen. Insoweit hat sich durch die EEG-Novelle nichts geändert[402]. In der Praxis werden zur Kostenermittlung gegebenenfalls mehrere Angebote in den verschiedenen Einspeiseszenarien eingeholt.

a. Objektive mittelbare Kosten

In Übereinstimmung mit der Rechtsprechung des BGH[403] und der Literatur[404] dürften im Rahmen der gesamtwirtschaftlichen Kostenminimierung auch sogenannte *mittelbare* finanzielle Nachteile in den einzelnen Varianten zu berücksichtigen sein. Dazu können etwa Betriebsmehrkosten (Kosten für Wartung der Leitungen und Umspanneinrichtungen, Kosten zur Durchführung des Einspeisemanagements[405]), andererseits aber auch Leitungsverluste gerechnet werden. Dabei sollte es hinsichtlich der Kostenhöhe keine Rolle spielen, ob die Leitungsverluste beim Anlagen- oder Netzbetreiber anfallen. Zwar könnte argumentiert werden, dass der Strom aus Sicht des Anlagenbetreibers „wertvoller" ist, da dieser die regelmäßig höheren Vergütungen des EEG beanspruchen kann. Zur Vermeidung willkürlicher Ergebnisse scheint jedoch eine Verobjektivierung der Kosten und Leitungsverluste sachgerecht[406]. Dafür spricht wiederum das Prinzip der *gesamtwirtschaftlichen* Kostenminimierung. Wie zuvor ausgeführt ist dabei auf die Volkswirtschaft allgemein und nicht nur isoliert auf die Position des Anlagenbetreibers abzustellen. Es ist nicht ersichtlich, warum im Bereich der Kostenhöhe andere Maßstäbe als beim Kostengrund gelten sollten. Das Prinzip der gesamtwirtschaftlichen Kostenminimierung sollte daher stringent

---

401 BT-Drucks. 16/8148, S. 42; für die Berücksichtigung weiterer Anlagen nach dem EEG 2004 bereits BGH, Urt. v. 18.07.2007 – VIII ZR 288/05, RdE 2008, 18 (22); BT-Drucks. 15/2864, S. 34; *Niedersberg*, Schwachstellenanalyse, S. 26; *Fischer/Henning*, ZUR 2006, 225 (226); *Altrock/Wustlich*, in: Altrock/Oschmann/Theobald, EEG 2008, § 4 Rn. 62; *Schäfermeier*, in: Reshöft, EEG 2009, § 9 Rn. 16. Die BNA, Positionspapier zu § 17 Abs. 2a EnWG, S. 15 plädiert für ein entsprechendes Verfahren im Rahmen von Offshore-Windenergieanlagen.

402 BT-Drucks. 16/8148, S. 41; *Ekardt*, in: Frenz/Müggenborg, EEG, § 13 Rn. 17 und 18.

403 BGH, Urt. v. 10.11.2004 – VIII ZR 391/03, RdE 2005, 79 (82); BGH, Urt. v. 28.11.2007 – VIII ZR 306/04, ZNER 2008, 53 (54).

404 *Maslaton/Zschiegner*, H.I.3.c); *Schäfermeier*, in: Loibl u.a., Biogasanlagen, S. 233 Rn. 24; *Altrock*, in: Altrock/Oschmann/Theobald, EEG 2011, § 5 Rn. 59; *Herrmann/Gottwald*, Biogas Journal 2011, Heft 2, 110 (110).

405 *BDEW*, Netzanschluss 2009, S. 12.

406 Dafür wohl auch *Salje*, EEG 2009, § 13 Rn. 17. Ein objektiver Maßstab sollte generell für die Kostenbetrachtung zu Grunde gelegt werden, dazu noch 4. Kapitel:C.IV.9, S. 90.

beibehalten werden. Auf diese Weise wird dann die günstigste Variante ermittelt. Allerdings ist gleichwohl festzustellen, dass nicht wenige Kostenfragen erst durch Sachverständige vor Gericht geklärt werden müssen.

b. Beschränkter Anwendungsbereich

Unklar ist, ob das Prinzip der gesamtwirtschaftlichen Kostenminimierung entgegen dem eindeutigen Wortlaut generell für sämtliche Netzverknüpfungspunkte – auch innerhalb *desselben* Netzes – oder angesichts der Formulierung in § 5 Abs. 1 Satz 1 2. HS EEG nur im Vergleich zu Netzverknüpfungspunkten in einem *anderen* Netz Anwendung findet.

Zwar gleicht der Wortlaut demjenigen der Vorgängerregelung in § 4 Abs. 2 Satz 1 2. HS EEG 2004. Für das EEG 2000 und das EEG 2004 ist höchstrichterlich anerkannt, dass es für die Ermittlung der geringsten Kosten auch auf den konkreten Verknüpfungspunkt innerhalb *desselben* Netzes ankommt[407]. Die EEG-Novelle zum 01.01.2009 hat jedoch auch an anderen Stellen des Gesetzes Änderungen des Wortlauts und der Gesetzessystematik mit sich gebracht, so dass es höchst fraglich erscheint, ob die vorzitierte Auffassung des BGH unter Geltung des EEG in der jetzigen Fassung noch anwendbar ist. Für die Praxis hätte eine Abkehr von dieser Sichtweise erhebliche Auswirkungen, da jedenfalls in der Vergangenheit die Frage nach dem Anschluss der EE-Anlage an ein anderes Netz nur selten umstritten war[408].

c. Gesamtbetrachtung des BGH

Schon im zeitlichen Anwendungsbereich des EEG 2000 hatte sich der BGH für eine uneingeschränkte Anwendung des Kostenoptimierungsprinzips auch innerhalb desselben Netzes ausgesprochen[409]. Diese Auffassung behielt der BGH in

---

407 BGH, Urt. v. 28.11.2007 – VIII ZR 306/04, ZNER 2008, 53 (54); BGH, Urt. v. 12.07.2006 – VIII ZR 235/04, ZNER 2006, 238 (239).

408 *Schäfermeier*, in: Loibl u.a., Biogasanlagen, S. 227 Rn. 7.

409 BGH, Urt. v. 08.10.2003 – VIII ZR 165/01, RdE 2004, 46 (48); BGH, Urt. v. 10.11.2004 – VIII ZR 391/03, RdE 2005, 79 (82). Aus der damals allein im Gesetz verwendeten Formulierung „kürzeste Entfernung" folgerte der BGH, dass es für die nähere Bestimmung, welches Netz und welcher Netzverknüpfungspunkt bei mehreren in Betracht kommenden Möglichkeiten zu den Anlagen des Energieversorgers die kürzeste Entfernung aufweise, es auch darauf ankomme, bei welchem der möglichen Anschlüsse die geringsten Gesamtkosten zu erwarten seien.

seinen Entscheidungen zum EEG 2004 bei[410]. Die Instanzengerichte folgten dieser Sichtweise[411]. Zur Begründung, dass die Kostenminimierung sich auch auf Netzverknüpfungspunkte innerhalb desselben Netzes bezog, stützte der BGH[412] sich zum einen auf die Gesetzesbegründung[413] zum EEG 2004, die ausdrücklich davon sprach, „dass es dann nicht auf die kürzeste Entfernung zwischen Anlage und Netz ankommt, wenn ein Anschluss an einem anderen Verknüpfungspunkt *desselben* Netzes oder an einem anderen Netz mit geringeren volkswirtschaftlichen Gesamtkosten verbunden ist."

Auch führte der BGH ins Feld, dass der Anlagenbetreiber wegen der Regelung in § 13 Abs. 1 Satz 1 EEG 2004 nur die notwendigen Kosten des Anschlusses an den technisch und wirtschaftlich günstigsten Verknüpfungspunkt des Netzes tragen müsse. An dieser Stelle differenziere das EEG nicht zwischen verschiedenen Netzen. Deshalb dürfe dem Anlagenbetreiber kein Verknüpfungspunkt zugewiesen werden, der hiervon abweichend ungünstiger sei[414]. Entgegen dem scheinbar eindeutigen Wortlaut von § 4 Abs. 2 Satz 1 2. HS EEG 2004 war daher ein genereller Kostenvergleich über sämtliche Netze und Netzverknüpfungspunkte hinweg vorzunehmen.

Ob diese Ansicht weiterhin Gültigkeit besitzt, ist schon deshalb fragwürdig, weil letztlich beiden vorgenannten Argumenten des BGH durch die Neufassung des EEG zum 01.01.2009 die Basis entzogen worden ist[415]. In der Gesetzesbegründung findet sich kein Hinweis mehr darauf, dass ein Kostenvergleich auch innerhalb desselben Netzes stattzufinden habe. Auch hat sich der Wortlaut in § 13 EEG dahingehend gewandelt, dass der Anlagenbetreiber die Kosten an den Ver-

410 BGH, Urt. v. 12.07.2006 – VIII ZR 235/04, ZNER 2006, 238 (239); BGH, Urt. v. 18.07.2007 – VIII ZR 288/05, RdE 2008, 18 (21); BGH, Urt. v. 28.11.2007 – VIII ZR 306/04, ZNER 2008, 53 (54).

411 Nur beispielsweise sei hier die Entscheidung des OLG Nürnberg, Urt. v. 07.03.2007 – 4 U 398/06, RdE 2007, 235 (236) genannt, wo das Gericht davon ausging, dass unter Berücksichtigung des Prinzips der gesamtwirtschaftlichen Kostenoptimierung ermittelt werden müsse, ob eine Verbindung mit einem bereits bestehenden Hausanschluss und die Einspeisung an dieser Stelle kostengünstiger sei, als die Verknüpfung an einem anderen Punkt des Netzes und damit die Errichtung eines – dann neuen – Anschlusses.

412 BGH, Urt. v. 08.10.2003 – VIII ZR 165/01, RdE 2004, 46 (48); BGH, Urt. v. 10.11.2004 – VIII ZR 391/03, RdE 2005, 79 (82); BGH, Urt. v. 18.07.2007 – VIII ZR 288/05, RdE 2008, 18 (21).

413 BT-Drucks. 15/2864, S. 33 und BT-Drucks. 15/2327, S. 24.

414 BGH, Urt. v. 12.07.2006 – VIII ZR 235/04, ZNER 2006, 238 (239); BGH, Urt. v. 18.07.2007 – VIII ZR 288/05, RdE 2008, 18 (21).

415 So auch OLG Hamm, Urt. v. 03.05.2011 – I-21 U94/10, ZNER 2011, 327 (327); LG Arnsberg, Urt. v. 06.05.2010 – I-4 O 434/09, ZNER 2010, 299 (300); LG Duisburg, Urt. v. 06.08.2010 – 2 O 310/09, ZNER 2010, 521 (522); *Herrmann/Gottwald*, Biogas Journal 2011, Heft 2, 110 (110); a.A. *Altrock*, in: Altrock/Oschmann/Theobald, EEG 2011, § 5 Rn. 58.

knüpfungspunkt nach § 5 Abs. 1 oder Abs. 2 EEG zu tragen hat. Anders als zuvor stellt § 13 Abs. 1 EEG also nicht mehr generell auf den technisch und wirtschaftlich günstigsten Punkt ab, sondern bezieht sich allein auf § 5 EEG. In systematischer Hinsicht muss zudem die Aufnahme eines Wahlrechts und eines Zuweisungsrechts in § 5 Abs. 2 und Abs. 3 EEG betont werden[416]. Bei der Beantwortung der Ausgangsfrage dürften auch diese Änderungen zu berücksichtigen sein.

d. Stellungnahme

Für eine Fortgeltung der Rechtsprechung des BGH zur gesamtwirtschaftlichen Kostenoptimierung auch innerhalb desselben Netzes könnte sprechen, dass die Gesetzesbegründung[417] den wirtschaftlich günstigsten Verknüpfungspunkt wie nach altem Recht bestimmen will[418]. Das muss jedoch nicht zwangsläufig zu einer Beibehaltung der bisherigen Sichtweise führen. Die Aussage kann durchaus auch so verstanden werden, dass die Verfahrensweise nur hinsichtlich eines Kostenvergleichs zu einem Verknüpfungspunkt in einem *anderen* Netz beibehalten werden soll[419]. Der Gesetzesbegründung kann demnach jedenfalls kein eindeutiges Argument dafür entnommen werden, dass ein Kostenvergleich auch innerhalb desselben Netzes stattfinden müsste. Auch der Wortlaut des § 13 Abs. 1 EEG lässt sich wie gezeigt nunmehr nicht mehr dafür anführen, dass verschiedene Verknüpfungspunkte innerhalb desselben Netzes kostenmäßig zueinander in Relation gesetzt werden müssten. Der Wortlaut von § 5 Abs. 1 Satz 1 EEG verweist eindeutig auf ein *anderes* Netz.

Möglicherweise könnte der Wortlaut des § 5 Abs. 1 Satz 1 2. HS EEG damit erklärt werden, dass bei der schließlich Gesetz gewordenen Fassung des EEG schlicht versäumt wurde, § 5 Abs. 1 Satz 1 HS EEG sprachlich anzupassen. Liegt also letztlich nur ein Redaktionsversehen vor?[420].

Betrachtet man den ursprünglichen EEG-Ref-Entwurf, so fällt auf, dass hier das Prinzip der gesamtwirtschaftlichen Kostenminimierung bei der Findung des

416 Zu den Änderungen bereits 4. Kapitel:C.III, S. 69.

417 BT-Drucks. 16/8148, S. 41

418 Für diese Auslegung *Altrock*, in: Altrock/Oschmann/Theobald, EEG 2011, § 5 Rn. 58.

419 Ähnlich OLG Hamm, Urt. v. 03.05.2011 – I-21 U94/10, ZNER 2011, 327 (328); LG Arnsberg, Urt. v. 06.05.2010 – I-4 O 434/09, ZNER 2010, 299 (300); LG Duisburg, Urt. v. 06.08.2010 – 2 O 310/09, ZNER 2010, 521 (522); LG Arnsberg, Urt. v. 07.10.2010 – I-4 O 72/10 (n.v.), S. 10 f.; *Bönning*, in Loibl u.a., Biogasanlagen, S. 271 Rn. 16.

420 Diese Frage stellt *Schäfermeier*, in: Loibl u.a., Biogasanlagen, S. 234 Rn. 25; gegen ein Redaktionsversehen sprechen sich *Reshöft/Sellmann*, ET 2009, 139 (141) aus.

Verknüpfungspunkts ausdrücklich keinerlei Rolle mehr spielen sollte[421]. Begründet wurde das mit erheblichen Rechtsunsicherheiten und einer Vielzahl von Rechtsstreitigkeiten, zu denen die bisherige Regelung des EEG 2004 geführt habe[422]. Dieser Einschätzung hat sich der Gesetzgeber im EEG schließlich jedoch nicht angeschlossen und sich in § 5 Abs. 1 Satz 1 EEG für eine vom EEG-Ref-Entwurf gänzlich abweichende Formulierung entschieden. Das spricht eindeutig gegen einen dem Gesetzgeber unterlaufenen redaktionellen Fehler aufgrund der Fassung des EEG-Ref-Entwurfs[423]. Vielmehr zeigt die anderslautende Formulierung in § 5 Abs. 2 EEG, wonach der Anlagenbetreiber einen Verknüpfungspunkt *dieses* oder eines *anderen* Netzes wählen kann, dass der Gesetzgeber die Begriffe sehr wohl auseinanderhalten und hinsichtlich der Lage der Verknüpfungspunkte differenzieren wollte.

Das EEG verfolgt das Ziel, den Anteil Erneuerbarer Energien am Gesamtstromaufkommen weitestgehend zu erhöhen und dabei die Kosten für Anlagenbetreiber möglichst niedrig zu halten[424]. Ziel der Aufteilung der Bestimmungen in § 5 EEG ist auch die Schaffung eines anwenderfreundlichen Gesetzes mit übersichtlichen Vorschriften[425]. Dieses Ansinnen verdeutlicht auch die Festschreibung der Kriterien der geographisch kürzesten Entfernung und der Spannungsgeeignetheit in § 5 EEG, wodurch sich die Bestimmung der Lage des Verknüpfungspunkts deutlich einfacher gestaltet. Das gesetzgeberische Ziel wird dann erreicht, wenn die Voraussetzungen des Netzanschlussanspruchs möglichst einfach zu überprüfen sind. Aufgrund ihrer umfassenden Netzkenntnis waren bislang regelmäßig allein Netzbetreiber in der Lage zu beurteilen, wo sich der technisch und wirtschaftlich günstigste Verknüpfungspunkt befindet[426]. Wollte man entgegen dem eindeutigen Wortlaut daran festhalten, den technisch und wirtschaftlich günstigsten Verknüpfungspunkt auch innerhalb *desselben* Netzes zu suchen, würde die durch die Einfügung der neuen Kriterien intendierte Vereinfachung verfehlt[427].

Es ist auch nicht zu befürchten, dass mit einer solchen Sichtweise das Prinzip der gesamtwirtschaftlichen Kostenoptimierung vollends aufgegeben wird. Wie

---

421 Nach § 5 Abs. 1 EEG-Ref-Entwurf kam es uneingeschränkt auf die Eignung im Hinblick auf die Spannungsebene und die kürzeste Entfernung, nicht aber darauf an, ob ein technisch und wirtschaftlich günstigerer Verknüpfungspunkt existierte.

422 Begründung zu § 5 Abs. 1 EEG-Ref-Entwurf, BMU-KI III 4, S. 13.

423 Ähnlich *Schäfermeier*, in: Loibl u.a., Biogasanlagen, S. 234 Rn. 25.

424 BT-Drucks. 16/8148, S. 48.

425 BT-Drucks. 16/8148, S. 41.

426 *Schäfermeier*, in: Loibl u.a., Biogasanlagen, S. 234 Rn. 25.

427 Im Ergebnis so auch *Schäfermeier*, in: Loibl u.a., Biogasanlagen, S. 234 Rn. 25; dagegen *Cosack*, in: Frenz/Müggenborg, EEG, § 5 Rn. 45.

noch zu zeigen sein wird, sorgt dafür das Recht des Netzbetreibers in § 5 Abs. 3 EEG der EE-Anlage einen anderen Verknüpfungspunkt zuweisen zu können[428].

e. Zwischenergebnis

Im Ergebnis sprechen Wortlaut, Systematik, Historie und Sinn sowie Zweck des EEG ganz entscheidend dafür, dass ein Kostenvergleich der verschiedenen Anbindungsvarianten innerhalb *desselben* Netzes im EEG nicht mehr vorgesehen ist[429]. Ein Kostenvergleich findet sektoral begrenzt zwischen Verknüpfungspunkten verschiedener Netze statt. Damit hat sich die Rechtslage gegenüber derjenigen des EEG 2004 deutlich vereinfacht und Streitigkeiten über die technisch und wirtschaftlich günstigste Lage des Verknüpfungspunkts dürften jedenfalls bei großen Netzbetreibern die Ausnahme darstellen[430].

5. Sonderfall Kleinanlagen

Eine Ausnahme von dem erläuterten Verfahren zur Ermittlung des Netzverknüpfungspunkts sieht § 5 Abs. 1 Satz 2 EEG vor. Die Vorschrift orientiert sich an der Fassung des EEG 2004 in § 13 Abs. 1 Satz 2: „Bei einer oder mehreren Anlagen mit einer Leistung von insgesamt bis zu 30 Kilowatt, die sich auf einem Grundstück mit bereits bestehendem Netzanschluss befinden, gilt dieser Verknüpfungspunkt des Grundstücks mit dem Netz als günstigster Verknüpfungspunkt".

Wie bereits ausgeführt[431] reicht der Hausanschluss bis zum Hausanschlusskasten und nicht bloß bis zur Abzweigung des Grundstücks. Die Formulierung „gilt" weist auf die Ausgestaltung als *un*widerlegliche Vermutung hin[432]. Diese Ausnahme von dem Prinzip der gesamtwirtschaftlichen Kostenminimierung auch im

428 So auch OLG Hamm, Urt. v. 03.05.2011 – I-21 U94/10, ZNER 2011, 327 (328); LG Arnsberg, Urt. v. 06.05.2010 – I-4 O 434/09, ZNER 2010, 299 (300); LG Duisburg, Urt. v. 06.08.2010 – 2 O 310/09, ZNER 2010, 521 (523); dazu noch 4. Kapitel:C.VI, S. 96.

429 OLG Hamm, Urt. v. 03.05.2011 – I-21 U94/10, ZNER 2011, 327 (327 f.); LG Arnsberg, Urt. v. 06.05.2010 – I-4 O 434/09, ZNER 2010, 299 (300); LG Duisburg, Urt. v. 06.08.2010 – 2 O 310/09, ZNER 2010, 521 (522 f.); *Salje*, REE 2011, 3 (10); LG Arnsberg, Urt. v. 07.10.2010 – I-4 O 72/10 (n.v.), S. 11 f.; *Reshöft/Sellmann*, ET 2009, 139 (141); *Bönning*, in: Reshöft, EEG 2009, § 5 Rn. 26; *dies.*, in: Loibl u.a., Biogasanlagen, S. 217 Rn. 15; *Schäfermeier*, in: Loibl u.a., Biogasanlagen, S. 233 Rn. 24; a.A. *Altrock*, in: Altrock/Oschmann/Theobald, EEG 2011, § 5 Rn. 58.

430 Ebenso *Bönning*, in: Loibl u.a., Biogasanlagen, S. 217 Rn. 16; zum Begriff des *anderen* Netzes schon 4. Kapitel:B.VI, S. 60.

431 Vgl. 4. Kapitel:B.V.1, S. 54.

432 BT-Drucks. 16/8148, S. 41; *Cosack*, in: Frenz/Müggenborg, EEG, § 5 Rn. 54.

Vergleich zu anderen Netzen rechtfertigt sich aus der grundsätzlich anzunehmenden Eignung von Hausanschlüssen, die aus EE-Anlagen mit einer installierten elektrischen Leistung von maximal 30 KW einzuspeisende Strommenge aufzunehmen[433]. Die Vorschrift dient damit der Vermeidung von Rechtsstreitigkeiten und volkswirtschaftlich unnötigen Kosten.

Systematisch betrachtet ist § 5 Abs. 1 Satz 2 EEG in Form einer gesetzlichen Fiktion daher lediglich eine Sondervorschrift zu § 5 Abs. 1 Satz 1 2. HS, nicht aber zu § 5 Abs. 1 Satz 1 1. HS EEG. Praktisch bedeutsam ist die Vorschrift insbesondere im Bereich der Errichtung von Photovoltaikanlagen auf Privatgrundstücken.

Im Übrigen lässt die Ausnahmevorschrift die Regelungssystematik des EEG, insbesondere die Frage der Kostenverteilung gemäß §§ 13 und 14 EEG, unangetastet[434].

In der Praxis taucht in diesem Zusammenhang bei Photovoltaikanlagen vermehrt die Frage auf, ob hinsichtlich der Obergrenze auf die installierte Maximalleistung oder die Wechselrichterausgangsleistung abzustellen ist. Für das Verständnis ist es wichtig zu wissen, dass der Strom in Photovoltaikanlagen in Gleichstrom erzeugt und zunächst mittels Wechselrichtern in Wechselstrom umgeformt wird. Bei diesem Prozess geht ein Teil der erzeugten Energie verloren, so dass sich die installierte Spitzenleistung der Anlage (angegeben in kWp) und die Wechselrichterausgangsleistung (gemessen in kW) unterscheiden.

Systematisch spricht vieles dafür, auf die Legaldefinition des § 3 Nr. 6 EEG zurückzugreifen, wo von der elektrischen „Wirkleistung" die Rede ist, „die die Anlage bei bestimmungsgemäßem Betrieb ohne zeitliche Einschränkungen unbeschadet kurzfristiger geringfügiger Abweichungen technisch erbringen kann". Für die Grenze des § 5 Abs. 1 Satz 2 EEG dürfte demnach auf die tatsächliche Leistung der Anlage abzustellen sein, mithin auf die Wechselrichterausgangsleistung[435].

6. Praktisches Verfahren zur Ermittlung des Verknüpfungspunkts

Ein praktisches Verfahren zur Ermittlung des Netzverknüpfungspunkts ist weder im EEG noch in den Parallelregelungen des KWKG niedergelegt. Gleichwohl unterscheiden sich die Verfahren einzelner Netzbetreiber in der Praxis in der

433 So bereits zum EEG 2004 BT-Drucks. 15/2864, S. 47.

434 Anders offenbar *Rottnauer*, RdE 2006, 122 (122), der in der weitgehend übereinstimmenden Vorgängervorschrift in § 4 Abs. 2 EEG 2004 eine Kostentragungsfiktion zu Lasten des Netzbetreibers erblickt.

435 Im Ergebnis so auch *Salje*, EEG 2009, § 5 Rn. 39; zustimmend *Cosack*, in: Frenz/Müggenborg, § 5 Rn. 59.

Regel nur in Details[436]. Sobald ein Anschlussbegehren beim Netzbetreiber eingeht, sendet dieser im Allgemeinen einen Fragebogen an den Anlagenbetreiber, mit dessen Hilfe bestimmte Standort- und Anlagendaten abgefragt werden. Dann kann der räumlich in der Luftlinie nächstgelegene Verknüpfungspunkt notfalls per Zirkelschlag[437] bestimmt werden. Dabei sind vor allem in Randbereichen die Betreiber von anderen Netzen zu berücksichtigen, weshalb eine sachgerechte Kommunikation zwischen verschiedenen Netzbetreibern geboten erscheint[438].

Sodann ist anhand von Tabellen zu ermitteln, ob der Verknüpfungspunkt hinsichtlich der vorherrschenden Spannungsebene mit der anzuschließenden elektrischen Leistung korrespondiert und zur Stromabnahme aus der EE-Anlage geeignet ist[439]. Anhand der abgefragten Daten schließt sich dann gegebenenfalls eine sog. Netzverträglichkeitsprüfung an. Damit wird untersucht, ob das Netz im angefragten Sektor überhaupt noch weiteren Strom abzunehmen vermag. Dabei ist auch eine eventuell erforderliche Kapazitätserweiterung des vorhandenen Netzes in Erwägung zu ziehen.

In einem weiteren Schritt ist dann erforderlichenfalls noch zu untersuchen, ob ein günstigerer Verknüpfungspunkt in einem anderen Netz existiert. Notfalls ist ein unabhängiger Sachverständiger mit der Prüfung der Kosten in den einzelnen Einspeisevarianten zu beauftragen.

7. Benennungspflicht

Diskutiert wird, ob der Netzbetreiber verpflichtet ist, dem Anlagenbetreiber auf Verlangen den Netzverknüpfungspunkt zu benennen, also notwendigerweise auch zu berechnen[440], oder ob es ausreicht, die zur Berechnung erforderlichen Netzdaten vorzulegen[441].

---

436 Zum Ablauf des Verfahrens vgl. *Salje*, VW 2001, 225 (226).

437 So schon zum EEG 2000 *Bönning*, ZNER 2003, 296 (297); *dies.*, in: Loibl u.a., Biogasanlagen, S. 217 Rn. 13.

438 Dafür tritt auch der *BDEW* selbst ein, *BDEW*, Umsetzungshilfe EEG 2009, S. 10.

439 Zu diesem Zusammenhang siehe 4. Kapitel:C.IV.3.d, S. 77.

440 Dafür OLG Thüringen, Urt. v. 07.02.2007 – 7 U 1221/05 (n.v.), S. 18; OLG Düsseldorf, Urt. v. 09.12.2009 – VI-2 U (Kart) 10/06, ZNER 2010, 84 (86); LG Itzehoe, Urt. v. 13.06.2006 – 5 O 123/03 (n.v.), S. 3; ablehnend gegenüber einer vorvertraglichen Benennungspflicht *Lange*, RdE 2010, 344 (345). Ähnlich OLG Schleswig, Urt. v. 03.07.2009 – 14 U 96/08, RdE 2010, 156 (158), das ein ausdrückliches Ersuchen seitens des Anlagenbetreibers für notwendig erachtet; zustimmend *Lange*, RdE 2010, 158 (159).

441 LG Bayreuth, Urt. v. 26.10.2007 – 22 O 146/05, RdE 2008, 98 (100); zustimmend *Duhm/Heinemann*, RdE 2008, 101 (101).

Für eine bloße Datenübermittlung könnte zunächst der Wortlaut des § 5 Abs. 5 EEG angeführt werden: „Soweit es für die Ermittlung des Verknüpfungspunkts sowie die Planung des Netzbetreibers nach § 9 erforderlich ist, müssen Einspeisewillige sowie Netzbetreiber einander die dafür notwendigen Unterlagen, insbesondere die für eine nachprüfbare Netzverträglichkeitsprüfung erforderlichen Netzdaten, auf Verlangen innerhalb von acht Wochen vorlegen."

Der Bezug des Ausdrucks „Ermittlung des Verknüpfungspunkts" ist unklar. Er könnte sich einerseits sprachlich auf die Netzbetreiber beziehen, andererseits aber auch losgelöst von einem Adressaten zu verstehen sein. Der Wortlaut spricht zudem insbesondere von Daten zwecks Durchführung einer „Netzverträglichkeitsprüfung". Die Netzverträglichkeitsprüfung könnte demnach über die Ermittlung des Netzverknüpfungspunkts hinausgehen. Es lässt sich allerdings auch umgekehrt argumentieren, dass die Netzverträglichkeitsprüfung gerade Voraussetzung zur Bestimmung des Verknüpfungspunkts ist, da erst anhand der Netzverträglichkeitsprüfung die notwendigen Maßnahmen und deren Kosten feststellbar sind. Der Wortlaut ist demnach für die zu entscheidende Frage unergiebig.

Systematisch kann § 5 Abs. 5 EEG jedoch nicht isoliert vom sonstigen Normengefüge betrachtet werden. Denn die Vorschrift verfolgt augenscheinlich keinen Selbstzweck, sondern dient dazu, den gesetzlichen Netzverknüpfungspunkt nach § 5 Abs. 1 Satz 1 EEG sicherzustellen. Die Vorschrift gibt den Beteiligten damit einen Hilfsanspruch zur Ermittlung, Überprüfung und Durchsetzung der gesetzlichen Hauptpflichten des EEG, insbesondere des Netzanschluss- und Kapazitätserweiterungsanspruchs an die Hand. Da die EE-Anlage grundsätzlich an den Verknüpfungspunkt nach § 5 Abs. 1 Satz 1 EEG anzuschließen ist, spricht die Systematik für eine Pflicht des Netzbetreibers, den Anschlussort auch mitzuteilen. In Rechtsprechung und Literatur ist zudem allgemein anerkannt, dass schon vor Anlagenerrichtung zwischen den Beteiligten ein gesetzliches Schuldverhältnis besteht[442]. Die Pflicht zur Benennung des Verknüpfungspunkts wäre demzufolge rechtstechnisch eine schuldrechtliche Nebenpflicht aus dem gesetzlichen Schuldverhältnis des § 5 Abs. 1 Satz 1 EEG.

Zu berücksichtigen sein dürften in diesem Zusammenhang auch die gesetzgeberische Intention eines weitgehenden Ausbaus der Stromerzeugung aus Erneuerbaren Energien und die umfassenden Netzkenntnisse des Netzbetreibers, die einen erheblichen Wissensvorsprung gegenüber dem Anlagenbetreiber bedeuten[443]. Allein der Netzbetreiber weiß zudem, ob noch andere Anschlusspetenten

442 BGH, Urt. v. 12.07.2006 – VIII ZR 235/04, ZNER 2006, 238 (239); zustimmend *Dreher*, ZNER 2006, 239 (240); OLG Thüringen, Urt. v. 07.02.2007 – 7 U 1221/05 (n.v.), S. 18; *Stecher*, ZNER 2009, 216 (216).

443 LG Itzehoe, Urt. v. 13.06.2006 – 5 O 123/03 (n.v.), S. 3; *Schäfermeier*, in: Loibl u.a., Biogasanlagen S. 234 Rn. 25; *Lange*, RdE 2010, 158 (159).

in dem entsprechenden Anschlussbereich existieren, so dass er unter Beachtung der Wirtschaftlichkeit eine Sammelanbindung ermitteln kann[444]. Des Weiteren ist zu berücksichtigen, dass die Erteilung einer in der Praxis durchaus auch üblichen Anschlusszusage und die Benennung des Verknüpfungspunkts zum Erhalt der Finanzierungszusagen und zum Abschluss notwendiger Verträge zwingend nötig sind. Die Kenntnis des Anlagenbetreibers vom Anschlusspunkt ist daher objektiv notwendig, um die Verwirklichung des Projekts sicherzustellen und dessen Planbarkeit zu gewährleisten[445]. Die Ermittlung des richtigen Netzverknüpfungspunkts ist daher schon zur Sicherstellung des dem Gesetz immanenten Optimierungsprinzips[446] vom Netzbetreiber durchzuführen, da dies vom Anlagenbetreiber nicht bewältigt werden kann.

Im Ergebnis sprechen Systematik sowie Sinn und Zweck des EEG demnach für eine Pflicht des Netzbetreibers zur Ermittlung und Benennung des gesetzlichen Netzverknüpfungspunkts.

8. Vorgehen bei Kostengleichheit

Es ist denkbar, dass sich in der Praxis in abweichenden Anbindungsvarianten an verschiedene Netze dieselbe Kostenhöhe ergibt. Nach dem Regel-Ausnahme-Prinzip des § 5 Abs. 1 Satz 1 EEG verbleibt es in einem solchen Fall bei der gesetzlichen Vermutung. Das heißt, es ist derjenige Netzbetreiber verpflichtet und derjenige Verknüpfungspunkt maßgeblich, der die in der Luftlinie kürzeste Entfernung zum Standort der Anlage aufweist[447].

9. Objektiver Kostenmaßstab

Auch kann fraglich sein, welcher Kostenmaßstab in den einzelnen Einspeiseszenarien zur Ermittlung des Verknüpfungspunkts nach § 5 Abs. 1 Satz 1 EEG anzusetzen ist. Die Einkaufskonditionen des Netzbetreibers für einzelne, im Rahmen der Anbindung der EE-Anlage notwendige Komponenten können sich durchaus von denjenigen Bedingungen unterscheiden, die der Anlagenbetreiber am Markt vorfindet. Deutlich wird eine mögliche Kostenabweichung auch durch die Regelung in § 7 Abs. 1 EEG, die dem Anlagenbetreiber ein Wahlrecht zubil-

---

444 So allgemein zum Anschluss nach EnWG die BNA, Positionspapier zu § 17 Abs. 2a EnWG, S. 15.

445 OLG Thüringen, Urt. v. 07.02.2007 – 7 U 1221/05 (n.v.), S. 18.

446 Dazu näher 4. Kapitel:C.IV.4, S. 79.

447 Bereits zum EEG 2004 *Altrock/Wustlich*, in: Altrock/Oschmann/Theobald, EEG 2008, § 4 Rn. 46. Dies zeigt auch die Formulierung „(…) wenn nicht (…)“.

ligt, den Netzbetreiber oder eine fachkundige dritte Person mit der Vornahme des Anschlusses der Anlagen zu betrauen[448].

Es scheint interessengerecht, ebenso wie auch bei der Berücksichtigung von eventuell auftretenden Umspann- und Leitungsverlusten, eine Verobjektivierung der Kosten vorzunehmen[449]. Beim Variantenvergleich hat also der Netzbetreiber seine Einkaufskondition für das erforderliche Material zu Grunde zu legen, selbst wenn sich im Nachhinein herausstellen sollte, dass die Konditionen des Anlagenbetreibers hiervon abweichen[450].

V. Zweite Stufe: Wahlrecht des Anlagenbetreibers

Das zuvor beschriebene Vorgehen zum Netzverknüpfungspunkt nach § 5 Abs. 1 Satz 1 EEG wird vom Recht des Anlagenbetreibers gemäß § 5 Abs. 2 EEG überlagert, einen anderen Verknüpfungspunkt „dieses" oder eines „anderen" Netzes zu wählen. Entsprechend dem Wortlaut kommt es dabei laut Gesetzesbegründung allein darauf an, dass das jeweils gewählte Netz im Hinblick auf die Spannungsebene geeignet ist[451].

Sprachlich weicht § 5 Abs. 2 von Abs. 1 Satz 1 EEG bei genauem Hinsehen insoweit ab, als dass dort auf die Geeignetheit des *Netzes* im Hinblick auf die Spannungsebene abgestellt wird, während nach Absatz 1 Satz 1 der *Verknüpfungspunkt* diese Eignung aufweisen muss. Rechtlich dürfte diese Abweichung jedoch keinen Unterschied machen. Nach der durch die EEG-Novelle aufgenommenen Legaldefinition des § 5 Abs. 1 Satz 1 EEG ist der Verknüpfungspunkt die Stelle des Netzes, an der die EE-Anlage angeschlossen ist. Der Verknüpfungspunkt bildet also rechtstechnisch einen Teil des Netzes[452]. Demzufolge muss wiederum das Netz an der entsprechenden Stelle die geeignete Spannungsebene aufweisen. Damit entspricht die sprachlich anderslautende Regelung in § 5 Abs. 2 EEG inhaltlich derjenigen des § 5 Abs. 1 Satz 1 EEG. Auf eine bloße Ungenauigkeit der Formulierungen deutet auch das übereinstimmende Verständnis des Gesetzgebers hin, der für beide Stufen von einer Geeignetheit

---

448 Ausweislich der Gesetzesbegründung dient die Vorschrift der Kostenbegrenzung, vgl. BT-Drucks. 16/8148, S. 43.

449 Vgl. 4. Kapitel:C.IV.4.a, S. 81.

450 Für ein solches Vorgehen plädieren auch *Langbein/Weißenborn*, RdE 2008, 23 (24).

451 BT-Drucks. 16/8148, S. 41.

452 *Schäfermeier*, in: Reshöft, EEG 2009, § 9 Rn. 32. Dieser Aspekt wird im Rahmen der Abgrenzung von Netzanschluss und Kapazitätserweiterung noch eine Rolle spielen; dazu später 6. Kapitel:B.I, S. 150.

des *Netzes* spricht[453]. Um die Rechtsanwendung zu erleichtern sollte jedoch im Falle einer Überarbeitung des Gesetzes eine Klarstellung erfolgen.

1. Umfang des Wahlrechts

Das Wahlrecht des Anlagenbetreibers nach § 5 Abs. 2 EEG erscheint zunächst unbeschränkt und insbesondere nicht an die Bedingung geknüpft, dass bei der Wahl das Gebot der gesamtwirtschaftlichen Kostenminimierung[454] zu beachten ist. Ein derart weites Verständnis könnte dazu führen, den Optimierungsgedanken vollständig aufzugeben. Denn der Anlagenbetreiber könnte, ungeachtet des Ergebnisses zur Ermittlung des Verknüpfungspunkts nach § 5 Abs. 1 Satz 1 EEG, den für ihn günstigsten – also regelmäßig den räumlich nächstgelegenen – Anschlussort wählen und sich damit über das Optimierungsprinzip hinwegsetzen. Es ist demnach zu diskutieren, ob eine einschränkende Auslegung des Wahlrechts geboten ist[455].

a. 1. Auffassung: Vorbehalt des Optimierungsprinzips

Es wird vertreten, dass das Wahlrecht unter dem Vorbehalt der Aufrechterhaltung des Optimierungsprinzips stehe. Zur Begründung wird auf den Wortlaut, die Systematik, die Entstehungsgeschichte sowie Sinn und Zweck des § 5 Abs. 2 EEG verwiesen[456].

Der Wortlaut von § 5 Abs. 2 EEG räume dem Anlagenbetreiber das Recht ein, einen *anderen* Netzverknüpfungspunkt als den nach § 5 Abs. 1 Satz 1 EEG zu wählen. Die Wahl *desselben* Punktes sei im Umkehrschluss nicht möglich. Daraus wird gefolgert, dass die Wahl sowohl des räumlich nächstgelegenen als auch des gesamtwirtschaftlich günstigsten Verknüpfungspunkts ausgeschlossen sei, da § 5 Abs. 1 Satz 1 EEG beide Punkte aufführe. Der vom Wahlrecht erfasste Netzverknüpfungspunkt müsse demzufolge schon nach dem Wortlaut ein

---

453 BT-Drucks. 16/8148, S. 41. Sowohl für die Regelung in Absatz 1 als auch in Absatz 2 bezieht sich die Gesetzesbegründung dort auf das Netz.

454 Dazu bereits 4. Kapitel:C.IV.4 auf S. 79.

455 Gegen eine einschränkende Auslegung LG Arnsberg, Urt. v. 06.05.2010 – I-4 O 434/09, ZNER 2010, 299 (300). Hingegen konnte zu dieser Frage im Fachausschuss „Recht Erneuerbare-Energien“ des *BDEW* kein Konsens erzielt werden, vgl. *BDEW*, Netzanschluss 2009, S. 6.

456 *BDEW*, Netzanschluss 2009, S. 9; zustimmend *Altrock*, in: Altrock/Oschmann/Theobald, EEG 2011, § 5 Rn. 72 f.

dritter Punkt sein[457]. Die Wahl müsse im Ergebnis also stets dazu führen, dass höhere Gesamtkosten entstünden als bei einem Anschluss an den gesamtwirtschaftlich günstigsten Punkt, da dieser Punkt vom Wahlrecht gerade nicht erfasst werde[458].

Auch historisch ergebe sich die einschränkende Auslegung aus einer Gesamtschau mit dem EEG-Ref-Entwurf des Bundesumweltministeriums, in dem noch ausdrücklich das Optimierungsprinzip aufgegeben worden sei und EE-Anlagen grundsätzlich an den in der Luftlinienentfernung nächsten Verknüpfungspunkt anzuschließen gewesen seien. Da der Gesetzeswortlaut zum Wahlrecht im EEG-Ref-Entwurf und in der schließlich Gesetz gewordenen Fassung des EEG weitgehend identisch sei, könne der in der Luftlinie nächstgelegene Punkt auch nicht ein *anderer* im Sinne des EEG sein, da dieser bereits in der Grundvorschrift des § 5 Abs. 1 EEG-Ref-Entwurf genannt worden sei[459].

In systematischer Hinsicht wird angeführt, dass § 5 Abs. 1 Satz 1 EEG keinerlei Anwendungsbereich habe, wenn das Wahlrecht des Anlagenbetreibers unbegrenzt sei. Da sich der Anlagenbetreiber stets für den aus seiner Perspektive mit den geringsten Kosten verbundenen Punkt entscheide und dies in aller Regel der räumlich nächstgelegene sei, hätte es der Regelung des § 5 Abs. 1 Satz 1 EEG nicht bedurft[460]. Eine Auslegung dahingehend, dass für eine gesetzliche Vorschrift keinerlei Anwendungsbereich verbleibe, sei jedoch zu vermeiden[461].

Für eine Einschränkung des Wahlrechts durch das Optimierungsprinzip nach Sinn und Zweck der Vorschrift wird zudem auf die Gesetzesbegründung verwiesen. Die Einschränkung der Ausübung des Wahlrechts durch die dort genannte Grenze des Rechtsmissbrauchs bezwecke den Schutz der gesamtwirtschaftlichen Betrachtungsweise[462]. Von Rechtsmissbrauch sei immer dann auszugehen, wenn durch die Wahl höhere oder überhaupt Netzausbaukosten beim Netzbetreiber entstünden[463].

---

457 *BDEW*, Netzanschluss 2009, S. 6; *BDEW*, Umsetzungshilfe EEG 2009, S. 10 f.; zustimmend *Altrock*, in: Altrock/Oschmann/Theobald, EEG 2011, § 5 Rn. 73; *Weißenborn*, RdE 2011, 74 (74).

458 *BDEW*, Netzanschluss 2009, S. 9; *Weißenborn*, RdE 2011, 74 (75).

459 *BDEW*, Netzanschluss 2009, S. 7; *Weißenborn*, RdE 2011, 74 (75).

460 *BDEW*, Netzanschluss 2009, S. 8; *Weißenborn*, RdE 2011, 74 (75).

461 *BDEW*, Netzanschluss 2009, S. 8 unter Verweis auf BGH, Urt. v. 16.03.2005 – VIII ZR 25/04, RdE 165 (166 f.); *Weißenborn*, RdE 2011, 74 (75).

462 *BDEW*, Netzanschluss 2009, S. 7.

463 So stellt sich innerhalb dieser Auffassung der überwiegende Ansatz dar, während andere Rechtsmissbrauch erst dann annehmen wollen, wenn eine Einzelfallbetrachtung zur Unredlichkeit oder Unverhältnismäßigkeit führt, vgl. *BDEW*, Netzanschluss 2009, S. 7 und 8; *BDEW*, Umsetzungshilfe EEG 2009, S. 11.

b. 2. Auffassung: Optimierungsprinzip unbeachtlich

Die Anhänger dieser Auffassung erblicken im Wortlaut des § 5 Abs. 2 EEG keine Einschränkung des Wahlrechts und verweisen zur Begründung darauf, dass § 5 Abs. 1 Satz 1 EEG gerade nicht zwei verschiedene, sondern im Ergebnis lediglich einen Verknüpfungspunkt bestimme. Denn über § 5 Abs. 1 Satz 1 2. HS EEG werde nur dann ein abweichender Verknüpfungspunkt ermittelt, wenn die Grundannahme des in der Luftlinie nächstgelegenen Punktes widerlegt sei[464].

Das historische Argument der Gegenansicht gehe fehl, weil dem EEG-Ref-Entwurf ein vollkommen anderer Regelungszusammenhang zu Grunde gelegen habe, der das Optimierungsprinzip ausdrücklich vollständig aufgegeben habe. Der EEG-Ref-Entwurf könne deshalb zur Begründung einer einschränkenden Auslegung des § 5 Abs. 2 EEG nicht herangezogen werden[465].

Die Erstreckung des Wahlrechts auch auf den nächstliegenden Verknüpfungspunkt, abweichend vom Prinzip der Kostenminimierung, führe nicht zu einem Leerlaufen der Regelung des § 5 Abs. 1 Satz 1 EEG. Denn es seien durchaus Konstellationen denkbar, in denen der nächstgelegene Verknüpfungspunkt gerade nicht die für den Anlagenbetreiber günstigste Variante darstelle, beispielsweise bei geologischen Besonderheiten oder zur Vermeidung einer Umspanneinrichtung[466]. Systematisch führe gerade die restriktive Auffassung dazu, dass § 5 Abs. 2 EEG sinnlos wäre. Denn der Anlagenbetreiber mache stets nur dann von seinem Wahlrecht Gebrauch, wenn dies zu geringeren Kosten für ihn führe. Da das zwingend zu einer Abweichung vom Optimierungsprinzip führe, wäre das Wahlrecht ohne Anwendungsbereich, wenn eine Beschränkung vorgenommen würde[467].

Der Anlagenbetreiber habe keine Kenntnis von den Gegebenheiten innerhalb des Netzes, so dass sein Verlangen nach einem anderen Verknüpfungspunkt auch nicht rechtsmissbräuchlich sein könne. Die Einhaltung des Optimierungsprinzips, also die Anbindung an den kostengünstigsten Verknüpfungspunkt, könne vielmehr dadurch sichergestellt werden, dass der Netzbetreiber von seinem Zuweisungsrecht nach § 5 Abs. 3 EEG Gebrauch mache und dadurch die Entstehung von Mehrkosten vermeide[468].

---

464 *BDEW*, Netzanschluss 2009, S. 9.
465 *BDEW*, Netzanschluss 2009, S. 10.
466 *BDEW*, Netzanschluss 2009, S. 10.
467 *BDEW*, Netzanschluss 2009, S. 10.
468 *BDEW*, Netzanschluss 2009, S. 10 f.

c. Stellungnahme

Vorzuziehen ist die Auffassung, die im Rahmen des Wahlrechts das Optimierungsprinzip für unbeachtlich hält. Die Gegenmeinung übersieht bei der Wortlautargumentation, dass § 5 Abs. 1 Satz 1 EEG immer nur zu *einem* Verknüpfungspunkt führen kann. Ein Alternativergebnis ist nicht denkbar.

Zuzustimmen ist der die Berücksichtigung des Optimierungsprinzips ablehnenden Ansicht auch hinsichtlich der systematischen Begründung. Wollte man die Wahl begrenzen, hätte das Wahlrecht des Anlagenbetreibers hinsichtlich eines Verknüpfungspunkts in *anderen* Netzen im Ergebnis keinerlei Anwendungsbereich, da sich der Punkt schon auf der ersten Stufe aus dem Optimierungsprinzip des § 5 Abs. 1 Satz 1 2. HS EEG ergäbe. Auch spricht die gesetzgeberische Absicht, die Kosten für Anlagenbetreiber möglichst niedrig zu halten[469], gegen eine restriktive Auslegung, da hierdurch die Kosten gerade sinnwidrig erhöht würden.

Es könnte eingewendet werden, Anlagenbetreiber hätten bei einer solchen Sichtweise die Möglichkeit, beliebige Kosten zu verursachen. Das widerspräche aber offenbar eklatant dem Kostenoptimierungsgebot des EEG. Diesem Argument dürfte dadurch die Grundlage entzogen sein, dass zivilrechtlich bei der Ausübung des Wahlrechts, wie im Übrigen bei jedem Recht, Rechtsmissbrauch ausgeschlossen ist. Grenzen bilden dabei die Gebote von Treu und Glauben nach § 242 BGB und das Schikaneverbot gemäß § 226 BGB[470]. Von einer missbräuchlichen Rechtsausübung ist insbesondere dann auszugehen, wenn der Gläubiger kein schutzwürdiges Eigeninteresse an der Durchsetzung seines Anspruchs hat[471]. Die Verursachung unnötiger, vermeidbarer oder unverhältnismäßiger Kosten durch den Anlagenbetreiber wird demnach rechtlich durch die allgemeinen Regeln ausgeschlossen sein[472]. Davon zu unterscheiden ist allerdings der Fall, dass sich der Anlagenbetreiber für denjenigen Verknüpfungspunkt entscheidet, der aus seiner Sicht zu erheblich geringeren Kosten für den Anschluss der EE-Anlage führt. Dann verfolgt er ein berechtigtes Eigeninteresse, das keinen Rechtsmissbrauch darstellt[473]. Nach diesen zivilrechtlichen Grundsätzen kann es demnach nicht rechtsmissbräuchlich sein, wenn infolge des Wahlrechts

469 BT-Drucks. 16/8148, S. 48 zum Prinzip der „flachen Anschlusskosten".

470 Dafür auch BT-Drucks. 16/8148, S. 41; *Bönning*, in: Reshöft, EEG 2009, § 5 Rn. 35.

471 LG Arnsberg, Urt. v. 06.05.2010 – I-4 O 434/09, ZNER 2010, 299 (300); allgemein zu diesem Einwand *Grüneberg*, in: Palandt, BGB, § 242 Rn. 50 f.

472 So auch *Salje*, EEG 2009, § 13 Rn. 20; zustimmend *Ekardt*, in: Frenz/Müggenborg, EEG, § 13 Rn. 21; *Schulte-Middelich*, EE 1/2009, 92 (92).

473 LG Arnsberg, Urt. v. 06.05.2010 – I-4 O 434/09, ZNER 2010, 299 (300); LG Duisburg, Urt. v. 06.08.2010 – 2 O 310/09, ZNER 2010, 521 (523); *Salje*, EEG 2009, § 5 Rn. 49; *Schäfermeier*, in: Loibl u.a., Biogasanlagen, S. 236 Rn. 26.

überhaupt eine Maßnahme der Kapazitätserweiterung im Netz notwendig wird[474].

Im Ergebnis kann es für das Wahlrecht des Anlagenbetreibers daher keine Rolle spielen, ob der begehrte Verknüpfungspunkt der technisch und wirtschaftlich günstigste ist[475].

2. Ausübung des Wahlrechts

An die Art und Weise der Ausübung des Wahlrechts des Anlagenbetreibers stellt das Gesetz keine besonderen Anforderungen. Eine bestimmte Form dürfte deshalb nicht erforderlich sein. Anknüpfend an die Erkenntnisse zum Anspruch auf Kapazitätserweiterung wird man jedoch zum einen die Nennung eines konkreten Punktes verlangen müssen, und zum anderen, dass die Wahl nachweisbar ernsthaft ist, es sich beim begehrten Anschluss der EE-Anlage also nicht bloß um eine vage Absichtserklärung handelt[476].

VI. Dritte Stufe: Zuweisungsrecht des Netzbetreibers

Schließlich gibt das EEG auf der dritten und letzten Stufe des Verfahrens zur Ermittlung des Netzverknüpfungspunkts dem Netzbetreiber das Recht, dem Betreiber der EE-Anlage abweichend von § 5 Abs. 1 und Abs. 2 EEG einen anderen Verknüpfungspunkt zuzuweisen. In letzter Instanz entscheidet daher der Netzbetreiber über den Anschlussort[477]. Begrenzend wirkt die Bestimmung in § 5 Abs. 3 Satz 2 EEG, wonach bei der Zuweisung solche Verknüpfungspunkte ausscheiden, an denen die Abnahme des Stroms nach § 8 Abs. 1 EEG nicht sichergestellt wäre. Daraus lässt sich einerseits folgern, dass Punkte ohne Abnahmefähigkeit für den Strom unter Berücksichtigung einer die Abnahme ermöglichenden Maßnahme der Kapazitätserweiterung gemäß § 5 Abs. 4 i.V.m. § 9 Abs. 1 EEG außer Betracht bleiben müssen. Andererseits wird man aber auch

---

474 Anders teilweise *BDEW*, Umsetzungshilfe EEG 2009, S. 11 und *ders.*, Netzanschluss 2009, S. 7 f.; a.A. auch *Weißenborn*, RdE 2011, 74 75).

475 Davon geht offenbar auch der Gesetzgeber aus, wenn er meint, dass die Geeignetheit des Netzes im Hinblick auf die Spannungsebene die *einzige* Einschränkung des Wahlrechts bildet, BT-Drucks. 16/8148, S. 41; im Ergebnis ebenso *Schäfermeier*, in: Reshöft, EEG 2009, § 9 Rn. 16. Zu der davon abzugrenzenden Frage, ob das Wahlrecht durch das Korrektiv der wirtschaftlichen Zumutbarkeit beschränkt werden kann, siehe 5. Kapitel:D.VIII.2, S. 132.

476 So zum Verlangen hinsichtlich des Netzausbaus nach dem EEG 2004 *Böwing*, in: Säcker, BK, § 3 Rn. 27.

477 *Stecher*, ZNER 2009, 216 (220); *Cosack*, in: Frenz/Müggenborg, EEG, § 5 Rn. 68.

verlangen müssen, dass der zugewiesene Verknüpfungspunkt für den Anlagenbetreiber zwecks Anschluss der Anlage insbesondere technisch und genehmigungsrechtlich erreichbar ist[478]. Denn ohne Anschluss ist auch eine Abnahme des Stroms unmöglich, die jedoch für das Zuweisungsrecht zwingend erforderlich ist. Die Voraussetzungen des § 5 Abs. 1 Satz 1 EEG sind hingegen, wie die Verwendung des Wortes „abweichend" verdeutlicht, nicht zu beachten. Der Netzbetreiber ist daher rechtlich weder gehalten, der EE-Anlage den zum Standort räumlich nächstgelegenen, noch den gesamtwirtschaftlich günstigsten Verknüpfungspunkt zuzuweisen[479].

Aber ist das Prinzip der gesamtwirtschaftlichen Kostenoptimierung im EEG dadurch weitgehend aufgegeben worden? Das Gegenteil dürfte der Fall sein. Ausweislich der Gesetzesbegründung bezweckt die Einführung des Zuweisungsrechts des Netzbetreibers gerade die Verwirklichung des Optimierungsprinzips[480]. Dieses Anliegen dürfte sich in der Praxis auch erfüllen. In aller Regel ist allein der Netzbetreiber aufgrund umfassender Netzkenntnisse in der Lage, sicher zu beurteilen, wo sich der technisch und wirtschaftlich günstigste Verknüpfungspunkt befindet[481]. Über die Anordnung in § 13 Abs. 2 EEG ist der Netzbetreiber im Falle der Geltendmachung des Zuweisungsrechts gezwungen, die sich daraus ergebenden Mehrkosten zu tragen[482]. Wegen der notwendigen Genehmigung der Netzentgelte werden Netzbetreiber stets den gesamtwirtschaftlich günstigsten Verknüpfungspunkt wählen[483]. Das Zuweisungsrecht erweist sich dadurch als ein effektives Instrumentarium zur Verwirklichung des Optimierungsprinzips[484].

---

478 BT-Drucks. 16/8148, S. 41 f. Dabei ist allerdings zu beachten, dass der Anlagenbetreiber nach § 7 Abs. 1 EEG berechtigt ist, vom Netzbetreiber die Herstellung des Anschlusses zu verlangen. Aufgrund dieses Rechts liegt die Erreichbarkeit auch dann vor, wenn der beauftragte Netzbetreiber aufgrund seiner Konzessionsrechte gegenüber der Gemeinde berechtigt ist, die Anschlussherstellung vorzunehmen, vgl. BGH, Urt. v. 01.10.2008 – VIII ZR 21/07, RdE 2009, 146 (148); dazu auch noch 6. Kapitel:E.IV.4.a, S. 198.

479 BT-Drucks. 16/8148, S. 48 für die Abweichung vom nächsten Verknüpfungspunkt.

480 Vgl. die Begründung zum EEG-Ref-Entwurf zu § 5 Abs. 1, BMU-KI III, S. 13. Nach dem gesetzgeberischen Willen zum EEG in der verabschiedeten Fassung soll die Koordinierung des Anschlusses im Wege einer gesamtwirtschaftlichen Optimierung durch den Netzbetreiber erfolgen, BT-Drucks. 16/8148, S. 42.

481 LG Itzehoe, Urt. v. 13.06.2006 – 5 O 123/03 (n.v.), S. 3; *Schäfermeier*, in: Loibl u.a., Biogasanlagen, S. 234 Rn. 25.

482 Zum Umfang dieser Kosten im Einzelnen 5. Kapitel:E.III.2.b, S. 140.

483 *Schäfermeier*, in: Loibl u.a., Biogasanlagen, S. 232 Rn. 22.

484 Ähnlich auch *Bönning*, in: Loibl u.a., Biogasanlagen, S. 217 Rn. 16.

VII. Zwischenergebnis zum Verknüpfungspunkt

Zusammengefasst hat das EEG durch die Novelle zum 01.01.2009 hinsichtlich der rechtlichen Vorgaben zum Verknüpfungspunkt ganz erhebliche Änderungen erfahren. Das Verfahren ist deutlich vereinfacht und die Rechtsposition des Anlagenbetreibers entscheidend verbessert worden[485]. Das in der Vergangenheit häufig schwierig zu beurteilende Kriterium der technischen Eignung ist durch das Merkmal der Spannungsgeeignetheit ersetzt worden. Dabei ist grundsätzlich eine abstrakte Betrachtung der am Verknüpfungspunkt vorherrschenden Spannungsebene und der anzuschließenden Anlagenleistung angezeigt, die durch mögliche Überlegungen zur konkreten Netzsituation modifiziert werden kann. Maßgeblich ist unter den hinsichtlich der Spannungsebene geeigneten Verknüpfungspunkten die geringste Luftliniendistanz.

Der Verknüpfungspunkt ergibt sich aus einer maximal dreistufigen Prüfungsfolge. Der Anwendungsbereich des gesetzlich angeordneten Optimierungsprinzips auf der ersten Stufe des § 5 Abs. 1 Satz 1 EEG ist – dem Wortlaut entsprechend – auf Verknüpfungspunkte in *anderen* Netzen begrenzt. Anlagenbetreiber können sich auf der zweiten Stufe durch die Ausübung des Wahlrechts, begrenzt durch den Rechtsmissbrauch, den aus ihrer Sicht günstigsten Verknüpfungspunkt sichern, während die Kostenoptimierung letztlich durch das Zuweisungsrecht des Netzbetreibers auf der dritten Prüfungsstufe gewährleistet wird. Die gesetzliche Systematik ist in sich schlüssig und dürfte zukünftig dazu beitragen, viele Rechtsstreitigkeiten zu vermeiden[486].

D. Entstehung des Anspruchs auf Kapazitätserweiterung

Das Gesetz knüpft die Pflicht des Netzbetreibers zur Erweiterung der Netzkapazität in § 9 Abs. 1 Satz 1 EEG an ein „Verlangen" des Einspeisewilligen. Ohne dieses Verlangen liegt daher auch keine Pflicht zur Erweiterung der Netzkapazität vor[487]. Bislang sah die Regelung in § 4 Abs. 2 Satz 3 EEG 2004 zusätzlich zu dieser Aufforderung des Einspeisewilligen – soweit erforderlich – auch die Vorlage entsprechender Genehmigungen hinsichtlich des Anlagenprojekts beim Netzbetreiber vor. Hierauf wird nunmehr bewusst verzichtet[488]. Dadurch ist der Zeitpunkt für die Entstehung der Kapazitätserweiterungspflicht des Netzbetreibers vorverlagert worden. Dahinter steckt offenbar die Erkenntnis, dass der Ein-

485 Ebenso *Cosack*, in: Frenz/Müggenborg, EEG, § 5 Rn. 5.

486 Im Ergebnis so auch *Schäfermeier*, in: Loibl u.a., Biogasanlagen, S. 237 Rn. 28; a.A. *Bönning*, in: dens., Biogasanlagen, S. 223 Rn. 37.

487 OLG Karlsruhe, Urt. v. 05.04.2007 – 14 U 215/05, RdE 2008, 60 (61).

488 BT-Drucks. 16/8148, S. 45; *BDEW*, Netzanschluss 2009, S. 14.

speisewillige seine Planungen sinnvollerweise gerade erst dann komplettieren kann, wenn eine gewisse Planungssicherheit besteht. Dazu gehört die Kenntnis der in Betracht kommenden Anbindungsmöglichkeiten sowie das Wissen darüber, ob gegebenenfalls eine Anpassung des Anlagenprojekts an die Netzkapazität erforderlich ist[489].

I. Planreife

Um Netzbetreiber vor unnötigen Aufwendungen zu bewahren, wird man die Pflicht zur Vornahme der Kapazitätserweiterung davon abhängig machen müssen, ob diese bereits zumutbar ist. Davon dürfte jedenfalls dann auszugehen sein, wenn die Planungen des Einspeisewilligen nicht mehr unverbindlich sind, sondern bereits konkretisiert wurden[490]. Von einer Konkretisierung ist beispielsweise dann auszugehen, wenn Aufträge für Detailplanungen vergeben oder Verträge zur Herstellung der EE-Anlage unterzeichnet wurden[491].

Auch wenn der Gesetzgeber die Rechtsposition des Anlagenbetreibers augenscheinlich durch den Verzicht auf das Genehmigungserfordernis erheblich verbessern wollte, ist die Planreife des Projekts daher weiterhin eine ungeschriebene Voraussetzung der Entstehung des Anspruchs auf Kapazitätserweiterung.

II. Verlangen des Einspeisewilligen

Mit der geforderten Planreife des Projekts können Netzbetreiber wirksam vor frühen und im weiteren Verlauf sich als unnötig erweisenden Maßnahmen geschützt werden[492]. Inhaltlich dürfte man vom Verlangen des Einspeisewilligen hinsichtlich der Kapazitätserweiterung eine nachweisbare Ernsthaftigkeit erwarten können. Es darf sich also nicht bloß um eine vage Absichtserklärung handeln[493].

---

489 So die Begründung zum EEG, BT-Drucks. 16/8148, S. 42.

490 BT-Drucks. 16/8148, S. 45; *Reshöft/Sellmann*, ET 2009, 139 (141 f.); *Ehricke*, in: Frenz/Müggenborg, EEG, § 9 Rn. 4.

491 BT-Drucks. 16/8148, S. 45. Bei größeren Projekten dürfte ein entsprechender Konkretisierungsgrad auch durch Finanzierungsnachweise oder die Verfügbarkeit erforderlicher Großkomponenten (Umspanneinrichtungen, Fundamente, Verkabelung) geführt werden können. Dafür die BNA, Positionspapier zu § 17 Abs. 2a EnWG, S. 7 zum Nachweisverfahren bei Offshore-Projekten. *Salje*, EEG 2009, § 9 Rn. 3 befürchtet wegen der unklaren gesetzlichen Vorgaben für die Planreife Rechtsunsicherheit.

492 *Müller*, RdE 2004, 237 (241).

493 Zum EEG 2000 bereits *Böwing*, in: Säcker, BK, § 3 Rn. 27.

Damit ist aber noch nichts über die *Form* des Begehrens ausgesagt. Mangels gesetzlicher Vorgaben dürfte insbesondere keine Schriftform gefordert werden können, wenngleich dies aus Beweisgründen ratsam erscheint. Ob damit jedoch ein konkretes Verlangen zur Kapazitätserweiterung komplett überflüssig wird, weil es bereits in jedem Anschlussantrag konkludent enthalten sein könnte, erscheint zweifelhaft[494]. Dafür spricht sicherlich der Umstand, dass es dem Anlagenbetreiber regelmäßig allein darauf ankommt, die Anlage an das Netz anzuschließen und den Strom in das Netz einzuspeisen, mag die Abnahme auch erst durch eine Kapazitätserweiterung sicherzustellen sein. Gleichwohl macht das EEG in § 9 Abs. 1 Satz 1 die Netzarbeiten ausdrücklich von einem Verlangen abhängig. Einer generell bestehenden Pflicht zur Kapazitätserweiterung, wie sie offenbar im EEG-Ref-Entwurf vorgesehen war[495], haben die Verfasser des EEG damit eine Absage erteilt. Zudem räumt auch die Gegenansicht[496] ein, dass es sich bei dem Anspruch auf Kapazitätserweiterung um einen verhaltenen Anspruch handelt, der, vergleichbar mit dem Anspruch auf Herstellung des Netzanschlusses, erst mit dem Verlangen des Einspeisewilligen zur Entstehung gerät[497].

Systematisch ist der Anschlussanspruch nach § 5 Abs. 1 Satz 1 EEG vom Anspruch auf Kapazitätserweiterung nach § 9 Abs. 1 Satz 1 EEG strikt zu unterscheiden. Auch wenn die Einfachheit dafür spricht, das Verlangen konkludent im Anschlussantrag zu erblicken, so erfordert die rechtliche Seite jedoch eine ausdrücklich auf eine Kapazitätserweiterung abzielende Willenserklärung des Einspeisewilligen[498].

494 Dafür aber *Schäfermeier*, in: Loibl u.a., Biogasanlagen, S. 239 Rn. 34; *ders.*, in: Reshöft, EEG 2009, § 9 Rn. 10; offenbar so auch Clearingstelle EEG, Votum v. 19.09.2008 – 2008/14, http://www.clearingstelle-eeg.de/files/private/active/0/Votum_2008-14.pdf (Zugriff 03.06.2010), S. 9.

495 Dort wurde in § 9 Abs. 1 gerade kein „Verlangen" gefordert; die Vorschrift war ähnlich der Formulierung in § 11 Abs. 1 EnWG ausgestaltet.

496 *Schäfermeier*, in: Reshöft, EEG 2009, § 9 Rn. 10; *ders.*, in: Loibl u.a., Biogasanlagen, S. 239 Rn. 34.

497 So BGH, Urt. v. 26.11.2003 – VIII ZR 89/03, NVwZ, 766 (768) zur inhaltlich vergleichbaren Regelung des Anspruchs auf Anschlussherstellung in 10 Abs. 1 Satz 3 EEG 2000.

498 Im Ergebnis so OLG Karlsruhe, Urt. v. 05.04.2007 – 14 U 215/05, RdE 2008, 60 (61); ähnlich auch *Ehricke*, in: Frenz/Müggenborg, EEG, § 9 Rn. 22.

5. Kapitel: Die Rechtsfolgen der Kapazitätserweiterungspflicht

Bei Vorliegen der zuvor untersuchten Voraussetzungen ist der Netzbetreiber nach § 9 Abs. 1 Satz 1 EEG grundsätzlich unverzüglich zur Erweiterung seiner Netzkapazität entsprechend dem Stand der Technik verpflichtet. Eine Grenze bildet die in § 9 Abs. 3 EEG genannte wirtschaftliche Unzumutbarkeit. Dieses Korrektiv fand sich auch schon in der bisherigen gesetzlichen Regelung und schreibt die bestehende Rechtslage vor[499].

A. Unverzüglichkeit

Hinsichtlich dieses Tatbestandsmerkmals dürfte auf die Legaldefinition in § 121 Abs. 1 Satz 1 BGB zurückgegriffen werden können. Unter Zugrundelegung dieser Regelung ist von Unverzüglichkeit der Erweiterungsmaßnahme auszugehen, wenn damit ohne schuldhaftes Zögern begonnen wird[500]. Insbesondere im Bereich der Photovoltaik sind aktuell aufgrund der mit Zeitablauf absinkenden Mindestvergütungssätze durch die Degressionsregeln des § 20 Abs. 2 Nr. 8 EEG vermehrt Streitigkeiten über den rechtzeitigen Beginn der Kapazitätserweiterung zu beobachten. Der Frage nach der Unverzüglichkeit von Ertüchtigungsmaßnahmen im Netz kommt daher wachsende Bedeutung zu[501].

Die Pflicht zur unverzüglichen Erweiterung wird sich darüber hinaus aber nicht nur auf den Beginn, sondern auch auf die Durchführung erstrecken, soweit der Netzbetreiber hierauf Einfluss nehmen kann[502]. Letztlich ergibt sich aus dem Begriff die Aufgabe des Netzbetreibers, alles ihm Zumutbare und Mögliche zu tun, um die EE-Anlage schnellstmöglich an sein Netz anzuschließen und den gesamten darin produzierten Strom abzunehmen[503]. Dabei sind selbstverständlich auch die konkreten Umstände und die Belange des Netzbetreibers (vorhandene Personalkapazitäten, laufende wichtige Projekte etc.) zu berücksichtigen[504]. In diesem Zusammenhang dürfte allerdings konsequenterweise wiederum das

499 BT-Drucks. 16/8148, S. 45.

500 BT-Drucks. 16/8148, S. 41; *Cosack*, in: Frenz/Müggenborg, EEG, § 5 Rn. 17 und 71; *Ehricke* in: dens., § 9 Rn. 19. Dies entsprach im Übrigen schon immer der allgemeinen Ansicht, vgl. etwa *Weißenborn*, in: Böhmer, Erneuerbare Energien, S. 71 (118); *Böwing*, in: Säcker, BK, § 3 Rn. 27; *Jahn*, IR 2004, 199 (199); *Oschmann/Müller*, ZNER 2004, 24 (27).

501 Diese Problematik sieht auch *Cosack*, in: Frenz/Müggenborg, EEG, § 5 Rn. 90.

502 *Weck*, Die garantierte Einspeisevergütung, S. 83.

503 *Salje*, EEG 2009, § 9 Rn. 28.

504 *Büdenbender/Rosin*, KWKG 2003, § 4 Rn. 31 zur inhaltlich vergleichbaren Rechtslage nach dem KWKG.

Vorrangigkeitsprinzip[505] zu beachten sein. Demnach wird sich der Netzbetreiber im Rahmen seiner Pflicht nicht darauf zurückziehen können, dass etwa Personalkapazitäten durch andere Vorhaben, die der konventionellen Stromerzeugung dienen, gebunden sind und deshalb mit den notwendigen Maßnahmen erst mit entsprechend zeitlicher Verzögerung begonnen werden kann.

B. Anforderungsniveau der Kapazitätserweiterung

Die Kapazitätserweiterung ist vom Netzbetreiber entsprechend dem „Stand der Technik" vorzunehmen. Das Kriterium ist im Zuge der Novellierung zum EEG auf die Beschlussempfehlung des Umweltausschusses erst zum Ende des Gesetzgebungsverfahrens in das EEG aufgenommen worden[506]. Eine eigene Definition enthält das EEG dazu nicht. Allerdings handelt es sich um einen gängigen Begriff aus dem Umweltrecht. Es ist nichts dagegen anzuführen, soweit erforderlich, die Parallelregelungen zwecks Auslegung heranzuziehen. Der Stand der Technik begründet höhere Anforderungen, als derjenige der *allgemein anerkannten Regeln der Technik*, bleibt jedoch hinter dem *Stand von Wissenschaft und Technik* zurück[507]. Der in § 9 Abs. 1 Satz 1 EEG geforderte Standard ist folglich innerhalb dieser dreistufigen Hierarchie in der Mitte angesiedelt. Die beispielweise von § 49 EnWG auf der ersten Stufe geforderten allgemein anerkannten Regeln der Technik stellen lediglich ein Mindestanforderungsniveau dar[508]. Regeln der Technik sind vielfältige Anweisungen und Anleitungen für Verfahrensbeschreibungen bei der Herstellung oder Verwendung insbesondere von technischen Anlagen, Geräten, Schienen, Bauwerken und Substanzen[509]. Diese Regeln gelten als allgemein anerkannt, wenn die darin konzipierte technische Lösung von der Mehrheit der Fachleute als praktisch und richtig akzeptiert wird. Entscheidend kommt es dabei auf die breite Anwendung dieser Regeln in der Praxis an[510].

---

505 Dieses Prinzip gewährleistet die vorrangige Behandlung von Strom aus Erneuerbaren Energien und Grubengas gegenüber konventionellen Stromquellen; näher dazu 5. Kapitel:C.I, S. 104.

506 BT-Drucks. 16/9477, S. 22.

507 *Salje*, EnWG, § 49 Rn. 43 ff.; *Schäfermeier*, in: Loibl u.a., Biogasanlagen, S. 228 Rn. 11 und S. 241 Rn. 37; *ders.*, in: Reshöft, EEG 2009, § 9 Rn. 25.

508 *Salje*, EnWG, § 49 Rn. 43.

509 *Schäfermeier*, in: Loibl u.a., Biogasanlagen, S. 241 Rn. 37; *ders.*, in: Reshöft, EEG 2009, § 9 Rn. 26.

510 *Martens/Lorenz*, NVwZ 1998, 13 (14); *Salje*, EnWG, § 49 Rn. 43; *Stötzel*, in: Britz/Hellermann/Hermes, § 49 Rn. 6.

§ 3 Abs. 6 BImSchG[511] definiert als Stand der Technik den Entwicklungsstand fortschrittlicher Verfahren, Einrichtungen oder Betriebsweisen, der die praktische Eignung einer Maßnahme u.a. zur Gewährleistung der Anlagensicherheit oder sonst zur Vermeidung und Verminderung von Auswirkungen auf die Umwelt insgesamt gesichert erscheinen lässt. Dem entspricht weitgehend auch die Definition in § 3 Abs. 12 Satz 1 KrW-/ AbfG[512] und diejenige in § 3 Nr. 11 WHG[513]. Aus diesem gesetzlichen Verständnis wird deutlich, dass der Maßstab für das Erlaubte oder Gebotene an die „Front der technischen Entwicklung[514]" verlegt wird. Naturgemäß ist aufgrund fortschreitender Erkenntnisse der Stand der Technik nicht statisch, sondern dynamisch. Maßgeblich für die Beurteilung der Maßnahme der Kapazitätserweiterung ist der Zeitpunkt der Geltendmachung des Anspruchs und nicht etwa der Errichtung der jeweiligen Netzeinrichtung[515].

Das höchste, noch über den Stand der Technik hinausgehende Anforderungsniveau bildet der Stand der Wissenschaft und Technik. Dieses wird insbesondere im Atomrecht verlangt (z.B. § 6 Abs. 2 Nr. 2 AtG[516]). Darunter werden diejenigen theoretischen Erkenntnisse verstanden, die noch keinen Eingang in die technische Praxis gefunden haben[517]. Der Gesetzgeber nennt diverse Beispiele für den derzeitigen Stand der Technik im Bereich der Kapazitätserweiterung, insbesondere hinsichtlich der Netzoptimierung. Mit einer kurz- und mittelfristigen Fortführung dieser Verfahren dürfte jedoch zu rechnen sein[518]. Bis zur detaillierten Klärung bleibt den Parteien im Streitfall nichts anderes übrig, als das Anfor-

511 Bundes-Immissionsschutzgesetz v. 26.09.2002, BGBl. I S. 3830, zuletzt geändert durch Art. 2 des Gesetzes v. 21.07.2011, BGBl. I S. 1475.

512 Kreislaufwirtschafts- und Abfallgesetz v. 27.09.1994, BGBl. I S. 2705, zuletzt geändert durch Art. 8 des Gesetzes v. 11.08.2010, BGBl. I S. 1163.

513 Wasserhaushaltsgesetz v. 31.07.2009, BGBl. I S. 2585, zuletzt geändert durch Art. 12 des Gesetzes v. 11.08.2010, BGBl. I S. 1163.

514 BVerfG, Beschl. v. 08.08.1976 – 2 BvL 8/77, BVerfGE 49, 89 (135); *Martens/Lorenz*, NVwZ 1998, 13 (14); *Jarass*, BImSchG, § 3 Rn. 103.

515 *Ehricke*, in: Frenz/Müggenborg, EEG, § 9 Rn. 17.

516 Atomgesetz v. 15.07.1985, BGBl. I S. 1565, zuletzt geändert durch Art. 1 des Gesetzes vom 31.07.2011, BGBl. I S. 1704.

517 BVerfG, Beschl. v. 08.08.1976 – 2 BvL 8/77, BVerfGE 49, 89 (136); zustimmend *Martens/Lorenz*, NVwZ 1998, 13 (14).

518 BT-Drucks. 16/9477, S. 22. Ob die dort genannten Verfahren tatsächlich den Stand der Technik widerspiegeln, ist durchaus fraglich. Denn teilweise soll sich die Pflicht zur Durchführung dieser Verfahren gemäß BT-Drucks. 16/8148, S. 45 bereits aus dem EnWG ergeben, das in § 49 jedoch nur die Einhaltung der allgemein anerkannten Regeln der Technik fordert, dazu auch *Schäfermeier*, in: Reshöft, EEG 2009, § 9 Rn. 26; zu diesen Maßnahmen und allgemein zur „Optimierung" des Netzes noch 6. Kapitel:A.I, S. 146.

derungsniveau durch die Stellungnahme eines Sachverständigen zu bestimmen[519].

C. Verhältnis zum Abnahmeanspruch und Einspeisemanagement

Die Kapazitätserweiterungspflicht besteht dann, wenn die Abnahme des Stroms ansonsten nicht sichergestellt wäre (§ 5 Abs. 4 i.V.m. § 9 Abs. 1 Satz 1 EEG). Auf die Erweiterung der Netzkapazität kommt es daher überhaupt nur an, wenn ohne Kapazitätserweiterung die Abnahme des in der EE-Anlage produzierten Stroms nicht gewährleistet wäre[520]. Bis zum Abschluss solcher Maßnahmen kann während eines Überbrückungszeitraums das Einspeisemanagement angewandt werden.

I. Einfluss des Vorrangigkeitsprinzips und Grenzen

Auch das im EEG dominierende Prinzip der Vorrangigkeit Erneuerbarer Energien hat Auswirkungen auf die Pflicht des Netzbetreibers zur Kapazitätserweiterung[521]. Der Vorrang erstreckt sich auf sämtliche Schritte vom Anschluss der Anlage in § 5 Abs. 1 Satz 1 EEG über die Abnahme und Übertragung bis zur Verteilung des Stroms in § 8 Abs. 1 EEG[522]. Dem liegt der tragende Gedanke des liberalisierten Energiewirtschaftsrechts zu Grunde, dem zufolge die Erneuerbaren Energien gegenüber den konventionellen Energien einem stetigen Wettbewerbsnachteil im Strombereich ausgesetzt sind. Das Vorrangigkeitsprinzip dient daher der Verwirklichung des Wettbewerbsprinzips[523]. Zu beachten ist die im Zuge der Änderung des KWKG zum 01.01.2009[524] erfolgte Gleichstellung

---

519 Darauf weist zutreffend der *BDEW*, Umsetzungshilfe EEG 2009, S. 14, hin.

520 *Schäfermeier*, in: Reshöft, EEG 2009, § 9 Rn. 1 und 9. Insoweit besteht ein sprachlicher Unterschied zur bisherigen Rechtslage in § 4 Abs. 2 Satz 2 EEG 2004, wonach die „technische Eignung" des Netzes durch einen Netzausbau fingiert wurde, wenn die Stromabnahme erst hierdurch möglich wurde.

521 Mit dem Prinzip der Vorrangigkeit setzt der Gesetzgeber die Vorgaben der Richtlinie 2001/77/EG des Europäischen Parlaments und des Rates zur Förderung der Stromerzeugung aus Erneuerbaren Energiequellen im europäischen Elektrizitätsbinnenmarkt um, BT-Drucks. 16/8148, S. 37. Das Prinzip wird schon im Titel des Gesetzes „Gesetz für den *Vorrang* Erneuerbarer Energien" deutlich.

522 BT-Drucks. 16/8148, S. 43; bereits so zur Rechtslage vor dem 01.01.2009 *Schmidt/Matthes*, EW 19/2003, 26 (28) und *Oschmann*, NVwZ 2004, 910 (912).

523 *Altrock/Wustlich*, in: Altrock/Oschmann/Theobald, EEG 2008, § 4 Rn. 37. Dazu auch eingehend die Untersuchungen bei *Möstl*, RdE 2003, 90 (91), der den Vorrang zu Gunsten Erneuerbarer Energien zum „Leitbild" im Energiewirtschaftsrecht erhebt.

524 Gesetz zur Förderung der Kraft-Wärme-Kopplung v. 25.10.2008, BGBl. I S. 2101.

von Strom aus Kraft-Wärme-Kopplung und Strom aus Erneuerbaren Energien. Die Gleichrangigkeit der beiden Energiegewinnungsformen ist in den gesetzlichen Regelungen in § 4 Abs. 1 Satz 2 KWKG und § 11 Abs. 1 Satz 1 Nr. 2 EEG manifestiert worden.

Als Konsequenz des Vorrangigkeitsprinzips kann die Abnahme des in der EE-Anlage produzierten Stroms grundsätzlich nicht unter Berufung auf die Überlastung des Netzes durch konventionell erzeugten Strom verweigert werden[525]. Deshalb kommen Maßnahmen zur Kapazitätserweiterung überhaupt erst dann in Betracht, wenn das Netz bereits vollständig durch Strom aus Erneuerbaren Energien oder KWK-Strom ausgelastet ist, wie sich aus § 5 Abs. 4 i.V.m. § 8 Abs. 1 EEG ergibt[526].

Dieser grundsätzlich absolute Vorrang muss seine Grenze im Sinne einer praktischen Konkordanz lediglich dort finden, wo die Sicherheit und Funktionsfähigkeit des Netzes bei strikter Anwendung des Vorrangigkeitsprinzips nicht mehr aufrecht erhalten werden könnte. Das Gleiche gilt im Hinblick auf die Versorgungsfunktion für Netzbereiche, die unmittelbar der Versorgung von Letztverbrauchern dienen, wobei jedoch bloße Veränderungen der Versorgungsqualität in den Grenzen der allgemein anerkannten Regeln der Technik keine Einschränkung des Vorrangs rechtfertigen[527]. Da abgesehen von dieser sicherheitsbedingten Ausnahme zunächst sämtliche Einspeisekapazitäten aus Anlagen zur konventionellen Erzeugung von Strom zurückgefahren werden müssen, wurde noch unter Geltung des EEG 2000 angenommen, dass Maßnahmen zur Erweiterung der Netzkapazität grundsätzlich nur in Ausnahmefällen in Betracht kämen, beispielsweise in Starkwindphasen, wenn die an das Netz angebundenen Windenergieanlagen auf Volllast produzieren[528]. Bedingt durch die zahlenmäßig massive Zunahme von EE-Anlagen, insbesondere Windenergieanlagen mit einem volatilen Einspeiseverhalten, stellte sich jedoch heraus, dass die Netze in etli-

525 BT-Drucks. 16/8148, S. 38 und 43; ebenso zum EEG 2004 *Fridrich/Hoffmann*, in: Rayermann/Loibl, Energierecht, S. 349; *Oschmann*, in: Danner/Theobald, Bd. 2, EEG Einführung Rn. 31.

526 LG Halle, Urt. v. 31.01.2008 – 12 O 64/07 (n.v.), S. 7; *Schmeken*, ZNER 2001, 239 (242); *Weck*, Die garantierte Einspeisevergütung, S. 281 – alle zum EEG 2000/2004.

527 LG Halle, Urt. v. 31.01.2008 – 12 O 64/07 (n.v.), S. 8 zum EEG 2004. Das entsprach im Übrigen auch schon unter Geltung des EEG 2000 der allgemeinen Meinung, vgl. etwa *Mengers*, ZNER 2001, 45 (46); *Schmidt/Matthes*, EW 19/2003, 26 (26), die auf die in § 1 Abs. 1 EnWG festgeschriebene Sicherstellung der Versorgungssicherheit verweisen; *Schneider*, in: Schneider/Theobald, Energiewirtschaft 2003, S. 1022 möchte die Problematik durch eine teleologische Reduktion lösen. Zur Frage, ob der Grundsatz der Vorrangigkeit Erneuerbarer Energien auch bei Kollision mit zeitlich vor Geltendmachung der EEG-Einspeisewünsche vertraglich verbindlich vereinbarten Einspeisungen aus Anlagen zur konventionellen Erzeugung von Strom gilt, ausführlich *Büdenbender*, RdE 2003, 193 (194 f.) und *Lippert*, Energiewirtschaftsrecht, S. 448.

528 *Salje*, RdE 2000, 125 (127); *Brandt/Reshöft/Steiner*, HK, § 3 Rn. 23.

chen Fällen hinsichtlich ihrer Kapazität an die Grenzen gerieten und es deshalb nicht nur zu Kollisionen mit konventionell eingespeisten Strom, sondern häufig zur Überlastung des Netzes allein aus EE-Strom kam. Eine Kapazitätserweiterung spielt deshalb eine größere Rolle, als ursprünglich angenommen worden war.

Das EEG eröffnet Netzbetreibern in § 11 EEG die Möglichkeit, bei Netzengpässen EE- und KWK-Anlagen vorrübergehend bis zum Abschluss von Maßnahmen der Kapazitätserweiterung zu regeln. Dadurch soll sichergestellt werden, dass nach einer Übergangszeit die Netzkapazität praktisch nicht mehr überschritten werden kann, da die Pflicht der Netzbetreiber zur Kapazitätserweiterung nach § 9 EEG derartige Netzengpässe gerade verhindern soll[529].

II. Vorrangigkeit des Einspeisemanagements

Folglich ist der Netzbetreiber von seiner Abnahmepflicht befreit, soweit er das Einspeisemanagement bei Netzüberlastung rechtmäßig anwendet[530]. Eine solche Überlastung der Netzkapazität kann sich etwa daraus ergeben, dass es aufgrund von Instandhaltungsmaßnahmen oder Störungen in (vorgelagerten) Netzen zu Beeinträchtigungen kommt, die zu Kapazitätsreduktionen oder Netzabschaltungen führen. Andererseits kann aber auch die erhöhte Einspeiseleistung besonders von Windenergieanlagen in Starkwindphasen in solchen Überlastungen der Netzbetriebsmittel, wie etwa Transformatoren und Freileitungen, resultieren[531]. Konkret sind Netzbetreiber nach § 11 Abs. 1 Satz 1 EEG zur Regelung von EE-Anlagen mit einer Leistung von mehr als 100 kW berechtigt, soweit

„1. andernfalls die Netzkapazität im jeweiligen Netzbereich durch diesen Strom überlastet wäre,

2. sie sichergestellt haben, dass insgesamt die größtmögliche Strommenge aus Erneuerbaren Energien und aus Kraft-Wärme-Kopplung abgenommen wird, und

3. sie die Daten über die Ist-Einspeisung in der jeweiligen Netzregion abgerufen haben".

---

529 Sollte es gleichwohl noch zu Engpässen kommen, deutet das laut BT-Drucks. 16/8148, S. 46 gar auf eine Pflichtverletzung des Netzbetreibers hin.

530 Es ist jedoch anzumerken, dass gemäß der „Härtefallregelung" in § 12 Abs. 1 EEG der Anlagenbetreiber von dem Netzbetreiber, in dessen Netz die Ursache für die Notwendigkeit des Einspeisemanagements liegt, Entschädigung verlangen kann. Mangels Vereinbarung bemisst sich die Entschädigung an den entgangenen Vergütungen und Wärmeerlösen abzüglich der ersparten Aufwendungen. Damit orientiert sich die Vorschrift inhaltlich an § 4 Abs. 3 KWKG, vgl. BT-Drucks. 16/8148, S. 47. Eingehend zur Härtefallregelung *Schäfermeier*, in: Reshöft, EEG 2009, § 12 Rn. 11 ff.

531 *Dreher/Reshöft*, ZNER 2006, 311 (311).

Praktisch läuft – jedenfalls noch gegenwärtig – eine solche Maßnahme des Einspeisemanagements derart ab, dass Relaisschaltungen am jeweiligen Verknüpfungspunkt der Anlage mit dem Netz eingebaut werden, worüber die Netzbetreiber die Leistungsaufnahme des Netzes aus den Anlagen regulieren können. Über die Schaltvorrichtungen können Einstellungen vorgenommen werden, welche die Einspeisung in einer Stufenfolge (z.B. 100 %, 60 %, 30 %, 0 %) zulassen. Der Netzbetreiber teilt hierzu sein Versorgungsgebiet regelmäßig in mehrere Regionen (Cluster) auf und behandelt alle Anlagenbetreiber gleich. Wenn in diesem Cluster eine höhere Leistung angeboten als zugleich verbraucht wird und in das vorgelagerte Netz abgeführt werden kann, wird der gesamte Pool gleichmäßig gedrosselt[532].

Ob eine solche „Poolregelung" ohne Berücksichtigung des Einspeiseverhaltens der einzelnen Erzeugungseinheit in Übereinklang mit den Anforderungen des EEG steht, ist jedenfalls fraglich[533]. Denn durch die gesetzlich angeordnete Sicherstellung der Abnahme der höchstmöglichen Strommenge aus Erneuerbaren Energien und Kraft-Wärme-Kopplung soll letztlich die Verwirklichung des Prinzips der gesamtwirtschaftlichen Kostenminimierung erreicht werden[534]. Es erscheint daher erforderlich, jeweils nur die Anlagen zu regeln, die den stärksten Effekt auf die Netzsicherheit erwarten lassen und gleichzeitig die Möglichkeit zur Verschiebung der Stromeinspeisung haben[535].

III. Verhältnis des Einspeisemanagements zur Kapazitätserweiterung

Über § 11 Abs. 1 Satz 2 EEG wird der Einsatz des Einspeisemanagements an die Ausschöpfung von Kapazitätserweiterungsmaßnahmen geknüpft. Maßnahmen des Einspeisemanagements kommen daher überhaupt nur dann in Betracht, wenn die Voraussetzungen einer Maßnahme der Kapazitätserweiterung vorliegen[536]. Befristete Maßnahmen zur Beseitigung von Störungen oder die Durch-

---

532 Hierzu eingehend *Dreher/Reshöft*, ZNER 2006, 311 (312); ebenfalls zu diesem Problemkreis *Fischer/Henning*, ZUR 2006, 225 (228 f.)

533 Laut Gesetzesbegründung soll durch eine rechnergestützte Sensitivitätsanalyse diejenige Anlage ermittelt werden, die in ihrer Einspeiseleistung beschränkt werden muss, um einen Netzengpass zu beheben, BT- Drucks. 16/8148, S. 47.

534 BT-Drucks. 16/8148, S. 47.

535 BT-Drucks. 16/9477, S. 23; *Wustlich/Hoppenbrock*, in: Altrock/Oschmann/Theobald, EEG 2011, § 11 Rn. 28. *Wernsmann*, AUR 2008, 329 (335) befürchtet deshalb, dass in erster Linie künftig Biogasanlagen vom Einspeisemanagement betroffen sein werden.

536 *Schäfermeier*, in: Reshöft, EEG 2009, § 11 Rn. 11; zustimmend *Niedersberg*, ZNER 2009, 378 (379); in diesem Sinn auch BT-Drucks. 16/8148, S. 48; dagegen *Wustlich/Hoppenbrock*, in: Altrock/Oschmann/Theobald, EEG 2011, § 9 Rn. 41; a.A. offenbar auch *Bönning*, in: Reshöft, EEG 2009, § 5 Rn. 39, die das Einspeisemanagement ohne Pflicht zur vollständigen Abnahme des Stroms für möglich hält.

führung von Wartungsarbeiten im Netz stellen demnach keine Maßnahmen des Einspeisemanagements im Sinne des § 11 EEG dar, da es hier nicht primär um die Sicherstellung der Stromabnahme geht. In solchen Fällen greifen die Sondervorschriften der §§ 13 und 14 EnWG, wie § 11 Abs. 2 EEG klarstellt[537].

Das Abhängigkeitsverhältnis des Einspeisemanagements zum Kapazitätserweiterungsanspruch verdeutlicht, dass der Anspruch auf Kapazitätserweiterung nicht nur temporär bis zur Anbindung der EE-Anlage besteht, sondern andauert, auch wenn der Anschluss bereits erfolgt ist und die Anlage betrieben wird[538].

§ 11 Abs. 1 Satz 2 EEG geht von einer stets nur vorübergehenden Anwendung von Maßnahmen im Rahmen des Einspeisemanagements aus. Nach dieser Vorstellung ist daher zwingend immer ein Zustand des Netzes herzustellen, in dem die komplette Abnahme des Stroms aus EE-Anlagen zu jedem erdenklichen Zeitpunkt gewährleistet ist. Nach dieser Sichtweise ist also von einer *un*bedingten Kapazitätserweiterungspflicht auszugehen. Das entspricht der schon zum EEG 2004 überwiegend vertretenen Ansicht[539]. Problematisch kann in diesem Zusammenhang sein, ob aufgrund mangelnder Abnahmefähigkeit des Netzes der Netzanschluss von EE-Anlagen nach § 5 Abs. 1 Satz 1 EEG in dem Fall verweigert werden kann, wenn Kapazitätserweiterungsmaßnahmen gemäß § 9 Abs. 3 EEG wirtschaftlich unzumutbar sind.

IV. Einspeisemanagement als Dauerlösung?

Streng angewandt würde eine *un*bedingte Kapazitätserweiterungspflicht zu folgender Merkwürdigkeit führen: Es ist durchaus denkbar, dass nur innerhalb sehr kurzer Zeiträume (etwa bei Starkwind) Regelungen im Rahmen des Einspeisemanagements erforderlich werden, während in der übrigen Zeit eine Abnahme des Stroms problemlos sichergestellt ist. Gerade die kurzen Überlastungszeiträume können aber eine Kapazitätserweiterungsmaßnahme des Netzes erforderlich machen, die im Verhältnis zur relativ geringfügigen, zusätzlich einspeisbaren Strommenge sehr hohe Kosten nach sich zöge und deshalb wirtschaftlich unzumutbar gemäß § 9 Abs. 3 EEG wäre[540]. Eine Kapazitätserweiterung könnte dann durch den Netzbetreiber verweigert werden, mit der Folge, dass gemäß § 5

537 *BDEW*, Umsetzungshilfe EEG 2009, S. 13 und 19. Ausführlich zum Verhältnis von Einspeisemanagement und Maßnahmen nach §§ 13 und 14 EnWG *Scholz/Tüngler*, RdE 2010, 317 (317 ff.).

538 *Schäfermeier*, in: Reshöft, EEG 2009, § 11 Rn. 11; zustimmend *Niedersberg*, ZNER 2009, 378 (379).

539 *Dreher/Reshöft*, ZNER 2006, 311 (317); einschränkend *Altrock/Wustlich*, in: Altrock/Oschmann/Theobald, EEG 2008, § 4 Rn. 91.

540 Zum Begriff der wirtschaftlichen Zumutbarkeit gemäß § 9 Abs. 3 EEG als Grenze der Pflicht zur Kapazitätserweiterung noch eingehend 5. Kapitel:D, S. 110.

Abs. 4 EEG schon überhaupt kein Anschlussanspruch für die EE-Anlage bestünde. Deshalb meinte das LG Itzehoe[541] noch unter Geltung des EEG 2004, eine Verknüpfung des Einspeisemanagements mit dem Abnahmeanspruch dahingehend, dass es sich stets nur um eine vorübergehende Lösung handeln müsse, existiere nicht. Entscheidend sei das Prinzip der gesamtwirtschaftlichen Kostenminimierung, wonach es durchaus zu einer zeitlich unbefristeten Anwendung des Einspeisemanagements kommen könne[542].

Der Gesetzgeber hat sich dem Wortlaut von § 11 Abs. 1 Satz 2 EEG nach eindeutig für einen unbedingten Kapazitätserweiterungsanspruch entschieden. Hintergrund sind die erheblichen Investitionshindernisse für EE-Anlagenprojekte, die der Gesetzgeber in der Anwendung des Einspeisemanagements erblickt, welche sowohl den Ausbau Erneuerbarer Energien als auch die Klimaschutzziele des Bundes gefährden[543]. Diese Motivation zeigt den Willen auf, mit der Anordnung eines nur vorübergehenden Einsatzes des Einspeisemanagements eine Vorschrift zum Schutze der Anlagenbetreiber zu schaffen. Der Gesetzgeber wollte offenbar die Einspeiseregelung als Dauerlösung durch die Netzbetreiber verhindern. Keineswegs dürfte der Gesetzgeber damit beabsichtigt haben, den Anschluss weiterer EE-Anlagen zu behindern. Aufgrund dessen liegt es fern, bei nur geringfügig mangelnder Abnahmefähigkeit des Netzes den Netzanschluss von EE-Anlagen nach § 5 Abs. 4 EEG verweigern zu können, weil Maßnahmen zur Erweiterung der Netzkapazität nach § 9 Abs. 3 EEG wirtschaftlich unzumutbar sind.

Rechtstechnisch dürfte sich eine Lösung der Problematik über die Sonderregelung in § 8 Abs. 3 EEG erreichen lassen[544]. Danach können die Beteiligten zur besseren Integration der Anlage in das Netz Abweichungen vom Abnahmevorrang vereinbaren. Die Vorschrift soll insbesondere die Möglichkeit eröffnen, Kosten zu sparen, beispielsweise indem Anlagenbetreiber zu bestimmten Zeiten auf eine Einspeisung verzichten. Der Gesetzgeber hat dabei ausdrücklich auch die Möglichkeit vor Augen, ein Einspeisemanagement mit dem Ziel zu vereinbaren, eine kontinuierliche Einspeisung aus der EE-Anlage zu ermöglichen[545].

Es spricht nichts dagegen, den Rechtsgedanken der ausweislich der Gesetzesbegründung als Angebot an die Beteiligten zu verstehenden Vorschrift, auch im Rahmen des hier beschriebenen Problems anzuwenden. Sollte also eine Kapazitätserweiterung wegen wirtschaftlicher Unzumutbarkeit ausgeschlossen und da-

541 LG Itzehoe, Urt. v. 23.12.2005 – 2 O 254/05, ZNER 2006, 60 (61); zustimmend *Altrock*, IR 2006, 65 (66).

542 Ähnlich *Fischer/Henning*, ZUR 2006, 225 (230).

543 BT-Drucks. 16/8148, S. 46.

544 Dafür auch *Schäfermeier*, in: Reshöft, EEG 2009, § 9 Rn. 23.

545 BT-Drucks. 16/8148, S. 44; diese Möglichkeit sehen auch *Jarass/Obermair*, Netzeinbindung Schleswig-Holstein, S. 23.

her eine in bestimmten Situationen zeitweise, aber insgesamt auf Dauer angelegte Drosselung der EE-Anlage im Rahmen des Einspeisemanagements notwendig sein, so kann der Anlagenbetreiber auf seinen Abnahmeanspruch entsprechend § 8 Abs. 3 EEG verzichten. Konsequenterweise wird dem Anlagenbetreiber für die in dem Zeitraum der Regelung nicht eingespeisten Strommengen ein Entschädigungsanspruch nach § 12 Abs. 1 nicht zustehen[546]. Das folgt schon daraus, dass die gesetzlichen Voraussetzungen für eine Kapazitätserweiterung und damit für ein Einspeisemanagement in diesem Fall nicht vorliegen, sondern der Anlagenbetreiber sich freiwillig hierfür entschieden hat. Da dem Netzbetreiber auf diese Weise keine Nachteile, insbesondere keine finanziellen Belastungen, entstehen, dürfte die Verweigerung eines solchen Vorgehens gemäß § 242 BGB rechtsmissbräuchlich und damit ausgeschlossen sein.

Maßnahmen des Einspeisemanagements können nach dem hier gefundenen Ergebnis daher durchaus auch zeitlich unbefristet zur Anwendung gelangen, wenn der Anlagenbetreiber sich zu einem solchen Vorgehen bereit erklärt[547].

D. „Wirtschaftliche Zumutbarkeit“ als Grenze

Nicht zur Kapazitätserweiterung ist der Netzbetreiber verpflichtet, soweit diese „wirtschaftlich unzumutbar“ ist (§ 9 Abs. 3 EEG). Die wirtschaftliche Unzumutbarkeit bildet damit die Grenze für den Anspruch auf Erweiterung der Netzkapazität und ist inhaltlich bereits aus den Vorgängerregelungen des EEG bekannt[548]. Nach wie vor enthält sich das Gesetz einer konkreten Definition des Begriffs. Eine ursprünglich im EEG-Ref-Entwurf vorgesehene Präzisierung ist in die Gesetzesfassung nicht übernommen worden[549]. Unter welchen Voraussetzungen dieser unbestimmte Rechtsbegriff anzunehmen ist, ist, auch aufgrund fehlender gesetzlicher Vorgaben, sowohl in der Rechtsprechung als auch in der Literatur weitgehend ungeklärt. Ein allgemeiner Konsens besteht lediglich dahingehend, dass die Zumutbarkeitsklausel des EEG als eine Ausprägung des im

546 *Schäfermeier*, in: Reshöft, EEG 2009, § 9 Rn. 23.

547 So im Ergebnis auch *Altrock*, IR 2006, 65 (66).

548 Eine Entsprechung fand sich im EEG 2000 in § 3 Abs. 1 Satz 3 und in § 4 Abs. 2 Satz 2 EEG 2004.

549 Gemäß § 10 Abs. 2 EEG-Ref-Entwurf sollte eine Kapazitätserweiterung insbesondere dann wirtschaftlich zumutbar sein, wenn die Summe der Vergütungen für den Strom, der durch die Kapazitätserweiterung zusätzlich eingespeist werden könnte, und des Nutzens für den Netzbetrieb die Netzausbaukosten übersteigen. Bereits im Gesetzgebungsverfahren zum EEG 2004 war der Bundesrat mit seinem Ansinnen, aus Gründen der Rechtssicherheit eine nähere Konkretisierung des Begriffs zu erreichen, an der Gegenäußerung der Bundesregierung gescheitert, BT-Drucks. 15/2593, S. 2 und 7; auch vereinzelte Vorschläge in der Literatur blieben bislang ungehört, vgl. etwa den Formulierungsvorschlag von *Niedersberg*, Schwachstellenanalyse, S. 27.

öffentlichen Recht wurzelnden Verhältnismäßigkeitsprinzips aufzufassen ist, in dessen Rahmen verschiedene Interessen gegeneinander abzuwägen sind[550]. Welche Interessen das im Einzelnen sind und wie diese Berücksichtigung finden müssen, ist jedoch höchst streitig.

Dieser Zustand muss aus Sicht der Praxis als äußerst unbefriedigend bezeichnet werden. Denn gerade in diesem Bereich treten häufig Streitfälle zwischen den Beteiligten auf. Die Bestimmung der abzuwägenden Kriterien ist daher von hoher Wichtigkeit.

I. Rechtsnatur und Beweislast

Die Formulierung des § 9 Abs. 3 EEG erinnert an den allgemeinen Einwendungstatbestand des § 275 II BGB, wonach der Schuldner die Leistung bei einem groben Missverhältnis von Aufwand und Leistungsinteresse des Gläubigers verweigern kann. Systematisch handelt es sich bei § 9 Abs. 3 EEG um eine verdrängende Spezialregelung.

Entsprechend dem Wortlaut „Der Netzbetreiber ist nicht (...) verpflichtet, soweit (...)" ist das Kriterium der wirtschaftlichen Unzumutbarkeit rechtstechnisch, ebenso wie § 275 Abs. 2 BGB, als rechtsvernichtende Einwendung des Netzbetreibers als Schuldner des Anspruchs auf Kapazitätserweiterung ausgestaltet[551]. Der Einwand des § 9 Abs. 3 EEG ist deshalb wie der Einwand nach § 275 Abs. 2 BGB im Falle eines Rechtsstreits nicht von Amts wegen zu berücksichtigen, sondern der Netzbetreiber muss sich auf die wirtschaftliche Unzumutbarkeit berufen[552].

Die Frage der Darlegungs- und Beweislast hinsichtlich der die wirtschaftliche Unzumutbarkeit begründenden Tatsachen war bislang umstritten[553]. Das ist un-

---

550 BT-Drucks 15/2864, S. 34; Clearingstelle EEG, Votum v. 19.09.2008 – 2008/14, http://www.clearingstelle-eeg.de/files/private/active/0/Votum_2008-14.pdf (Zugriff 03. 06.2010), S. 17; *Wustlich*, in: Altrock/Oschmann/Theobald, EEG 2011, § 9 Rn. 32.

551 Vgl. insoweit zur Rechtsnatur des § 275 Abs. 2 BGB *Unberath*, in: Bamberger/Roth, § 275 Rn. 61.

552 Zu § 275 Abs. 2 BGB ist das anerkannt, vgl. *Unberath*, in: Bamberger/Roth, § 275 Rn. 61; *Schmidt-Kessel*, in: Prütting/Wegen/Weinreich, § 275 Rn. 18 und 27; *Löwisch/Caspers*, in: Staudinger, BGB, § 275 Rn. 83.

553 Für eine gesetzliche Vermutung des Bestehens der wirtschaftlichen Zumutbarkeit bereits unter Geltung der früheren Gesetzesfassung *Altrock/Wustlich*, in: Altrock/Oschmann/Theobald, EEG 2008, § 4 Rn. 59; zustimmend Clearingstelle EEG, Votum v. 19.09.2008 – 2008/14, http://www.clearingstelle-eeg.de/files/private/active/0/Votum_2008-14.pdf (Zugriff 03.06.2010), S. 29; *Ehricke*, in: Frenz/Müggenborg, EEG, § 9 Rn. 44. Dagegen *Brandt/Reshöft/Steiner*, HK, § 3 Rn. 20; offenbar auch der Gesetzgeber in BT-Drucks. 16/8148, S. 45.

verständlich, da auch bislang schon zur subsidiär anwendbaren Vorschrift des § 275 Abs. 2 BGB anerkannt war, dass Darlegungs- und Beweislast auf Seiten des Schuldners liegen[554] und kein Grund ersichtlich ist, das im Rahmen der speziellen Regelung des EEG anders zu sehen. Mit der Konditionalformulierung in § 9 Abs. 3 EEG zeigt das Gesetz jetzt eindeutig, dass grundsätzlich von einer wirtschaftlichen Zumutbarkeit einer gegebenenfalls erforderlichen Kapazitätserweiterung auszugehen ist. Die Streitfrage kann deshalb jedenfalls jetzt dahingehend als geklärt angesehen werden, dass Darlegungs- und Beweislast für eine Ausnahme von dieser gesetzlichen Vermutung beim Netzbetreiber liegen[555]. Es ist also nicht zuletzt aus Sicht der Netzbetreiber notwendig, den Maßstab einer wirtschaftlichen Unzumutbarkeit zu bestimmen[556].

II. Relevanz für die Praxis und Anforderungen an eine Definition

Wie bereits angemerkt, ist das Verständnis des Begriffs der wirtschaftlichen Unzumutbarkeit in der Praxis von erheblicher Bedeutung. Letztlich wird dadurch der Rahmen für den Umfang der Kapazitätserweiterungspflicht abgesteckt. Damit entscheidet der Terminus in vielen Fällen über die Durchführung eines EE-Anlagenprojekts. Denn wenn die Grenze der wirtschaftlichen Zumutbarkeit überschritten ist, bleibt dem Einspeisewilligen letztlich nichts anderes übrig, als sein Projekt entweder an die Abnahmemöglichkeiten des Netzes für den Strom anzupassen und gegebenenfalls mit einer geringer dimensionierten Einspeiseleistung zu planen, oder notfalls sein Vorhaben aufzugeben. Engpässe im Netz führen so zu einer erheblichen Planungsunsicherheit. Der weitere Ausbau der Erneuerbaren Energien zur Stromerzeugung wird dadurch massiv behindert. Auch aus der Perspektive der Einspeisewilligen besteht daher ein erhebliches Interesse an einer Definition der Grenze der wirtschaftlichen Zumutbarkeit.

Um diesen Anforderungen gerecht zu werden, wird im Rahmen der folgenden Untersuchung vor allen Dingen zu berücksichtigen sein, dass die praktische Handhabbarkeit bei der Abwägung gewährleistet ist[557]. Es sollten also möglichst einfache und in der Realität nachvollziehbare Kriterien zur Prüfung der wirtschaftlichen Zumutbarkeit herausgearbeitet werden.

---

554 Siehe nur *Unberath*, in: Bamberger/Roth, § 275 Rn. 68.

555 BT-Drucks. 16/8148, S. 4; *Ehricke*, in: Frenz/Müggenborg, EEG, § 9 Rn. 44; *Wustlich*, in: Altrock/Oschmann/Theobald, EEG 2011, § 9 Rn. 31.

556 So auch *Schneider*, IR 2009, 2 (5), der die erheblichen Belastungen der Netzbetreiber betont.

557 Dafür auch *Langbein/Weißenborn*, RdE 2008, 23 (24).

III. Vergleich mit Parallelbestimmungen

Aufgrund der bereits angesprochenen Einheit des Energiewirtschaftsrechts ist ein vergleichender Blick über den Rahmen des EEG hinaus in andere energierechtliche Vorschriften, aber auch ins allgemeine Zivilrecht angezeigt, um aus dem Vergleich Rückschlüsse für den Unzumutbarkeitseinwands im EEG zu ziehen.

1. Kraft-Wärme-Kopplung

Auffallend ist zunächst, dass sich das im EEG verwendete Begriffspaar dem Wortlaut nach ähnlich auch in § 4 Abs. 6 KWKG findet. Im Bereich der KWK-Anlagen gilt ein Netz danach dann als technisch zur Stromaufnahme geeignet, wenn dies erst durch einen wirtschaftlich zumutbaren Ausbau des Netzes möglich wird. Damit steht die Regelung weitgehend in Übereinklang mit der früheren Fassung in § 4 Abs. 2 Satz 2 EEG 2004. Ursprünglich war gar ein vollständiger Gleichlauf von EEG und KWKG im Hinblick auf die Kapazitätserweiterungspflicht vorgesehen, der allerdings nicht umgesetzt worden ist[558]. Auch das KWKG kennt keine Definition des Begriffs der wirtschaftlichen (Un)zumutbarkeit.

2. Allgemeines Energiewirtschaftsrecht

Die Formulierung der wirtschaftlichen (Un)zumutbarkeit ist zum anderen aber auch im allgemeinen Energiewirtschaftsrecht anzutreffen, insbesondere in § 11 und § 18 EnWG.

§ 11 Abs. 1 Satz 2 EnWG verpflichtet Netzbetreiber, „ein sicheres, zuverlässiges und leistungsfähiges Energieversorgungsnetz diskriminierungsfrei zu betreiben, zu warten und bedarfsgerecht auszubauen, soweit es wirtschaftlich zumutbar ist". Es sticht hervor, dass hier, ebenso wie im EEG, ein Adressat für die Zumutbarkeit ausdrücklich nicht genannt ist[559]. Konkrete Aussagen zur Zumutbar-

---

558 Gemäß Art. 6 des EEG-Ref-Entwurf sollte an § 4 Abs. 6 KWKG ein Satz angefügt werden, der die entsprechende Geltung der §§ 9 bis 15 EEG festschrieb. Die Änderung des KWKG vom 25.10.2008 zum 01.01.2009, BGBl. I S. 2101 hat dieses Vorhaben jedoch nicht aufgegriffen.

559 Darauf weist auch die Clearingstelle EEG, Votum v. 19.09.2008 – 2008/14, http://www.clearingstelle-eeg.de/files/private/active/0/Votum_2008-14.pdf (Zugriff 03. 06.2010), S. 14 hin; ebenso *Ehricke*, in: Frenz/Müggenborg, EEG, § 9 Rn. 46. *Riese*/Wilms, ZNER 2009, 107 (109 und 111) fordern daher bei der Ermittlung der Zumut-

keitsschwelle des § 11 EnWG finden sich trotz nachdrücklicher Forderungen in der Literatur[560] im EnWG nicht.

In etwas anderer Gestalt begegnet die Zumutbarkeitsgrenze dem Rechtsanwender aber auch noch im Rahmen des § 18 Abs. 1 Satz 2 EnWG, der die allgemeine Anschlusspflicht normiert. Hierbei handelt es sich um eine Generalklausel für die Verweigerung der in § 17 und 18 EnWG genannten, allgemeinen und besonderen, Anschlusspflichten[561]. Die dort enthaltenen Pflichten bestehen dann nicht, „wenn der Anschluss oder die Anschlussnutzung *für* den Betreiber des Energieversorgungsnetzes aus wirtschaftlichen Gründen nicht zumutbar ist". Das EnWG stellt demnach hier, anders als § 9 Abs. 3 EEG, eine Relation zu den Interessen des Netzbetreibers her[562]. Darüber hinausgehende Vorgaben zur Ermittlung der Schwelle der wirtschaftlichen Zumutbarkeit macht das EnWG nicht.

In Rechtsprechung und Literatur zum EnWG werden verschiedene Ansätze verfolgt, um den Begriff der wirtschaftlichen Zumutbarkeit näher zu präzisieren. Teilweise soll über das Vorliegen einer Unzumutbarkeit regelmäßig nur im Einzelfall befunden werden[563]. Denn Unzumutbarkeit sei jedenfalls als eine vom Netzbetreiber besonders zu begründende Ausnahme vom Regelfall des Anschlusses anzusehen. Nur in einzelnen Fallgruppen könne deshalb vorab von einer Unzumutbarkeit auszugehen sein, etwa bei einer Existenzgefährdung des Netzbetreibers[564], oder wenn überhaupt kein Bedarf für eine Einspeisung bestehe und es auch an ausspeisenden Kunden fehle[565]. Darüber hinaus soll wirtschaftliche Unzumutbarkeit auch dann vorliegen, wenn der Netzbetreiber nicht in der Lage ist, die Investitionen über die Netznutzungsentgelte zurückzuerhalten oder die Einleitung eines Missbrauchsverfahrens zu befürchten ist. Im Übrigen wird allerdings auf die Erfahrungen zum EEG verwiesen[566].

---

barkeitsschwelle nicht bloß eine Berücksichtigung des konkreten Projekts, sondern eine Gesamtplanung, um langfristig Kosten einsparen zu können.

560 Es wurde etwa angeregt, die Grenze dort zu ziehen, wo die Aufwendungen noch von zusätzlichen Erträgen der Netznutzer aufgewogen werden, vgl. *Jarass/Obermair*, ZfE 29/2005, 3 (9) sowie *dies.*, Netzeinbindung Schleswig-Holstein, S. 25.

561 *Salje*, EnWG, § 18 Rn. 53.

562 Gleichwohl möchte *Stötzel*, in: Britz/Hellermann/Hermes, § 17 Rn. 30 sämtliche betroffenen Belange im Rahmen der Bestimmung der Unzumutbarkeit berücksichtigen.

563 So jetzt BGH, Beschl. v. 23.06.2009 – EnVR 48/08, ZNER 2009, 239 (241); ebenso *Salje*, EnWG, § 11 Rn. 21.

564 *Stötzel*, in: Britz/Hellermann/Hermes, § 11 Rn. 39.

565 *Stötzel*, in: Britz/Hellermann/Hermes, § 18 Rn. 26.

566 *Salje*, EnWG, § 11 Rn. 23. *Stötzel*, in: Britz/Hellermann/Hermes, § 17 Rn. 42 und § 18 Rn. 29 gesteht dem Anschlussnehmer durch die Übernahme zusätzlicher Leistungen das Recht zu, den Unzumutbarkeitseinwand des Netzbetreibers zu entkräften, allerdings ohne konkrete Vorgaben zu benennen.

Nach einem anderen Ansatz sind bei der Beantwortung der Frage nach der wirtschaftlichen Unzumutbarkeit die Erhöhung der Netznutzungsentgelte ins Verhältnis zu den positiven gesamtwirtschaftlichen Effekten durch den Anschluss der Eigenerzeugungsanlage zu setzen[567]. Was den Umfang der Erhöhung der Netznutzungsentgelte angeht, ist die Rechtsprechung allerdings recht großzügig. So ist zur AVBWasserV[568] eine Erhöhung der Entgelte um 30 % als nicht unzumutbar angesehen worden[569]. Wenn zur Verstärkung des Wettbewerbs und für eine sichere, umweltverträgliche und im Ergebnis auch preisgünstige Versorgung der Allgemeinheit mit Elektrizität bedarfsgerechte Netzausbaumaßnahmen notwendig seien, und damit eine Erhöhung der Netzkosten und Netzentgelte einhergehe, so müsse dies als Folge der Liberalisierung der Energiemärkte hingenommen werden[570].

Hier zeigt sich, dass nach der Rechtsprechung die Schwelle für die Bejahung einer wirtschaftlichen Unzumutbarkeit sehr hoch liegt und entsprechend der bisherigen Praxis kaum in Betracht kommt[571].

3. Großkraftwerke

Die Kraftwerks-Netzanschlussverordnung[572] (KraftNAV) enthält in § 6 Abs. 1 Anhaltspunkte dafür, wann die Gewährung des Netzanschlusses nach § 17 EnWG unzumutbar ist. Das soll insbesondere dann der Fall sein, „wenn der begehrte Netzanschlusspunkt technisch nicht zur Aufnahme des erzeugten Stroms geeignet ist und die Eignung nicht durch dem Netzbetreiber mögliche und zumutbare Maßnahmen zur Ertüchtigung des Netzanschlusspunktes oder zum Ausbau des Netzes bis zum nächsten Netzknoten hergestellt werden kann" (§ 6 Abs. 1 Satz 1 KraftNAV). Fehlende Eignung wiederum liegt dann vor, wenn der Anschlusspunkt nicht über ausreichende Kurzschlussleistung oder einen ausreichenden Abfuhrquerschnitt verfügt und dieser auch nicht durch zumutbare Maßnahmen hergestellt werden kann (§ 6 Abs. 1 Satz 2 KraftNAV). Im Spezial-

567 Vgl. *vom Hammerstein*, ZNER 2007, 110 (113).

568 Verordnung über Allgemeine Bedingungen für die Versorgung mit Wasser v. 20.06.1980, BGBl. I S. 750, 1067, zuletzt geändert durch die Verordnung vom 13.01.2010, BGBl. I S. 10.

569 OVG Schleswig, Urt. v. 26.03.1992 – 2 L 15/91, Agrarrecht 1993, 407 (408); ähnlich auch OVG NRW, Urt. v. 25.01.1989 – 22 A 1249/89, DÖV 1990, 151 (152). *Vom Hammerstein*, ZNER 2007, 110 (114) möchte diese Schwelle auf Netzausbaumaßnahmen nach dem EnWG übertragen. Führten Maßnahmen zu einer Erhöhung der Energiepreise von 30 %, so sei die Kapazitätserweiterung daher nicht unzumutbar.

570 BGH, Beschl. v. 28.06.2005 – KVR 27/04, BGHZ 163, 296 (308).

571 *Graßmann*, ZNER 2006, 12 (13); *vom Hammerstein*, ZNER 2007, 110 (114).

572 Verordnung zur Regelung des Netzanschlusses von Anlagen zur Erzeugung von elektrischer Energie v. 26.06.2007, BGBl. I S. 1187.

bereich der Großkraftwerke stellt der Verordnungsgeber daher, mehr noch als im allgemeinen Energiewirtschaftsrecht, technische Aspekte für die (Un)zumutbarkeit in den Vordergrund[573]. Eine Definition des Begriffs der Zumutbarkeit ist in der Verordnung gleichwohl nicht enthalten, weshalb einige Stimmen in der Literatur wiederum insbesondere auf die Erfahrungen zum EEG verweisen[574].

4. Allgemeines Zivilrecht

Die Regelung des § 275 Abs. 2 BGB normiert einen allgemeinen, von der Rechtsprechung entwickelten Gedanken, wonach der Schuldner bei Überschreitung der sog. „Opfergrenze" die Erfüllung der Leistungspflicht verweigern darf[575]. Die Opfergrenze ist erreicht, wenn das Gläubigerinteresse und der Aufwand des Schuldners in einem groben Missverhältnis zueinander stehen. Deshalb sind Interesse und Aufwand gegeneinander abzuwägen[576]. Der Gläubiger kann sich zur Vermeidung des Gläubigereinwands an dem vor allem wirtschaftlichen Aufwand zur Erbringung der Leistung beteiligen[577].

Die gegenüber § 9 Abs. 3 EEG gleichlautende Formulierung „(...) soweit (...)" zeigt, dass in diesem Bereich nicht notwendigerweise das „Alles-oder-Nichts-Prinzip" gilt, sondern der Unzumutbarkeitseinwand durchaus nur auf einen Teil der Leistung beschränkt bleiben kann[578]. Betont wird zu § 275 Abs. 2 BGB auch, dass es sich um eine eng auszulegende Sondernorm handelt, die sich auf Extremfälle beschränkt[579]. Allgemeingültige Grenzen sind zu § 275 Abs. 2 BGB angesichts der Vielzahl denkbarer Sachverhalte nicht entwickelt worden. Eine Abwägung muss deshalb stets im Einzelfall stattfinden[580].

---

573 *Riese/Wilms*, ZNER 2009, 107 (108); ähnlich *Buchmann*, RdE 2010, 127 (128).

574 *De Wyl/Hartmann/von Petz*, ZNER 2007, 132 (136) sprechen sich dafür aus, die auch im Rahmen des EEG diskutierte 25 %-Grenze der Errichtungskosten im Rahmen der KraftNAV heranzuziehen. Die Zumutbarkeitsgrenze beruhe nicht auf der Besonderheit des Anschlusses von EE-Anlagen, sondern gelte auch für konventionelle Kraftwerke.

575 Zuletzt BGH, Urt. v. 20.07.2005 – VIII ZR 342/03, NJW 2005, 3284 (3284); zustimmend *Schmidt-Kessel*, in: Prütting/Wegen/Weinreich, § 275 Rn. 17.

576 *Schmidt-Kessel*, in: Prütting/Wegen/Weinreich, § 275 Rn. 20; *Unberath*, in: Bamberger/Roth, § 275 Rn. 55; *Löwisch/Caspers*, in: Staudinger, BGB, § 275 Rn. 80.

577 *Schmidt-Kessel*, in: Prütting/Wegen/Weinreich, § 275 Rn. 21.

578 *Löwisch/Caspers*, in: Staudinger, BGB, § 275 Rn. 86.

579 Vgl. nur *Unberath*, in: Bamberger/Roth, § 275 Rn. 52.

580 Vgl. *Unberath*, in: Bamberger/Roth, § 275 Rn. 55; *Schmidt-Kessel*, in: Prütting/Wegen/Weinrich, § 275 Rn. 23; *Löwisch/Caspers*, in: Staudinger, BGB, § 275 Rn. 96, alle ablehnend zu Faustformeln.

5. Zwischenergebnis zum Vergleich

Als Zwischenergebnis zur Betrachtung des systematischen Kontexts kann damit zunächst festgehalten werden, dass in Parallelbestimmungen der Begriff der wirtschaftlichen Unzumutbarkeit – wie auch im EEG – gesetzlich keine nähere Ausgestaltung erfahren hat. § 18 Abs. 1 Satz 2 EnWG und § 6 Abs. 1 Satz 1 KraftNAV nennen allerdings ausdrücklich einen bestimmten Adressaten für die Prüfung. Insoweit besteht ein Unterschied zu § 9 Abs. 3 EEG, der diesen konkreten Bezug zum Netzbetreiber nicht herstellt und offen formuliert ist. Daraus kann gefolgert werden, dass bei der Prüfung im EEG nicht nur die betriebswirtschaftlichen Interessen des Netzbetreibers zu berücksichtigen sind[581].

Die zur systematisch vergleichbaren Vorschrift des § 275 Abs. 2 BGB vertretenen Auffassungen unterstreichen den Ausnahmecharakter der Einwendung und sprechen für die Möglichkeit des Anlagenbetreibers, durch eigene Beteiligung den Aufwand des Netzbetreibers zu reduzieren.

IV. Konkretisierung anhand der Zweckbestimmungen des EEG

Für die Frage nach dem Vergleichsmaßstab für die Zumutbarkeitsprüfung könnte eine nähere Betrachtung des Zusatzes „wirtschaftlich" im Rahmen des EEG wertvolle Hinweise liefern. Der Begriff wird im EEG nämlich auch an anderen Stellen benutzt und ist deshalb rechtlich vorbelastet. Nach der Zweckbestimmung des § 1 Abs. 1 EEG beabsichtigt der Gesetzgeber die „volkswirtschaftlichen" Kosten der Energieversorgung zu verringern.

Innerhalb des Prüfungssystems für den Netzverknüpfungspunkt spielt der Begriff ebenfalls eine Rolle, denn es kommt nach § 5 Abs. 1 Satz 1 2. HS EEG eben auch darauf an, ob ein anderes Netz einen technisch und „wirtschaftlich" günstigeren Verknüpfungspunkt aufweist. Nach inzwischen allgemeiner Ansicht ist darunter die *gesamt*-bzw. *volks*wirtschaftlich günstigste Variante zu verstehen[582]. Dieser Befund steht in Übereinklang mit dem zum systematischen Kontext gefundenen Ergebnis, wonach es für die Grenze der wirtschaftlichen Zumutbarkeit gerade nicht allein auf die betriebswirtschaftlichen Interessen des

---

581 Gegen die betriebswirtschaftliche Betrachtung auch *Schäfermeier*, in: Reshöft, EEG 2009, § 9 Rn. 19.

582 BGH, Urt. v. 08.10.2003 – VIII ZR 165/01, RdE 2004, 46 (48); BGH, Urt. v. 10.11.2004 – VIII ZR 391/03, RdE 2005, 79 (82); BGH, Urt. v. 12.07.2006 – VIII ZR 235/04, ZNER 2006, 238 (239); BGH, Urt. v. 28.11.2007 – VIII ZR 306/04, ZNER 2008, 53 (54); BGH, Urt. v. 01.10.2008 – VIII ZR 21/07, RdE 2009, 146 (147); OLG Karlsruhe, Urt. v. 14.07.2005 – 9 U 31/05, RdE 2005, 277 (277); BT-Drucks. 16/8148, S. 41; dazu auch bereits 4. Kapitel:C.IV.4, S. 79.

Netzbetreibers oder des Anlagenbetreibers ankommen kann. Von besonderer Bedeutung dürfte auch sein, dass der Netzbetreiber die ihm entstehenden Kosten über die Netznutzungsentgelte umlegen kann, sie also am Ende der Abrechnung nicht selbst tragen muss[583]. Letztlich tragen also die Letztverbraucher über die in ihren Strompreisen enthaltenen Netznutzungsentgelte die Kosten einer gegebenenfalls erforderlichen Kapazitätserweiterung. Deshalb liegt der Schluss nahe, auch zur Prüfung der wirtschaftlichen Zumutbarkeit die *gesamt*wirtschaftlichen Kostenauswirkungen der Maßnahmen zur Kapazitätserweiterung als maßgebliches Kriterium heranzuziehen[584].

Allein damit kann die Frage der wirtschaftlichen Zumutbarkeit im Rahmen der Abwägung aber noch nicht beantwortet werden. Wie bei jeder Verhältnismäßigkeitsprüfung muss ein bestimmter legitimer Zweck, hier namentlich mit der Kapazitätserweiterung des Netzes, verfolgt werden. Dazu könnten zum einen die Zweckbestimmungen aus § 1 Abs. 1 EEG, oder aber auch der konkrete Zweck der Kapazitätserweiterung, der nach § 5 Abs. 4 EEG in der Sicherstellung der Stromabnahme liegt, herangezogen werden. Letztlich dürften beide Anliegen derart miteinander verknüpft sein, dass die Ermöglichung der Stromabnahme der Verwirklichung der in § 1 Abs. 1 EEG genannten Ziele dient.

Der Hauptzweck des Gesetzes besteht demzufolge nach wie vor darin, eine nachhaltige Entwicklung der Energieversorgung zu ermöglichen. Dieser Zweck ist Ausfluss der Staatszielbestimmung Umweltschutz in Art. 20a GG im Bereich der Elektrizitätsversorgung[585]. Neben dieser Nachhaltigkeit der Energieversorgung nennt das EEG in § 1 Abs. 1 noch weitere Ziele. Jedoch handelt es sich dabei nicht um isolierte, mit der Nachhaltigkeit der Energieversorgung gleichrangige Zwecke, sondern um einige besonders hervorzuhebende Teilaspekte der nachhaltigen Entwicklung der Energieversorgung[586]. Im Einzelnen soll das EEG demnach noch die volkswirtschaftlichen Kosten der Energieversorgung verrin-

---

583 *Wustlich*, in: Altrock/Oschmann/Theobald, EEG 2011, § 9 Rn. 34 und *Altrock*, ebd., § 14 Rn. 13 f.; Clearingstelle EEG, Votum v. 19.09.2008 – 2008/14, http://www.clearingstelle-eeg.de/files/private/active/0/Votum_2008-14.pdf (Zugriff 03.06.2010), S. 30. Vertiefend zur Kostenumlage auf die Netznutzungsentgelte *Schäfermeier*, in: Reshöft, EEG 2009, § 9 Rn. 14 und § 14 Rn. 10 f.; überzeugend auch *Altrock*, in: Altrock/Oschmann/Theobald, EEG 2011, § 14 Rn. 13 f.

584 Auch die Gesetzesbegründung zum EEG 2004 plädiert für eine gesamtwirtschaftliche Kostenminimierung als Prüfungsmaßstab, BT-Drucks. 15/2864, S. 34; ebenso wohl Clearingstelle EEG, Votum v. 19.09.2008 – 2008/14, http://www.clearingstelle-eeg.de/files/private/active/0/Votum_2008-14.pdf (Zugriff 03.06.2010), S. 17; diese Auffassung legen, allerdings ohne nähere Begründung, auch *Jarass/Obermair/Jarass*, Windenergie, S. 3 ihren Untersuchungen zu Grunde.

585 BT-Drucks. 16/8148, S. 35; *Reshöft*, in: ders., EEG 2009, § 1 Rn. 2.

586 Hierzu und weiterführend zur Zweckbestimmung *Reshöft*, in: ders., EEG 2009, § 1 Rn. 3 ff.

gern, fossile Energieressourcen schonen und die Weiterentwicklung von Technologien zur Verstromung Erneuerbarer Energien fördern.

Folglich ist innerhalb der Prüfung zu untersuchen, ob die volks- bzw. gesamtwirtschaftlichen Kosten der konkret erforderlichen Maßnahme zur Kapazitätserweiterung, gemessen an der damit bezweckten Stromabnahme zur Sicherstellung der in § 1 Abs. 1 EEG genannten Ziele, verhältnismäßig sind oder nicht. Wegen der anzustellenden gesamtwirtschaftlichen Betrachtung sollte innerhalb dieser Abwägung nicht bloß auf jede einzelne EE-Anlage isoliert abzustellen sein. Insbesondere vor dem Hintergrund des Optimierungsprinzips dürften durch die Maßnahme der Kapazitätserweiterung ermöglichte Anschlüsse weiterer EE- und konventioneller Anlagen zu berücksichtigen sein, wenn der Anschluss zu einem gewissen Grad wahrscheinlich erscheint[587].

V. Ansätze zur Konkretisierung

Nachdem die gegeneinander abzuwägenden Interessen und auch der zu berücksichtigende Umfang damit geklärt sind, stellt sich die Frage, *wie* eine Berücksichtigung dieser Interessen zu erfolgen hat bzw. wie diese zu gewichten sind. Während das EEG hierfür direkt keinerlei Anhaltspunkte liefert, haben sich in der Literatur und teilweise auch in der Rechtsprechung unterschiedliche Ansätze gebildet, wie die Grenze der wirtschaftlichen Zumutbarkeit zu bestimmen ist.

Im Folgenden wird versucht, die Vielzahl der vertretenen Ansätze zu ordnen und einer Übersicht zuzuführen. Danach sollen die Ansätze bewertet werden. Die verschiedenen Meinungen lassen sich in fünf Lager einteilen:

1. Maßstab der Investitionssumme und 25 %-Regel

Die Vertreter dieser Ansicht möchten zur Ermittlung der Zumutbarkeitsgrenze die Investitionskosten der EE-Anlage den Kosten einer Kapazitätserweiterung gegenüberstellen, wobei, überwiegend ohne weitere Begründung, als konkrete Schwelle für die Annahme einer Zumutbarkeit der Verstärkungsmaßnahme ein Wert von 25 % der Investitionskosten der EE-Anlage genannt wird[588]. Insbeson-

---

587 BT-Drucks. 15/2864, S. 34; *Niedersberg*, Schwachstellenanalyse, S. 26; Fischer/Henning, ZUR 2006, 225 (226); *Wustlich*, in: Altrock/Oschmann/Theobald, EEG 2011, § 9 Rn. 34; *Schäfermeier*, in: Reshöft, EEG 2009, § 9 Rn. 16.

588 Für eine 25 %-Grenze LG Münster, Urt. v. 09.06.2009 – 04 O 342/08 (n.v.), S. 7; BT-Drs. 15/2864, S. 34; *Niedersberg*, Schwachstellenanalyse, S. 26; *Oschmann*, in: Danner/Theobald, Bd. 2, EEG § 4 Rn. 70; *Schulte-Middelich*, EE 1/2009, 92 (92); *Gottwald/Giorgis*, EE 12/2009, 79 (81); *Meyer*, Joule 6/2009, 54 (54); *Schneider*, IR 2009, 2 (7) spricht sich für eine 30 %-Schwelle aus. Der BGH hat sich in diesem Zusammen-

dere wird auf die Praktikabilität dieser Grenze hingewiesen: Da die Investitionskosten mit weitgehender Genauigkeit bei Projektbeginn abzuschätzen seien, sei die Bezugnahme auf die Höhe dieser Kosten der Anlage ein geeigneter Anhaltspunkt für die Beurteilung der wirtschaftlichen Zumutbarkeit[589].

2. Maßstab der zusätzlich einspeisbaren Energie

Andere wollen vor dem Hintergrund des Gesetzeszwecks und der Minimierung des CO^2-Ausstoßes die durch eine Kapazitätserweiterung des Netzes einspeisbare elektrische Energie aus den betroffenen Anlagen heranziehen, wobei zur Vereinfachung die voraussichtlich erzielbaren Einspeiseentgelte betrachtet werden sollen. Die Höhe der Einspeisevergütung soll sodann den anfallenden Kapazitätserweiterungskosten gegenübergestellt werden. Wirtschaftliche Unzumutbarkeit ist nach dieser Ansicht dann anzunehmen, wenn die im Vergütungszeitraum zusätzlich zu erzielenden Vergütungssummen die durch die Kapazitätserweiterung entstehenden Kosten nicht deutlich übersteigen[590].

Innerhalb dieses Ansatzes wollen einige hinsichtlich der konkreten Art und Weise der Kapazitätserweiterung auch den erforderlichen Zeitraum für die Durchführung der Maßnahmen beachten. Die in dem für die Durchführung der Kapazitätserweiterung benötigten Zeitraum potentiell einspeisbaren Strommengen sollen danach ebenfalls anhand der Vergütungssätze des EEG quantifiziert und in den Vergleich eingestellt werden. So könnten etwa zwar gegenüber Freileitungen teurere, dafür aber kurzfristig zu verwirklichende Erdkabelverlegungen zumutbar sein[591].

Teilweise wird auch dafür plädiert, über einen Vergleich der Gesamtsumme aus Netzanschluss-, Kapazitätserweiterungs- und Errichtungskosten der Anlage und der über die Gesamtdauer des Vergütungszeitraums zu erzielenden Vergütung

hang noch nicht abschließend positioniert, sondern lediglich auf die detaillierten Vorgaben der Gesetzesbegründung, insbesondere auf die dort genannte 25 %-Grenze, verwiesen, BGH, Urt. v. 18.07.2007 – VIII ZR 288/05, RdE 2008, 18 (21): „soll (…) zumutbar sein".

589 BT-Drs. 15/2864, S. 34.

590 LG Itzehoe, Urt. v. 09.05.2007 – 6 O 152/06 (n.v.), S. 8; BT-Drs. 15/2864, S. 34; für diesen Maßstab auch *Koenig/Kühling/Rasbach*, Energierecht, S. 174; *Reshöft*, in: Reshöft/Steiner/Dreher, EEG 2004, § 4 Rn. 30; *Jarass/Obermair*, Netzeinbindung Schleswig-Holstein, S. 17; ähnlich wohl auch der *BDEW*, Umsetzungshilfe EEG 2009, S. 14, der Einspeiseleistung und Laufzeit der Anlage für die Beurteilung heranziehen möchte. Nach der Clearingstelle EEG sollte die Grenze bei 12,5 % der erzielbaren Vergütungssummen gezogen werden, Votum v. 19.09.2008 – 2008/14, S. 25.

591 Dafür maßgeblich *Jarass/Obermair*, ZfE 29/2005, 3 (6 und 9); *dies.*, Netzeinbindung Schleswig-Holstein, S. 23.

eine Abwägung vorzunehmen. Dabei soll wirtschaftliche Unzumutbarkeit dann vorliegen, wenn die Gesamtsumme aller Investitionskosten höher ist als die voraussichtlich zu erzielende Vergütung[592].

3. Maßstab der Gefährdung des Netzbetreibers

Nach dieser Sichtweise sollen die Maßnahmen unzumutbar sein, wenn der Netzbetreiber durch infolge der Kapazitätserweiterung erhöhte Netznutzungsentgelte in seiner Position gefährdet ist und die Kosten der übrigen Netzanschlussnehmer am Netz unangemessen hoch sind, so dass Netzkunden eine eigene Direktleitung errichten oder Kapazitäten an andere Standorte verlagern würden[593].

4. Maßstab der geringsten Gesamtkosten

Den Überlegungen des Gesetzgebers zum EEG 2004 folgend wird vertreten, dass eine Kapazitätserweiterungsmaßnahme immer dann wirtschaftlich zumutbar ist, wenn dadurch die Gesamtkosten der Anbindung und Einbindung einer Anlage an das Netz geringer sind als eine Anbindung an einer anderen Stelle des Netzes[594]. Dem liegt das gesamtwirtschaftliche Optimierungsgebot zu Grunde.

Innerhalb dieser Meinung zeigt sich allerdings auch die Tendenz, unter Durchbrechung des Prinzips der gesamtwirtschaftlichen Kostenoptimierung, grundsätzlich immer zumindest eine teilweise Pflicht des Netzbetreibers zur Kapazitätserweiterung anzunehmen, unabhängig von der gesamtwirtschaftlich günstigsten Lage des Netzverknüpfungspunkts. Der technisch und wirtschaftlich günstigste Verknüpfungspunkt könne nicht dort liegen, wo dem Netzbetreiber keinerlei Kosten entstehen[595].

---

592 *Langbein/Weißenborn*, RdE 2008, 23 (24), die allerdings auch anmerken, dass immer die Praktikabilität im Vordergrund zu stehen habe.

593 Diese Sichtweise vertritt das OLG Stuttgart, Urt. v. 30.09.2004 – 2 U 58/04 (n.v.), S. 6 f.; ebenso *Mengers*, ZNER 2001, 45 (45); *Weißenborn*, in: Böhmer, Erneuerbare Energien, S. 71 (118); *Bönning*, ZNER 2003, 296 (298); *Niedersberg*, Schwachstellenanalyse, S. 26.

594 In diesem Sinne LG Dortmund, Urt. v. 10.08.2006 (n.v.), S. 13; BT-Drs. 15/2864, S. 34; *Lackmann*, ZNER 2002, 146 (147); *Müller*, RdE 2004, 237 (241); *Oschmann*, in: Danner/Theobald, Bd. 2, EEG § 4 Rn. 69.

595 So wohl OLG Nürnberg, Urt. v. 30.04.2002 – 3 U 4066/01, ZNER 2002, 225 (226); OLG Nürnberg, Urt. v. 19.12.2006 – 3 U 1426/06, ZNER 2007, 216 (217); OLG Stuttgart, Urt. v. 30.09.2004 – 2 U 58/04 (n.v.), S. 6 f.; *Bönning*, ZNER 2001, 272 (272).

Umgekehrt vertritt *Weck*[596] eine sehr restriktive Sichtweise innerhalb dieser Meinungsgruppe, der zufolge offenbar schon dann von wirtschaftlicher Unzumutbarkeit einer Kapazitätserweiterung ausgehen ist, wenn dem Anlagenbetreiber eine Netzanbindung an einem anderen Netzanschlusspunkt möglich ist.

5. Einzelfallprüfung

Andere wollen ganz auf pauschale Lösungen verzichten und plädieren für eine Abwägung im Einzelfall, inwieweit wirtschaftliche Unzumutbarkeit vorliegt[597]. Zwar habe das staatsrechtliche Prinzip der Verhältnismäßigkeit genau genommen nur im Verhältnis Staat-Bürger einen Anwendungsbereich und könne als solches keine Geltung im Bereich des Privatrechts entfalten. Der Verweis des Gesetzgebers auf den Verhältnismäßigkeitsgrundsatz sei jedoch im Sinne einer Einzelfallprüfung aufzufassen[598].

VI. Vereinbarkeit mit den gefundenen Anforderungen

Vor Beantwortung der Frage nach der Art und Weise der Berücksichtigung der abzuwägenden Interessen soll in einem ersten Schritt untersucht werden, ob die vertretenen Ansätze den zuvor entwickelten Anforderungen gerecht werden.

1. Kritik zur Einzelfallprüfung

Wie bereits herausgearbeitet[599] müssen in der Wirklichkeit höchst mögliche Praktikabilität und Transparenz bei der Bestimmung der Grenze der wirtschaftlichen Zumutbarkeit gewährleistet sein. Aufgrund der Vielzahl der Fälle in der Praxis erscheint daher ein vollständiger Verzicht auf feststehende Kriterien und

596 *Weck*, Die garantierte Einspeisevergütung, S. 84.

597 *Ehricke*, in: Frenz/Müggenborg, EEG, § 9 Rn. 48; *Wustlich*, in: Altrock/Oschmann/Theobald, EEG 2011, § 9 Rn. 32; im Ergebnis vergleichbar *Weißenborn*, in: Schmidt-Schlaeger/Zinow, Grundlagen des Energierechts, S. 121 (128), der allein auf die klimaschützenden Auswirkungen im Verhältnis zu den Kosten für die Kapazitätserweiterungsmaßnahme abstellen möchte. Zur Begründung wird hier auf die Verweisung des Gesetzgebers auf die wirtschaftliche Zumutbarkeit als Ausprägung des Verhältnismäßigkeitsgrundsatzes verwiesen, vgl. BT-Drs. 15/2864, S. 34.

598 Clearingstelle EEG, Votum v. 19.09.2008 – 2008/14, http://www.clearingstelle-eeg.de/files/private/active/0/Votum_2008-14.pdf (Zugriff 03.06.2010), S. 31; *Wustlich*, in: Altrock/Oschmann/Theobald, EEG 2011, § 9 Rn. 32; ähnlich auch *Brandt/Reshöft/Steiner*, HK, § 3 Rn. 21.

599 Siehe 5. Kapitel:D.II, S. 112.

die alleinige Vornahme einer Einzelfallprüfung nicht zielführend. Dieses Erfordernis spricht aber klar gegen die Ansicht, die allein eine solche Einzelfallprüfung ohne feststehende Kriterien befürwortet. Zwar verspricht der Ansatz größtmögliche Einzelfallgerechtigkeit, für die Praxis ist ein solches Vorgehen jedoch völlig ungeeignet.

2. Kritik zur Bestimmung anhand der Gefährdung des Netzbetreibers

Mangelnde Praktikabilität spricht des Weiteren auch gegen die Meinung, die auf eine Gefährdung des Netzbetreibers abstellen möchte. Aus einer ex-ante Perspektive werden sich die von dieser Ansicht verlangten Kriterien nicht oder jedenfalls nur mit unverhältnismäßigem Aufwand feststellen lassen[600]. Wie die bisherigen Erfahrungen in energierechtlichen Parallelregelungen gezeigt haben, dürften die nach dieser Ansicht zur Unzumutbarkeit führenden Umstände eher hypothetischer Natur sein[601]. Diese Ansicht wird daher in der Praxis nicht erfolgreich angewandt werden können. Darüber hinaus berücksichtigt dieser Ansatz schwerpunktmäßig die Interessen des Netzbetreibers, während er insbesondere gesamtwirtschaftliche Belange weitgehend ausblendet. Unter dem Strich ist dieser Ansatz daher mit dem Ergebnis der zuvor erfolgten Untersuchung unvereinbar, wonach die Auswirkungen im Hinblick auf die Gesamt- bzw. Volkswirtschaft zu berücksichtigen sind.

3. Kritik zur Kostenoptimierung

Die Ansicht, die zur Ermittlung der wirtschaftlichen Unzumutbarkeit den Maßstab der geringsten Gesamtkosten anlegen möchte, erscheint systematisch verfehlt. Denn die Berücksichtigung der gesamtwirtschaftlich betrachtet kostengünstigsten Variante erfolgt bereits auf einer früheren Stufe innerhalb des Abwägungsvorgangs, nämlich innerhalb der Prüfung, ob die Durchführung der Kapazitätserweiterung *erforderlich* ist[602]. Die geringsten Gesamtkosten sind demnach eine notwendige Voraussetzung der eigentlichen Verhältnismäßigkeitsprü-

---

600 *Wustlich*, in: Altrock/Oschmann/Theobald, EEG 2011, § 9 Rn. 38; Clearingstelle EEG, Votum v. 19.09.2008 – 2008/14, http://www.clearingstelle-eeg.de/files/private/active/0/Votum_2008-14.pdf (Zugriff 03.06.2010), S. 22.

601 So zu Recht *Oschmann*, in: Danner/Theobald, Bd. 2, EEG § 4 Rn. 72; vgl. bereits 5. Kapitel:D.III.2, S. 113, insbesondere Fn. 571.

602 So auch die Prüfungsreihenfolge bei BGH, Urt. v. 18.07.2007 – VIII ZR 288/05, RdE 2008, 18 (21); BT-Drucks. 15/2864, S. 34; *Schäfermeier*, in: Reshöft, EEG 2009, § 9 Rn. 16.

fung, nicht aber eine hinreichende für die Bejahung der wirtschaftlichen Zumutbarkeit. Wollte man das anders sehen[603], so wäre unter dem Strich jede Kapazitätserweiterung zumutbar und damit das Kriterium der wirtschaftlichen Unzumutbarkeit überflüssig. Die Begrenzungsfunktion könnte mangels Anwendungsbereich nicht erfüllt werden. Das aber ist offenbar gerade nicht gewollt[604].

Ungeachtet dessen ist das Optimierungsgebot bereits bei der Feststellung der Lage des richtigen Netzverknüpfungspunkts im Verhältnis zu anderen Netzen zu berücksichtigen, wie § 5 Abs. 1 Satz 1 2. HS EEG zeigt. Zwar wird diese Prüfungsreihenfolge entsprechend der gefundenen Ergebnisse durch das Zuweisungsrecht des Netzbetreibers überlagert. Im Ergebnis wird aber gerade dadurch die Verwirklichung des Optimierungsprinzips sichergestellt[605]. Ob die Kapazitätserweiterung zumutbar ist oder nicht, ist folglich eine Frage, die der Festlegung des Netzverknüpfungspunkts zwingend nachfolgt. Deshalb soll diesem Ansatz nicht gefolgt werden.

4. Verbleibende Ansätze

Damit verbleiben an dieser Stelle nur die Sichtweise zur Gegenüberstellung der Errichtungskosten der Anlage und der Kosten der Kapazitätserweiterung sowie der Ansatz, wonach die erzielbare Vergütung im Verhältnis zu den Kosten der Kapazitätserweiterung zu Grunde zu legen ist. Beide Ansätze legen einen gesamt- bzw. volkswirtschaftlichen Maßstab an und genügen damit dem vorab gefundenen Ergebnis. Auch die praktische Handhabbarkeit wird jeweils in beiden Fällen gewährleist. Sowohl die Errichtungskosten für ein Projekt als auch die voraussichtlich erzielbaren Einspeisemengen dürften mit hinreichender Genauigkeit und relativ geringem Aufwand bestimmt werden können.

VII. Stellungnahme

Übereinstimmung lässt sich bei den vorgenannten verbliebenen Theorien zunächst insoweit feststellen, als dass die volkswirtschaftlichen Auswirkungen der Kapazitätserweiterung nach den Kosten der durchzuführenden Maßnahmen zu beurteilen sind. Differenzen bestehen letztlich lediglich bei der Frage, wie die mit der Kapazitätserweiterung beabsichtigten Vorteile für die formulierten Zwecke des EEG zu berücksichtigen sind.

---

603 *Müller*, RdE 2004, 237 (241).

604 Die Ausführungen in der Gesetzesbegründung weisen deutlich darauf hin, dass die wirtschaftliche (Un)zumutbarkeit als Korrektiv der grundsätzlich bestehenden Kapazitätserweiterungspflicht ausgestaltet ist, BT-Drucks. 16/8148, S. 45.

605 Siehe 4. Kapitel:C.VI, S. 96.

1. Bewertung des Maßstabs der Vergütungssummen

Zuzustimmen ist im Ausgangspunkt den Stimmenvertretern, die den Maßstab der durch die Kapazitätserweiterung einspeisbaren Energiemengen aus der EE-Anlage anlegen möchten. Das EEG misst dem Strom aus EE-Anlagen durch die Mindestvergütungsvorschriften über einen regelmäßig 20-jährigen Förderzeitraum einen bestimmten Wert bei, der auch den technischen Entwicklungstand und Fortschritt der jeweiligen Technologie berücksichtigt[606]. Damit spiegelt die Vergütung für den EE-Strom den volkswirtschaftlichen Aufwand wider, den der Gesetzgeber zur Erreichung der in § 1 Abs. 1 EEG formulierten Zwecke für volkswirtschaftlich erbringbar hält. Der Beitrag des erzielbaren EE-Stroms zur Erreichung des gesetzlichen Zwecks wird über die gesetzlich garantierten Vergütungen wertmäßig quantifiziert, zumal die Vergütungssätze derzeit regelmäßig noch deutlich über den Marktpreisen für Strom aus konventionellen Quellen liegen. Innerhalb des bei der Abwägung vorzunehmenden Kosten-Nutzen Vergleichs ist die volkswirtschaftlich vertretbare Kostengrenze für eine Kapazitätserweiterung deshalb jedenfalls da anzusiedeln, wo der den Einspeisemengen zugebilligte Wert hinter dem volkswirtschaftlich in Geld quantifizierten Nutzen zurückbleibt.

Im Ergebnis ist daher eine Kosten-Nutzen Abwägung vorzunehmen, deren Grenze das volkswirtschaftliche Optimum bildet[607]. Bei Überschreitung der Grenze überwiegen wertmäßig die volkswirtschaftlichen Nachteile der Kapazitätserweiterung denjenigen Nutzen, der den einspeisbaren Strommengen im Hinblick auf die Zwecke des EEG beigemessen wird.

Das muss jedenfalls solange gelten, bis die in § 1 Abs. 2 EEG genannten Ausbauziele von mindestens 30 Prozent Anteil Erneuerbarer Energien an der Stromversorgung bis zum Jahr 2020 erreicht sind[608]. Denn zwischen den Zweckbestimmungen in Absatz 1 und der Zielsetzung in Absatz 2 besteht ein innerer Zusammenhang dahingehend, dass die Verwirklichung der Zielsetzung des Absatzes 2 eine notwendige, aber keineswegs hinreichende Bedingung der Verwirkli-

606 Die Förderdauer ergibt sich aus § 21 Abs. 2 EEG. Gemäß § 20 EEG sinken die Vergütungen in Abhängigkeit von der jeweiligen Technologie jährlich für neu in Betrieb genommene EE-Anlagen im Rahmen der Degression ab; ausführlich zu den Wirkungen der Vergütungen und zu den Differenzkosten *BMU*, EEG-Erfahrungsbericht 2011, S. 45 ff.

607 *Jarass/Obermair/Jarass*, Windenergie, S. 2 f.; im Ergebnis ebenso, jedoch mit teilweise anderer Begründung, Clearingstelle EEG, Votum v. 19.09.2008 – 2008/14, http://www.clearingstelle-eeg.de/files/private/active/0/Votum_2008-14.pdf (Zugriff 03. 06.2010), S. 16 16; ähnlich war dies auch im EEG-Ref-Entwurf in § 10 Abs. 2 vorgesehen.

608 *Schäfermeier*, in: Reshöft, EEG 2009, § 9 Rn. 20.

chung der Zweckbestimmungen des Absatzes 1 ist. Dieses Verhältnis folgt aus der durch die EEG-Novellierung vorgenommenen klaren Unterscheidung zwischen Zweckbestimmungen und Zielsetzung[609].

Allerdings könnte eingewandt werden, diese Grenze sei erkennbar sehr weit gesteckt und komme in der Praxis kaum jemals zur Anwendung. Denn beispielsweise selbst eine einzelne Windenergieanlage erzeugt über den 20-jährigen Vergütungszeitraum nach dem EEG leicht Strom im Gegenwert von mehreren Millionen Euro. Mit dieser Summe dürften weitgehend sämtliche Kapazitätserweiterungsmaßnahmen – auch etwa die Errichtung eines gegebenenfalls erforderlichen Umspannwerks (Kosten ab ca. eine Million Euro) – abgedeckt sein. Des Weiteren könnte dieser Sichtweise die zum Errichtungszeitpunkt bestehende Prognoseunsicherheit hinsichtlich der erzielbaren Vergütungssummen entgegengehalten werden[610].

Dem Argument einer befürchteten Ausuferung der Pflicht zur Kapazitätserweiterung ist zu entgegnen, dass in aller Regel gerade nicht die Gesamtstrommenge aus den infolge der Kapazitätserweiterung anschließbaren Anlagen innerhalb der Abwägung heranzuziehen sein dürfte. Der Wortlaut der Regelung in § 9 Abs. 3 EEG begrenzt die Kapazitätserweiterung „soweit" diese wirtschaftlich unzumutbar ist. Frühere Fassungen des EEG kannten diesen Zusatz nicht[611]. Daraus ist zum einen zu schließen, dass die Abwägung fließend erfolgen muss. Es ist also die Grenze zu bestimmen, bis zu der der Wert der jeweils *zusätzlich* einspeisbaren Strommengen noch über den Kosten der jeweils *zusätzlich* erforderlichen Kapazitätserweiterung liegt[612]. Das EEG suggeriert daher eine punktuell-dynamische Grenzwertbestimmung. Diese Sichtweise steht in Übereinstimmung mit der zur subsidiären Vorschrift des § 275 Abs. 2 BGB vertretenen Ansicht, dass der Unzumutbarkeitseinwand auch nur partiell in Betracht kommen kann[613].

Zum anderen zeigt sich im Zusammenspiel mit § 5 Abs. 4 EEG jedoch auch, dass diejenigen Strommengen außer Betracht zu bleiben haben, die schon ohne

---

609 *Reshöft*, in: ders., EEG 2009, § 1 Rn. 5.

610 *Schneider*, IR 2009, 2 (6). So sind etwaige zukünftige Stillstandzeiten, beispielweise wegen technischer Störungen oder Reparaturarbeiten, nicht vorhersagbar. Insbesondere im Bereich von Windenergieanlagen ist es in der Praxis in Einzelfällen bereits zu Abweichungen von bis zu 30 % der ursprünglichen windgutachterlich vorausgesagten Strommengen gekommen.

611 Das EEG 2004 sprach in § 4 Abs. 2 Satz 2 nur davon, dass ein Netz auch dann als technisch geeignet gilt, *wenn* die Abnahme erst durch einen wirtschaftlich zumutbaren Ausbau möglich wird.

612 Zu den einzelnen Schritten zur Grenzwertberechnung für das wirtschaftliche Optimum ausführlich *Jarass/Obermair/Jarass*, Windenergie, S. 3 ff.

613 *Schmidt-Kessel*, in: Prütting/Wegen/Weinreich, § 275 Rn. 21; siehe dazu bereits 5. Kapitel:D.III.4, S. 116.

eine Kapazitätserweiterung abgenommen werden können. Sodann kann die Rechnung hinsichtlich der oben bemühten Windenergieanlage ganz anders aussehen. In der Praxis sind die Netze über alle Spannungsebenen regelmäßig zumindest zur Abnahme eines Großteils des Stroms unter gewöhnlichen Verhältnissen qualifiziert. Insbesondere im Bereich der Windenergie kommt es vor allem in Starkwindzeiten aufgrund verstärkter Einspeisung zu Netzengpässen, weshalb Maßnahmen des Einspeisemanagements nach § 11 EEG zur Anwendung kommen können. Ob eine Kapazitätserweiterungsmaßnahme in einem solchen Fall zumutbar ist oder nicht, wäre allein anhand der in den Starkwindzeiten durch das Einspeisemanagement nicht abgenommenen Strommengen – bewertet anhand der gesetzlichen Vergütung – zu beantworten.

Die Vorgehensweise soll anhand eines Beispiels verdeutlicht werden: Angenommen der Betreiber einer Windenergieanlage mit einem Kaufpreis von 1,5 Millionen Euro könnte über den 20jährigen Vergütungszeitraum des EEG mit Vergütungszahlungen in Höhe von 3 Millionen Euro rechnen. Gleichzeitig wird prognostiziert, dass ohne Kapazitätserweiterung durch zu erwartendes Einspeisemanagement etwa 10 % der ohne Netzengpässe theoretisch einspeisbaren Strommengen nicht abgenommen werden könnten. Dann wären unter Zugrundelegung dieses Ansatzes Kapazitätserweiterungsmaßnahmen auch nur bis zu dieser Grenze – sprich bis etwa 300.000 Euro – wirtschaftlich zumutbar. Für das eingangs genannte Umspannwerk wird diese Summe ebenso wenig ausreichen, wie für viele sonstige Netzmaßnahmen. Damit zeigt sich, dass der Ansatz der zusätzlich einspeisbaren Energiemengen durchaus geeignet ist, Maßnahmen der Kapazitätserweiterung wirksam zu begrenzen. Durch eine Relativbetrachtung der jeweils lediglich zusätzlich abzunehmenden Strommengen relativiert sich auch die Kritik hinsichtlich einer Prognoseunsicherheit. Da solche Abweichungen von den vorhergesagten Werten fast ausschließlich ein Phänomen innerhalb der Windenergie sind und es – wie das vorgezeigte Beispiel verdeutlicht – dort regelmäßig nur um Bruchteile der Gesamtstrommenge geht, die durch eine Kapazitätserweiterung zusätzlich eingespeist werden könnte, würde sich selbst eine sehr hohe Abweichung in der Prognose von 30 Prozent im Ergebnis regelmäßig kaum auswirken.

Als erstes Zwischenergebnis kann damit festgehalten werden: Eine Orientierung der Zumutbarkeitsgrenze an dem Wert der Einspeisemengen für die Abwägung erscheint sowohl aus rechtlicher als auch aus praktischer Sicht sinnvoll. Das muss jedoch nicht zwangsläufig bedeuten, dass dieser Ansatz isoliert Anwendung finden muss.

2. Bewertung des Maßstabs der Investitionen

Möglicherweise ist die Zugrundelegung der Investitionssumme für die Anlage und die Definition einer festen Quote für die Zumutbarkeit einer Kapazitätserweiterung mit der vorgenannten Sichtweise kombinierbar[614]. Eine solche Kombination könnte vor dem Hintergrund erhöhter Praktikabilität Sinn machen, weil sich die Errichtungskosten ebenfalls regelmäßig leicht bestimmen lassen sollten. Es ist zu berücksichtigen, dass die EE-Anlage bei betriebswirtschaftlich vernünftiger Kalkulation Einnahmen in einer Höhe erzielen muss, die sowohl die Errichtungskosten als auch die Kapitalkosten wieder einspielen. Daher sind die Errichtungskosten für die Anlage bereits von der voraussichtlich zu erzielenden Vergütung umfasst. Im Ansatz wird daher auf dieselben Kriterien zurückgegriffen, auf die sich auch die alternative Theorie bezieht, die das Kriterium der zusätzlich einspeisbaren Strommenge bevorzugt.

Zu klären ist dabei allerdings, welche Elemente für die Ermittlung der Errichtungskosten der EE-Anlage herangezogen werden sollen[615]. Es könnte etwa erwogen werden, neben den reinen Erstellungskosten für die EE-Anlage auch noch die erforderlichen Anschlusskosten in die Kalkulation aufzunehmen, weil diese letztlich ebenfalls nur eine Position der Gesamtinvestition darstellen[616]. Hier erscheint es sinnvoll, allein auf die Errichtungskosten der Anlage abzustellen und eventuelle Anschlusskosten an das Netz unbeachtet zu lassen. Denn der Wert des Stroms, der aus einer Erzeugungsanlage geliefert werden kann, steht regelmäßig näherungsweise in einem festen Verhältnis zu den Investitions- und Betriebskosten der Anlage selbst[617]. Demgegenüber sind die Anschlusskosten je nach Lage des richtigen Netzverknüpfungspunkts höchst variabel. Zur Vermeidung beliebiger Ergebnisse dürfte sich daher eine Beschränkung der Gegenüberstellung auf die reinen Investitionskosten der Anlage ohne Netzanschlusskosten als sachgerecht erweisen.

Andererseits muss der Ansatz auch kritisch beäugt werden, weil er isoliert auf die einmalig anfallenden Errichtungskosten abstellt. Damit stellt die Meinung ein statisches Kriterium für die wirtschaftliche Zumutbarkeit auf und steht im Gegensatz zur Berücksichtigung des Wertes der zusätzlichen Einspeisemengen, wobei entsprechend den bisherigen Ergebnissen eine dynamische Grenzwertbetrachtung durchzuführen ist.

---

614 Für eine solche zweistufige Prüfung zum EEG 2004 bislang wohl die Gesetzesbegründung BT-Drucks. 15/2864, S. 34; offenbar auch *Schäfermeier*, in: Reshöft, EEG 2009, § 9 Rn. 22.

615 Insoweit hält auch *Salje*, EEG 2009, § 9 Rn. 48 den Ansatz für klärungsbedürftig.

616 Dafür *Langbein/Weißenborn*, RdE 2008, 23 (24), die allerdings zusätzlich die Kosten der Kapazitätserweiterung berücksichtigen wollen.

617 BT-Drs. 15/2864, S. 34.

Auch gibt die Relation zu den Errichtungskosten entgegen dem das EEG durchdringenden Prinzip der Kostenoptimierung keinen Anreiz, die entsprechenden Kosten zu verringern[618]. Im Gegenteil würden sich möglichst hohe Errichtungskosten aus Sicht des Anlagenbetreibers positiv auf einen möglichen Anspruch gegen den Netzbetreiber auf Kapazitätserweiterung auswirken. Vor diesem Hintergrund lässt sich daher durchaus fragen, ob die Heranziehung der Errichtungskosten zur Bestimmung der gesamtwirtschaftlichen Zumutbarkeitsschwelle nicht paradox erscheint[619].

Keineswegs ist eine Heranziehung der Errichtungskosten stets enger als die Zugrundelegung der Einspeisemengen und damit im Konkurrenzfall der beiden Kriterien allein relevant[620]. Bemisst man die Grenze relativ anhand der *zusätzlich* einspeisbaren Energie, kann sich durchaus ergeben, dass sich das Kriterium der Einspeisemengen stärker begrenzend auswirkt, als ein Abstellen auf die Installationskosten[621]. Die unterschiedlichen Ansätze werden deshalb nicht zwingend zu abweichenden Ergebnissen führen. Das gilt insbesondere bei EE-Anlagen, dessen Stromproduktion auch ohne Kapazitätserweiterung weitgehend abgenommen werden könnte, wenn es also nur um einen kleinen, zusätzlich möglichen Anteil an der Gesamtstrommenge geht.

Zudem ist nicht ersichtlich, aus welchem Grund ausgerechnet eine Quote in maximaler Höhe von 25 % der Errichtungskosten für die Begrenzung gefordert wird. Die scheinbar willkürliche Festsetzung einer solchen Grenze ohne weitere Begründung vermag nicht zu überzeugen[622]. Hintergrund könnte sein, dass über die Festlegung dieser Grenze ebenfalls die bereits angesprochenen Kapitalkosten und Anschlusskosten berücksichtigt werden sollen. Es kann zwar unterstellt werden, dass diese Grenze im Vergleich zu dem Einspeisemengen-Kriterium teilweise früher greifen dürfte und damit aus Sicht der Volkswirtschaft, aber auch der Netzbetreiber hinnehmbar erscheint. Das ist gleichfalls wie gezeigt aber keinesfalls immer so.

---

618 *Jahn*, IR 2004, 199 (200) sieht daher Manipulationsgefahr.

619 *Langbein/Weißenborn*, RdE 2008, 23 (24); kritisch auch *Ehricke*, in: Frenz/Müggenborg, EEG, § 9 Rn. 47.

620 So aber *Salje*, EEG 2009, § 9 Rn. 50.

621 Siehe das Beispiel auf S. 127, wonach die über die Installationskosten der Anlage berechnete Zumutbarkeitsgrenze selbst bei Berücksichtigung des 25 Prozent-Kriterium mit 375.000 € noch höher läge.

622 Kritisch bereits *Reshöft*, in: Reshöft/Steiner/Dreher, EEG 2004, § 4 Rn. 30; ebenso *Salje*, EEG 2009, § 9 Rn. 49; *Cosack*, in: Frenz/Müggenborg, EEG, § 5 Rn. 85; *Ehricke*, in: dens., EEG, § 9 Rn. 47; *Schäfermeier*, in: Reshöft, EEG 2009, § 9 Rn. 21. Mit derselben Begründung ist auch eine Bezugnahme auf einen pauschalen prozentualen Grenzwert für die erzielbaren Einspeisesummen abzulehnen; dafür aber Clearingstelle EEG, Votum v. 19.09.2008 – 2008/14, http://www.clearingstelle-eeg.de/files/private/active/0/Votum_2008-14.pdf (Zugriff 03.06.2010), S. 25.

Im Ergebnis kann die 25 %-Grenze daher allenfalls als Daumenregel herangezogen werden. In erster Linie sollte sich die Zumutbarkeit an dem Wert der *zusätzlich* einspeisbaren Strommengen orientieren.

3. Fazit

Für die Bestimmung der wirtschaftlichen Zumutbarkeit ist demzufolge in einem ersten Schritt die zu erwartende Gesamtstrommenge aus der/den jeweiligen EE-Anlagen zu prognostizieren. Eine solche Prognose ist ohnehin für eine betriebswirtschaftliche Betrachtung des Projekts erforderlich und wird deshalb regelmäßig kaum Mehraufwand bedeuten. Im zweiten Schritt ist zu bestimmen, wie viel Strom am entsprechenden Netzverknüpfungspunkt ohne Kapazitätserweiterung abgenommen werden könnte. Dies kann anhand der regelmäßig durchgeführten Netzverträglichkeitsprüfung geschehen. Durch Differenzbildung der beiden Zahlen und Berücksichtigung der Vergütungshöhe lässt sich dann der Wert der zusätzlich einspeisbaren Strommenge betragsmäßig feststellen. Soweit die Kosten der konkret erforderlichen Maßnahme unter dieser Schwelle liegen, ist eine Kapazitätserweiterung zumutbar, im Übrigen kann sie vom Netzbetreiber gemäß § 9 Abs. 3 EEG verweigert werden.

Im Übrigen spricht nichts dagegen, dem Anlagenbetreiber, wie auch im Rahmen des allgemeinen Einwands des § 275 Abs. 2 BGB, das Recht zuzusprechen, durch eine Aufwandsbeteiligung die Kosten einer Kapazitätserweiterungsmaßnahme zu senken und damit den Unzumutbarkeitseinwand auszuräumen[623]. Durch diese höchstmögliche Flexibilität wird zudem die gesetzlich bezweckte weitgehende Erhöhung des Anteils Erneuerbarer Energien an der Gesamtstromerzeugung erreicht[624]. In einem solchen Vorgehen dürfte auch kein Verstoß gegen die Verbotsnorm in § 4 Abs. 2 EEG liegen, wonach von den Bestimmungen des EEG nicht zu Lasten der Beteiligten abgewichen werden darf. Eine den beschriebenen Fall regelnde Vorschrift enthält das EEG gerade nicht[625]. Die zwingende Kostenregelung des § 14 EEG bei Maßnahmen der Kapazitätserweiterung ist schon deshalb nicht einschlägig, weil der Netzbetreiber aufgrund des Einwands der wirtschaftlichen Unzumutbarkeit nach § 9 Abs. 3 EEG nicht zur Kapazitätserweiterung verpflichtet ist.

---

623 *Schmidt-Kessel*, in: Prütting/Wegen/Weinreich, § 275 Rn. 21.

624 BT-Drucks. 16/8148, S. 48.

625 Allgemein zum Abweichungsverbot des § 4 Abs. 2 EEG noch 5. Kapitel:E.IV, S. 142.

VIII. Strenge Anwendung des Korrektivs?

Nachdem nunmehr die Voraussetzungen für die Annahme einer wirtschaftlichen Zumutbarkeit geklärt worden sind, fragt es sich, ob das Korrektiv der Kapazitätserweiterungspflicht generell für sämtliche nach dem EEG denkbaren Anschluss-Konstellationen durchzuhalten ist oder ob in bestimmten Situation Ausnahmen von diesem Prinzip zugelassen werden müssen. Ausgelöst durch die Begründung des Gesetzgebers zur Vorgängerregelung von § 9 Abs. 3 EEG wird diskutiert, ob bei der Anbindung von Kleinanlagen mit einer elektrischen Leistung von bis zu 30 kW gemäß § 5 Abs. 1 Satz 2 EEG an des Netz – und einer insoweit für die Stromabnahme erforderlichen Kapazitätserweiterung – die wirtschaftliche Zumutbarkeit zu prüfen ist[626]. Dieselbe Frage könnte auch im Hinblick auf das Wahlrecht des Anlagenbetreibers nach § 5 Abs. 2 EEG gestellt werden, wenn dieser einen Verknüpfungspunkt wählt, an dem zwecks Abnahme des Stroms eine Kapazitätserweiterung durch den Netzbetreiber vonnöten ist.

1. Anwendung auf Kleinanlagen

Für eine Nichtanwendbarkeit des Instituts der wirtschaftlichen Zumutbarkeit in diesem Bereich, könnte der Gesetzeswortlaut in § 5 Abs. 1 Satz 2 EEG angeführt werden. Danach „gilt“ bei Anlagen mit einer Leistung bis zu 30 kW, die sich auf einem Grundstück mit bereits bestehendem Netzanschluss befinden, der Verknüpfungspunkt des Grundstücks mit dem Netz als günstigster Verknüpfungspunkt. Der exakt gleichlautende Wortlaut befand sich bereits in § 13 Abs. 1 Satz 2 1. HS EEG 2004. Die rechtliche Ausgestaltung als unwiderlegliche Vermutung zu Gunsten der Bestimmung des *Verknüpfungspunkts* ist bereits festgestellt worden[627].

Ob darüber hinaus auch noch die wirtschaftliche Zumutbarkeit von gegebenenfalls erforderlichen Maßnahmen zur Kapazitätserweiterung fingiert wird, ist sowohl im Hinblick auf den Wortlaut als auch die Gesetzessystematik zweifelhaft. Ausdrücklich nimmt die Regelung nur auf den günstigsten Verknüpfungspunkt und damit auf § 5 Abs. 1 Satz 1 2. HS EEG Bezug. Insbesondere die Eignung

---

626 Ausdrücklich gegen eine Zumutbarkeitsprüfung in einem solchen Fall: *Cosack*, in: Frenz/Müggenborg, EEG, § 5 Rn. 56; *Müller*, in: Danner/Theobald, Bd. 2, EEG § 13 Rn. 24; ebenso bereits die Gesetzesbegründung zum EEG 2004, BT-Drucks. 15/2864, S. 34; für eine Verhältnismäßigkeitsprüfung: *Altrock*, in: Altrock/Oschmann/Theobald, EEG 2011, § 5 Rn. 68; Clearingstelle EEG, Votum v. 19.09.2008 – 2008/14, http://www.clearingstelle-eeg.de/files/private/active/0/Votum_2008-14.pdf (Zugriff 03. 06.2010), S. 11.

627 Vgl. 4. Kapitel:C.IV.5, S. 86.

des vorhandenen Netzverknüpfungspunkts im Hinblick auf die Spannungsebene wird schon nach dem Wortlaut nicht obsolet. Nichts anderes wird folglich für die systematisch erst nachgelagerte Abwägung im Zusammenhang mit § 9 Abs. 3 EEG gelten. § 5 Abs. 1 Satz 2 EEG ordnet gerade nicht an, dass eine Kapazitätserweiterung als wirtschaftlich zumutbar gilt. Klar gegen eine solche Fiktion spricht zudem die Tatsache, dass jedenfalls in der jetzigen Fassung des EEG die Kleinanlagenregelung im gesetzessystematischen Zusammenhang allein mit der Vorschrift zum Netzverknüpfungspunkt in § 5 steht und nicht – wie aber noch im EEG 2004 – bei den Regelungen zu den Netzanschlusskosten. Auch die Stellung im Normengefüge spricht daher eher dafür, dass die Ausnahmeregelung sich nur auf die Bestimmung des Netzverknüpfungspunkts, nicht aber die eventuell bei einer erforderlichen Kapazitätserweiterung zu prüfende Unzumutbarkeitsklausel bezieht.

Die andere Auffassung in der Gesetzesbegründung wurde mit der Notwendigkeit einer Pauschalregelung zur Vereinfachung begründet, weil insbesondere im Bereich der Photovoltaik der Hausanschluss regelmäßig zur Stromabnahme geeignet sei[628]. Auch wenn die Beobachtungen in der Praxis diese Annahme durchaus bestätigen, so vermag dieser Umstand nicht eine Ausnahme von der in § 9 Abs. 3 EEG vorgesehenen Abwägung zu rechtfertigen. Die Ausgestaltung dieser Regelung als gesetzliche Vermutung zu Gunsten der wirtschaftlichen Zumutbarkeit zeigt gerade, dass die Unzumutbarkeit ohnehin nur ausnahmsweise anzunehmen ist. Es liegt in der Natur der Sache, dass eine Vermutung in der Praxis häufiger bestätigt als widerlegt wird. Demnach sind die seitens der Gesetzesbegründung angebrachten Argumente keine Spezifika von Kleinanlagen und Hausanschlüssen[629].

Im Ergebnis dürfte eine Ausnahme für Anlagen bis 30 kW nicht bestehen und das Zumutbarkeitskorrektiv daher auch in diesem Bereich streng durchzuhalten sein[630].

2. Begrenzung des Wahlrechts

Ähnliches kann auch im Zusammenhang mit dem in § 5 Abs. 2 EEG geregelten Wahlrecht des Anlagenbetreibers problematisiert werden. Laut der Gesetzesbegründung fungiert allein die Geeignetheit des Netzes mit Blick auf die Span-

628 BT-Drucks. 15/2864, S. 34.

629 Dazu sei noch angemerkt, dass in der aktuellen Begründung des Gesetzgebers diese Ansicht auch nicht mehr vertreten wird, siehe BT-Drucks. 16/8148, S. 41.

630 So im Ergebnis auch *Altrock*, in: Altrock/Oschmann/Theobald, EEG 2011, § 5 Rn. 68; a.A. *Cosack*, in: Frenz/Müggenborg, EEG, § 5 Rn. 56; *Müller*, in: Danner/Theobald, Bd. 2, EEG § 13 Rn. 24.

nungsebene als Einschränkung dieses Rechts[631]. Folgt daraus aber auch das Recht des Anlagenbetreibers, sich jeden Verknüpfungspunkt aussuchen zu können, auch wenn die Stromabnahme an diesem Punkt eine grundsätzlich wirtschaftlich unzumutbare Kapazitätserweiterung nach sich zöge?

Die Frage dürfte im Anschluss an das zur Ausnahmeregelung bei Kleinanlagen Gesagte gleichfalls zu verneinen sein. Dem Wortlaut kann nicht entnommen werden, dass eine Korrektur innerhalb der wirtschaftlichen Zumutbarkeit nicht stattfinden könnte. Auch systematisch ist § 5 Abs. 2 EEG auf einer Prüfungsebene anzutreffen, die derjenigen in § 9 Abs. 3 EEG vorausgeht. Das Wahlrecht wird in der Folge auf solche Verknüpfungspunkte zu beschränken sein, bei denen eine Kapazitätserweiterung entweder überhaupt nicht stattfinden muss oder aber die notwendigen Aufwendungen innerhalb der Grenzen der wirtschaftlichen Zumutbarkeit verbleiben.

Wollte man das anders sehen, so wäre das Zumutbarkeitskriterium letztlich ohne jede Bedeutung. Allein der Anlagenbetreiber könnte dann unter der Prämisse der geeigneten Spannungsebene über die Lage des Netzverknüpfungspunkts beliebig bestimmen. Da die Gesetzessystematik dadurch in der Konsequenz hinfällig wäre, kann diese Sichtweise nicht vertreten werden. Auch das Wahlrecht muss demnach in der Zumutbarkeitsklausel aus § 9 Abs. 3 EEG seine Schranken finden.

IX. Zwischenergebnis zur Zumutbarkeitsgrenze

Die Grenze der wirtschaftlichen Zumutbarkeit im Sinne von § 9 Abs. 3 EEG ist dynamisch durch den Wert der infolge einer Kapazitätserweiterung jeweils *zusätzlich* zu den auch ohne eine solche Maßnahme abnehmbaren Strommengen zu bestimmen. Der Wert richtet sich nach den Vergütungssätzen des EEG. Der Anlagenbetreiber kann die Grenze der wirtschaftlichen Zumutbarkeit durch eine Beteiligung am notwendigen Aufwand entkräften. Das Korrektiv ist streng und ausnahmslos auf sämtliche Konstellationen des EEG anzuwenden.

E. Regime der flachen Anschlusskosten

Die entscheidende Konsequenz der Pflicht des Netzbetreibers zur Erweiterung seiner Netzkapazität ist neben der unverzüglichen Vornahme derselben die Tragung der entsprechenden Kosten. § 13 Abs. 1 EEG weist eindeutig dem Anlagenbetreiber die notwendigen Kosten des Anschlusses an den nach § 5 Abs. 1 oder Abs. 2 EEG ermittelten Verknüpfungspunkt des Netzes zu, während der

631 BT-Drucks. 16/8148, S. 41.

Netzbetreiber nach § 14 EEG die Kosten einer möglichen Kapazitätserweiterung des Netzes zu tragen hat. Dabei wird deutlich, dass die Kostenabgrenzungsregeln der §§ 13 Abs. 1 und 14 EEG in einem systematischen Zusammenhang mit § 5 Abs. 1 Satz 1 EEG stehen[632]. Die Kostentragungspflicht richtet sich grundsätzlich nach der Lage des Netzverknüpfungspunkts, was dessen Bedeutung nochmals unterstreicht: Einrichtungen von der Anlage bis zum Verknüpfungspunkt hat der Anlagenbetreiber zu bezahlen. Kosten ab dem Verknüpfungspunkt fallen dem Netzbetreiber zur Last[633].

Die Regelung entspricht inhaltlich der schon bislang geltenden Rechtslage im EEG und dem System der sog. *flachen Anschlusskosten*[634]. Danach trägt der Anlagenbetreiber nur diejenigen Kosten, die unmittelbar durch den physischen Anschluss der Anlage an das Netz entstehen, während der Netzbetreiber die in seiner Sphäre hervorgerufenen Netzkosten übernimmt.

Im Gegensatz dazu stehen tiefe Anschlusskostenregime, bei denen dem Betreiber der dezentralen Anlage neben den Anschlusskosten auch die Aufwendungen für möglicherweise erforderliche Kapazitätserweiterungen im Netz zufallen. Mischformen dieser Systeme sehen die Übernahme eines bestimmten prozentualen Anteils der entstehenden Netzkosten durch den Anlagenbetreiber – zusätzlich zu den Anschlusskosten – vor[635].

Die Kostenzuordnung des EEG ist im Ausgangspunkt eindeutig und einfach. Das entspricht auch dem Anliegen des Gesetzgebers, die Kosten für Anlagenbetreiber und damit die Marktzutrittsschranken möglichst niedrig zu halten sowie die Kostenkalkulation verständlich und transparent zu gestalten[636]. Die Anschlusskostenregelung dient der Vermeidung von Rechtsstreitigkeiten und damit der Transparenz und Rechtssicherheit mit dem Ziel einer klaren Trennung zwischen den kostenbezogenen Verantwortungsbereichen des Netz- und Anlagen-

632 Bereits zum EEG 2004 *Müller*, in: Danner/Theobald, Bd. 2, EEG § 13 Rn. 31; ebenso *Schäfermeier*, in: Reshöft, EEG 2009, § 13 Rn. 1.

633 Dieses Grundprinzip ist allgemein anerkannt, siehe BGH, Urt. v. 10.11.2004 – VIII ZR 391/03, RdE 2005, 79 (82); BGH, Urt. v. 28.11.2007 – VIII ZR 306/04, ZNER 2008, 53 (54); BGH, Urt. v. 01.10.2008 – VIII ZR 21/07, RdE 2009, 146 (147); OLG Karlsruhe, Urt. v. 14.07.2005 – 9 U 31/05, RdE 2005, 277 (277); *Loibl*, in: Germer/Loibl, Energierecht, S. 461; *Schäfermeier*, in: Reshöft, EEG 2009, § 9 Rn. 32.

634 BT-Drucks. 16/8148, S. 48. Allgemein zu diesem Regelungsregime und zum Folgenden, *Schäfermeier*, in: Reshöft, EEG 2009, § 13 Rn. 2.

635 Ein solches Regime ist während des Gesetzgebungsverfahrens zum EEG 2000 auch in Deutschland angedacht worden. Anlagenbetreiber sollten danach die Hälfte der gegebenenfalls anfallenden Netzausbaukosten tragen, BT-Drucks. 14/2341, S. 8. Das im EEG anzutreffende System der flachen Anschlusskosten findet sich keineswegs auch in sämtlichen übrigen energierechtlichen Gesetzen. Hier sind sowohl tiefe Netzanschlusskosten- als auch Mischregime anzutreffen; dazu später noch 6. Kapitel:C, S. 160.

636 BT-Drucks. 16/8148, S. 48.

betreibers, insbesondere im Hinblick auf den zunehmenden Umfang der Nutzung von Erneuerbaren Energien[637].

Die Schwierigkeiten liegen aber in einem vorgelagerten Bereich: Denn die Frage, was unter Netzanschluss und Kapazitätserweiterung genau zu verstehen ist, beantwortet das Gesetz nicht. Trotz der klaren Verteilung der Netzkosten bereitet daher die Differenzierung in der Praxis große Schwierigkeiten[638]. Im Folgenden werden zunächst die einzelnen Kostenpositionen untersucht.

I. Netzanschluss und Maßstab der Notwendigkeit

Unmissverständlich zeigt sich das EEG im Hinblick auf den Umfang der Netzanschlusskosten. Diese hat der Anlagenbetreiber nach § 13 Abs. 1 EEG nur zu tragen, soweit sie *notwendig* sind. Bei verschiedenen in Betracht kommenden Ausführungsvarianten für den Netzanschluss ist daher zwingend nur diejenige zu verwirklichen, bei der die geringsten Kosten verursacht werden[639]. Damit trägt der Gesetzgeber dem Umstand Rechnung, dass überhöhte Netzanschlusskosten ein Projekt unwirtschaftlich machen und damit das erklärte Ziel zum möglichst weitgehenden Ausbau von Erneuerbaren Energien gefährden könnten[640]. Es dürfen also nur die Aufwendungen verlangt werden, die sich aus der Verwirklichung der technisch und ökonomisch unbedingt erforderlichen Arbeiten für den Anschluss der Anlage an das Netz – und damit die Abnahme des Stroms – ergeben[641]. Das Prinzip der Notwendigkeit betrifft demnach nicht nur die Anschlusskosten an den richtigen Netzverknüpfungspunkt nach § 5 EEG, sondern vor allem die Art und Weise der Ausführung des Anschlusses[642].

Dabei müssen sich gemäß § 7 Abs. 2 EEG die Ausführung des Anschlusses und die übrigen für die Sicherheit des Netzes notwendigen Einrichtungen im Rahmen der im Einzelfall notwendigen technischen Anforderungen des Netzbetreibers und der Vorgaben von § 49 EnWG halten. Zu beachten sind folglich die technischen Regelwerke, aus denen sich die allgemein anerkannten Regeln der

---

637 BGH, Urt. v. 27.06.2007 – VIII ZR 149/06, RdE 2007, 306 (308); BT-Drucks. 16/8148, S. 48; BT-Drucks. 15/2864, S. 47; *Brandt/Reshöft/Steiner*, HK, § 10 Rn. 1; *Müller*, in: Danner/Theobald, Bd. 2, EEG § 13 Rn. 6.

638 *Weck*, Die garantierte Einspeisevergütung, S. 87.

639 *Brandt/Reshöft/Steiner*, HK, § 10 Rn. 8 zum EEG 2000.

640 *Meyer*, Joule 4/2009, 42 (43).

641 In diesem Sinne LG Duisburg, Urt. v. 02.08.2007 – 21 O 643/05 (n.v.), S. 7; LG Berlin, Urt. v. 05.03.2009 – 14 O 145/08 (n.v.), S. 13; *Salje*, EEG 2009, § 13 Rn. 11; *Ekardt*, in: Frenz/Müggenborg, EEG, § 13 Rn. 23 und 28; zustimmend *Altrock*, in: Altrock/Oschmann/Theobald, EEG 2011, in: Altrock/Oschmann/Theobald, EEG 2008, § 13 Rn. 10.

642 Dieser Umstand wird nicht klar bei *Ekardt*, in: Frenz/Müggenborg, EEG, § 13 Rn. 15.

Technik ergeben[643]. Über diesen Anforderungsmaßstab hinausgehende Aufwendungen, die möglicherweise aus technischer Sicht nützlich, jedoch nicht zwingend erforderlich sind, müssen vom Anlagenbetreiber zwecks Anschluss der Anlage nicht erbracht werden. Andererseits dürfte die Weigerung des Anlagenbetreibers treuwidrig sein, wenn der Netzbetreiber über das notwendige Maß hinausgehende Einrichtungen verwirklicht sehen möchte und die dadurch verursachten Mehrkosten trägt[644].

Daraus lässt sich ableiten, dass sich die Anschlusskosten dem Grunde nach auf sämtliche zur Anbindung der EE-Anlage am Netzverknüpfungspunkt unverzichtbaren Arbeiten und technischen Einrichtungen in diesem Bereich erstrecken. Die so notwendigen Einrichtungen können sehr vielfältig sein und umfassen insbesondere elektrische Zuleitungen[645], Anschlusstechnik[646], eventuell erforderliche Umspanneinrichtungen zur Transformation des Stroms auf die passende Spannungsebene des Netzes[647] sowie generell sämtliche Einrichtungen, die erforderlich sind, um den Strom von der EE-Anlage zum Netz zu leiten[648].

II. Kosten der Kapazitätserweiterung

Nach der Systematik der §§ 13 Abs. 1 und 14 EEG sind die Kosten für Maßnahmen, die ab dem Netzverknüpfungspunkt der EE-Anlage mit dem Netz anfallen, vom Netzbetreiber im Rahmen seiner Kapazitätserweiterungspflicht zu übernehmen. Darunter fallen sämtliche Kosten, die gemäß § 5 Abs. 4 EEG im

---

643 *Bönning*, ZNER 2003, 296 (299); zum Anforderungsniveau der allgemein anerkannten Regeln der Technik siehe bereits 5. Kapitel:B, S. 102.

644 Ein solcher Fall wird beispielsweise dann vorliegen, wenn der Netzbetreiber anstelle einer – technisch und rechtlich ausreichenden – Kombinationsstation, in der Schalteinrichtungen und Transformator zusammen untergebracht sind, die Errichtung einer separaten Übergabestation im räumlich nahen Umfeld zum Netzverknüpfungspunkt verlangt, etwa weil die Zuleitung jederzeit im Bereich des Verknüpfungspunkts getrennt werden müsste oder der Netzbetreiber auf einer Messung im Bereich des Netzverknüpfungspunkts besteht, vgl. LG Arnsberg, Urt. v. 07.08.2008 – I-4 O 490/07 (n.v.), S. 8; *Schäfermeier*, in: Reshöft, EEG 2009, § 13 Rn. 12; dagegen LG Münster, Urt. v. 19.12.2008 – 04 O 142/08 (n.v.), S. 7 f.; dazu, dass der Ort der Strommessung für den Vergütungsanspruch und derjenige des Verknüpfungspunkts nicht übereinstimmen müssen, siehe bereits 4. Kapitel:C.II.5, S. 69.

645 *Altrock*, in: Altrock/Oschmann/Theobald, EEG 2011, § 13 Rn. 12; *Schäfermeier*, ZNER 2007, 34 (36).

646 *Brandt/Reshöft/Steiner*, HK, § 10 Rn. 7; *Müller*, in: Danner/Theobald, Bd. 2, EEG § 13 Rn. 15.

647 *Altrock/Theobald*, in: Altrock/Oschmann/Theobald, EEG 2008, § 13 Rn. 28; *Müller*, in: Danner/Theobald, Bd. 2, EEG § 13 Rn. 15.

648 *Weißenborn*, in: Schmidt-Schlaeger/Zinow, Grundlagen des Energierechts, S. 121 (135); *Schäfermeier/Reshöft*, ZNER 2007, 34 (35).

Zusammenhang mit der Erweiterung der Abnahmekapazität des Netzes stehen. Das sind insbesondere solche von netzinternen Maßnahmen[649]. Solche Arbeiten können sich grundsätzlich auf sämtliche Einrichtungen zur Abnahme, Übertragung und Verteilung von Strom für die allgemeine Versorgung beziehen, weil diese entsprechend der Legaldefinition in § 3 Nr. 7 EEG die Gesamtheit des Netzes bilden. Erfasst sein können davon beispielsweise Transformatorenstationen[650], aber auch zusätzliche Leitungen[651] und alle sonstigen Maßnahmen, die darauf gerichtet sind, die mangelnde Eignung des Netzes für die Abnahme von Strom zu beseitigen[652].Das Problem liegt darin, dass es eine große Anzahl von technischen Einrichtungen gibt, die sich sowohl beim Netzanschluss als auch innerhalb des Netzes der allgemeinen Versorgung befinden können[653]. Die größten Zuordnungsschwierigkeiten ergeben sich im räumlichen Bereich des Verknüpfungspunkts[654]. Die Art der technischen Einrichtung allein sagt daher über die Kostenzuordnung nichts aus. Das Regime der flachen Netzanschlusskosten kann den selbst gesetzten Ansprüchen größtmöglicher Einfachheit und Transparenz aber nur dann genügen, wenn auch die vorgelagerten Fragen der Abgrenzung von Netzanschluss und Kapazitätserweiterung sach- und praxisgerecht beantwortet werden können.

III. „Mehrkosten“

Sog. Mehrkosten können in unterschiedlichen Konstellationen entstehen. Zum einen ist denkbar, dass für die Anbindung der EE-Anlage mehr als notwendige Leistungen aufgewendet werden. Zum anderen trifft das EEG in § 13 Abs. 2 eine Regelung hinsichtlich Mehrkosten als Folge der Ausübung des Zuweisungsrechts des Netzbetreibers nach § 5 Abs. 3 EEG. Die Kostenverteilung kann in beiden Fällen problematisch sein.

---

649 BGH, Urt. v. 18.07.2007 – VIII ZR 288/05, RdE 2008, 18 (23); dem folgend BT-Drucks. 16/8148, S. 45.

650 *Dreher*, in: Reshöft/Steiner/Dreher, EEG 2004, § 13 Rn. 38; *Maslaton/Zschiegner*, H.2.3.a); bereits zum StrEG *Pohlmann*, RdE 1997, 93 (100).

651 *Weißenborn*, in: Böhmer, Erneuerbare Energien, S. 71 (122 f.); *Langbein/Weißenborn*, EW 19,20/2004, 20 (27); *Weck*, Die garantierte Einspeisevergütung, S. 88.

652 *Salje*, EEG 2009, § 9 Rn. 7; *Böwing*, in: Säcker, BK, § 3 Rn. 20.

653 *Schäfermeier*, in: Reshöft, EEG 2009, § 13 Rn. 11; zum Aufbau der Stromnetze im Hinblick auf diese Bestandteile siehe 2. Kapitel:B, S. 11.

654 *Altrock*, in: Altrock/Oschmann/Theobald, EEG 2011, § 13 Rn. 12, hält die am Netzverknüpfungspunkt erforderlichen Maßnahmen etwa regelmäßig für solche des Netzanschlusses, während *Dreher*, in: Reshöft/Steiner/Dreher, EEG 2004, § 13 Rn. 38, hierin Maßnahmen einer Kapazitätserweiterung erblickt; ebenso *Maslaton/Zschiegner*, H.2.3.a), allerdings ohne Begründung.

1. Mehr als notwendige Kosten

Im Anschluss an das zur Notwendigkeit von Netzanschlusskosten nach § 13 Abs. 1 EEG Gesagte[655], muss der Anlagenbetreiber nur die technisch zwingend nötigen Kosten zur Anbindung der Anlage an den Verknüpfungspunkt nach § 5 EEG tragen. Einfach zu beantworten dürfte daher zunächst der Fall sein, dass über das erforderliche Maß hinausgehende Aufwendungen der *Art und Weise* des Anschlusses auf das Betreiben des Netzbetreibers zurückzuführen sind. In einem solchen Fall werden die zusätzlichen Kosten dem Netzbetreiber obliegen, weil eine andere Kostenverteilung gegen die gemäß § 4 Abs. 2 EEG zwingende Kostenvorschrift des § 13 Abs. 1 EEG verstieße.

Denkbar ist umgekehrt aber auch, dass mehr als notwendige Kosten als Folge des Verhaltens des Anlagenbetreibers entstehen, beispielsweise weil dieser zur Vermeidung von Verlusten einen besonderen Leitungsquerschnitt oder eine großdimensionierte Umspanneinrichtung wählt. Nach dem Wortlaut des § 13 Abs. 1 EEG hätte auch hier der Anlagenbetreiber nur die *notwendigen* Kosten zu tragen. Eine solche Rechtsfolge wird jedoch allgemein richtigerweise abgelehnt[656]. Es wäre treuwidrig, wenn der Anlagenbetreiber zusätzliche, möglicherweise nützliche, aber nicht zwingende Einrichtungen auf Kosten des Netzbetreibers erstellen könnte. Im Ergebnis erscheint es daher interessengerecht, hinsichtlich überobligatorischer Aufwendungen bei der *Art und Weise* des Netzanschlusses nach dem Verursachungsprinzip vorzugehen. Die Beteiligten müssen demnach die jeweils zusätzlichen Aufwendungen selbst tragen[657].

2. Spezialfall des § 13 Abs. 2 EEG

Die im EEG 2004 nur im Anwendungsbereich von Kleinanlagen mit einer Leistung bis zu 30 kW enthaltene Regelung zur Tragung von Mehrkosten hat das EEG nun in § 13 Abs. 2 generell übernommen. Immer dann, wenn der Netzbetreiber von seinem Zuweisungsrecht in § 5 Abs. 3 EEG Gebrauch macht, muss er die „daraus resultierenden Mehrkosten“ tragen. Hier stellt sich die Frage, welche Kosten damit gemeint sind.

Es ist zu klären, ob damit nur die zusätzlich entstehenden Kosten im Verhältnis zum auf der ersten Stufe[658] des § 5 Abs. 1 Satz 1 EEG ermittelten Verknüp-

---

655 Vgl. 5. Kapitel:E.I, S. 135.

656 Siehe nur LG Berlin, Urt. v. 05.03.2009 – 14 O 145/08 (n.v.), S. 14; *Ekardt*, in: Frenz/Müggenborg, EEG, § 13 Rn. 29.

657 *Stecher*, ZNER 2009, 216 (221).

658 Siehe dazu bereits 4. Kapitel:C.IV, S. 71.

fungspunkt[659] oder gegebenenfalls auch die Differenzkosten gegenüber dem auf der zweiten Stufe[660] nach § 5 Abs. 2 EEG vom Anlagenbetreiber gewählten Verknüpfungspunkt umfasst sind. Während bei einer Anknüpfung lediglich an den Punkt nach § 5 Abs. 1 Satz 1 EEG eine zusätzliche Kostenlast für den Netzbetreiber nur dann entstünde, wenn dieser beispielsweise zur besseren Netzintegration der Anlage auf einen abweichenden Verknüpfungspunkt verweist[661], wären bei einer Differenzbildung im Verhältnis auch zum gewählten Netzverknüpfungspunkt nach § 5 Abs. 2 EEG regelmäßig auch Kostenanteile vom Netzbetreiber zu tragen, die im Grundsatz nach § 13 Abs. 1 EEG dem Netzanschluss zuzuordnen sind. Bei einer restriktiven Auslegung des § 13 Abs. 2 EEG würden dem Netzbetreiber keine Mehrkosten entstehen, wenn er auf den nach § 5 Abs. 1 Satz 1 EEG ermittelten Verknüpfungspunkt verweist.

a. Ausgangssituation

Zur Beantwortung der Ausgangsfrage soll zunächst die grundsätzliche Situation verdeutlicht werden. Wird der Anschlusspunkt nach § 5 Abs. 1 Satz 1 EEG ermittelt und die EE-Anlage auch an diesen Punkt angeschlossen, so verteilen sich die Kosten nach dem Prinzip der flachen Netzanschlusskosten gemäß §§ 13 Abs. 1 und 14 EEG anhand der Lage des Netzverknüpfungspunkts.

Macht der Anlagenbetreiber vom Recht des § 5 Abs. 2 EEG Gebrauch und entscheidet sich für einen anderen Punkt, so gilt nichts anderes. Auch in diesem Fall muss der Betreiber der Anlage die Kosten der Anschlusseinrichtungen an den gewählten Netzverknüpfungspunkt tragen, selbst wenn diese etwa infolge einer längeren Anschlussleitung höher sein sollten als bei einem Anschluss an den Punkt nach § 5 Abs. 1 EEG[662].

Eine Anordnung zur Tragung von Anschlusskosten durch den Netzbetreiber bei Ausübung des Wahlrechts der zweiten Stufe sieht das Gesetz nicht vor[663]. Umgekehrt muss der Anlagenbetreiber im Falle des Wahlrechts aber auch möglicherweise beim Netzbetreiber anfallende Mehrkosten der Kapazitätserweiterung nicht übernehmen. Anhaltspunkte für eine Durchbrechung des Grundsatzes der flachen Netzanschlusskosten im Falle der Ausübung des Wahlrechts lassen sich dem EEG nicht entnehmen[664]. Es verbleibt somit im Ergebnis bei einer Kosten-

---

659 Dafür eine im Fachausschuss „Recht Erneuerbare Energien" des *BDEW* vertretene Auffassung, *BDEW*, Netzanschluss 2009, S. 11.

660 Dazu 4. Kapitel:C.V, S. 91.

661 *BDEW*, Netzanschluss 2009, S. 11.

662 *Stecher*, ZNER 2009, 216 (220).

663 *Bönning*, in: Reshöft, EEG 2009, § 5 Rn. 33.

664 Ebenso *Schulte-Middelich*, EE 1/2009, 92 (92); *Bönning*, in: Reshöft, EEG 2009, § 5 Rn. 33; kritisch dazu *Niedersberg*, ZNER 2009, 378 (379). Unklar *Cosack*, in:

aufteilung zwischen den Beteiligten, die anhand des gewählten Netzverknüpfungspunkts vorzunehmen ist.

Festzuhalten bleibt demnach, dass bei einer Feststellung des Verknüpfungspunkts nach § 5 Abs. 1 und Abs. 2 EEG die allgemeine Kostenverteilungssystematik des EEG anhand der flachen Netzanschlusskosten uneingeschränkt gilt.

b. Differenzkosten bei Zuweisungsrecht

Scheinbar geregelt im Gesetz ist der Fall der entstehenden Mehrkosten bei Ausübung des Zuweisungsrechts durch den Netzbetreiber nach § 5 Abs. 3 EEG. Insofern ordnet § 13 Abs. 2 EEG die Tragung der entstehenden Mehrkosten durch den Netzbetreiber an. Kosten der Kapazitätserweiterung können damit nicht gemeint sein, denn diese sind ohnehin nach § 14 EEG zu tragen. Da das Gesetz allein Kosten der Kapazitätserweiterung und des Netzanschlusses unterscheidet, muss es sich demnach bei den genannten Mehrkosten um solche des Netzanschlusses handeln, damit für § 13 Abs. 2 EEG ein Anwendungsbereich neben § 14 EEG verbleibt[665]. Das ergibt sich auch systematisch aus der Verortung der Mehrkostenregelung in § 13 (Netzanschluss) und nicht in § 14 EEG (Kapazitätserweiterung). Es muss an dieser Stelle also festgestellt werden, dass Netzbetreiber in bestimmten Konstellationen nach dem EEG durchaus verpflichtet sein können, Kosten für Maßnahmen *vor* dem Netzverknüpfungspunkt zu tragen, die sich offenbar nicht auf das bestehende Netz beziehen.

Dafür, dass die Mehrkosten sich auch im Vergleich zum gewählten Netzverknüpfungspunkt nach § 5 Abs. 2 EEG berechnen, spricht der Wortlaut des § 13 Abs. 2 EEG, der auf § 5 Abs. 3 EEG verweist. § 5 Abs. 3 EEG umfasst ausdrücklich Netzverknüpfungspunkte „abweichend von den Absätzen 1 und 2".

Die historische Auslegung stützt das Wortlautergebnis: Im EEG 2004 bestand für Kleinanlagen mit einer Leistung bis 30 KW in § 13 Abs. 1 Satz 2 2. HS eine Sonderregel, wonach bei Zuweisung eines anderen Netzverknüpfungspunkts als denjenigen des Standortgrundstücks, der Netzbetreiber die Mehrkosten zu übernehmen hatte. Diese Regelung erstreckte sich auf sämtliche Mehrkosten, die dem Anlagenbetreiber gegenüber einem Anschluss an den Grundstücksanschluss entstanden[666]. Dem EEG sind keine Anhaltspunkte zu entnehmen, dass von der Ausdehnung dieser Kostentragungsregelung auf sämtliche Anlagengrößen in § 13 Abs. 2 EEG die nach § 5 Abs. 2 EEG gewählten Netzverknüpfungs-

---

Frenz/Müggenborg, EEG, § 5 Rn. 62 und *Ekardt*, in: dens., § 13 Rn. 2 und 20, die ohne nähere Konkretisierung für die Übernahme von „Mehrkosten" durch den Anlagenbetreiber auf die Anordnung des § 13 Abs. 1 EEG verweisen.

665 *BDEW*, Netzanschluss 2009, S. 11.

666 BT-Drucks. 16/8148, S. 48.

punkte ausgenommen sind. Die Benennung allein des § 5 Abs. 1 EEG in der Gesetzesbegründung ist offensichtlich auf den nicht angepassten Wortlaut der Begründung zum EEG-Ref-Entwurf zurückzuführen, der wie ausgeführt eine Abkehr vom Optimierungsprinzip und deshalb stets eine Anbindung an den räumlich nächstgelegenen Netzverknüpfungspunkt vorsah[667].

Sinn und Zweck der Kostenverteilungsregelungen sprechen ebenfalls für eine Ermittlung der Mehrkosten durch Differenzbildung auch anhand des gewählten Netzverknüpfungspunkts. Die gesetzgeberischen Ziele einer möglichst einfachen und transparenten Rechtslage sowie maximale Rechtssicherheit können nur dann erreicht werden, wenn der Netzverknüpfungspunkt und damit die anfallenden Kosten für die Anbindung anhand für alle Parteien nachvollziehbarer Kriterien bestimmbar sind[668]. Wollte man anders entscheiden, so wären für die Ermittlung der Mehrkosten stets zunächst die fiktiven Kosten an den Verknüpfungspunkt nach § 5 Abs. 1 Satz 1 EEG zu ermitteln. Die dann mögliche Bestimmung des Verknüpfungspunkts anhand der gesamtwirtschaftlichen Betrachtung nach § 5 Abs. 1 Satz 1 2. HS EEG birgt jedoch erhebliches Streitpotential, wie die Erfahrung mit den Vorgängergesetzen gelehrt hat. Aus teleologischer Sicht ist daher nichts dagegen anzuführen, die Differenzkosten anhand der ersten und zweiten Stufe zur Ermittlung des Netzverknüpfungspunkts nach § 5 Abs. 1 und Abs. 2 EEG vorzunehmen. Dabei darf allerdings nicht übersehen werden, dass die beabsichtigte Rechtssicherheit letztlich über eine stärkere finanzielle Belastung des Netzbetreibers „erkauft" wird, da dieser wegen § 13 Abs. 2 EEG die Mehrkosten tragen muss[669]. Diese Konsequenz hat der Gesetzgeber zur Umsetzung des Optimierungsprinzips jedoch offenbar in Kauf genommen.

Wortlaut, Systematik, Historie sowie Sinn und Zweck des § 13 Abs. 2 EEG sprechen im Ergebnis gegen eine restriktive Auslegung.

c. Zusammenfassung und Kritik

In einem ersten Schritt sind die vom Anlagenbetreiber zu übernehmenden Anschlusskosten zu ermitteln, die bei einer Anbindung der EE-Anlage an den Verknüpfungspunkt nach § 5 Abs. 1 oder Abs. 2 EEG entstünden. Nur diese Kosten

667 Nach § 5 Abs. 1 EEG-Ref-Entwurf kam es uneingeschränkt auf die Eignung im Hinblick der Spannungsebene und die kürzeste Entfernung, nicht aber darauf an, ob ein technisch und wirtschaftlich günstigerer Verknüpfungspunkt in einem anderen Netz existierte; vgl. 3. Kapitel:B.III, S. 35.

668 BT-Drucks. 16/8148, S. 48

669 *Scholtka/Baumbach*, NJW 2008, 1128 (1132); *Bönning*, in: Loibl u.a., Biogasanlagen, S. 217 Rn.16.

hat der Anlagenbetreiber zu bezahlen, während die Differenz zu den jetzt tatsächlich entstehenden Aufwendungen, einschließlich anfallender Betriebsmehrkosten, wie etwa Trafo- und Leitungsverluste[670], der Netzbetreiber tragen muss.

Kritisch herausgestellt werden muss jedoch auch, dass im Ergebnis derjenige Anlagenbetreiber, der von seinem Wahlrecht klug Gebrauch macht, immer nur die geringstmöglichen Kosten trägt. Der Anlagenbetreiber hat die Entscheidung daher in der Hand. Man könnte annehmen, dieses Ergebnis ließe sich unter Beibehaltung der gesetzlichen Systematik auch einfacher erreichen. Grundsätzlich könnte beispielsweise eine Regelung in das Gesetz aufgenommen werden, wonach der Anlagenbetreiber stets nur die Kosten bis zu dem aus seiner Sicht kostengünstigsten und hinsichtlich der Spannungsebene geeigneten Verknüpfungspunkt trägt, sämtliche übrigen Kosten darüber hinaus dem Netzbetreiber obliegen, dieser jedoch den Verknüpfungspunkt frei bestimmen kann. Dadurch würden Ungerechtigkeiten vermieden, die deshalb zu befürchten sind, weil einige Anlagenbetreiber aufgrund von Unkenntnis keinen Gebrauch von ihrem Wahlrecht machen und deshalb höhere Kosten tragen müssen. Vor einer solchen Gesetzesänderung sollten aber zunächst hinreichende praktische Erfahrungen mit der neuen Regelung abgewartet werden, wodurch sich zeigen dürfte, ob die vorgenannten Befürchtungen berechtigt sind.

IV. Abweichungsverbot

Vielfach wurde in der Vergangenheit derart vorgegangen, dass Anlagen- und Netzbetreiber im Vorfeld der Anbindung einer EE-Anlage eine Vereinbarung über die Kostentragung trafen. Die Gründe dafür waren vielseitig und lagen etwa darin, Streitigkeiten zur Abgrenzung der Kosten zu vermeiden oder um Gewissheit über die voraussichtliche Kostenhöhe, beispielsweise zur Durchführung einer Wirtschaftlichkeitsberechnung, zu bekommen. Da sich viele Anlagenbetreiber bei den häufig im Rahmen von Netzanschlussverträgen getroffenen Vereinbarungen benachteiligt sahen[671], folgten diesen Absprachen unzählige Zivilprozesse[672], in denen Anlagenbetreiber die Erstattung aus ihrer Sicht zu Unrecht gezahlter Kosten verlangten. Im Mittelpunkt der Rechtsstreitigkeiten stand dabei stets die Frage, ob von den Regelungen des EEG hinsichtlich der gesetzlichen

670 *Salje*, EEG 2009, § 13 Rn. 32.

671 *Niedersberg*, ZNER 2009, 378 (379).

672 Vgl. beispielsweise LG Kassel, Urt. v. 12.05.2005 – 11 O 4178/04 (n.v.); LG Münster, Urt. v. 27.07.2005 – 2 O 785/04 (n.v.); LG Osnabrück, Urt. v. 22.02.2006 – 3 O 1018/05 (n.v.); LG Hannover, Urt. v. 15.03.2006 – 6 O 289/05, RdE 2006, 322 (322 f.); LG Regensburg, Urt. v. 12.07.2006 – 3 O 958/06 (2), RdE 2007, 63 (63 f.);

Kostenverteilung für Maßnahmen des Netzanschlusses und der Kapazitätserweiterung durch Vereinbarung wirksam abgewichen werden konnte oder nicht[673].

Der Gesetzgeber hat nunmehr in § 4 Abs. 2 EEG ausdrücklich geregelt, dass eine Abweichung von den gesetzlichen Bestimmungen grundsätzlich nicht mehr möglich ist und damit die vorgenannte Frage entschieden. Die Klarstellung dient damit der Rechtssicherheit[674]. Aus diesem Grund wurde auch das Kopplungsverbot in § 4 Abs. 1 EEG auf den gesamten Pflichtenkatalog des Gesetzes ausgeweitet[675].

Die gewählte Formulierung, wonach von den Bestimmungen des Gesetzes nicht zu Lasten des Anlagen- *und* des Netzbetreibers abgewichen werden darf, stellt offensichtlich eine sprachliche Ungenauigkeit dar. Es wäre unsinnig eine beiderseitige Benachteiligung zu fordern, um von einem Verstoß auszugehen. Gemeint sein dürfte vielmehr, dass von den Bestimmungen des EEG *weder* zu Lasten des Anlagenbetreibers *noch* des Netzbetreibers abgewichen werden darf[676]. Gleichwohl empfiehlt es sich, dieses Redaktionsversehen im Rahmen einer möglichen zukünftigen Novellierung zu beseitigen.

Da den Parteien zukünftig die Möglichkeit einer vertraglichen Vereinbarung über die Kostentragung damit definitiv nicht mehr zur Verfügung steht, gewinnt die Abgrenzungsproblematik zwischen Netzanschluss- und Kapazitätserweiterungsmaßnahmen des Netzes weiter an Bedeutung.

---

673 In einer Grundsatzentscheidung hat der BGH, Urt. v. 27.06.2007 – VIII ZR 149/06, RdE 2007, 306 (309) zu dieser stark umstrittenen Frage schließlich Stellung bezogen. Danach stellt eine Abweichung von den Kostentragungsregelungen des EEG keinen Verstoß gegen § 134 BGB dar, weil es sich bei dem EEG insoweit nicht um ein Verbotsgesetz handelt. Soweit allerdings allgemeine Geschäftsbedingungen des Netzbetreibers vorliegen, seien diese Vereinbarungen gemäß § 307 Abs. 2 BGB wegen unangemessener Benachteiligung unwirksam.

674 BT-Drucks. 16/8148, S. 41. Neutrale Regelungen, die nicht von den Bestimmungen des Gesetzes abweichen, sind weiterhin möglich, *Stecher*, ZNER 2009, 216 (217).

675 *Stecher*, ZNER 2009, 216 (216). Die Kostentragung hinsichtlich der Herstellung des Netzanschlusses nach § 7 Abs. 2 EEG gehört nicht zur Pflicht des Netzbetreibers, weshalb in diesem Bereich das Kopplungsverbot nicht gilt, *BDEW*, Umsetzungshilfe EEG 2009, S. 9.

676 Im Ergebnis so auch *Stecher*, ZNER 2009, 216 (217); *Cosack*, in: Frenz/Müggenborg, EEG, § 8 Rn. 39; *BDEW*, Umsetzungshilfe EEG 2009, S. 9.

6. Kapitel: Umfang der Kapazitätserweiterungspflicht

Nunmehr gilt es, den Umfang der Kapazitätserweiterungspflicht des Netzbetreibers einer Klärung zuzuführen. Zu beachten ist, dass das EEG nunmehr nicht mehr bloß eine Pflicht zum *Netzausbau* kennt[677]. Unter dem zum 01.01.2009 stattdessen neu eingefügten Begriff der Kapazitätserweiterung unterscheidet das Gesetz nun in drei Formen die Optimierung, die Verstärkung und den Ausbau des Netzes. Innerhalb des Prüfungsprogramms gilt es zunächst, das Verhältnis dieser Begriffe zueinander und deren Bedeutung zu analysieren. Sodann wird in einem ersten Schritt auf die vom EEG bereit gehaltenen Vorgaben zur Abgrenzung der Pflicht zur Kapazitätserweiterung vom Netzanschluss eingegangen. In einem weiteren Schritt wird ein Vergleich mit entsprechenden Regelungen in Parallelgesetzen im Bereich des Energierechts mit dem Ziel angestellt, daraus Erkenntnisgewinne auch für die Abgrenzungsproblematik des EEG zu erhalten. Danach werden die in Literatur und Rechtsprechung vorgefundenen Abgrenzungsansätze dargestellt und anhand der zuvor gewonnenen Ergebnisse bewertet. Schließlich wird die Spezialproblematik zur Frage einer räumlichen Erweiterung des Netzes untersucht und ein Lösungsansatz vorgestellt.

A. Die gesetzlichen Abstufungen

§ 9 Abs. 1 EEG greift inhaltlich die in der Altregelung in § 4 Abs. 2 Satz 2 EEG 2004 enthaltene Pflicht der Netzbetreiber zum Ausbau des Netzes auf. Daneben ist die Pflicht zur Optimierung und Verstärkung des Netzes zwecks Konkretisierung neu aufgenommen worden[678]. Eine Legaldefinition der Begriffe hält das Gesetz allerdings nach wie vor nicht bereit[679]. Rechtssystematisch sieht der Gesetzgeber in Maßnahmen der Optimierung und Verstärkung des Netzes ein Minus gegenüber dem Netzausbau. Vom Begehren auf Netzausbau seien deshalb eine Netzverstärkung und -optimierung bereits umfasst[680].

Dieses Verständnis drängt sich auch nach dem Wortlaut der Begriffe Optimierung, Verstärkung und Ausbau auf, die offenbar auch hinsichtlich Umfang und

677 In § 3 Abs. 1 Satz 3 EEG 2000 und § 4 Abs. 2 Satz 2 EEG 2004 war bislang nur eine Pflicht zum Netzausbau niedergelegt.

678 BT-Drucks. 16/8148, S. 44.

679 Diesen Zustand beklagt *Bönning*, ZNER 2003, 296 (296) bereits zum EEG 2000. Demgegenüber legte der EEG-Ref-Entwurf in § 3 Nr. 10 detailliert fest, was unter dem Begriff einer Optimierung des Netzes zu verstehen sei. Warum die schließlich Gesetz gewordene Fassung des EEG eine entsprechende Regelung nicht übernommen hat, ist unklar.

680 BT-Drucks. 16/8148, S. 45; *Ehricke*, in: Frenz/Müggenborg, EEG, § 9 Rn. 12 sieht im Netzausbau deshalb zu Recht einen Auffangbegriff.

Aufwand in einem Stufenverhältnis zueinander stehen. Der Oberbegriff dieser drei Stufen ist gemäß § 9 Abs. 1 EEG die Kapazitätserweiterung. Wie dieser Begriff bereits nahelegt, haben alle darunter versammelten Maßnahmen das Ziel, neue Transportkapazitäten bereitzustellen, um damit die Stromabnahme nach § 5 Abs. 4 EEG zu gewährleisten[681]. Auf der niedrigsten Stufe soll das vorhandene Netz optimiert werden. Nachrangig ist eine Verstärkung des bestehenden Netzes vorzunehmen, wenn derartige Maßnahmen nicht ausreichen. Erst wenn auch das nicht mehr genügt, den Strom aus der EE-Anlage abzunehmen, ist ein Netzausbau erforderlich.

I. Optimierung des Netzes

Angesichts der Erkenntnis, dass in einzelnen Regionen in Deutschland aufgrund der steigenden Anzahl von EE-Anlagen, insbesondere Windenergieanlagen mit volatilen Einspeiseprofilen, zunehmend Netzengpässe auftreten, wird es den geringsten Aufwand darstellen, die vorhandenen Netze hinsichtlich ihrer Transportkapazität zu optimieren. Bislang wendeten Netzbetreiber in solchen Engpasssituationen das in § 4 Abs. 3 EEG 2004 verankerte Erzeugungsmanagement an, bei dem die Netzbetreiber die an ihr Netz angeschlossenen EE-Anlagen, vor allem Windenergieanlagen in Regionen mit einem hohen Anteil an Windstrom, ganz oder teilweise abschalteten.

Um den Begriff der Optimierung des Netzes näher zu umreißen, bietet es sich an, sowohl das allgemeine Sprachverständnis als auch die im EEG-Ref-Entwurf vorgesehene Legaldefinition heranzuziehen. Allgemein wird unter Optimierung in technischen, betriebs- und volkswirtschaftlichen Zusammenhängen der Vorgang verstanden, knappe Ressourcen so effektiv wie möglich zu verwenden oder ein gewünschtes Ergebnis mit möglichst geringem Aufwand zu erreichen[682]. Entsprechend meint eine Optimierung des Netzes jede zumutbare technische und betriebliche Maßnahme, die zur Steigerung der Kapazität des vorhandenen Netzes beiträgt[683]. Daraus ist zu folgern, dass sich Maßnahmen zur Optimierung des Netzes stets auf im Zeitpunkt der Durchführung vorhandene und bestehende technische Einrichtungen beziehen müssen, um deren Einsatz und die technischen bzw. betrieblichen Abläufe im Hinblick auf die sich daraus ergebenden Netzkapazitäten zu verbessern. Eine Optimierungsmaßnahme erfolgt demnach ohne Substanzeingriff[684]. Werden hingegen neue technische Einrichtungen ge-

681 BT-Drucks. 16/8148, S. 45.

682 *Schäfermeier*, in: Reshöft, EEG 2009, § 9 Rn. 28.

683 Legaldefinition in § 3 Abs. 10 EEG-Ref-Entwurf.

684 *Salje*, EEG 2009, § 9 Rn. 10; *Cosack*, in: Frenz/Müggenborg, EEG, § 5 Rn. 75; *Ehricke*, in: dens., § 9 Rn. 10; in diesem Sinne auch *Wustlich*, in: Altrock/Oschmann/Theobald, EEG 2011, § 9 Rn. 18.

schaffen, um die Netzkapazität zur Stromabnahme zu erhöhen, liegt keine Optimierungsmaßnahme, sondern Netzverstärkung oder Netzausbau vor.

Die Optimierung des Netzes hat entsprechend dem Stand der Technik zu erfolgen und deshalb sämtliche Maßnahmen zu berücksichtigen, die an der „Front des technischen Fortschritts“ möglich sind[685]. Als konkrete Optimierungsmaßnahmen kommen in diesem Rahmen nach der Gesetzesbegründung derzeit insbesondere in Betracht[686]:

- die Anwendung der saisonalen Fahrweise auf allen Netzebenen,
- der Einsatz lastflusssteuernder Betriebsmittel,
- der Einsatz von Hochtemperaturseilen bis 150 Grad C
- die Anwendung des Freileitungs-Monitorings auf der 110 kV-Ebene

Auch innerhalb dieser – nicht abschließend – zu erwägenden Maßnahmen dürfte wiederum als Ausfluss des Optimierungsprinzips diejenige den Vorzug genießen, die den geringsten Aufwand erfordert und dabei den höchsten Nutzen für die Netzkapazität verspricht. Insbesondere auch unter zeitlichen Gesichtspunkten werden in diesem Zusammenhang vor allem das Temperatur-Monitoring und die Verwendung von Hochtemperatur-Leiterseilen von besonderer Bedeutung sein, da diese Optimierungsmaßnahmen kurz- und mittelfristig Anwendung finden können[687].

Beide vorgenannten Maßnahmen setzen an dem physikalischen Phänomen an, dem zufolge Freileitungen sich durch den Stromfluss erwärmen. Die maximale Transportfähigkeit von Freileitungen steht daher in einem Zusammenhang mit der Lufttemperatur – je niedriger die Lufttemperatur, desto größer die Strombelastbarkeit.

Dem Freileitungs-Monitoring liegt das Prinzip zu Grunde, die Transportkapazitäten von Freileitungen wetterabhängig zu ermitteln. Damit wird die Nutzung von Reserven möglich. Ziel der Temperaturüberwachung an Freileitungen ist es, eine Überlastung von Freileitungsseilen bei hohem Lastfluss und geringer Kühlung auszuschließen. Maßgebend für die Kühlung sind die Anströmgeschwindigkeit der Umgebungsluft und deren Temperatur. Eine höhere Übertragungsleistung der Netze kann erreicht werden durch eine saisonal differenzierte und von der Windgeschwindigkeit und der lokalen Umgebungstemperatur abhängige Überschreitung der Grenzwerte der Strombelastung. Diese sind in Deutschland nach der Norm DIN EN 50128 starr für 0,6 m/s Windgeschwindigkeit und 35°C

685 Vgl. zum Anforderungsniveau für den Stand der Technik bereits 5. Kapitel:B., S. 102.

686 BT-Drucks. 16/9477, S. 22; die dort genannten Verfahren stehen in weitgehender Übereinstimmung mit denen, die im EEG-Ref-Entwurf unter § 3 Nr. 10 genannt sind.

687 BT-Drucks. 16/8148, S. 45.

berechnet, was gerade bei Starkwindlagen aufgrund der vorbeschriebenen Zusammenhänge unrealistisch ist[688].

Technisch besteht das Freileitungs-Monitoring darin, die Klimadaten zu erfassen und dann anhand einer Online-Berechnung die dynamische Strombelastbarkeit in Abhängigkeit von der Außentemperatur und der Windgeschwindigkeit zu berechnen. Diese Daten werden sodann an die Leittechnik des jeweiligen Netzbetreibers übermittelt, der die entsprechenden Übertragungskapazitäten freigibt. Dem Freileitungs-Monitoring wird allgemein ein erhebliches Potential für die Erhöhung der Netzkapazitäten bescheinigt. In vielen Fällen wird ein Leitungsneubau dadurch mittelfristig entfallen oder jedenfalls nur in einem deutlich geringeren Umfang erforderlich werden[689].

Der Einsatz von Hochtemperatur-Leiterseilen verfolgt im Ergebnis dieselben Ziele wie das Freileitungs-Monitoring. Höhere Transportkapazitäten der Netze sollen damit allerdings von Anfang an durch die Verwendung spezieller Leiterseile zur Verfügung gestellt werden.

Abgrenzungsschwierigkeiten zwischen Maßnahmen einer Netzoptimierung und eines Netzanschlusses nach § 13 Abs. 1 EEG dürften praktisch kaum auftreten. Optimierungsmaßnahmen können sich entsprechend dem gefundenen Ergebnis ausschließlich auf technische und betriebliche Abläufe innerhalb der Sphäre des Netzbetreibers und des *vorhandenen* Netzes beschränken, deren Kosten gemäß § 14 EEG vom Netzbetreiber zu tragen sind.

II. Verstärkung und Ausbau des Netzes

Auf der zweiten Stufe haben die Netzbetreiber nach § 9 Abs. 1 Satz 1 EEG ihre Netze zu verstärken. Aufgrund der Verwendung der Begriffe Netzverstärkung und Netzausbau nebeneinander muss mit dem Begriff der Netzverstärkung etwas anderes gemeint sein als mit dem des Netzausbaus. Nach der Gesetzesbegründung beziehen sich solche Maßnahmen, ebenso wie die zuvor untersuchte Netzoptimierung, auf das *bestehende* Netz. Der Austausch, die Anpassung und die Erweiterung von Komponenten finden danach ebenfalls im Vorfeld eines Netzausbaus statt[690]. Es ist aber durchaus fragwürdig, ob anhand dieser Kriterien eine randscharfe Abgrenzung zu Netzausbaumaßnahmen möglich ist[691].

---

688 *Jarass/Obermair/Jarass*, Windenergie, S. 97.

689 Die Kapazitäten dürften sich nach Schätzungen um 30 bis 50 % im Vergleich zu den derzeit möglichen Strommengen erhöhen, vgl. *Jarass/Obermair/Jarass*, Windenergie, S. 5 und 7.

690 Ähnlich auch BT-Drucks. 16/8148, S. 45; *Cosack*, in: Frenz/Müggenborg, EEG, § 5 Rn. 76; *Wustlich*, in: Altrock/Oschmann/Theobald, EEG 2011, § 9 Rn. 20. Demgegenüber vertritt *Schäfermeier*, in: Reshöft, EEG 2009, § 9 Rn. 29 die Auffassung, dass sich der

Vorab kann zunächst festgehalten werden, dass die untere Grenze des Netzausbaus durch eine Netzverstärkung gebildet wird[692]. Nach oben muss sich ein Netzausbau im Rahmen der Kapazitätserweiterung halten. Es muss also damit stets das Ziel verfolgt werden, die Kapazität des Netzes zu erweitern, um die Abnahme des Stroms aus EE-Anlagen sicherzustellen (§ 5 Abs. 4 und § 9 Abs. 1 Satz 1 EEG). Eine randscharfe Abgrenzung von Netzausbau zu Netzverstärkungsmaßnahmen scheint demgegenüber an dieser Stelle weder möglich noch erforderlich, da in jedem Fall die Kosten nach § 9 Abs. 1 Satz 1 EEG beim Netzbetreiber liegen[693]. Entscheidend ist demgegenüber, handhabbare Abgrenzungskriterien im Verhältnis der Netzverstärkung/ des Netzausbaus zu Netzanschlussmaßnahmen nach § 13 Abs. 1 EEG herauszufinden. Die bislang in dieser Hinsicht bestehenden rechtlichen Schwierigkeiten bestehen trotz des neu gefassten Wortlauts von § 9 Abs. 1 Satz 1 EEG fort.

B. Die Vorgaben zur Abgrenzung

Die Abgrenzung zwischen Netzanschluss und Kapazitätserweiterung stellt nach wie vor die wohl am heftigsten umstrittene Frage des EEG dar[694]. Vereinzelt wird die Beantwortung dieser Rechtsfrage gar Sachverständigen überlassen[695]. Primär hat eine Abgrenzung anhand der vom EEG bereitgestellten Kriterien zu erfolgen. Entsprechend dem Grundsatz der Einheit der energierechtlichen Rechtsordnung erscheint zudem jedoch auch ein Blick in Parallelregelungen lohnenswert, um zu untersuchen, wie dort mit dem Problemkreis umgegangen wird. Die so gewonnenen Erkenntnisse können dann auch im Bereich des EEG

Gesetzesbegründung keinerlei Ansätze zur Abgrenzung von Netzverstärkung und Netzausbau entnehmen lassen.

691 Die Clearingstelle EEG, Votum v. 09.04.2009 – 2008/24, http://www.clearingstelle-eeg.de/files/private/active/0/Votum_2008_24.pdf (Zugriff 03.06.2010), S. 8 meint, dass sich auch der Ausbau auf etwas Bestehendes beziehen müsse.

692 Der Frage, ob sich aus der Unterscheidung zwischen Verstärkung und Ausbau des Netzes eine Pflicht zum quantitativen Netzausbau ergeben kann, soll im weiteren Verlauf der Untersuchung noch nachgegangen werden, dazu 6. Kapitel:E.IV.1, S. 191.

693 In diesem Sinne auch *Niedersberg*, ZNER 2009, 378 (379); *Ehricke*, in: Frenz/Müggenborg, EEG, § 9 Rn. 9 f.; anders offenbar *Cosack*, in: Frenz/Müggenborg, EEG, § 5 Rn. 74.

694 Dieser Zustand besteht bereits seit Inkrafttreten des EEG 2000, vgl. *Reshöft/Sellmann*, ET 2009, 139 (142); *Cosack*, in: Frenz/Müggenborg, EEG, § 5 Rn. 78; *Ehricke*, in: dens., § 9 Rn. 11; *Ekardt*, in: dens., § 13 Rn. 5 f. und § 14 Rn. 5; *Schulte-Middelich*, EE 1/2009, 92 (92); *Schäfermeier*, in: Reshöft, EEG 2009, § 9 Rn. 32. Zu Unrecht geht daher die Gesetzesbegründung von einer „hinreichenden Klärung“ aus, BT-Drucks. 16/8148, S. 45.

695 So LG Dortmund, Urt. v. 21.06.2007 – 2 O 240/02 (n.v.), S. 9; LG Dortmund, Urt. v. 10.08.2006 (n.v.), S. 15.

herangezogen werden, soweit Regelungslücken bestehen oder eine Auslegung erforderlich wird.

Ursprung der Überlegungen sind die Vorgaben des EEG in § 13 Abs. 1 und § 14, wonach Anschlusskosten vom Anlagenbetreiber und Kapazitätserweiterungskosten vom Netzbetreiber zu tragen sind. Daneben sind die erstmals in § 4 Abs. 2 Satz 4 EEG 2004 aufgenommenen und nunmehr in § 9 Abs. 2 EEG beibehaltenen Regelungen zu beachten, die ausweislich der Gesetzesbegründung eine Erleichterung der Abgrenzung bezwecken sollen[696].

I. Grundgedanke in § 13 Abs. 1 EEG

Das Gesetz grenzt die vom Netzbetreiber und vom Anlagenbetreiber zu tragenden Kosten danach ab, ob es sich um einen Netzanschluss von EE-Anlagen an den Verknüpfungspunkt (§ 13 Abs. 1 EEG) oder um eine Kapazitätserweiterung (§ 14 EEG) handelt. Die Schnittstelle muss nach dem Wortlaut des Gesetzes folglich primär nach der räumlichen Lage des Verknüpfungspunkts definiert werden[697]. Damit kann an dieser Stelle festgehalten werden, dass sämtliche im Folgenden anzustellenden Überlegungen an dieser gesetzlichen Grundentscheidung, der zufolge die Lage des Verknüpfungspunkts maßgeblich über die Kosten des Netz- und des Anlagenbetreibers Auskunft gibt, zu messen sein werden.

II. Kriterien des § 9 Abs. 2 EEG

Die ursprünglich in § 4 Abs. 2 Satz 2 EEG 2004 enthaltene Regelung findet sich nunmehr gleichlautend in § 9 Abs. 2 EEG wieder. Danach erstreckt sich die Pflicht zur Kapazitätserweiterung „(...) auf sämtliche für den Betrieb des Netzes notwendigen technischen Einrichtungen sowie die im Eigentum des Netzbetreibers stehenden oder in sein Eigentum übergehenden Anschlussanlagen." Herauslesen lassen sich aus der Regelung zwei Ansatzpunkte. Zum einen kommt es auf die Notwendigkeit für den Netzbetrieb an. Daneben spielt die Eigentumslage eine noch näher zu untersuchende Rolle. Eine Kumulation der Kriterien fordert der Gesetzeswortlaut nicht, weshalb jeweils eine eigenständige Beurteilung angezeigt ist[698].

---

696 BT-Drucks. 16/8148, S. 45 in Anknüpfung an BT-Drucks. 15/2864, S. 34.

697 *Loibl*, in: Germer/Loibl, Energierecht, S. 461; Clearingstelle EEG, Votum v. 09.04.2009 – 2008/24, http://www.clearingstelle-eeg.de/files/private/active/0/Votum_2008_24.pdf (Zugriff 03.06.2010), S. 7; siehe auch bereits 5. Kapitel:E, S. 133.

698 Auch *Salje*, EEG 2009, § 9 Rn. 24 weist auf das Alternativitätsverhältnis hin.

1. Eigentum

Historischer Hintergrund der Regelung ist das Verhalten einiger Netzbetreiber in der Vergangenheit, teilweise das Eigentum an Anschlussanlagen zu beanspruchen, die Kosten für deren Herstellung aber von den Anlagenbetreibern zu verlangen. Eine Abgrenzung anhand der Eigentumsverhältnisse soll für klare Zuständigkeiten sorgen[699] und verhindern, dass die Kostentragungslast von den Eigentumsverhältnissen abgekoppelt wird, da in einer solchen Situation das Interesse an einer möglichst kostengünstigen Lösung eher gering sein dürfte[700].

Unklar ist bei der Formulierung des Gesetzes „(…) die Pflicht erstreckt sich (…)“, ob es sich bei den genannten Kriterien um reine Abgrenzungskriterien hinsichtlich der Kostentragung der entsprechenden technischen Einrichtungen handelt[701], oder ob die Vorschrift eventuell darüber hinaus den Begriff des Netzes im Sinne des EEG nach § 3 Nr. 7 erweitern möchte – mit den entsprechenden Konsequenzen[702].

a. Umfang der Abgrenzungswirkung

Unterstellt man der Eigentumslage eine bloße Abgrenzungsfunktion, stellt sich die weitergehende Frage nach dem Anknüpfungspunkt. Zum einen wäre eine Wirkung mit Blick auf die Kostenverteilung denkbar. Mit anderen Worten wäre aus der Eigentumssituation unmittelbar und ohne weitere Prüfung auf die Tragung der Kosten für die jeweils gegenständliche Einrichtung zu schließen[703].

Andererseits könnte mit dem Eigentum auch lediglich eines von mehreren erforderlichen Kriterien vorgegeben sein, wodurch lediglich die Abgrenzung zwischen der Reichweite des der Kapazitätserweiterung zu Grunde liegenden Net-

---

699 Gesetzesbegründung zu § 9 Abs. 2 EEG, BT-Drucks. 16/8148, S. 45.

700 OLG Celle, Urt. v. 02.11.2006 – 5 U 78/06, ZNER 2007, 72 (73); *Oschmann/Müller*, ZNER 2004, 24 (27); *Altrock/Theobald*, in: Altrock/Oschmann/Theobald, EEG 2008, § 13 Rn. 15; *Cosack*, in: Frenz/Müggenborg, EEG, § 5 Rn. 82.

701 Dafür offenbar *Salje*, EEG 2009, § 9 Rn. 16 und 24; ebenso *Langbein/Weißenborn*, EW 19,20/2004, 20 (27), die mit der Verwendung des Begriffs „Anschlussanlagen“ argumentieren, weshalb es sich dabei unabhängig von der Eigentumslage und der Betriebsnotwendigkeit gerade nicht um einen Netzbestandteil handeln könne.

702 Frage offen gelassen von BGH, Urt. v. 07.02.2007 – VIII ZR 225/05, ZNER 2007, 59 (60); BGH, Urt. v. 28.03.2007 – VIII ZR 42/06, RdE 2007, 310 (314); BGH, Urt. v. 01.10.2008 – VIII ZR 21/07, RdE 2009, 146 (148); dazu noch 6. Kapitel:E.IV.3.b, S. 195.

703 *Salje*, EEG 2009, § 9 Rn. 18.

zes und dem Netzanschluss erleichtert würde[704]. Bei einem derartigen Verständnis wäre die Eigentumslage lediglich als Indiz für die Zugehörigkeit der Einrichtung zum Netz der allgemeinen Versorgung und für einen Netzausbau zu werten[705].

Gegen eine rein indizielle Wirkung spricht eindeutig der Wortlaut des § 9 Abs. 2 EEG, der die Auslösung der Pflicht zur Kapazitätserweiterung ersichtlich allein an die genannten Kriterien knüpft. Zudem bezieht sich die Pflicht ausdrücklich nicht auf das Netz, sondern auf „Anschlussanlagen". Diese sind offenbar nicht mit den in § 3 Nr. 7 und § 9 Abs. 2 1. Alt. EEG genannten „technischen Einrichtungen" identisch[706].

Darüber hinaus lässt sich argumentieren, dass die bereits angesprochene intendierte Vereinfachung der Abgrenzung[707] nicht zu erreichen wäre, wollte man der Eigentumslage bloß eine indizielle Wirkung zubilligen. Bei einer solchen Lesart müssten daneben weitere Kriterien zur Abgrenzung Anwendung finden, wodurch § 9 Abs. 2 2. Alt. EEG so gut wie keine Bedeutung zukäme. Deshalb ist ein jedenfalls unmittelbarer Abgrenzungseffekt betreffend die Kostenlast anzunehmen. Ob darauf aufbauend auch von einer konstitutiven Wirkung hinsichtlich des Netzbegriffs der allgemeinen Versorgung nach § 3 Nr. 7 EEG auszugehen ist, braucht an dieser Stelle nicht vertieft zu werden[708]. Denn § 14 EEG legt eindeutig dem Netzbetreiber die Kosten einer Kapazitätserweiterung auf. In diesem Zusammenhang kann daher jedenfalls festgehalten werden, dass der Netzbetreiber auch die *Kosten* für Anschlussanlagen tragen muss, soweit die Voraussetzungen des § 9 Abs. 2 2. Alt. EEG erfüllt sind[709].

---

704 Diese Möglichkeit erwägt wohl auch der BGH, Urt. v. 07.02.2007 – VIII ZR 225/05, ZNER 2007, 59 (60).

705 Für eine solche jedenfalls indizielle Wirkweise, allerdings ohne abschließende Bewertung BGH, Urt. v. 07.02.2007 – VIII ZR 225/05, ZNER 2007, 59 (60); OLG Hamm, Urt. v. 06.03.2006 – 17 U 117/05, ZNER 2006, 51 (51); LG Duisburg, Urt. v. 02.08.2007 – 21 O 643/05 (n.v.), S. 8; Clearingstelle EEG, Votum v. 19.09.2008 – 2008/14, http://www.clearingstelle-eeg.de/files/private/active/0/Votum_2008-14.pdf (Zugriff 03.06.2010), S. 8; *dies.*, Votum v. 09.04.2009, – 2008/24, http://www.clearingstelle-eeg.de/files/private/active/0/Votum_2008_24.pdf (Zugriff 03.06.2010), S. 8; dagegen *Salje*, EEG 2009, § 9 Rn. 18.

706 Zur Bedeutung der „Anschlussanlagen" sogleich.

707 BT-Drucks. 16/8148, S. 45.

708 Für eine konstitutive Wirkung ausdrücklich *de Wyl/Hartmann/Hilgenstock*, IR 2006, 199 (200); zu dieser Frage noch ausführlich 6. Kapitel:E.IV.3.b, S. 195.

709 So im Ergebnis auch OLG Hamm, Urt. v. 06.03.2006 – 17 U 117/05, ZNER 2006, 51 (51); OLG Celle, Urt. v. 02.11.2006 – 5 U 78/06, ZNER 2007, 72 (73); LG Münster, Urt. v. 24.05.2004 – 2 O 768/03 (n.v.), S. 5; LG Hannover, Urt. v. 15.03.2006 – 6 O 289/05, RdE 2006, 322 (323); a.A. OLG Düsseldorf, Urt. v. 31.10.2008 – I-17 U 226/07 (n.v.), S. 7.

b. Anschlussanlagen

Zu fragen ist jedoch, was unter „Anschlussanlagen“ i.S.d. Vorschrift zu verstehen ist. Die anders lautende Formulierung in § 13 Abs. 1 EEG (Kosten des Anschlusses) könnte darauf hinweisen, dass Anschlussanlagen und Anschluss eine unterschiedliche Bedeutung haben. Mit Anschlussanlagen könnten etwa nur die im unmittelbaren räumlichen Zusammenhang mit dem Einspeisepunkt bestehenden Einrichtungen gemeint sein. Als Grund hierfür könnte etwa angeführt werden, dass gerade in diesem Bereich des Verknüpfungspunkts hinsichtlich der Abgrenzung viele Fragen auftreten[710]. Für diese Sichtweise eines unterschiedlichen Begriffsverständnisses finden sich abgesehen vom divergierenden Wortlaut im Gesetz allerdings keinerlei Anhaltspunkte. Systematisch betrachtet würden sich durch ein solches Verständnis eher neue Probleme ergeben, als bestehende lösen lassen. Denn dann käme es gerade auf die Abgrenzung zwischen Anschluss und Anschlussanlage an, für die bislang überhaupt keine Kriterien erarbeitet worden sind. Eine Unterscheidung dürfte daher weder beabsichtigt noch sinnvoll sein. Im Ergebnis ist also davon auszugehen, dass mit der Anschlussanlage in § 9 Abs. 2 2. Alt. EEG begrifflich dasselbe gemeint ist, wie mit dem Netzanschluss in § 13 Abs. 1 EEG. Anschlussanlagen sind folglich die technischen Bestandteile des Netzanschlusses.

Wegen der grundsätzlichen Abgrenzung von Netzanschluss/Anschlussanlagen und Maßnahmen der Kapazitätserweiterung nach der räumlichen Lage des Netzverknüpfungspunkts kann sich aus § 9 Abs. 2 2. Alt. EEG eine Kostentragungspflicht des Netzbetreibers für technische Einrichtungen *vor* dem Netzverknüpfungspunkt ergeben. Dieses Ergebnis erscheint nicht ungewöhnlich. Auch in dem Fall, dass durch den Gebrauch des Zuweisungsrechts des Netzbetreibers Mehrkosten beim Netzanschluss anfallen, müssen diese vom Netzbetreiber gemäß § 13 Abs. 2 EEG getragen werden[711]. Daneben bildet also § 9 Abs. 2 2. Alt. EEG ebenfalls eine Konstellation, in der Netzbetreiber abweichend von der Grundregel des § 13 Abs. 1 EEG, Kosten *vor* dem Netzverknüpfungspunkt übernehmen müssen.

c. Gegenwärtige oder künftige Wirkung?

Zusätzlich kann problematisiert werden, ob die vorbeschriebenen Rechtsfolgen schon *gegenwärtig* im Zeitpunkt des Anschlusses der EE-Anlage eintreten oder

---

710 Schon *Hinsch/Meier*, ZNER 2002, 290 (294) warfen die Frage auf, welcher Bestandteil der Anschlusssituation ein notwendiger Netzbestandteil sein könne.

711 Dazu bereits 5. Kapitel:E.III.2.b, S. 140.

nur bei *zukünftigen* Anbindungen[712]. Für erst zukünftige Auswirkungen könnte der Wortlaut angeführt werden, wonach die Pflicht zur Kapazitätserweiterung sich auch auf die „im Eigentum (…) stehenden oder (…) übergehenden Anschlussanlagen" erstreckt. Man könnte meinen, die Erweiterungspflicht müsse stets an etwas aktuell Vorhandenes anknüpfen. Soweit Anschlussanlagen im Eigentum erst geschaffen werden, würde es demnach an einem solchen Anknüpfungspunkt mangeln. Daraus könnte geschlussfolgert werden, die Pflicht zur Kapazitätserweiterung und die damit zusammenhängende Kostenverteilung bestünden erst zeitlich nachfolgend, wenn die Anschlussanlagen im Eigentum des Netzbetreibers bereits tatsächlich existieren.

Der Auffassung ist insoweit zuzustimmen, als dass der Wortlaut gerade nicht von einer Tragung der Kosten für Anschlussanlagen, sondern von der Pflicht zur Kapazitätserweiterung spricht. Diese Pflicht kann sich aber nach § 9 Abs. 1 Satz 1 EEG grundsätzlich immer nur auf das Netz beziehen. Bei wörtlichem Verständnis des § 9 Abs. 2 2. Alt. EEG müssten Anschlussanlagen deshalb dadurch, dass sie im Eigentum des Netzbetreibers stehen oder dahin übergehen, als Netz im Sinne des EEG anzusehen sein, weil sonst keine Pflicht zur Erweiterung der Kapazität *des Netzes* bestehen könnte. Das würde jedoch eine Erweiterung des Netzbegriffs in § 3 Nr. 7 EEG voraussetzen. Auf diese systematische Frage soll an dieser Stelle nicht weiter eingegangen werden, da augenscheinlich gewichtige Gründe gegen die Auffassung sprechen, § 9 Abs. 2 2. Alt. EEG nur künftige Wirkungen zuzusprechen[713].

Eine solche Sichtweise müsste sich nämlich die Kritik gefallen lassen, dass die Regelung gerade auch von *übergehenden* Anschlussanlagen spricht. Ein Bezug zur Kapazitätserweiterung wird damit auch für den Fall hergestellt, bei dem es im aktuellen Zeitpunkt eine solche Anschlussanlage im Eigentum des Netzbetreibers gerade noch nicht gibt. Die jeweils aktuelle und damit auch die sich erst in der Zukunft ergebende Situation, in der Anschlussanlagen im Eigentum des Netzbetreibers vorhanden sind, wird bereits über das erste Kriterium der *bestehenden* Anschlussanlagen eingefangen. Der zweite Fall der *übergehenden* Anschlussanlagen hätte bei einem Verständnis erst künftiger Wirkungen der angeordneten Pflicht keinen Anwendungsbereich. Das Gesetz müsste sonst von „übergegangenen" Anschlussanlagen sprechen. Des Weiteren sprechen gegen diesen Standpunkt auch Sinn und Zweck des § 9 Abs. 2 EEG, wonach eine Auf-

---

712 Für Auswirkungen nur auf künftige Projekte plädiert *Weißenborn*, Netzanschluss, S. 10. A.A. offenbar *VDEW*, Fragen und Antworten zum neuen EEG, 2005, S. 15, der Netzbetreibern empfiehlt, das Eigentum an Anschlussanlagen für EE-Anlagen nicht mehr zu übernehmen und auch keinen Eigentumsvorbehalt zu vereinbaren.

713 Auf die Frage der konstitutiven Wirkung des Eigentumskriteriums soll im Rahmen des Problems eines "quantitativen Netzausbaus", 6. Kapitel:E.IV.3.b, S. 195, zurückgekommen werden.

spaltung von finanziellem Aufwand und Vermögenszuwachs eben verhindert werden soll[714]. Dieses Anliegen würde verfehlt, wollte man § 9 Abs. 2 2. Alt. EEG nur sich in der Zukunft entfaltende Wirkungen zubilligen. Um diesen Widersprüchen zu entgehen, ist von einer gegenwärtigen Wirkung der Regelung auszugehen.

d. Erlangung des Eigentums

Da das Gesetz hinsichtlich des Eigentumskriteriums nicht danach fragt, wie der Netzbetreiber das Eigentum an den Anschlussanlagen erlangt, kann es keine Bedeutung haben, ob der Netzbetreiber das Eigentum vertraglich oder per Gesetz erwirbt[715].

Allerdings hat der *BGH* das Eigentum des Netzbetreibers an einer im Wege einer einstweiligen Verfügung verlegten Anschlussleitung zwischen dem Standort einer EE-Anlage – in dem konkreten Fall einer Photovoltaikanlage – und dem Netz nicht als Abgrenzungskriterium zwischen Netzanschluss und Netzausbau in dem nachfolgenden Hauptverfahren anerkannt[716].

Diese Ansicht scheint im Ergebnis zutreffend[717]. Wenn dem Netzbetreiber das Eigentum an Anschlussanlagen vor dem Netzverknüpfungspunkt ungewollt gerade ohne vertragliche oder gesetzliche Anordnung zufällt, so kann sich daraus auch keine Kostentragungspflicht ergeben. Dem steht im Übrigen auch nicht der Wille des Gesetzgebers entgegen, über die Regelung klare Zuständigkeiten herzustellen[718]. Denn mit Erlass der einstweiligen Verfügung soll gerade nur eine vorläufige Regelung getroffen werden, die im Hauptverfahren zu überprüfen ist. Konsequenzen, die sich mehr oder minder zufällig aus der vorgelagerten Entscheidung ergeben, dürfen aber vor diesem Hintergrund keine Auswirkungen auf das nachfolgende Hauptverfahren haben, schon um die Hauptsache nicht

---

714 BT-Drucks. 16/8148, S. 45.

715 BT-Drucks. 16/8148, S. 45; *Schäfermeier/Reshöft*, ZNER 2007, 34 (36); *Salje*, EEG 2009, § 9 Rn. 26; *Ehricke*, in: Frenz/Müggenborg, EEG, § 9 Rn. 28.

716 BGH, Urt. v. 01.10.2008 – VIII ZR 21/07, RdE 2009, 146 (148). Die Beteiligten stritten über die Frage, wer die Anschlussleitung auf seine Kosten verlegen musste. Der Netzbetreiber war infolge der einstweiligen Verfügung zur Verlegung der Anschlussleitung auf seine Kosten verpflichtet worden. Die Übernahme des kostenpflichtigen Eigentums hatte der Anlagenbetreiber abgelehnt.

717 Zu weitgehend dürfte jedoch die sich auf das vorgenannte Urteil des BGH vom 01.10.2008 stützende Auffassung des LG Münster, Urt. v. 09.06.2009 – 04 O 342/08 (n.v.), S. 8 sein, wonach das Eigentumskriterium auch dann unbeachtlich ist, wenn die Übernahme des Eigentums durch den Netzbetreiber freiwillig erfolgt.

718 BT-Drucks. 16/8148, S. 45.

vorwegzunehmen[719]. Abgesehen von diesem speziellen Fall, entspricht die Verankerung der Abgrenzung der Kostentragung zwischen Netzanschluss und Kapazitätserweiterung nach den Eigentumsverhältnissen einer schon bislang vertretenen Ansicht[720].

e. Zwischenergebnis

Nach dem hier gefundenen Zwischenergebnis erstreckt sich die *Kostentragung* durch § 9 Abs. 2 2. Alt. EEG abweichend von der Grundregel des § 13 Abs. 1 EEG auch auf aktuelle Maßnahmen im Hinblick auf technische Einrichtungen des Netzanschlusses *vor* dem Verknüpfungspunkt, die im Eigentum des Netzbetreibers stehen oder – vertraglich oder gesetzlich – in sein Eigentum übergehen. Das Eigentumskriterium entfaltet damit hinsichtlich der Kostentragung zu Lasten des Netzbetreibers konstitutive Wirkung.

2. Betriebsnotwendigkeit

Einen weiteren Ansatz hält das EEG mit dem Kriterium der Betriebsnotwendigkeit in § 9 Abs. 2 1. Alt. bereit.

a. Begriffsdefinition

Notwendig soll eine technische Einrichtung für den Betrieb des Netzes sein, wenn sie für die Funktionsfähigkeit des Netzes, vor oder nach Ausführung des Netzanschlusses, unentbehrlich wird. Das soll zumindest immer dann angenommen werden, wenn der störungsfreie Betrieb des Netzes nach dem Anschluss der Anlage von der Funktionsfähigkeit des neu eingefügten Bestandteils abhängt und ohne diesen nicht mehr gewährleistet ist oder bei Entfernung der neuen Komponenten nur durch eine technische Veränderung des Netzes wieder hergestellt werden könnte[721]. Der Begriff der Betriebsnotwendigkeit darf jedoch

---

719 Vgl. nur *Vollkommer*, in: Zöller, ZPO, § 937 Rn. 3 m.w.N.

720 Für dieses Abgrenzungskriterium *Brandt/Reshöft/Steiner*, HK, § 10 Rn. 14; *Salje*, EEG 2000, § 10 Rn. 23; *Bönning*, ZNER 2003, 296 (300). Dagegen LG Kiel, Urt. v. 20.02.2006 – 4 O 122/05, RdE 2006, 324 (326); *Böwing*, in: Säcker, BK, § 3 Rn. 19; *Klemm*, ET 2007, 62 (64), der allerdings einräumt, dass seit Inkrafttreten des EEG 2004 der eigentumsrechtliche Ansatz im EEG verankert ist.

721 BT-Drucks. 16/8148, S. 45; gleichlautend bereits BT-Drucks. 15/2864, S. 34; *Wustlich*, in: Altrock/Oschmann/Theobald, EEG 2011, § 9 Rn. 27; *Schäfermeier*, in: Reshöft, EEG 2009, § 9 Rn. 34; kritisch *Ehricke*, in: Frenz/Müggenborg, EEG, § 9 Rn. 26 f.

nicht soweit verstanden werden, dass schon sämtliche miteinander verbundenen Teile davon umfasst sind. Denn dann würde die Abgrenzung zwischen Netzanschluss und dem Netz der allgemeinen Versorgung, auf das sich die Kapazitätserweiterung nach § 9 Abs. 1 Satz 1 EEG bezieht, vollständig aufgegeben. Auch im Rahmen der zuvor ermittelten Bedeutung der Regelung in § 9 Abs. 2 1. Alt. EEG ist daher zu beachten, dass es sich nur insoweit um betriebsnotwendige Einrichtungen handeln kann, als diese Einrichtungen „zur Abnahme, Übertragung und Verteilung" unbedingt benötigt werden. Durch die bloße Anbindung einer Anschlussleitung an das Netz kann diese also nicht zu einem notwendigen Bestandteil des Netzes werden, weil sie keine der zuvor genannten Aufgaben erfüllt, sondern lediglich der Anlieferung des in der EE-Anlage produzierten Stroms dient[722].

Die Betriebsnotwendigkeit ist daher strikt auf Einrichtungen des Netzes der allgemeinen Versorgung im Sinne von § 3 Nr. 7 EEG zu beschränken und nicht etwa auf vor dem Netzverknüpfungspunkt befindliche Anschlussanlagen auszudehnen[723].

b. Wirkungen

Fragwürdig erscheint vor diesem Hintergrund, ob dem Kriterium der Betriebsnotwendigkeit in § 9 Abs. 2 1. Alt. EEG im Hinblick auf den Netzbegriff in § 3 Nr. 7 EEG nur klarstellende Wirkung zukommt oder ob der Anwendungsbereich jedenfalls hinsichtlich der Kostentragung erweitert wird[724]. Der Wortlaut spricht gegen eine erweiternde Wirkung. Die Anordnung der Pflicht erschöpft sich in der Maßgabe, dass es sich um *für den Betrieb des Netzes notwendige technische Einrichtungen* handeln muss. Eine Bezugnahme auf die von dem Eigentumskriterium erfassten *Anschlussanlagen* erfolgt nicht. Das EEG geht also für die An-

---

722 BGH, Urt. v. 01.10.2008 – VIII ZR 21/07, RdE 2009, 146 (148 f.). Siehe ebenfalls bereits 4. Kapitel:B.V.2, S. 56.

723 So im Ergebnis wohl auch *Salje*, EEG 2009, § 9 Rn. 19. Die Gesetzesbegründung zum EEG, BT-Drucks. 16/8148, S. 45 und die darauf verweisende Literatur (Fn. 721) gehen mit ihrer Definition daher möglicherweise zu weit, wenn dadurch die Betriebsnotwendigkeit auf alle Bestandteile erweitert werden soll, die bei Entfernung zu einer (vorübergehenden) Störung des Netzbetriebs führen würden. Bei einem solchen Verständnis würde eine mit dem Netz ohne Trennschalter durch eine Muffe verbundene Anschlussleitung ebenfalls einen solchen betriebsnotwendigen Bestandteil des Netzes darstellen, weil nach Entfernung dieser Leitung die Netzleitung wieder zusammengefügt werden müsste; dagegen daher zu Recht LG Arnsberg, Urt. v. 07.08.2008 – I-4 O 490/07 (n.v.), S. 10; ähnlich auch LG Münster, Urt. v. 19.12.2008 – 04 O 142/08 (n.v.), S. 7.

724 Für eine konkretisierende Wirkung BGH, Urt. v. 01.10.2008 – VIII ZR 21/07, RdE 2009, 146 (148 f.).

nahme der qualifizierten technischen Einrichtungen nicht davon aus, dass diese Anschlussanlagen darstellen.

Ein Vergleich mit der Netzdefinition in § 3 Nr. 7 EEG legt zudem keinen weitreichenderen Regelungsgehalt nahe. Nach den bisherigen Feststellungen[725] ist für die Annahme eines Netzes für die allgemeine Versorgung sowohl die objektive Fähigkeit als auch die subjektive Bereitschaft erforderlich, dem Grunde nach eine jedenfalls nicht von Anfang an begrenzte Zahl von Anschlussnehmern anzuschließen und zu versorgen. Diese Voraussetzungen für die Annahme eines Netzes im Sinne des EEG können daher zwingend nur dann erfüllt sein, wenn das Netz betriebsfähig ist. Sonst wird es bereits an der objektiven Fähigkeit des Netzes *zur* Abnahme, Übertragung und Verteilung von Elektrizität fehlen. Folglich müssen für den Betrieb des Netzes notwendige Einrichtungen bereits als Teil des Netzes gemäß § 3 Nr. 7 EEG angesehen werden. Die geforderte Notwendigkeit der Einrichtungen *für* den Betrieb des Netzes belegt einen funktionalen Charakter der Regelung für die nähere Präzisierung der Reichweite des Netzbegriffs[726]. Die Vorschrift muss demnach rein deklaratorisch als nähere Konkretisierung des auszubauenden Netzes verstanden werden. Für eine weiterreichende rechtliche Wirkung zur Konstituierung einer Kostentragungspflicht auch über das Netz der allgemeinen Versorgung hinaus, bleibt nichts übrig.

c. Selbstständiger Anwendungsbereich

Es ist weiter fraglich, ob diesem Kriterium neben dem zuvor diskutierten eigentumsrechtlichen Kriterium überhaupt eine eigenständige praktische Bedeutung zukommen kann. Gegen eine eigenständige Bedeutung könnte sprechen, dass es dann, wenn der Netzbetreiber das Eigentum an einer technischen Anlage inne hat bzw. erlangt, nicht mehr darauf ankommen kann, ob die Anlagen für den Betrieb des Netzes notwendig sind[727]. In jedem Fall wären dem Netzbetreiber dann die Kosten zugeordnet. Zunächst ist zu attestieren, dass jedenfalls ohne weiteres die Situation denkbar ist, in der *nicht* für das Netz betriebsnotwendige Anlagen im Eigentum des Netzbetreibers stehen[728]. Demnach kann das Kriteri-

725 Siehe 4. Kapitel:B.VII, S. 60.

726 BGH, Urt. v. 28.03.2007 – VIII ZR 42/06, RdE 2007, 310 (312); BGH, Urt. v. 01.10.2008 – VIII ZR 21/07, RdE 2009, 146 (148 f.).

727 *Klemm*, ET 2007, 62 (64); im Ergebnis ebenso *Schäfermeier/Reshöft*, ZNER 2007, 34 (36), die davon ausgehen, dass der Netzbetreiber schon gesetzlich über § 946 BGB an für das Netz betriebsnotwendigen Anlagen Eigentum erwirbt.

728 So wurde beispielsweise das Eigentum an reinen Anschlussleitungen bis zum Verknüpfungspunkt zur Einspeisung des Stroms aus der EE-Anlage in der Vergangenheit – insbesondere unter Geltung des StrEG – häufig vom Netzbetreiber beansprucht, BT-Drucks. 16/8148, S. 45.

um des Eigentums über das Kriterium der Betriebsnotwendigkeit durchaus hinausgehen.

Umgekehrt zeigt die Definition des Netzes in § 3 Nr. 7 EEG aber, dass netzbetriebsnotwendige Einrichtungen auch nicht zwingend im Eigentum des Netzbetreibers stehen müssen[729]. Das Netz setzt sich danach aus der Gesamtheit der miteinander verbundenen technischen Einrichtungen zusammen. Das Gesetz geht also grundsätzlich von der rechtlichen Eigenständigkeit der technischen Einrichtungen aus, bezeichnet diese aber in ihrer Gesamtheit als Netz. Es liegt daher fern, sämtliche so miteinander verbundenen Einrichtungen über § 94 BGB als wesentliche Bestandteile einer gemeinsamen Sache, nämlich des Netzes, anzusehen. Auch beurteilt sich die Eigentumslage nicht nach derjenigen des Grundes, über welchen die Leitungen verlaufen[730]. Wollte man das anders sehen, so würden sämtliche Anschlussanlagen durch Verbindung mit dem Netz zum Bestandteil des Netzes und das Eigentum würde sich dann auch auf diese Anschlussanlagen erstrecken. Wegen § 9 Abs. 2 2. Alt. EEG wäre im Ergebnis stets von einer Kostentragung zu Lasten des Netzbetreibers auszugehen, was offensichtlich verfehlt wäre, weil dann immer sämtliche Kosten der Netzbetreiber tragen müsste, ohne dass es noch auf die Lage des Netzverknüpfungspunkts nach § 5 EEG ankäme. Abzustellen ist daher auch bei der Frage, ob eine Verbindung nach § 946 BGB vorliegt, nicht auf das Netz als Gesamtheit, sondern auf die einzelnen technischen Einrichtungen, aus denen sich diese Gesamtheit zusammensetzt.

Soweit sich das Eigentum auf Bestandteile des Netzes der allgemeinen Versorgung erstreckt, besteht ein Gleichlauf der Kriterien. Das hat der Gesetzgeber offenbar erkannt und deshalb für die Anknüpfung der Eigentumslage in § 9 Abs. 2 2. Alt. EEG die „Anschlussanlagen“, also die technischen Einrichtungen des Netzanschlusses, aufgenommen. Deshalb kann es streng genommen nicht zu Überschneidungen kommen, da sich die Betriebsnotwendigkeit wie ausgeführt stets auf das Netz der allgemeinen Versorgung bezieht, während das Eigentumskriterium aus Sicht des Netzbetreibers jenseits des Verknüpfungspunkts ansetzt[731]. Deshalb ist ein eigenständiger Anwendungsbereich des Kriteriums der Betriebsnotwendigkeit für das Netz neben dem Kriterium des Eigentums nach § 9 Abs. 2 EEG eröffnet.

---

729 BGH, Urt. v. 28.03.2007 – VIII ZR 42/06, RdE 2007, 310 (312 f.); dazu auch schon 4. Kapitel:A.II.1, S. 44.

730 BGH, Urt. v. 11.07.1962 – V ZR 175/60, BGHZ 37, 353 (357); *Michalski*, in: Erman, BGB, § 94 Rn. 3.

731 So dürfte auch *Ehricke*, in: Frenz/Müggenborg, EEG, § 9 Rn. 28 zu verstehen sein; zur Reichweite des Eigentumskriteriums bereits 6. Kapitel:B.II.1.e, S. 156.

d. Zwischenergebnis

Nach dem hier gefundenen Zwischenergebnis besitzt das Kriterium der Betriebsnotwendigkeit aus § 9 Abs. 2 1. Alt EEG neben dem Eigentumskriterium zwar einen eigenständigen Anwendungsbereich, bezieht sich allerdings nur auf technische Einrichtungen im Netz der allgemeinen Versorgung und konkretisiert dadurch lediglich den Begriff gemäß § 3 Nr. 7 EEG durch eine funktionale Betrachtung. Eine erweiternde Wirkung mit Blick auf die Kostentragungslast besteht demgegenüber nicht.

C. Vergleich mit anderen Regelungen

Nicht nur das EEG trifft Aussagen zu einer Kapazitätserweiterung des Netzes. Auch in anderen Regelungsmaterien sind infolge der seit Ende der 1990er Jahre zugenommenen Dynamik innerhalb des Energiewirtschaftsrechts[732] solche Maßnahmen vorgesehen. Ähnliche Bestimmungen finden sich etwa im allgemeinen Energiewirtschaftsrecht im EnWG, im KWKG[733], in der KraftNAV[734], in der NAV[735] und in der Gasnetzzugangsverordnung[736] (GasNZV) im Bereich der Einspeisung von Biogas in das Erdgasnetz. Im Folgenden sollen diese Parallelregelungen im Hinblick auf bestehende rechtliche Unterschiede oder Übereinstimmungen untersucht werden, um dadurch gegebenenfalls auch weiterführende Erkenntnisse für das EEG zu gewinnen.

I. Allgemeines Energiewirtschaftsrecht

Im allgemeinen Energiewirtschaftsrecht sind Regelungen zur Kapazitätserweiterung bzw. zum Netzausbau enthalten, die grundsätzlich für sämtliche Anlagen zur Erzeugung von Energie Anwendung finden. Speziell für Windenergieanlagen, die im Offshore-Bereich errichtet werden, hält § 17 Abs. 2a EnWG eine Sondervorschrift bereit. Das Verständnis dieser Pflichten ist sehr wichtig, weil nach dem Willen des Gesetzgebers daran auch im EEG anzuknüpfen ist[737].

---

732 *Körber*, ZNER 2009, 136.

733 Gesetz für die Erhaltung, die Modernisierung und den Ausbau der Kraft-Wärme-Kopplung v. 19.03.2002, BGBl. I S. 1092, zuletzt geändert durch Art. 11 des Gesetzes v. 28.07.2011, BGBl. I S. 1634.

734 Kraftwerks-Netzanschlussverordnung v. 26.06.2007, BGBl. I S. 1187.

735 Niederspannungsanschlussverordnung v. 01.11.2006, BGBl. I S. 2477, zuletzt geändert durch Art.4 der Verordnung v. 03.09.2010, BGBl. I S. 1261.

736 Gasnetzzugangsverordnung v. 03.09.2010, BGBl. I S. 1261.

737 BT-Drucks. 16/8148, S. 45.

1. Allgemeine Pflichten

Anders als die frühere Fassung des EnWG 1998[738] kennt das EnWG heute ausdrücklich eine Pflicht zum Netzausbau, wie sich aus mehreren Regelungen ergibt[739]. § 11 Abs. 1 Satz 1 EnWG enthält eine Pflicht der Betreiber von Energieversorgungsnetzen zum bedarfsgerechten Ausbau der Netze. Vergleichbar der Regelung in § 9 Abs. 3 EEG steht diese Ausbaupflicht des EnWG unter dem Vorbehalt der wirtschaftlichen Zumutbarkeit. Hinsichtlich der bedarfsgerechten Netzausbaupflicht nach § 11 Abs. 1 Satz 1 EnWG ist die Bedeutung und der Umfang unklar.

Gegen eine Auslegung dieser Pflicht allein im Hinblick auf die Gewährleistung der Versorgungssicherheit (Zweck des Gesetzes in § 1 EnWG) spricht, dass bereits im Rahmen der Wartungspflicht nach § 11 Abs. 1 Satz 1 EnWG die Erhaltung der Netze vorgesehen ist[740]. Darüber hinaus ist aber die Erhaltung der Versorgungssicherheit lediglich die Beibehaltung des Status quo, der unabhängig vom Netzausbau und Netzbedarf erreicht werden kann. Das spricht dafür, dass der Netzausbau über die bloße Gewährleistung der Versorgungssicherheit hinaus geht. Bei entsprechendem Bedarf des Marktes hat der Netzbetreiber daher unabhängig von der Versorgungssicherheit einen selbstfinanzierten Ausbau des Netzes vorzunehmen[741]. Abseits von der statischen Erhaltung des Netzes dürfte deshalb auch die räumliche Erweiterung des Netzes erfasst sein, um beispielsweise bislang eigenversorgte Sonderabnehmer zum Zwecke der Zusatz- und Reservestromversorgung an das Netz anzubinden oder ein neues Baugebiet zu erschließen[742], aber auch, um die erheblichen Kapazitätsengpässe im Bereich der Übertragungsnetze zu beseitigen[743].

---

738 Gesetz zur Neuregelung des Energiewirtschaftsrechts v. 24.04.1998, BGBl. I S. 730.

739 Einen Überblick über die frühere Streitigkeit, ob die Netzausbaupflicht eventuell einen Bestandteil der Netzbetriebspflicht darstellt, geben *Salje*, EnWG, § 11 Rn. 19 ff. und *Theobald/Zenke/Ochsenfahrt*, in: Schneider/Theobald, Energiewirtschaft 2008, § 14 Rn. 101. Zur Pflicht des Netzbetreibers zur Entwicklung einer Bedarfsplanung *Weyer*, ZNER 2009, 210 (210 f.).

740 Hierzu und auch zur Verfassungsmäßigkeit der Regelung *Peters*, ZNER 2007, 272 (276).

741 *Peters*, ZNER 2007, 272 (276); *Salje*, EnWG § 11 Rn. 22. Ungeklärt ist allerdings, ob es sich dabei bloß um eine generelle Pflicht handelt, oder ob dadurch auch ein zivilrechtlicher Anspruch begründet wird, vgl. *Schäfermeier*, in: Reshöft, EEG 2009, § 9 Rn. 48. Für eine lediglich durch die Regulierungsbehörde durchsetzbare Pflicht *Höppner*, ZNER 2008, 25 (27) und *Stötzel*, in: Britz/Hellermann/Hermes, § 11 Rn. 31 ff.

742 *Salje*, EnWG, § 11 Rn. 22; zustimmend *Schäfermeier*, in: Reshöft, EEG 2009, § 9 Rn. 30.

743 *Weyer*, ZNER 2009, 210 (210); zu den daraus resultierenden Anforderungen an die Netze vgl. dena-Netzstudie II, 121 ff.

Auch in § 17 Abs. 2 Satz 3 EnWG wird im Rahmen der allgemeinen Regelung zum Netzanschluss ein Netzausbau zwar angesprochen. Dem Wortlaut nach wird aber explizit keine Netzausbaupflicht geregelt. Fraglich ist, ob gleichwohl eine solche Pflicht aus dieser Vorschrift herzuleiten ist. Die Verpflichtung zur Herausgabe von Informationen hinsichtlich der Kosten des Netzausbaus in dieser Vorschrift legt eine Pflicht zum konkreten Ausbau des Netzes nahe[744]. In der Informationspflicht wird mehr als ein Selbstzweck zu erblicken sein, weshalb auch an dieser Stelle von einer Netzausbaupflicht auszugehen sein dürfte[745]. Über die Kostentragung der entsprechenden Maßnahmen ist damit gleichwohl noch nichts gesagt. Jedenfalls zur bisherigen Rechtslage wurde bislang die Auffassung vertreten, eine Netzausbaupflicht des Netzbetreibers bestehe dann nicht, wenn dieser die Kosten des Ausbaus selbst tragen müsse[746]. Hinsichtlich der Netzanschlussmaßnahmen dürfte jedenfalls gelten, dass die entsprechenden Kosten vom jeweiligen Anschlussnehmer, also vom Anlagenbetreiber zu zahlen sind[747].

Nach § 12 Abs. 3 EnWG, dessen Anwendung nach der ausdrücklichen Anordnung in § 9 Abs. 4 EEG bestehen bleibt, haben Übertragungsnetzbetreiber dauerhaft die Fähigkeit des Netzes sicherzustellen, die Nachfrage nach Übertragung von Elektrizität zu befriedigen und insbesondere durch entsprechende *Übertragungskapazität* und Zuverlässigkeit des Netzes zur Versorgungssicherheit beizutragen. Aus rechtssystematischer Sicht dürfte die Vorschrift, anders als § 9 Abs. 1 Satz 1 EEG, in erster Linie auf die Bereitstellung der Übertragungskapazität für die Versorgung abzielen, also die Erzeugung oder Gewinnung von Energie zur *Belieferung* von Kunden[748], während das EEG die Abnahme des Stroms sicherstellen möchte. Aufgrund des offenen Wortlauts „*haben* beizutragen“ und der gesetzlichen Überschrift „*Aufgaben* der Betreiber von Übertragungsnetzen“ ist ebenso wie im Rahmen des § 11 Abs. 1 Satz 1 EnWG höchst fraglich, ob die Pflicht gegenüber jedermann besteht und umgekehrt auch zivilrechtlich von jedermann geltend gemacht werden kann[749].

Ungeachtet der Frage des Bestehens einer zivilrechtlichen Netzausbaupflicht des Netzbetreibers nach § 11 Abs. 1 Satz 1 oder § 17 Abs. 2 EnWG bzw. einer Pflicht zur Kapazitätsbereitstellung nach § 12 Abs. 3 EnWG, ist jedenfalls fest-

---

744 *Peters*, ZNER 2007, 272 (275).

745 Dafür auch *Schäfermeier*, in: Loibl u.a., Biogasanlagen, S. 226 Rn. 2; a.A. *Stötzel*, in: Britz/Hellermann/Hermes, § 17 Rn. 29.

746 Vgl. die Nachweise bei *Peters*, ZNER 2007, 272 (275).

747 *Stötzel*, in: Britz/Hellermann/Hermes, § 17 Rn. 19; *vom Hammerstein*, ZNER 2007, 110 (112).

748 Legaldefinition für „Versorgung“ in § 3 Nr. 36 EnWG; vgl. auch 4. Kapitel:B.IV.3.a, S. 50.

749 Zur allgemeinen Ausbaupflicht nach § 11 Abs. 1 Satz 1 EnWG siehe *Salje*, EnWG, § 11 Rn. 22 ff.; *Schäfermeier*, in: Reshöft, EEG 2009, § 9 Rn. 48.

zustellen, dass das EnWG keinerlei Kriterien für die Abgrenzung von Netzanschluss- und Netzausbaumaßnahmen in diesen allgemeinen Bestimmungen bereit hält. Ein Rückgriff auf die allgemeinen Vorschriften des EnWG mit dem Ziel einer Abgrenzung von Netzanschluss zu Kapazitätserweiterungsmaßnahmen nach dem EnWG bleibt daher erfolglos. Vielmehr könnten umgekehrt die diesbezüglichen Erkenntnisse für das EEG im Rahmen der Auslegung der energierechtlichen Bestimmungen des EnWG herangezogen werden[750].

2. Spezialfall Offshore-Windenergie

Durch das Infrastrukturplanungsbeschleunigungsgesetz[751] ist hinsichtlich des Anschlusses von Offshore-Anlagen im Sinne des EEG eine Neuregelung in § 17 Abs. 2a EnWG eingefügt worden[752]. Da es sich bei Offshore-Anlagen um Anlagen zur Erzeugung von Strom aus Erneuerbaren Energien im Sinne von § 2 Nr. 1 EEG handelt, könnte man von einer systematischen Fehlstellung ausgehen. Die andersartige Regelung der grundsätzlich dem Anwendungsbereich des EEG unterfallenden Offshore-Windenergieanlagen zeigt jedoch jedenfalls, dass die bestehende Anbindungsregelung in § 17 Abs. 2a EnWG spezieller ist als die Grundsatzregelung in §§ 13 Abs. 1 i.V.m. 5 Abs. 1 EEG und diese verdrängt[753].

Nach der im einzelnen noch ungeklärten[754] Sonderregel für Offshore-Windenergie haben Übertragungsnetzbetreiber in ihren Regelzonen die Leitungen von dem Umspannwerk der Offshore-Anlagen bis zu dem technisch und wirtschaftlich günstigsten Verknüpfungspunkt des nächsten Übertragungs- oder Verteilernetzes zu errichten und zu betreiben. In zeitlicher Hinsicht enthält § 17 Abs. 2 Satz 1 2. HS EnWG die Vorgabe, dass die Netzanbindungen im Zeitpunkt der Herstellung der technischen Betriebsbereitschaft der Offshore-

---

750 Auf die allgemeine Netzausbaupflicht des Netzbetreibers nach dem EnWG soll im Rahmen dieser Bearbeitung nicht weiter eingegangen werden. Die angesprochenen Fragen zeigen aber, dass hier Forschungs- und Klärungsbedarf besteht.

751 Gesetz zur Beschleunigung von Planungsverfahren für Infrastrukturvorhaben vom 09.12.2006, BGBl. I S. 2833. Art. 7 Nr. 3 des Gesetzes enthält die insoweit hier maßgeblichen Änderungen.

752 Nach der Legaldefinition in § 3 Nr. 9 EEG sind unter Offshore-Anlagen Windenergieanlagen zu verstehen, die in einer Entfernung von mindestens drei Seemeilen gemessen von der Küstenlinie aus seewärts errichtet worden sind.

753 *Müller*, in: Danner/Theobald, Bd. 2, EEG § 13 Rn. 25; anders *Hinsch*, ZNER 2009, 333 (334).

754 *Hinsch*, ZNER 2009, 333 (335); *Ekardt*, in: Frenz/Müggenborg, EEG, § 14 Rn. 11.

Anlagen errichtet sein müssen[755]. Mit dieser eigenständigen Regelung für den Offshore-Bereich ist der Gesetzgeber Rufen in der Literatur[756] nachgekommen.

Letztlich orientiert sich die gesetzliche Regelung aber auch an den praktischen Bedürfnissen. Denn naturgemäß entsteht bei der Erzeugung von Strom durch Offshore-Windparks die elektrische Energie fernab von den Bedarfszentren. Der Strom muss zunächst über weite Strecken zum Verbraucher transportiert werden. Die Verbrauchsschwerpunkte in Deutschland befinden sich aber überwiegend nicht an der Küste von Nord- und Ostsee, sondern hunderte Kilometer entfernt im Ruhrgebiet, der Rhein-Main-Region oder im Großraum Berlin[757]. Da mit der Errichtung von Offshore-Windparks sinnvollerweise erst dann begonnen werden kann, wenn die Ableitung des Stroms an Land sichergestellt ist, entscheidet sich letzten Endes der wirtschaftliche Erfolg von Offshore-Windenergieanlagen mit der Bereitstellung von ausreichenden Netzkapazitäten an Land. Bei der Vielzahl von geplanten Offshore-Windenergieanlagen[758] lassen sich milliardenschwere Investitionsruinen auf See nur durch die Gewährleistung der Stromableitung vermeiden[759].

Die Regelung in § 17 Abs. 2a EnWG scheint für Betreiber von Offshore-Windenergieanlagen grundsätzlich günstig, da lediglich die windparkinterne Verkabelung und das Umspannwerk der Offshore-Anlagen vom Anlagenbetreiber bezahlt werden müssen, während die Kosten der Leitungen vom Umspannwerk zum Verknüpfungspunkt dem Übertragungsnetzbetreiber obliegen[760]. Eine Ähnlichkeit zur Regelung des § 13 Abs. 1 EEG lässt sich aber insoweit ausmachen, als dass auch bei Offshore-Anlagen eine räumliche Begrenzung des Anschlusses der Anlagen stattfindet[761] –allerdings in deutlich kürzerer Entfernung zum Anlagenstandort. Nach der Grundsatzregel des § 13 Abs. 1 EEG müsste nämlich der Anlagenbetreiber die Kosten der Anbindung auch zwischen Umspannwerk und Verknüpfungspunkt tragen. Diese Systematik in § 17 Abs. 2a EnWG geht damit noch einen Schritt weiter als das aus dem EEG bekannte Re-

755 Das dürfte sogar noch über die Pflicht zur „unverzüglichen" Kapazitätserweiterung nach § 9 Abs. 1 Satz 1 EEG hinausgehen, da dort ein zeitlich fixierter Fertigstellungszeitpunkt nicht genannt ist; zur Unverzüglichkeit bereits 5. Kapitel:A, S. 101.

756 *Niedersberg*, Schwachstellenanalyse, S. 65.

757 *Spreen*, NVwZ 2005, 653 (654).

758 Der erste deutsche Offshore Windpark „Alpha-Ventus" vor der Nordseeinsel Borkum speist seit August 2009 Strom in das Netz ein, vgl. „Windräder mit nassen Füßen", FAZ v. 04.08.2009, S. T1.

759 Vgl. *Spreen*, NVwZ 2005, 653 (654).

760 Zweifelnd hinsichtlich der Kosten der Umspannanlagen *Wustlich*, ZUR 2007, 122 (126).

761 *Müller*, in: Danner/Theobald, Bd. 2, EEG § 13 Rn. 26.

gime der flachen Netzanschlusskosten[762]. Hintergrund der weitgehenden Anordnungen ist offenbar zum einen die Erlangung weitgehender Transparenz und Planungssicherheit für potentielle Betreiber[763], zum anderen aber auch die Sicherstellung des Optimierungsprinzips durch Sammelanbindungen und Synergieffekte[764].

Des Weiteren gilt die Leitung, die das Umspannwerk der Offshore-Anlagen mit dem technisch und wirtschaftlich günstigsten Verknüpfungspunkt des nächsten Netzes verbindet, nach § 17 Abs. 2a Satz 2 EnWG ab dem Zeitpunkt der Errichtung als Teil des Energieversorgungsnetzes. Das hat erhebliche Konsequenzen. Denn die Netzbetreiber müssen deswegen die von ihnen errichteten und betriebenen „Anschlussleitungen" gegebenenfalls ausbauen, soweit diese kapazitätsmäßig zur Abnahme des Stroms nicht geeignet sein sollten[765]. Die Vorschrift des § 17 Abs. 2 a EnWG wird somit auch über die Geltungsfrist nach § 118 Abs. 3 EnWG bis zum 31.12.2015 hinaus Wirkungen entfalten[766]. Es zeigt sich also, dass die Neuregelung im EnWG bedeutsame Konsequenzen für die Unterscheidung von Anschlusskosten einerseits und Netzausbaukosten andererseits hat[767]. Für die Abgrenzungsfragen nach dem EEG können hier ebenfalls Rückschlüsse gezogen werden.

Wegen der ausdrücklichen Anordnung in § 17 Abs. 2a Satz 2 EnWG ist im Umkehrschluss zu folgern, dass Anschlussleitungen grundsätzlich weder Bestandteile noch betriebsnotwendige Einrichtungen des Netzes darstellen. Denn anderenfalls wäre die Anordnung in § 17 Abs. 2 Satz 2 EnWG überflüssig. Damit werden die bisherigen Ergebnisse bestätigt[768]. Die Schlussfolgerungen aus § 17 Abs. 2a Satz 2 EnWG gelten zwar in erster Linie nur im EnWG. Letztlich ist die Begriffsbedeutung im EEG jedoch weitgehend ähnlich und ein übereinstimmendes Verständnis erscheint aus systematischen Gründen nicht verwehrt, sondern

---

762 Nicht ganz korrekt spricht *Schütte*, RdE 2007, 300 (305) davon, dass der Einspeisepunkt mit § 17 Abs. 2a EnWG auf See verlegt worden sei. Wie § 17 Abs. 2a Satz 1 EnWG zeigt, verbleibt der Verknüpfungspunkt am Übertragungs- oder Verteilnetz, also an Land; zum Begriff der flachen Netzanschlusskosten siehe 5. Kapitel:E, S. 133.

763 BNA, Positionspapier zu § 17 Abs. 2a EnWG, S. 3.

764 BNA, Positionspapier zu § 17 Abs. 2a EnWG, S. 4 und 8; *Schütte*, RdE 2007, 300 (305); *Wustlich*, ZUR 2007, 122 (127); ebenso *Hinsch*, ZNER 2009, 333 (335), der gleichwohl weitreichende Verzögerungen bei der Realisierung von Offshore-Projekten bemängelt, ebd. (340).

765 *Wustlich*, ZUR 2007, 122 (127); *Hinsch*, ZNER 2009, 333 (335); *Müller*, in: Danner/Theobald, Bd. 2, EEG § 13 Rn. 27.

766 *Schütte*, RdE 2007, 300 (305); *Hinsch*, ZNER 2009, 333 (336).

767 So auch *Salje*, EnWG, § 14 Rn. 43.

768 Dazu, dass Anschlussleitungen grundsätzlich kein Bestandteil des Netzes der allgemeinen Versorgung sind vgl. 4. Kapitel:B.V.2, S. 56; zu dem Ergebnis, dass betriebsnotwendige Einrichtungen stets auch Bestandteile des Netzes nach § 3 Nr. 7 bilden siehe 6. Kapitel:B.II.2.b, S. 157.

sogar wünschenswert. Auch bezüglich der Kostentragung weist die Sonderregelung auf die grundsätzliche Kostenlast des Anlagenbetreibers für die Anschlussleitungen zwischen Anlage und Netzverknüpfungspunkt im EnWG hin (entsprechend § 13 Abs. 1 EEG).

Des Weiteren spricht die Regelung grundsätzlich auch gegen die Annahme einer Pflicht zur räumlichen Erweiterung des Netzes. Denn die Verlegung der Leitung aus Sicht des Netzbetreibers jenseits des Verknüpfungspunkts stellt offensichtlich eine Ausnahme von der Regel dar. § 17 Abs. 2a Satz 1 EnWG spricht gerade von der Leitungserrichtung bis zum „Verknüpfungspunkt des nächsten (...)netzes". Während bei Offshore-Anlagen der Netzbetreiber zur Verlegung einer Leitung zwischen Netzverknüpfungspunkt und Anlagenstandort auf seine Kosten verpflichtet wird, könnte für den Anwendungsbereich des EEG im Umkehrschluss gefolgert werden, dass eine derartige Pflicht nicht besteht. Ob man vor diesem Hintergrund eine systematische Verfehlung der Regelung im EnWG vertreten kann, ist daher jedenfalls nicht eindeutig zu beantworten. Es könnte gerade argumentiert werden, die Sonderregelung bezüglich Offshore-Windenergieanlagen unter Hinnahme eines vermeintlichen Systembruchs erfolgte deshalb im EnWG, weil dies eine Durchbrechung der grundsätzlichen Regelungen zur Abgrenzung der Kosten nach dem EEG darstellt[769].

II. Regelungen für Großkraftwerke

Für Kraftwerke zur Erzeugung elektrischer Energie mit einer Leistung ab 100 MW regelt die KraftNAV den Anschluss an Elektrizitätsversorgungsnetze mit einer Spannung von mindestens 110 kV. Es kommen hier also nur Hoch- und Höchstspannungsnetze in Betracht[770]. Damit ist nur ein Teilbereich möglicher Anschlusspetenten und Anschlussvarianten im Erzeugungsanlagensektor erfasst[771]. Die Verordnung stützt sich ausweislich ihrer Eingangsformel auf § 17 Abs. 3 Satz 1 und 2, § 24 Satz 1 Nr. 1 i.V.m. Satz 2 Nr. 2 und 3 sowie Satz 3 und § 29 Abs. 3 EnWG und gestaltet insbesondere die allgemeine Netzanschlusspflicht nach § 17 EnWG für den Bereich der Großkraftwerke aus. Der Erlass der Verordnung ist vor dem Hintergrund zu sehen, dass es in den nächsten Jahren zur Abschaltung einer Vielzahl von Erzeugungsanlagen, zum Teil aus

769 Für eine bewusste Integration der Offshore-Vorschriften im EnWG *Wustlich*, ZUR 2007, 122 (126).

770 Zur Struktur des Netzes hinsichtlich der Spannungsebenen vgl. 2. Kapitel:A, S. 9.

771 *Scholtka/Baumbach*, NJW 2008, 1128, (1130) weisen zutreffend darauf hin, dass der Verordnungsgeber bislang keinen Gebrauch von einer allgemeingültigen Anschlussverordnung für Erzeugungsanlagen gemacht hat.

Altersgründen, teilweise aber auch politisch motiviert kommen wird[772]. Ziel ist es, den auf den Markt drängenden Newcomern von Erzeugungsanlagen einen transparenten und diskriminierungsfreien Netzanschluss und Netzzugang zu gewährleisten[773]. Die dafür erforderlichen Kosten, insbesondere für einen gegebenenfalls erforderlichen Netzausbau, und die Frage der Verteilung dieser Kosten kann über die Realisierung ganzer Kraftwerksprojekte entscheiden.

§ 6 Abs. 2 KraftNAV setzt die Unterscheidung zwischen Netzanschluss in § 17 EnWG und Netzzugang in § 20 EnWG konsequent fort[774]. Danach berechtigt nur fehlende Anschlusskapazität zur Anschlussverweigerung, während fehlende Leitungskapazität davon strikt zu unterscheiden ist. Hinsichtlich des Netzzugangs besteht für die unter § 7 Abs. 2 KraftNAV genannten Anlagen eine – zeitlich befristete – Bevorzugung gegenüber anderen Anlagen. Der Vorrang bezieht sich nach § 7 Abs. 3 Satz 2 KraftNAV im Falle von Netzengpässen nur auf die Bereitstellung von maximal der Hälfte der verfügbaren Leitungskapazität. Er bleibt damit dem Umfang nach deutlich hinter dem Vorrangigkeitsprinzip des EEG zurück[775].

Dem Vorbild der Regelung in § 7 Abs. 1 EEG entsprechend, billigt die KraftNAV dem Anlagenbetreiber ein Wahlrecht zu, ob er die Verbindung seiner Anlage mit dem Netz vom Netzbetreiber oder einem Dritten ausführen lassen möchte[776]. Die KraftNAV hält in § 2 Nr. 2 gar eine Definition des Netzanschlusses bereit, der zufolge dieser die Herstellung der elektrischen Leitung, die Erzeugungsanlage und Anschlusspunkt verbindet, und ihre Verknüpfung mit dem Anschlusspunkt einschließt. Über die ähnliche Regelung in § 5 Abs. 1 Satz 1 i.V.m. § 13 Abs. 1 EEG geht die Bestimmung insoweit hinaus, als dass auch der Vorgang der Verbindung vom Netzanschluss umfasst ist.

Ebenfalls findet sich eine Kostenregelung in § 8 KraftNAV. Neben den Kosten des Netzanschlusses (§ 8 Abs. 1 KraftNAV) sind solche der Netzverstärkung oder ein Baukostenzuschuss nicht vom Anschlussnehmer zu tragen (§ 8 Abs. 3 KraftNAV). Allerdings hat sich der Anschlussnehmer darüber hinaus an den Netzkosten unter bestimmten Voraussetzungen anteilig zu beteiligen (§ 8 Abs. 2 KraftNAV). Das sind zusätzlich zu den Kosten, die für die Ertüchtigung des Netzanschlusspunktes anfallen, ebenfalls diejenigen Kosten für Maßnahmen des Netzausbaus zwischen Anschlusspunkt und nächstem Netzknoten, soweit diese

772 Vgl. das Gesetz zur geordneten Beendigung der Kernenergienutzung zur gewerblichen Erzeugung von Elektrizität v. 22.04.2002, BGBl. I, S. 1351 und Dreizehntes Gesetz zur Änderung des Atomgesetzes v. 31.07.2011, BGBl. I, S. 1704.

773 *De Wyl/Hartmann/von Petz*, ZNER 2007, 132 (133); *Buchmann*, RdE 2010, 127 (127).

774 Dazu näher bereits 4. Kapitel:C.II.1.b, S. 65

775 Vgl. im einzelnen zum Einfluss des Vorrangigkeitsprinzips und dessen Grenzen 5. Kapitel:C.I, S. 104.

776 *De Wyl/Hartmann/von Petz*, ZNER 2007, 132 (136).

Kosten jeweils ausschließlich durch vom Anschlussnehmer allein genutzte Betriebsmittel verursacht sind. Nach der Ausnahme des § 8 Abs. 2 Satz 3 KraftNAV gilt das nicht für Anschaffungs- und Herstellungskosten von Betriebsmitteln, die in das Eigentum des Netzbetreibers oder von Dritten übergehen, also nicht dem Anschlussnehmer zufallen. Zwar findet sich in der KraftNAV keine ausdrückliche Anordnung einer Netzausbau- oder Netzverstärkungspflicht, diese wird von der Kostentragungsregelung des § 8 vielmehr vorausgesetzt. Aus dem Zusammenspiel von § 7 Abs. 1 und § 8 Abs. 1 KraftNAV lässt sich eine solche Pflicht jedoch systematisch herleiten, da die Verwirklichung der Anschlusspflicht hierdurch gerade gewährleistet werden soll.

§ 8 KraftNAV erinnert grundsätzlich an die Bestimmungen der §§ 13 Abs. 1 und 14 EEG[777]. Wie auch im EEG ist Abgrenzungskriterium für die Kosten grundsätzlich der Anschlusspunkt – im EEG gemäß § 5 Abs. 1 Satz 1 abweichend Verknüpfungspunkt genannt. Kosten vor diesem Netzanschlusspunkt sind gemäß § 8 Abs. 1 KraftNAV vom Anschlussnehmer zu tragen. Für ab dem Netzanschlusspunkt bis zum nächsten Netzknoten anfallende Kosten hat der Anschlussnehmer zudem abweichend vom EEG aufzukommen, soweit diese durch ausschließlich von ihm genutzte Betriebsmittel verursacht sind.

Vorbild für das Abgrenzungskriterium des Eigentums nach § 8 Abs. 2 Satz 2 KraftNAV ist damit das EEG[778], jedoch in umgekehrter Richtung. Während sich im EEG nach § 9 Abs. 2 die Kostenverantwortung des *Netzbetreibers* auch auf Anschlussanlagen *vor* dem Verknüpfungspunkt erstrecken kann, bestimmt die KraftNAV eine Kostenerweiterung für den *Anschlussnehmer* hinsichtlich der Betriebsmittel am oder *nach* dem Anschlusspunkt. Die Anordnungen der KraftNAV gelten allerdings nur dann, wenn das Eigentum an den entsprechenden Mitteln beim Anschlussnehmer verbleibt. Demnach können nach Ansicht des Verordnungsgebers auch Betriebsmittel im Bereich des Anschlusspunktes oder zwischen Anschlusspunkt und nächstem Netzknoten durchaus nicht im Eigentum des Netzbetreibers stehen. Das stützt die These, wonach hinsichtlich der Eigentumsverhältnisse nicht auf das Netz als Gesamtheit aller miteinander verbundenen technischen Einrichtungen an sich, sondern auf die jeweiligen Einrichtungen abzustellen ist[779].

Dessen ungeachtet lässt sich der KraftNAV ein funktionaler Ansatz für die Kostenabgrenzung entnehmen, der danach fragt, ob das jeweilige Betriebsmittel ausschließlich vom Anschlussnehmer *genutzt* wird. Auch differenziert die KraftNAV zwischen Netzverstärkung und Netzausbau. Kosten einer Netzver-

777 *Schneider*, IR 2009, 2 (2).

778 *De Wyl/Hartmann/von Petz*, ZNER 2007, 132 (136);

779 Der Netzbetreiber muss nach § 5 Abs. 2 EEG nur dann die Kosten der entsprechenden Anschlussanlagen tragen, wenn diese in *sein* Eigentum übergehen; vgl. dazu und zu der eigentumsrechtlichen Beurteilung des Netzes 6. Kapitel:B.II.1.a, S. 151.

stärkung muss der Anschlussnehmer gemäß § 8 Abs. 3 KraftNAV niemals tragen. Von einem Netzausbau ist in Abgrenzung zu einer Maßnahme der Netzverstärkung wegen § 8 Abs. 2 Satz 3 KraftNAV offenbar immer dann auszugehen, wenn Betriebsmittel infolge des Netzanschlusses angeschafft oder hergestellt werden müssen. Ein Netzausbau fordert also die Errichtung *neuer* Mittel, während sich eine Netzverstärkung auf bereits *vorhandene* Mittel beschränken dürfte.

Folgende Erkenntnisse sind daher festzuhalten: Wie das EEG knüpft auch die KraftNAV hinsichtlich der Abgrenzung der vom Anschlussnehmer und vom Netzbetreiber zu tragenden Kosten dem Grunde nach an den Anschlusspunkt der Anlage mit dem Netz an[780]. Abweichend vom EEG hat der Anschlussnehmer auch jenseits des Anschlusspunkts bis zum nächsten Netzknoten die Kosten erforderlicher Neueinrichtungen von Betriebsanlagen zu tragen, wenn diese ihm funktional ausschließlich zugeordnet sind. Entscheidendes Abgrenzungskriterium nach der KraftNAV ist davon abweichend das Eigentum an den Betriebsmitteln, allerdings mit der Maßgabe, dass die Kosten nur bei eigenem Eigentum vom Anschlussnehmer zu tragen sind. Eine Abgrenzung von Ausbau und Verstärkung des Netzes erfolgt danach, ob es sich um neue oder bestehende Betriebsmittel handelt. Für die Pflicht zur Durchführung einer räumlichen Erweiterung des Netzes in Richtung Anlagenstandort lässt sich der KraftNAV hingegen nichts entnehmen. Des Weiteren verbietet § 8 Abs. 3 KraftNAV – anders als das EEG – *ausdrücklich* die Erhebung eines Baukostenzuschusses[781].

III. Regelungen für Kraft-Wärme-Kopplung

Das KWKG verpflichtet, vergleichbar mit der Regelung in § 5 Abs. 1 EEG, Netzbetreiber zum Anschluss von KWK-Anlagen[782] und zur Abnahme des darin erzeugten Stroms (§ 4 Abs. 1 Satz 1 KWKG). Das KWKG fingiert die technische Eignung eines Netzes zur Aufnahme des KWK-Stroms, wenn die Aufnahme erst durch einen wirtschaftlich zumutbaren Netzausbau möglich wird (§ 4 Abs. 6 Satz 2 KWKG). Der nachträglich eingefügte § 4 Abs. 1a KWKG erklärt die zuvor untersuchte Regelung in § 8 KraftNAV auch für Anlagen mit einer Leistung von weniger als 100 MW ungeachtet der Spannungsebene für entspre-

780 *Höppner*, ZNER 2008, 25 (26).

781 Auf die Bedeutung dieses Begriffs und die Frage, ob die Erhebung von Baukostenzuschüssen durch den Netzbetreiber im Bereich des EEG zulässig ist, wird die Arbeit später noch zurückkommen, dazu 7. Kapitel:D, S. 212.

782 Der Begriff der KWK-Anlagen ist in § 3 Abs. 2 KWKG definiert. Entscheidendes Merkmal der Kraft-Wärme-Kopplung ist die gleichzeitige Umwandlung von eingesetzter Energie in elektrische Energie und in Nutzwärme (§ 3 Abs. 1 KWKG).

chend anwendbar[783]. Der Anwendungsbereich erstreckt sich folglich über sämtliche Netzebenen, beginnend in der Niederspannung bis hin zur Höchstspannung.

Die vor Einführung des § 4 Abs. 1a KWKG umstrittenen Fragen, ob Abgrenzungsregelungen im KWKG bewusst oder infolge eines Redaktionsversehens nicht getroffen wurden[784] und ob die Bestimmungen des EEG hinsichtlich einer Abgrenzung von Netzanschluss- und Netzausbaukosten eventuell analog heranzuziehen waren[785], haben deshalb ihre Bedeutung verloren.

Der Verweis auf die Vorschrift der KraftNAV scheint systematisch verfehlt. Wie die Klarstellungen in § 4 Abs. 1 Satz 2 KWKG und in § 11 Abs. 1 Nr. 2 EEG zeigen, hat sich der Gesetzgeber betreffend den Anlagenanschluss und die Stromabnahme nunmehr für eine gleichrangig bevorzugte Behandlung von Kraft-Wärme-Kopplung und Erneuerbaren Energien entschieden[786]. Konsequent wäre daher auch hinsichtlich der Kostentragung für die Anbindung von KWK-Anlagen ein Verweis auf die entsprechenden Vorschriften des EEG gewesen, um dadurch auch diesbezüglich gleiche Voraussetzungen zu schaffen. p

Auch das KWKG ordnet ebenso wenig wie die KraftNAV eine Pflicht des Netzbetreibers zum Ausbau seines Netzes an. Analog der Aussagen zur KraftNAV dürfte diese Pflicht jedoch aus § 4 Abs. 1 Satz 1 KWKG herzuleiten sein. Ein Netzausbau nach § 4 Abs. 6 Satz 2 KWKG dient zur Durchsetzung der dort manifestierten Anschlusspflicht für KWK-Anlagen und der Pflicht zur Abnahme des mit diesen Anlagen produzierten Stroms.

Die Besonderheit bei der Erzeugung von Strom aus Kraft-Wärme-Kopplung besteht in der gleichzeitigen Nutzung der bei dem Stromerzeugungsprozess anfallenden Wärme. Die ausgekoppelte Wärme muss mittels Wärmeleitungen zu den

---

783 Unzutreffend ist insoweit der Hinweis von *Schäfermeier*, in: Reshöft, EEG 2009, § 13 Rn. 2, wonach zwischen der Aufteilung von Netzanschluss- und Netzausbaukosten ein Gleichlauf zum EEG bestehe.

784 *Rosin/Elspas*, RdE 2002, 174 (177 f.) hielten ein Redaktionsversehen für wahrscheinlicher, allerdings ohne Begründung.

785 Eine analoge Anwendung dieser Vorschriften wurde, soweit ersichtlich, allgemein befürwortet. Dafür plädierten etwa *Rosin/Elspas*, RdE 2002, 174 (178); *Büdenbender/Rosin*, KWKG 2003, § 4 Rn. 33; *Weißenborn*, in: Nill-Theobald/Weißenborn, Entwicklungen zur KWK-Förderung, S. 223 (254); ebenso im Ergebnis *Lühring*, in: Säcker, BK, § 4 Rn. 22 f., der sich allerdings für die Anwendung der allgemeinen zivilrechtlichen Regelungen des § 448 BGB aussprach.

786 *Buchmann/Hirschmann*, RdE 2009, 204 (206); dagegen nur für vorrangige Abnahmepflicht *Bönning*, in: Reshöft, EEG 2009, § 5 Rn. 16. Eine Anordnung des Vorrangigkeitsprinzips enthielt das KWKG bisher nicht. Gleichwohl sprach sich *Salje*, KWKG, § 4 Rn. 18 schon vor der Gesetzesänderung dafür aus, die Pflichten des KWKG jedenfalls im Range noch vor konventioneller Stromerzeugung und nach dem EEG anzusiedeln.

Verbrauchseinrichtungen transportiert werden. Das KWKG gesteht im Rahmen des ebenfalls neu eingefügten § 5a unter bestimmten Voraussetzungen den Betreibern von Wärmenetzen die Zahlung eines Zuschlags zu. Auch wenn die Vorschrift damit eine andere Zielrichtung als das EEG hat, könnte die in § 5a Abs. 3 KWKG enthaltene Legaldefinition des Ausbaus eines solchen Netzes von Interesse sein.

Ein Ausbau ist demnach „die Erweiterung eines bestehenden (...)netzes zum Anschluss bisher nicht (...) versorgter Abnehmer durch die Errichtung neuer (...)netzbestandteile mit allen Komponenten, die zur Übertragung (...) vom bestehenden (...)netz bis zum Verbraucherabgang erforderlich sind. Gleichgestellt sind Netzverstärkungsmaßnahmen, die zu einer Erhöhung des transportierbaren Wärmestroms von mindestens 50 % im betreffenden Trassenabschnitt führen, und der Zusammenschluss bestehender (...)netze."

In Abgrenzung zu der ebenfalls angesprochenen Netzverstärkung ist dieser Legaldefinition zufolge immer dann von einem Netzausbau auszugehen, wenn neue technische Bestandteile zwischen vorhandenem Netz und Verbrauchspunkt errichtet werden. Eine räumliche Erweiterung des Netzes in Richtung der Anlage ist danach der Grundfall des Netzausbaus. Die Wirkungen einer Netzverstärkung scheinen sich dagegen stets auf das vorhandene und räumlich statische Netz zu beziehen und in der Erhöhung dessen Transportkapazität zu erschöpfen.

Das Verständnis des KWKG von einem Netzausbau im Bereich der Wärmenetze ist danach ein anderes, als dasjenige, welches dem Elektrizitätsnetz entsprechend § 8 KraftNAV zu Grunde liegt. Diese Diskrepanz dürfte mit der unterschiedlichen Zielrichtung des § 5a KWKG zu erklären sein. Dort geht es nicht um die Begründung einer Pflicht zum Netzausbau, sondern um die Festlegung der Voraussetzungen zum Erhalt von Zuschlagsbeträgen. Die dortige Definition des Begriffs Netzausbau kann daher nicht für die Auslegung des Netzausbaus im Rahmen der eine zivilrechtliche Pflicht zum Netzausbau begründenden Vorschriften herangezogen werden. Dasselbe gilt folglich auch für den Begriff der Netzverstärkung, obgleich sich die Vorstellungen insoweit weitgehend entsprechen dürften. Diesbezüglich kann auf die obigen Ergebnisse zu Großkraftwerken verwiesen werden[787].

---

787 Vgl. 6. Kapitel:C.II, S. 166.

IV. Regelungen für Anschlüsse in Niederspannung

Die NAV ist im November 2006 im Rahmen eines Verordnungspakets in Kraft getreten. Zusammen mit der Niederdruckanschlussverordnung[788] (NDAV) und den Grundversorgungsverordnungen[789] Strom (StromGVV) und Gas (GasGVV) löste die NAV die AVBEltV und die Verordnung über Allgemeine Bedingungen für die Gasversorgung von Tarifkunden[790] ab, die zu Beginn der 1980er Jahre in Kraft getreten waren. Die NAV regelt das Verhältnis zwischen Netzbetreiber und Anschlussnehmer sowie Anschlussnutzer im Rahmen des Netzanschluss- bzw. Anschlussnutzungsverhältnisses für den Bereich des Niederspannungsnetzes (§ 1 Abs. 1 NAV)[791]. Da die Verordnung die allgemeinen Bedingungen regelt, zu denen Netzbetreiber den Netzanschluss und die Anschlussnutzung zur Entnahme von Elektrizität zur Verfügung zu stellen haben, steht fest, dass diese Bestimmungen niemals direkt auf EE-Anlagen angewandt werden können, da es in diesem Zusammenhang nicht um die *Entnahme* von Elektrizität, sondern um die *Einspeisung* von Elektrizität geht[792]. Klargestellt ist dieses Verhältnis ausdrücklich in § 1 Abs. 1 Satz 4 NAV.

Das Netzanschlussverhältnis umfasst nach § 2 Abs. 1 den Anschluss, also die erstmalige physikalische Anbindung der Kundenanlage an das Netz des Netzbetreibers und auch dessen weiteren Betrieb. Das Netzanschlussverhältnis stellt daher ein Dauerschuldverhältnis dar[793], da die Pflichten und Rechte nach der NAV über den gesamten Zeitraum des Anschlusses der Anlage an das Netz bestehen. Das Netzanschlussverhältnis knüpft an die Person des Anschlussnehmers an. Wie § 2 Abs. 4 NAV zeigt, muss der Anschlussnehmer nicht zwingend der Eigentümer der angeschlossenen Anlage sein. Auch wenn regelmäßig Eigentum und Anschlussnehmereigenschaft zusammenfallen, ist Anschlussnehmer derje-

---

788 Verordnung über Allgemeine Bedingungen für den Netzanschluss und dessen Nutzung für die Gasversorgung in Niederdruck v. 01.11.2006, BGBl. I S. 2485, zuletzt geändert durch Art. 2 Abs. 6 der Verordnung v. 17.10.2008, BGBl. I S. 2006.

789 Verordnung zum Erlass von Regelungen für die Grundversorgung von Haushaltskunden und die Ersatzversorgung im Energiebereich v. 26.10.2006, BGBl. I S. 2391 und Verordnung über allgemeine Bedingungen für die Grundversorgung von Haushaltskunden und die Ersatzversorgung mit Gas aus dem Niederdrucknetz v. 26.10.2006, BGBl. I S. 2396.

790 AVBGasV v. 21.06.1979, BGBl. I S. 676.

791 Damit existieren bislang nur in einem hinsichtlich der Spannungsebene sektoral begrenzten Teil der Energieversorgungsnetze konkrete Anschlussregelungen. Insbesondere von der Ermächtigung zum Erlass einer Mittelspannungsanschlussverordnung in § 17 Abs. 3 EnWG hat die Bundesregierung bislang keinen Gebrauch gemacht.

792 So zu Recht *Schäfermeier/Reshöft*, ZNER 2007, 34 (35) bereits zur AVBEltV.

793 *Jost/Ahnis*, ZNER 2007, 123 (125); nichts anderes gilt im Bereich des EEG, vgl. bereits 4. Kapitel:C.II.1.a, S. 64.

nige, der die Herstellung, den laufenden Betrieb sowie die Unterhaltung des Anschlusses beim Netzbetreiber beauftragt hat[794].

Das Anschlussnutzungsverhältnis ist nach § 3 Abs. 1 NAV das Recht zur Nutzung des Netzanschlusses zur Entnahme von Elektrizität und umfasst weder die Belieferung des Anschlussnutzers mit Elektrizität noch dessen Zugang zu den Versorgungsnetzen. Die in der NAV neu angelegte Unterscheidung zwischen Netzanschluss und Anschlussnutzung zeigt, dass Anschlussnehmer und Anschlussnutzer nicht übereinstimmen müssen[795].

Für den Bereich der Abgrenzung der Kosten für Netzanschluss- und Netzausbau interessante Regelungen finden sich in den §§ 5 ff. NAV. Der Netzanschluss ist danach als die Verbindung des Elektrizitätsversorgungsnetzes mit der elektrischen Anlage des Anschlussnehmers legal definiert (§ 5 Satz 1 NAV). Nach der NAV handelt es sich bei dem Verknüpfungspunkt des Grundstücks mit dem Netz weder um den Hausanschluss im Sinne von § 5 NAV, noch um den Punkt unmittelbar hinter der Anschlusssicherung. Gemeint ist vielmehr der Abzweig von der Netzleitung, die zum Anschluss des betreffenden Grundstücks erforderlich gewesen ist[796].

Der Netzanschluss beginnt damit grundsätzlich an der Abzweigstelle des Netzes und endet an der Hausanschlusssicherung. Im Umkehrschluss ist der Hausanschluss aus Sicht der NAV nicht als Bestandteil des Netzes anzusehen, solange er nur der Versorgung eines Anschlussnehmers dient[797]. Der Netzanschluss stellt also keinen Teil des Versorgungsnetzes i.S.d. NAV dar, obwohl er zu den Betriebsanlagen des Netzbetreibers gehört und regelmäßig auch in seinem Eigentum steht (§ 8 Abs. 1 NAV)[798].

Der Grund für diese Differenzierung dürfte darin zu suchen sein, dass der Netzbetreiber für die Herstellung des stets von ihm vorzunehmenden Netzanschlusses (§ 6 Abs. 1 Satz. 1 NAV) nach § 9 Abs. 1 NAV die Netzanschlusskosten vom Anschlussnehmer grundsätzlich in *voller Höhe* nach dem „Verursachungsprinzip" erstattet verlangen kann. Die Kosten für die Vorhaltung des Energieversorgungsnetzes und einer gegebenenfalls erforderlichen Erstellung/Verstärkung des Netzes gemäß § 11 Abs. 1 NAV können hingegen über Baukostenzuschüsse *nur teilweise* auf die Anschlussnehmer umgelegt werden,

794 *Jost/Ahnis*, ZNER 2007, 123 (125).

795 *Groß*, NJW 2007, 1030 (1032).

796 *Salje*, EEG 2009, § 5 Rn. 43; entsprechend lautet die Parallelregelung in § 5 Abs. 1 Satz 2 EEG für Kleinanlagen.

797 BGH, Urt. v. 10.11.2004 – VIII ZR 391/03, RdE 2005, 79 (81) zur inhaltlich gleichlautenden Regelung des § 10 AVBEltV. Sobald aber weitere Anschlüsse hinzukommen, wird der Netzanschluss nach der NAV zum Bestandteil des Verteilernetzes (§ 9 Abs. 3 NAV); dazu auch schon 4. Kapitel:B.V.1, S. 54.

798 Auf diesen Umstand weisen *Langbein/Weißenborn*, EW 19,20/2004, 20 (24) hin.

da die Netz- und Verstärkungskosten Aufwendungen darstellen, die sich auf alle Anschluss- und Netznutzer in dem jeweiligen Versorgungsbereich beziehen[799]. Bereits unter Geltung der AVBEltV wurden die Rechtsgrundlagen zur Erhebung eines Baukostenzuschusses in diesem Bereich als Leitbild verstanden und auch außerhalb des Niederspannungsbereichs in Sonderkundenbereich (etwa Mittelspannungskunden) für zulässig erachtet[800].

Zusammenfassend lässt sich daher folgendes Fazit für den Bereich der NAV ziehen: Der zu den Betriebsanlagen des Netzbetreibers gehörende und regelmäßig auch in dessen Eigentum stehende Netzanschluss, also die Verbindung zwischen dem Netz der allgemeinen Versorgung und der Anschlussanlage, stellt keinen Teil dieses Netzes dar. Die Kosten für den Netzanschluss sind übereinstimmend mit § 13 Abs. 1 EEG vom Anlagenbetreiber zu tragen. Abweichend vom EEG kann aber auch für die Erstellung und Verstärkung des Netzes ein Kostenanteil vom Anschlussnehmer verlangt werden. Die NAV stellt daher eine Mischform aus flachen und tiefen Anschlussregimen auf[801]. Der Umfang der Netzverstärkungen wird nicht näher umrissen, beinhaltet jedoch offenbar wegen § 11 Abs. 1 Satz 1 NAV nicht die Erstellung von Verteileranlagen des Netzes einschließlich Transformatorenstationen. Deshalb dürfte sich die Netzverstärkung nur auf Arbeiten an vorhandenen Teilen, nicht aber auf neue Einrichtungen oder räumliche Erweiterungen des Netzes beziehen.

V. Sonderregelung für die Einspeisung von Biogas

In §§ 31 ff. GasNZV befinden sich Regelungen, die den vorrangigen Anschluss von Biogasanlagen an das Gasversorgungsnetz zur Einspeisung von Biogas gestalten. Ziel ist es, die Einspeisung des Biogaspotentials in das Erdgasnetz zu ermöglichen (§ 31 GasNZV). Damit beseitigt der Verordnungsgeber die Diskrepanz zwischen der vorrangigen Behandlung von Strom aus Erneuerbaren Energien gegenüber konventionellen Energieformen und der bislang dahinter deutlich zurückbleibenden Gaseinspeisung[802].

Netzbetreiber müssen gemäß § 33 Abs. 1 Satz. 1 GasNZV Biogasanlagen auf Antrag des Anschlussnehmers vorrangig an die Gasversorgungsnetze zwecks Ermöglichung der Einspeisung anschließen. Nach § 33 Abs. 1 Satz 2 GasNZV

799 *Jost/Ahnis*, ZNER 2007, 123 (126).

800 BGH, Urt. v. 28.09.1982 – KZR 27/81, BB 1983, 1498 (1499); zustimmend *Büdenbender*, BB 1983, 1500 (1500); so auch *Sieberg*, in: Bartsch u.a., Stromwirtschaft, S. 736; zur Frage der Rechtmäßigkeit der Erhebung eines Baukostenzuschusses im Bereich des EEG später noch 7. Kapitel:D, S. 212.

801 Zu den verschiedenen Anschlussregimen siehe 5. Kapitel:E, S. 133.

802 Diesen Zustand monierte *Graßmann*, ZNER 2006, 12 (20).

obliegen dem Netzbetreiber bei einem Netzanschluss einschließlich Verbindungsleitung bis zu einer Länge von einem Kilometern 75 Prozent der Kosten des Netzanschlusses, während die verbleibenden Kosten nach § 33 Abs. 1 Satz 3 GasNZV der Anschlussnehmer trägt, maximal aber 250.000 €[803]. § 32 Nr. 2 GasNZV definiert den Netzanschluss unter anderem als die Herstellung der Verbindungsleitung, welche die Biogasaufbereitungsanlage mit dem bestehenden Gasversorgungsnetz verbindet, und die Verknüpfung mit dem Anschlusspunkt des bestehenden Gasversorgungsnetzes. Der Netzanschluss ist folglich per definitionem kein Bestandteil des Gasversorgungsnetzes, gleichwohl er im Eigentum des Netzbetreibers steht und diesem auch die Verantwortung für Wartung und Betrieb obliegen (§ 33 Abs. 1 Satz 5 und Abs. 2 Satz 1 GasNZV). Analog der Regelung in § 9 Abs. 3 NAV sind die Kosten des Netzanschlusses nach § 33 Abs. 1 Satz 6 GasNZV anteilig zu erstatten, wenn innerhalb von zehn Jahren weitere Anschlüsse hinzukommen. Eine Anordnung, dass der Netzanschluss durch den Anschluss weiterer Anschlussnehmer zum Bestandteil des Netzes wird, hält die GasNZV hingegen nicht bereit. Um die Fähigkeit der Netze zur Befriedigung der Transportkapazitäten für Biogas sicherzustellen, verpflichtet § 33 Abs. 10 GasNZV die Netzbetreiber zur Ergreifung von Maßnahmen, ohne diese allerdings konkret zu benennen.

Zusammenfassend kann attestiert werden, dass die Kostenverteilung bei der Anbindung von Biogasanlagen zwecks Gaseinspeisung aus Sicht der Anschlussnehmer wegen der Beteiligung des Netzbetreibers am Netzanschluss günstiger ist als im EEG[804]. Der Netzanschluss reicht entsprechend der Regelungen im EEG vom Anlagenstandort bis zum Anschlusspunkt an das Netz, umfasst allerdings ausdrücklich auch den Verknüpfungsvorgang selbst[805]. Weder das Eigentumskriterium noch eine Mehrzahl von Anschlussnehmern spielen für die Qualifikation der Verbindungsleitung zum Anschlusspunkt als Netzbestandteil eine Rolle. Insoweit bestehen Unterschiede zum EEG[806].

---

803 Zur Frage, ob der Kostendeckel von 250.000 € auch bei Verbindungsleitungen mit einer Länge von mehr als einem Kilometer Anwendung findet, *Meyer/Valentin*, ZNER 2010, 548 (548 f.).

804 *Schneider*, IR 2009, 2 (2); *Gottwald/Giorgis*, EE 12/2009, 79 (79); *Schäfermeier*, in: Reshöft, EEG 2009, § 13 Rn. 2.

805 Angesichts der vom EEG inhaltlich abweichenden Regelungen ist zweifelhaft, ob für die Abgrenzung von Netzanschluss und Netzausbau auf die Bestimmungen des EEG zurückgegriffen werden kann; so aber *Gottwald/Giorgis*, EE 12/2009, 79 (80).

806 Die Hausanschlussleitung zum Strombezug ist gemäß den bisherigen Ergebnissen als Teil des Netzes der allgemeinen Versorgung anzusehen, vgl. 4. Kapitel:B.V.1, S. 54. Erlangt der Netzbetreiber Eigentum an technischen Einrichtungen des Netzanschluss, muss er jedenfalls die darauf entfallenden Kosten tragen, vgl. 6. Kapitel:B.II.1.a, S. 151.

VI. Zusammenfassende Betrachtung

Der Vergleich offenbart eine teilweise erheblich abweichende Rechtslage zur Verteilung der Kosten von Netzanschluss und Netzausbau/Netzverstärkung in den verschiedenen Regelungsmaterien und lässt auch nicht immer ein einheitliches Verständnis dieser Begriffe erkennen. Gleichwohl bestehen bei näherer Betrachtung Schnittmengen: Mit Ausnahme der Regelungen zur Offshore-Windenergie in § 17 Abs. 2a EnWG bildet immer der Verknüpfungspunkt – teilweise auch Anschlusspunkt oder Abzweigstelle des Netzes genannt – die Hauptgrenze zwischen den Kosten des Anschlussnehmers und des Netzbetreibers. Wiederum vermeintlich abgesehen von den Offshore-Bestimmungen[807] bleibt in allen übrigen Fällen auch die Unterscheidung zwischen Netzanschluss und Netz anhand der ursprünglichen Lage des Verknüpfungspunkts zum Zeitpunkt der Anschlusserstellung erhalten.

Unterschiede sind insoweit nur dahingehend auszumachen, dass in einigen Fällen der Netzbetreiber zur Kostenbeteiligung aus seiner Sicht jenseits des Verknüpfungspunkts in der räumlichen Sphäre des Anschlussnehmers verpflichtet wird, umgekehrt aber auch den Anschlussnehmer eine Kostentragungspflicht für Maßnahmen im Netz treffen kann[808]. Die Eigentumslage hinsichtlich der technischen Einrichtungen vermag allgemein die rechtliche Qualifikation des Netzes als solches weder zu begründen noch zu wiederlegen. Möglich ist – wie bei Gasnetzanschlüssen von Biogasanlagen nach der GasNZV und Niederspannungsanschlüssen nach der NAV – das Eigentum des Netzbetreibers am Netzanschluss. Aber auch andersherum kann der Anschlussnehmer Eigentum an Betriebsanlagen im Netz innehaben, wie es die Regelungen in § 8 KraftNAV, die auch für KWK-Anlagen entsprechend anwendbar sind, zeigen. Das Eigentum nimmt insoweit eine neutrale Stellung ein. Ebenso wenig kommt es aber für die Begründung der Netzeigenschaft allein darauf an, ob die tatsächliche Herrschaft

---

807 Nach § 17 Abs. 2a EnWG „gilt“ die Leitung ab dem Errichtungszeitpunkt als Teil des Versorgungsnetzes.

808 Zur Erinnerung sollen die entsprechenden Vorschriften nochmals dargestellt werden: In der GasNZV ist in § 433 Abs. 1 Satz 2 eine Pflicht des Netzbetreibers zur anteiligen Kostentragung (75 %) des Netzanschlusses angeordnet. Im Bereich von elektrischen Großkraftwerken und KWK-Anlagen muss hingegen der Anschlussnehmer über § 8 Abs. 1 Satz 1 und Satz 2 KraftNAV – bei KWK-Anlagen i.V.m. § 5 Abs. 1a KWKG – auch die Kosten für ausschließlich von ihm genutzte und in seinem Eigentum stehende Betriebsmittel zur Ertüchtigung des Verknüpfungspunkts oder zum Ausbau des Netzes tragen. Gemäß § 11 Abs. 1 NAV kann der Netzbetreiber über einen Baukostenzuschuss einen Teil der Kosten für die Erstellung und Verstärkung der Verteileranlagen in seinem Netz verlangen.

über entsprechende Einrichtungen, beispielsweise die Betriebshoheit, dem Netzbetreiber zugeordnet ist[809].

Auch die Ausnahmeregelung für Offshore-Windenergie in § 17 Abs. 2a EnWG scheint sich bei näherer Untersuchung an diesen zuvor ermittelten energierechtlichen Konsens zu halten. § 17 Abs. 2a Satz 2 EnWG fingiert letztlich die Verbindungsleitung zwischen Umspannwerk und Verknüpfungspunkt als Netz. Die Anordnung „gilt als Teil des Energieversorgungsnetzes" wäre überflüssig, wenn sich die Netzeigenschaft schon aus der Betreiberhoheit des Netzbetreibers nach § 17 Abs. 2a Satz 1 EnWG ergäbe. Da der Netzbetreiber darüber hinaus auch zur Errichtung dieser Verbindungsleitung verpflichtet wird, ist davon auszugehen, dass er ebenfalls das Eigentum an dieser Leitung (be)halten wird. Denn eine Vorschrift zur Übertragung des Eigentums an dieser Leitung hält das EnWG nicht bereit. Daraus muss gefolgert werden, dass die Anschlussleitung unter dem Regime des EnWG, trotz Eigentum und tatsächlicher Herrschaft beim Netzbetreiber, keinen Teil des Netzes darstellt. Diese Auffassung reiht sich damit ohne weiteres in das allgemeine Normengefüge.

Die Frage, ob unter einem Netzausbau generell auch die räumliche Erweiterung des Netzes in Richtung Anlagenstandort zu verstehen ist, ist, abgesehen von der für das EEG unanwendbaren[810] Definition des KWKG für Wärmenetze, zu verneinen. In Abgrenzung zur Netzverstärkung beziehen sich Maßnahmen des Netzausbaus, soweit den Normen derartige Kriterien zu entnehmen sind, auf den Neubau von Betriebsanlagen, während es bei der Verstärkung um bestehende Einrichtungen des Netzes geht. Eine räumliche „Verschiebung" des Netzverknüpfungspunkts in Richtung Netz ist nicht vorgesehen.

VII. Zwischenergebnis des Vergleichs

Damit lassen sich als Zwischenergebnis des Vergleichs mit den Parallelregelungen im Energierecht folgende Schlüsse ziehen: Weder das Kriterium des Eigentums noch die tatsächliche Herrschaft allein genommen entfalten im Hinblick auf die Netzeigenschaft eine konstitutive Wirkung. Das Eigentumskriterium bildet generell nicht einmal ein Indiz dafür, dass es sich bei der entsprechenden technischen Einrichtung um einen Teil des Netzes handelt. Die Kostenabgrenzung findet dem Grunde nach ganz überwiegend anhand der räumlichen Lage des Verknüpfungspunkts statt. Der Eigentumslage kann eine solche Abgrenzungswirkung allgemein nicht entnommen werden. Die untersuchten Regelun-

809 Der Netzanschluss gehört kraft gesetzlicher Anordnung in § 8 Abs. 1 Satz 1 NAV zu den Betriebsanlagen des Netzbetreibers. Nach § 33 Abs. 2 Satz 1 GasNZV obliegen der Betrieb und die Wartung dem Netzbetreiber.

810 Zur Begründung vgl. 6. Kapitel:C.III, S. 169.

gen sprechen gegen die Möglichkeiten einer räumlichen Erweiterung des Netzes infolge eines Netzausbaus.

D. Abgrenzungstheorien im EEG

Aufgrund der Vielzahl der denkbaren Anbindungskonstellationen kommt es immer wieder zu Abgrenzungsfragen zwischen Netzanschluss- und Kapazitätserweiterung einerseits und der daraus folgenden Kostenverteilung andererseits[811]. Um die vielen Einzelprobleme hat sich durch die Menge der gerichtlich ausgetragenen Streitigkeiten eine umfangreiche, jedoch mittlerweile beinahe auch unübersichtliche Rechtsprechung entwickelt, der aber kaum allgemeingültige Kriterien zu entnehmen sind[812]. Trotz dieser Unklarheiten lassen sich in Rechtsprechung und Literatur einige Theorieansätze zur Abgrenzung ausmachen. Diese können zunächst ohne Differenzierung nach den einzelnen Novellierungsstufen des EEG wie folgt geordnet werden:

I. Veranlassungstheorie

Nach der Theorie der Kostenveranlassung hat der jeweilige Betreiber der EE-Anlage sämtliche Kosten zu tragen, die durch den Anschluss der Anlage an das Netz veranlasst worden sind[813]. Diese Sichtweise ist im Ansatz wie gezeigt[814] geltendes Recht im Rahmen der NAV, wonach die Kosten der Netzanschlussleitung (§ 9 NAV) und auch die Kosten der Erstellung oder Verstärkung der örtlichen Verteileranlagen (§ 11 NAV) zumindest teilweise dem jeweiligen Anschlussnehmer zugeordnet sind.

II. Abgrenzung nach Eigentumslage

Nach diesem Ansatz ist die infolge Vertrag oder Gesetz herbeigeführte Eigentumslage an den erforderlichen Einrichtungen für die Anbindung der EE-Anlage

---

811 *Trzeciak/Goldbach*, in: Bartsch u.a., Stromwirtschaft, S. 562; *Müller*, RdE 2004, 237 (242).

812 Dieser unbefriedigende Zustand ist gerade das Resultat der Einzelfallbezogenheit, vgl. *Klemm*, ET 2007, 62 (62).

813 *Altrock/Theobald*, in: Altrock/Oschmann/Theobald, EEG 2008, § 13 Rn. 28 kommen mit ihrer Definition, dass es sich bei Anschlusskosten um alle Kosten „im Zusammenhang mit solchen Anlagen und Einrichtungen, die durch den Anschluss der konkreten Anlage direkt verursacht worden sind“ handele, diesem Ansatz sehr nahe.

814 Vgl. 6. Kapitel:C.IV, S. 172.

an das Netz für die Abgrenzung entscheidend[815]. Teilweise wird die Eigentumszuordnungsregel zum alleinigen Abgrenzungskriterium erhoben und sogar umgekehrt angewandt, wonach sie auch zu Lasten des Anlagenbetreibers Geltung entfaltet[816]. In der Konsequenz erstrecken sich die Kosten, die dem Netzbetreiber im Rahmen seiner Kapazitätserweiterungspflicht zur Last fallen, auch auf solche Einrichtungen, an denen er Eigentum erlangt. Mit dem Abgrenzungskriterium soll eine Abkopplung der Kostenlast von den Eigentumsverhältnissen verhindert werden, da in einer solchen Situation das Interesse an einer möglichst kostengünstigen Lösung eher gering sein dürfte[817].

Diese Ansicht wurde und wird teilweise immer noch stark kritisiert. Die Abgrenzung anhand des Eigentums führe zu zufälligen Ergebnissen, da sich die Kostentragung dann letztlich allein nach dem Willen des Anlagenbetreibers richte. Denn dieser könne entscheiden, ob er die entsprechende Einrichtung in sein Eigentum übernehmen wolle oder nicht[818]. Auch weiche dieser Ansatz gravierend von den Leitbildern des § 448 BGB[819] und der Elektrizitätswirtschaft[820] ab. Trotz aller hierzu geäußerten Kritik ist das eigentumsrechtliche Abgrenzungskriterium, jedenfalls mit Auswirkungen für die Kostentragungspflicht,

815 Vgl. nur *Ekardt*, in: Frenz/Müggenborg, EEG, § 13 Rn. 9; bereits zum EEG 2000 LG Berlin, Urt. v. 05.03.2009 – 14 O 145/08 (n.v.), S. 11; *Salje*, EEG 2000, § 10 Rn. 23; ablehnend LG Kiel, Urt. v. 20.02.2006 – 4 O 122/05, RdE 2006, 324 (326).

816 Clearingstelle EEG, Votum v. 09.04.2009 – 2008/24, http://www.clearingstelle-eeg.de/files/private/active/0/Votum_2008_24.pdf (Zugriff 03.06.2010), S. 8; *Salje*, EEG 2007, § 13 Rn. 63; *Ekardt*, in: Frenz/Müggenborg, EEG, § 13 Rn. 9; dagegen zu Recht *Müller, in*: Danner/Theobald, Bd. 2, EEG § 13 Rn. 13, wonach der Umkehrschluss unzulässig ist, dass es sich bei Eigentum des Anlagenbetreibers stets um einen Anlagenanschluss handelt.

817 BT-Drucks. 16/8148, S. 45; in diesem Sinne auch *Lackmann*, ZNER 2002, 146 (148) zum EEG 2000; *Oschmann/Müller*, ZNER 2004, 24 (27); *Altrock/Theobald*, in: Altrock/Oschmann/Theobald, EEG 2008, § 13 Rn. 15.

818 LG Ravensburg, Urt. v. 03.02.2003 – 3 O 308/02, RdE 2003, 214 (215); *Weißenborn*, in: Böhmer, Erneuerbare Energien, S. 71 (121); kritisch auch *Weck*, Die garantierte Einspeisevergütung, S. 281, der stattdessen eine Differenzierung anhand der allgemein anerkannten Unterscheidungsmerkmale vornehmen möchte, allerdings ohne diese zu benennen.

819 *Klemm*, ET 2007, 62 (64).

820 *Böwing*, in: Säcker, BK, § 3 Rn. 19 hält der Auffassung entgegen, dass in der Elektrizitätswirtschaft Finanzierungselemente, wie Baukostenzuschüsse oder Netzkostenbeiträge, verbreitet seien und aus gutem Grund Kostenverantwortung und Eigentum getrennt würden. Der Eigentümer der entsprechenden Einrichtung sei auch erneuerungs- und instandhaltungspflichtig. Diese Aufgaben übernähmen häufig aber die Netzbetreiber, während nach den allgemeinen Grundsätzen den Anlagenbetreiber die Kostenverantwortung für die Anschlussanlagen treffe, die dieser dann durch einen Baukostenzuschuss ablöse.

durch die EEG-Neufassung 2004 im Gesetz verankert und in § 9 Abs. 2 2. Alt. EEG fortgeführt worden[821].

III. Netzbezogene Theorie

Demgegenüber geht ein Teil der Literatur[822] und der Rechtsprechung[823] – insbesondere der BGH[824] – von einer netzbezogenen Sichtweise für die Abgrenzung von Netzanschluss und Kapazitätserweiterung aus. Dabei stellt der BGH im Ausgangspunkt die Frage, ob es sich bei der zu beurteilenden Einrichtung um einen Teil des Netzes im Sinne von § 3 Nr. 7 EEG handelt[825].

Abgrenzungsmerkmal sei demnach das Netz. Sofern eine Maßnahme im Netz durchgeführt werde oder eine Anlage an das Netz angeschlossen werde, die in der Folge Bestandteil des Netzes werde, handele es sich um einen Netzausbau[826]. In Abgrenzung zum Netzanschluss liege ein Netzausbau jedenfalls immer dann vor, wenn es sich um eine netzinterne Maßnahme handele[827]. Netzanschlussmaßnahmen würden dagegen außerhalb des Netzes stattfinden und ermöglichten die Verknüpfung der Anlage mit dem Netz[828].

Für die Beantwortung der Frage, welche Einrichtung dem Netz zuzuordnen ist, zieht insbesondere der BGH den eigentumsrechtlichen Ansatz hinzu. Denn das

---

821 Dazu bereits 6. Kapitel:B.II.1.a, S. 151.

822 *Ekardt*, in: Frenz/Müggenborg, EEG, § 13 Rn. 6; bereits zu den früheren Fassungen des EEG *Schmeken*, ZNER 2001, 239 (241); *Dreher*, in: Reshöft/Steiner/Dreher, EEG 2004, § 13 Rn. 37.

823 OLG Hamm, Urt. v. 06.03.2006 – 17 U 117/05, ZNER 2006, 51 (51); LG Regensburg, Urt. v. 28.12.2006 – 1 O 1597/06 (2) (n.v.), S. 5; LG Duisburg, Urt. v. 02.08.2007 – 21 O 643/05 (n.v.), S. 6; LG Bochum, Urt. v. 26.03.2007 – 3 O 503/06, RdE 2007, 322 (323).

824 BGH, Urt. v. 10.11.2004 – VIII ZR 391/03, RdE 2005, 79 (80 f.); BGH, Urt. v. 07.02.2007 – VIII ZR 225/05, ZNER 2007, 59 (60); BGH, Urt. v. 18.07.2007 – VIII ZR 288/05, RdE 2008, 18 (22 f.); BGH, Urt. v. 28.11.2007 – VIII ZR 306/04, ZNER 2008, 53 (54).

825 Diese Vorgehensweise wird insbesondere deutlich bei BGH, Urt. v. 10.11.2004 – VIII ZR 391/03, RdE 2005, 79 (80 f.) und BGH, Urt. v. 12.07.2006 – VIII ZR 235/04, ZNER 2006, 238 (239), beide Entscheidungen zum EEG 2004. § 3 Nr. 7 EEG entspricht inhaltlich der vorherigen Regelung in § 3 Abs. 6 EEG 2004.

826 So dem BGH folgend OLG Hamm, Urt. v. 06.03.2006 – 17 U 117/05, ZNER 2006, 51 (51); LG Duisburg, Urt. v. 02.08.2007 – 21 O 643/05 (n.v.), S. 6; LG Bochum, Urt. v. 26.03.2007 – 3 O 503/06, RdE 2007, 322 (323).

827 BGH, Urt. v. 18.07.2007 – VIII ZR 288/05, RdE 2008, 18 (23); zustimmend LG Berlin, Urt. v. 05.03.2009 – 14 O 145/08 (n.v.), S. 12; BT-Drucks. 16/8148, S. 45.

828 Im Anschluss an den BGH LG Duisburg, Urt. v. 02.08.2007 – 21 O 643/05 (n.v.), S. 6 f.; LG Regensburg, Urt. v. 28.12.2006 – 1 O 1597/06 (2) (n.v.), S. 5.

Eigentum des Netzbetreibers an einer technischen Einrichtung zur Übertragung und Verteilung von Elektrizität sei ein deutliches Indiz dafür, dass die Einrichtung Bestandteil des Netzes sei[829]. Die Eigentümerstellung sichere dem Netzbetreiber die alleinige Verfügungsgewalt über die jeweilige Einrichtung und damit auch die beliebige Verwendbarkeit. Deshalb stelle auch § 4 Abs. 2 Satz 4 EEG 2004 (§ 9 Abs. 2 EEG) darauf ab[830]. Die Indizwirkung gelte jedoch dann nicht, wenn dem Netzbetreiber das Eigentum ungewollt zugefallen sei[831].

Vor allem von den Vertretern der im folgenden darzustellenden funktionalen Betrachtungsweise wird argumentiert, dass bei diesem Ansatz die Konturen vollständig verschwimmen würden, zumal der Begriff des Netzes weder vom Gesetz noch von der Technik präzise vorgegeben sei. Auch etwa eine Verbindungsleitung, die eine Windkraftanlage mit dem öffentlichen Netz verbinde, sei nach ihrer Fertigstellung als Bestandteil des Netzes anzusehen. Der Ansatz sei daher ebenso wie die eigentumsrechtliche Theorie als zu weit abzulehnen[832].

IV. Funktionale Betrachtung

Daneben wird über eine funktionale Betrachtungsweise eine Abgrenzung versucht[833]. Der funktionale Ansatz fragt danach, welcher konkrete Zweck mit der im Streit stehenden Baumaßnahme verfolgt wird bzw. welche Funktion die technische Einrichtung übernimmt. Die primäre Kontrollfrage lautet danach, ob die Baumaßnahme einen Wert oder Nutzen für den Netzbetreiber hat, der über den Anschluss der EE-Anlage an das Netz hinausgeht, oder ob sie ausschließlich dem Interesse des Anlagenbetreibers auf Einspeisung dient[834]. Von einer Werterhöhung sei insbesondere in den Fällen auszugehen, in denen sich der Ertrags-

829 BGH, Urt. v. 28.03.2007 – VIII ZR 42/06, RdE 2007, 310 (312); zustimmend Clearingstelle EEG, Votum v. 19.09.2008, – 2008/14, http://www.clearingstelle-eeg.de/files/private/active/0/Votum_2008-14.pdf (Zugriff 03.06. 2010), S. 8; OLG Hamm, Urt. v. 06.03.2006 – 17 U 117/05, ZNER 2006, 51 (51).

830 BGH, Urt. v. 28.03.2007 – VIII ZR 42/06, RdE 2007, 310 (312).

831 BGH, Urt. v. 01.10.2008 – VIII ZR 21/07, RdE 2009, 146 (148); dazu auch bereits 6. Kapitel:B.II.1.d, S. 155.

832 *Klemm*, ET 2007, 62 (64).

833 *Böwing*, in: Säcker, BK, § 3 Rn. 19; *Weck*, Die garantierte Einspeisevergütung, S. 88; *Klemm*, ET 2007, 62 (63); *Schäfermeier/Reshöft*, ZNER 2007, 34 (36); *Wustlich*, in: Altrock/Oschmann/Theobald, EEG 2011, § 9 Rn. 29; *Trzeciak/Goldbach*, in: Bartsch u.a., Stromwirtschaft, S. 563.

834 *Altrock/Theobald*, in: Altrock/Oschmann/Theobald, EEG 2006, § 13 Rn. 22.

wert des Netzes erhöhe, der Netzbetreiber also mit der neugeschaffenen technischen Einrichtung (zumindest mittelbar) Erträge erwirtschaften könne[835].

Der BGH zieht den funktionalen Ansatz neuerdings innerhalb der netzbezogenen Theorie zur Bestimmung der Reichweite des Netzes heran. Danach sei die Eigentumslage allein kein taugliches Kriterium für die Bestimmung der Reichweite des Netzes im Sinne von § 3 Nr. 7 EEG, wenn eine technische Einrichtung dennoch dem Netzbetreiber zur allgemeinen Versorgung diene. In einem solchen Fall könne die Abgrenzung nur aufgrund einer funktionalen Betrachtungsweise erfolgen. Es sei danach zu fragen, ob der Netzbetreiber die tatsächliche Gewalt über die entsprechende Einrichtung ausübe oder sonst berechtigt sei, diese für die Versorgung von Dritten mit Strom zu nutzen[836]. Denn gemäß § 3 Nr. 7 EEG werde das Netz unabhängig von den Eigentumsverhältnissen durch die Gesamtheit der miteinander verbundenen Einrichtungen gebildet und auch die Definition des Netzbetreibers knüpfe an die tatsächliche Verantwortung für den Netzbetrieb und nicht an die Eigentümerstellung an[837].

An diesem Theorieansatz wird kritisiert, dass ihm keine praktische Bedeutung zukomme, da er mit der in § 9 Abs. 2 1. Alt. EEG genannten Betriebsnotwendigkeit zwar gesetzlich verankert sei, der in § 9 Abs. 2 2. Alt EEG angelegte eigentumsrechtliche Ansatz jedoch stets weiter gehe. Für den Fall, dass der Netzbetreiber das Eigentum an den technischen Anlagen inne habe bzw. erlange, komme es daher nicht darauf an, ob die Anlagen für den Betrieb des Netzes notwendig seien[838].

V. Vergleich und Bewertung der Theorien

Im Folgenden sollen die vertretenen Theorieansätze miteinander verglichen und bewertet werden. Dabei ist insbesondere ihre Vereinbarkeit mit den gesetzlichen

---

835 *Klemm*, ET 2007, 62 (63); ebenso *Böwing*, in: Säcker, BK, § 3 Rn. 19, der besonders die Nutzungsmöglichkeiten des Netzbetreibers betont.

836 BGH, Urt. v. 28.03.2007 – VIII ZR 42/06, RdE 2007, 310 (312); Clearingstelle EEG, Votum v. 09.04.2009, – 2008/24, http:// www.clearingstelle-eeg.de/files/private/active /0/Votum_2008_24.pdf (Zugriff 03.06. 2010), S. 8. Zu eng dürfte die Interpretation von *Schäfermeier*, in: Reshöft, EEG 2009, § 9 Rn. 34 sein, wonach die Betriebsnotwendigkeit für das Netz voraussetzt, dass in den technischen Einrichtungen Strom fließt.

837 BGH, Urt. v. 28.03.2007 – VIII ZR 42/06, RdE 2007, 310 (312 f.).

838 *Klemm*, ET 2007, 62 (64); hingegen zweifelnd, ob dem Abgrenzungskriterium in § 9 Abs. 2 auch eine funktionale Betrachtungsweise zu entnehmen ist, *Schäfermeier/Reshöft*, ZNER 2007, 34 (35) noch zur Vorgängerregelung in § 4 Abs. 2 Satz 4 EEG 2004; hierzu wurde bereits das Ergebnis erzielt, dass ein Anwendungsbereich des § 9 Abs. 2 1. Alt EEG besteht, vgl. 6. Kapitel:B.II.2.c, S. 158.

Vorgaben zu untersuchen und der Frage nachzugehen, inwieweit sich die Theorieansätze in der Praxis bewährt haben.

1. Vereinbarkeit mit den gesetzlichen Vorgaben

Da die einzelnen Theorieansätze aus verschiedenen zeitlichen Abschnitten des EEG stammen und sich insbesondere Änderungen durch die mit § 4 Abs. 2 Satz 4 EEG 2004 in das Gesetz eingefügten und nunmehr in § 9 Abs. 2 EEG enthaltenen Kriterien des Eigentums und der Betriebsnotwendigkeit ergeben haben, sind die Theorien vor diesem Hintergrund in einem ersten Schritt auf ihre Vereinbarkeit mit der jetzigen Gesetzesfassung hin zu überprüfen.

Dabei fällt hinsichtlich der Theorie der Kostenveranlassung auf, dass der Gesetzgeber durch die differenzierte Ausgestaltung der Kostenverteilung in § 13 Abs. 1 und § 14 EEG sowie mit der Aufnahme der weiterführenden Kriterien in § 9 Abs. 2 EEG dem Veranlassungsprinzip eine klare Absage erteilt hat. Da sich die Veranlassungstheorie generell mit Abgrenzungskriterien schon dem Grunde nach nicht auseinandersetzt, erscheint sie mit den gesetzlichen Vorgaben des EEG unvereinbar[839].

Das Eigentumskriterium ist ausdrücklich im Gesetz in § 9 Abs. 2 EEG enthalten. Deshalb scheint die Abgrenzung nach der Eigentumslage im Prinzip in Übereinklang mit den gesetzlichen Vorgaben zu stehen. Damit ist selbstverständlich noch nicht die Frage entschieden, ob das Eigentum des Netzbetreibers an Anschlussanlagen – vertraglich oder gesetzlich erlangt – dazu führt, dass diese Anschlussanlagen zum Teil seines Netzes werden[840]. Dieser Frage wird später innerhalb der Problematik einer räumlichen Erweiterung des Netzes noch nachzugehen sein[841].

Für die maßgeblich vom BGH vertretene netzbezogene Theorie spricht bereits auf den ersten Blick der Gesetzeswortlaut des § 13 Abs. 1 i.V.m. § 5 Abs. 1 Satz 1 EEG. Angesichts der grundsätzlichen Abgrenzung anhand des Verknüpfungspunkts, also des Punkts, an dem die EE-Anlage an das Netz angebunden ist, verläuft dort auch die Grenze zwischen den zu tragenden Netzanschluss- und

839 Demgemäß hält auch das OLG Stuttgart, Urt. v. 30.09.2004 – 2 U 58/04 (n.v.), S. 6 die Veranlassungstheorie für kein geeignetes Kriterium; ebenso *Schäfermeier/Reshöft*, ZNER 2007, 34 (35); *Ekardt*, in: Frenz/Müggenborg, EEG, § 13 Rn. 7.

840 Der BGH, Urt. v. 28.03.2007 – VIII ZR 42/06, RdE 2007, 310 (312 f.) scheint auch zu differenzieren, wenn er die eigentumsunabhängige Definition des Netzes in § 3 Abs. 6 (jetzt § 3 Nr. 7 EEG) betont; insoweit unterscheiden auch *Langbein/Weißenborn*, EW 19,20/2004, 20 (27); dazu auch bereits 6. Kapitel:B.II.1.a, S. 151.

841 Vgl. 6. Kapitel:E, S. 187

Kapazitätserweiterungskosten[842]. Folgerichtig scheint deshalb auch eine Abgrenzung anhand des Netzes in Übereinklang mit dem Gesetz zu stehen. Denn der Verknüpfungspunkt bildet ja gerade die Schnittstelle des Netzes mit der Anschlussanlage. Dem netzbezogenen Ansatz des BGH muss daher ohne weiteres die Übereinstimmung mit den gesetzlichen Vorgaben bescheinigt werden.

Eine gesetzliche Grundlage für die funktionale Betrachtung ist § 9 Abs. 2 1. Alt EEG zu entnehmen[843]. Danach erstreckt sich die Erweiterung der Netzkapazität auch auf die für das Netz betriebsnotwendigen technischen Einrichtungen. Ein Vorgehen unter Zugrundelegung dieses Merkmals scheint daher ebenfalls von den gesetzlichen Vorgaben gedeckt zu sein.

Im Ergebnis bestehen daher, abgesehen von der Veranlassungstheorie, die mit den gesetzlichen Vorgaben nicht zu vereinbaren ist, grundsätzlich keine Bedenken im Hinblick auf die in Literatur und Rechtsprechung vertretenen Abgrenzungsansätze.

2. Vergleich der Theorien

Über die Vereinbarkeit mit dem Gesetz hinaus, müssen sich die zur Abgrenzungsproblematik entwickelten Kriterien letztlich an ihrer praktischen Anwendbarkeit messen lassen[844]. Denn gerade die Vermeidung von Rechtsstreitigkeiten entspricht ihrem Sinn und Zweck[845] und nur so können Zufallsergebnisse bei der Abgrenzung vermieden werden. Die Rechtsfolge der Kostentragungspflicht des Netzbetreibers ist aber zu gravierend, um sie von Zufälligkeiten abhängig zu machen[846]. Die weiterhin ungebrochene Schwemme von Rechtsstreitigkeiten deutet an, dass die entwickelten Kriterien diesen Anforderungen der Praxis nicht gerecht werden.

Hinsichtlich der Praxisanforderungen verspricht die Abgrenzung nach der Eigentumslage zunächst die besten Ergebnisse. Denn es dürfte kaum Einrichtungen der Anschlussanlage oder des Netzes geben, die herrenlos sind. Deshalb wird man über diese Abgrenzung immer zu eindeutigen Ergebnissen gelangen. Zugleich darf allerdings nicht unberücksichtigt bleiben, dass es sich bei dem Eigentum nicht um ein alleiniges Kriterium handeln kann. Das zeigen die Rege-

---

842 Zu dieser Grundannahme vgl. bereits 6. Kapitel:B.I, S. 150.

843 Eine funktionale Bedeutung des Kriteriums wurde bereits ermittelt, vgl. 6. Kapitel:B.II.2.d, S. 160.

844 So sprechen sich auch *Langbein/Weißenborn*, RdE 2008, 23 (24) für die vorrangige Berücksichtigung der praktischen Handhabbarkeit von Kriterien speziell im Bereich der Zumutbarkeitsgrenze nach § 9 Abs. 3 EEG aus.

845 BT-Drucks. 16/8148, S. 45 zu den Kriterien des § 9 Abs. 2 EEG.

846 *Weißenborn*, in: Böhmer, Erneuerbare Energien, S. 71 (124).

lungen der §§ 13 Abs. 1 und 14 EEG, wonach grundsätzlich der Netzverknüpfungspunkt ausschlaggebend ist. Deshalb wird man auch hier nicht um eine vorherige Bestimmung der Reichweite des Netzes herumkommen. Die Schwierigkeiten bleiben deshalb bestehen. Zudem ist zu berücksichtigen, dass die Eigentumslage nicht in allen Fällen feststeht, sondern innerhalb der gesetzlichen Vorgaben von §§ 94 und 946 ff. BGB beliebig von den Parteien gestaltet werden kann. Die Abgrenzung nach der Eigentumslage bildet daher kein absolutes Abgrenzungskriterium, sondern kann auch zu unerwünschten Zufallsergebnissen führen[847].

Die funktionale Betrachtung steht vor ähnlichen Problemen. Sie stellt darauf ab, ob die jeweilige Einrichtung dem Netz oder der Anlage dient und ist letztlich auch von dem Begriff des Netzes abhängig. Der von § 9 Abs. 2 EEG angeordneten Berücksichtigung des Eigentums wird eine isolierte funktionale Betrachtung nicht gerecht. Zudem finden sich gerade im Bereich des Verknüpfungspunkts Einrichtungen, deren Funktion sich zunächst nicht eindeutig nach Anlagen- oder Netzbezug abstecken lässt[848]. Besondere Probleme entstehen dabei insbesondere, wenn die jeweiligen Einrichtungen eine Mischfunktion aufweisen, also sich sowohl auf die Anlage als auch auf das Netz auswirken. Eine klare Abgrenzung wird sich daher auch über eine funktionale Betrachtung allein nicht erreichen lassen.

Die Vorgehensweise des BGH zur Abgrenzung anhand des Netzes hat in der Praxis den Nachteil, dass dieser Begriff insbesondere durch seine Bezugnahme auf die „allgemeine Versorgung" nicht eindeutig ist[849]. Der Versuch, dieses Problem durch die Heranziehung der Eigentumslage und den funktionalen Ansatz zu entschärfen[850], erfordert letztlich die Berücksichtigung weiterer Kriterien innerhalb des eigentlichen Abgrenzungskriteriums. Das demonstriert aber auch das Bestreben des BGH, die Abgrenzung weiterhin allein anhand des Netzes strikt beizubehalten. Allerdings muss dieser streng netzbezogene Ansatz auch vor den Anforderungen der neu eingefügten Regelungen in § 9 Abs. 2 2. Alt. EEG Bestand haben. Gerade weil für den BGH bislang noch keine Notwendigkeit bestand, sich mit der Reichweite dieser Vorschrift – insbesondere im Hin-

847 Im Ergebnis ähnlich LG Ravensburg, Urt. v. 03.02.2003 – 3 O 308/02, RdE 2003, 214 (215); *Weißenborn*, in: Böhmer, Erneuerbare Energien, S. 71 (121).

848 Problematisiert werden kann beispielsweise, ob ein Umspannwerk der Umspannung des eingespeisten Stroms oder der Weiterverteilung des Stroms in die Verteilernetze dient oder ob die der Erdschlusskompensation dienende Petersen-Spule für die Anlage oder für das sonstige Netz vorgehalten wird.

849 *Klemm*, ET 2007, 62 (64); den Bezug sehen auch *Altrock/Theobald*, in: Altrock/Oschmann/Theobald, EEG 2008, § 13 Rn. 17 f; zum Merkmal der „allgemeinen Versorgung" siehe 4. Kapitel:B.IV.1, S. 49 .

850 BGH, Urt. v. 28.03.2007 – VIII ZR 42/06, RdE 2007, 310 (312 f.); BGH, Urt. v. 01.10.2008 – VIII ZR 21/07, RdE 2009, 146 (148 f.).

blick auf das Eigentumskriterium – innerhalb seiner Theorie abschließend auseinanderzusetzen, ist die Art und Weise der Berücksichtigung mit Spannung zu erwarten[851].

Ein Vergleich der vermeintlich unterschiedlichen Abgrenzungsansätze offenbart bei näherer Betrachtung eine weitreichende innere Verknüpfung. Der eigentumsrechtliche Ansatz muss sich ebenso wie die funktionale Betrachtungsweise zwingend auch mit dem Verständnis des Netzes auseinandersetzen. Die streng netzbezogene Theorie kommt gleichfalls nicht an der Einbeziehung der Eigentumslage und der funktionalen Zuordnung der jeweiligen technischen Einrichtungen vorbei. Keine der Sichtweisen kann danach isoliert ohne Rückgriff auf eine andere auskommen. Trotz unterschiedlicher Ausgangspunkte werden die Theorien daher regelmäßig übereinstimmende Ergebnisse liefern. Bei den sich aus der Anwendung der unterschiedlichen Ansätze ergebenden Streitigkeiten handelt es sich folglich weitgehend um eine Scheinproblematik.

3. Stellungnahme

Der Grundannahme entsprechend müssen die Regelungen in § 13 Abs. 1 und 14 EEG am Anfang der Betrachtung stehen[852]. Danach ist grundsätzlich der Verknüpfungspunkt für die Zuordnung maßgeblich. Dem Gesetz ist dem Grunde nach eine räumlich-punktuelle Sichtweise zu entnehmen, wonach die Kosten eines Netzanschlusses und eines Netzausbaus zuzuordnen sind. Eine Fokussierung auf diesen, bei aller Diskussion scheinbar aus den Augen verlorenen Grundgedanken scheint aussichtsreich, die Abgrenzungsproblematik zu entschärfen.

Dem möglichen Einwand, die Zuordnungsprobleme im unmittelbaren räumlichen Bereich des Verknüpfungspunkts könnten hierdurch nicht sachgerecht gelöst werden[853], kann die in § 5 Abs. 1 Satz 1 EEG infolge der Neufassung zum 01.01.2009 in das Gesetz eingefügte Legaldefinition des Verknüpfungspunkts entgegengehalten werden. Danach ist der Verknüpfungspunkt die Stelle, an der die EE-Anlage an das Netz angeschlossen wird. Der Verknüpfungspunkt ist

851 Die Bedeutung der inhaltlich gleichlautenden Vorschrift des § 4 Abs. 2 Satz 4 EEG 2004 wurde bislang offen gelassen von BGH, Urt. v. 10.11.2004 – VIII ZR 391/03, RdE 2005, 79 (83); BGH, Urt. v. 07.02.2007 – VIII ZR 225/05, ZNER 2007, 59 (60); BGH, Urt. v. 28.03.2007 – VIII ZR 42/06, RdE 2007, 310 (314); BGH, Urt. v. 28.11.2007 – VIII ZR 306/04, ZNER 2008, 53 (54 f.); BGH, Urt. v. 01.10.2008 – VIII ZR 21/07, RdE 2009, 146 (148).

852 Siehe 6. Kapitel:B.I, S. 150.

853 Zur Problematik im Hinblick auf die Zuordnung von Einrichtungen im Bereich des Anschlusspunkts vgl. 5. Kapitel:E.II, S. 136.

deshalb per definitionem Teil des Netzes[854]. Ohne dass es an dieser Stelle auf weitere Abgrenzungskriterien ankäme, haben Maßnahmen am Verknüpfungspunkt daher einen Bezug zum Netz und sind über das Zusammenspiel von § 13 Abs. 1 und § 14 EEG eindeutig dem Netzbetreiber mit der entsprechenden Kostenfolge zugeordnet. Ausgehend von der räumlichen Lage des Verknüpfungspunkts muss daher gefragt werden, welche Einrichtungen dort zum Zeitpunkt des Anlagenanschlusses bereits vorhanden sind (oder vielmehr nicht vorhanden sind). Sämtliche Maßnahmen an vorhandenen technischen Einrichtungen sind im Rahmen der Kapazitätserweiterungspflicht geschuldet. Sollten gleichwohl Kosten für Einrichtungen über die räumliche Lage nicht eindeutig zugeordnet werden können, sind ergänzend die Kriterien des § 9 Abs. 2 EEG zu berücksichtigen.

Für die nähere Bestimmung der Reichweite des Netzes ist darauf abzustellen, ob die zu untersuchende Einrichtung netzbetriebsnotwendig ist[855]. Darüber hinaus bezieht sich nach dem bereits erzielten Ergebnis[856] jedenfalls die Kostentragungspflicht des Netzbetreibers auch auf Einrichtungen aus seiner Sicht jenseits des Verknüpfungspunkts, soweit der Netzbetreiber das Eigentum daran erlangt. Da sich die Eigentumsregelung nach dem Wortlaut eindeutig nur auf *Anschlussanlagen* bezieht, gilt die Regelung nur zu Gunsten, nicht aber umgekehrt zu Lasten des Anlagenbetreibers[857].

Daran schließt sich allerdings die höchst umstrittene Frage nach einer Pflicht des Netzbetreibers zur räumlichen Erweiterung seines Netzes an.

E. Spezialproblem räumliche Erweiterung des Netzes

Die Reichweite der in § 4 Abs. 2 Satz 4 EEG 2004 aufgenommenen und in § 9 Abs. 2 EEG weitergeführten Regelungen zur Kapazitätserweiterung wird aktuell insoweit diskutiert, als dass sich die Frage nach einer Pflicht des Netzbetreibers zur quantitativen Netzerweiterung stellt. Darunter ist eine Netzerweiterung in der Weise zu verstehen, dass durch räumliche Ausdehnung des Netzes dem Anlagenbetreiber der Anschluss der Anlage an das Netz durch Verkürzung der dazwischen liegenden Entfernung erleichtert wird[858]. Während die Problematik in

854 *Schäfermeier*, in: Reshöft, EEG 2009, § 9 Rn. 32.
855 Vgl. dazu bereits 6. Kapitel:B.II.2, S. 156.
856 Vgl. 6. Kapitel:B.II.1.a, S. 151; zur Frage einer Erweiterung des Netzbegriffs durch diese Vorschrift sogleich 6. Kapitel:E.IV.3.b, S. 195.
857 Dafür aber *Salje*, EEG 2007, § 13 Rn. 63. *Ekardt*, in: Frenz/Müggenborg, EEG, § 13 Rn. 9 möchte dem Anlagenbetreiber gar Kosten für den Netzausbau auferlegen, wenn dieser Eigentümer der zu beurteilenden Einrichtungen ist.
858 BGH, Urt. v. 07.02.2007 – VIII ZR 225/05, ZNER 2007, 59 (60).

der Literatur bislang kaum beachtet worden ist[859], beschäftigt sie zunehmend die Gerichte.

Der Komplex ist logisch mit der Frage nach der Reichweite des Netzes für die allgemeine Versorgung i.S.d. § 3 Nr. 7 EEG verknüpft und hat in der Praxis ein weites Anwendungsfeld. Beispielhaft seien die in einer Transformatorenstation bei der Umspannung entstehenden Transformatorenverluste genannt[860]. Der Netzbetreiber hat die Strommenge zu vergüten, die am Verknüpfungspunkt zwischen Anlage und Netz in sein Netz eingespeist wird. Für die Frage der Berechnung von Transformatorenverlusten zu Lasten des Anlagen- oder Netzbetreibers kommt es darauf an, ob die Transformatorenstation Teil des Netzes ist, also ob der Netzbetreiber den Strom vor oder nach dem Eintritt der Umspannverluste abnimmt[861]. Deshalb kann es von erheblicher finanzieller Bedeutung sein, ob ein (neuer) Transformator im Wege eines quantitativen Netzausbaus Teil des Netzes der allgemeinen Versorgung werden kann.

Ein weiteres Problemfeld findet sich im Anwendungsbereich von Verbindungsleitungen zur Einspeisung von Strom, der in EE-Anlagen erzeugt worden ist. Auch diesbezüglich können erhebliche Kosten entstehen. Eine Erweiterung des Netzbegriffs nach § 3 Nr. 7 EEG, der solche reinen Einspeiseleitungen grundsätzlich nicht umfasst[862], müsste konsequenterweise das Pflichtenpaket des EEG, insbesondere die Anschluss-, Abnahme und auch die Kapazitätserweiterungspflicht, im Hinblick auf diese Leitungen auslösen.

Die hier vertretene räumlich-punktuelle Sichtweise spricht auf den ersten Blick gegen die Möglichkeit einer räumlichen Ausdehnung der Kapazitätserweiterungspflicht des Netzbetreibers nach dem EEG. § 9 Abs. 2 EEG erstreckt die Pflicht zur Kapazitätserweiterung aber auch auf eventuell neu geschaffene *Anschlussanlagen*. Nach dem Wortlaut des § 9 Abs. 1 Satz 1 EEG, der von der Erweiterung der Kapazität des *Netzes* spricht, scheint es nicht schlechterdings ausgeschlossen, dass damit eine Erweiterung des Netzbegriffs verbunden sein könnte. Das aber wäre zumindest vordergründig zunächst ein eklatanter Widerspruch zur räumlich-punktuellen Sichtweise. Diesen gilt es im Folgenden näher zu beleuchten. Dazu werden zunächst die in Rechtsprechung und Literatur zu diesem Problemkomplex vertretenen Standpunkte dargestellt.

---

859 Diesbezügliche Überlegungen finden sich bei *Langbein/Weißenborn*, EW 19,20/2004, 20 (27); *Schäfermeier*, in: Reshöft, EEG 2009, § 9 Rn. 30.

860 Die Verluste entstehen in Abhängigkeit von Alter, Auslastung und Spannungsstufe des Transformators in Höhe von regelmäßig bis zu 4 % der Strommenge. Bei größeren EE-Anlagen können so über den Förderungszeitraum des EEG schnell sechsstellige Vergütungsausfälle entstehen.

861 BGH, Urt. v. 28.03.2007 – VIII ZR 42/06, RdE 2007, 310 (312).

862 Zu diesem Ergebnis siehe 4. Kapitel:B.V.2.b, S. 57.

I. Standpunkt des BGH

Der BGH hat sich in dieser Frage bislang nicht festgelegt[863]. Er differenziert zunächst zwischen einer qualitativen Verbesserung des Netzes (Verstärkung), um dieses aufnahmefähig zu machen, und einer quantitativen Erweiterung des Netzes in Form einer räumlichen Ausdehnung, um dem Anlagenbetreiber den Anschluss der Anlage an das Netz durch Verkürzung der dazwischenliegenden Entfernung zu erleichtern. Ein Netzausbau diene grundsätzlich der qualitativen Verbesserung des Netzes. Die Vorschrift des § 4 Abs. 2 Satz 2 EEG 2004[864] könne entweder als reine Abgrenzungsvorschrift zwischen Anschluss- und Netzausbaumaßnahmen zu verstehen sein. Dann ändere sich nichts an der zuvor skizzierten Sichtweise, dass ein Ausbau nur die technische Eignung des Netzes, hingegen nicht seine räumliche Ausdehnung betreffe. Möglicherweise solle über den vorgenannten Zweck hinaus jedoch die Netzausbaupflicht des Netzbetreibers auch in räumlicher Hinsicht erweitert werden[865]. Im Zusammenhang mit der hier untersuchten Konstellation ging es in dem vom BGH erstmals zu beurteilenden Fall um die Frage, wer die Kosten für ein im Rahmen der Anbindung einer Windenergieanlage neu geschaffenes „Windkabel" zu tragen habe, das im Eigentum des Netzbetreibers stand. Der Sachverhalt des Rechtsstreits fiel in den zeitlichen Anwendungsbereich des StrEG[866].

Als maßgeblicher Vertreter der netzbezogenen Abgrenzungstheorie zielt der BGH auch in neueren Entscheidungen[867] auf die Frage ab, wie weit das Netz nach der Begriffsbestimmung des EEG reicht. Das Eigentum des Netzbetreibers an einer technischen Einrichtung zur Übertragung oder Verteilung von Elektrizität sei ein deutliches Indiz dafür, dass die Einrichtung Bestandteil seines Netzes sei.

Über die Eigentumslage hinaus sei jedoch auch zu berücksichtigen, ob eine technische Einrichtung zur Übertragung oder Verteilung von Elektrizität dem Netzbetreiber zur allgemeinen Versorgung diene. In einem solchen Fall könne die Abgrenzung daher nur aufgrund einer funktionalen Betrachtungsweise erfol-

---

863 BGH, Urt. v. 07.02.2007 – VIII ZR 225/05, ZNER 2007, 59 (60); BGH, Urt. v. 28.03.2007 – VIII ZR 42/06, RdE 2007, 310 (314); BGH, Urt. v. 01.10.2008 – VIII ZR 21/07, RdE 2009, 146 (148).

864 Inhaltlich gleichlautend jetzt in § 9 Abs. 2 EEG geregelt.

865 BGH, Urt. v. 07.02.2007 – VIII ZR 225/05, ZNER 2007, 59 (60).

866 Der BGH konnte daher die Frage der Reichweite der Vorschrift des § 4 Abs. 2 Satz 4 EEG 2004 (§ 9 Abs. 2 EEG) zu Recht offen lassen.

867 BGH, Urt. v. 28.03.2007 – VIII ZR 42/06, RdE 2007, 310 (312 f.); BGH, Urt. v. 18.07.2007 – VIII ZR 288/05, RdE 2008, 18 (23).

gen. Hierfür sei ein Rechtsgrund dafür erforderlich, dass der Netzbetreiber die entsprechende Einrichtung für die allgemeine Versorgung nutzen könne[868].

II. Urteile der Instanzengerichte

Nach Auffassung einiger Instanzengerichte können Netzbetreiber durchaus verpflichtet sein, ihr Netz auch räumlich über den bestehenden Status hinaus zu erweitern. Regelmäßig wird diese Ansicht damit begründet, dass auch eine Verbindungsleitung zwischen einer EE-Anlage und dem vorhandenen Netz schon per Definition des EEG als Netz anzusehen sei und sich der Netzausbau deshalb auf diese Leitung beziehen müsse[869]. Auch das OLG Celle[870] und das LG Münster[871] bejahten eine Netzausbaupflicht des Netzbetreibers über das bestehende Netz hinaus für ein im Rahmen der Anbindung der EE-Anlage neu zu schaffendes Einspeisekabel, weil das Eigentum daran beim Netzbetreiber lag. Demgegenüber haben sich das LG Bochum[872], das LG Kiel[873] und in einer neueren Entscheidung auch das LG Münster[874] gegen eine Pflicht des Netzbetreibers zur Erweiterung seines Netzes in räumlicher Hinsicht ausgesprochen.

Festzuhalten ist also, dass die Frage nach einer quantitativen Kapazitätserweiterungspflicht des Netzbetreibers in der Rechtsprechung bislang uneinheitlich beantwortet wird und aufgrund der unterschiedlichen Ansätze (Netzbezug, Eigentumsbezug, funktionaler Ansatz) eine Lösung ohne weiteres auch nicht greifbar scheint.

---

868 BGH, Urt. v. 28.03.2007 – VIII ZR 42/06, RdE 2007, 310 (312 f.). Da nach dem dortigen Sachverhalt für den BGH ein solcher Rechtsgrund nicht ersichtlich war und die Einrichtung (Transformatorenstation) auch nicht im Eigentum des Netzbetreibers stand, verneinte der BGH konsequenterweise die Netzeigenschaft im Sinne des EEG.

869 OLG Nürnberg, Urt. v. 30.04.2002 – 3 U 4066/01, ZNER 2002, 225 (227); in diesem Sinne auch LG Darmstadt, Urt. v. 11.09.2006 – 22 O 109/06, RdE 2007, 237 (237), obwohl dort die Eigentumsübernahme des Netzbetreibers sogar nur ursprünglich vorgesehen war; zum Ergebnis, dass die Netzzugehörigkeit der Einspeiseleitung jedenfalls nicht aus § 3 Nr. 7 EEG folgt, siehe 4. Kapitel:B.V.2.b, S. 57.

870 Urt. v. 02.11.2006 – 5 U 78/06, IR 2007, 64 (65).

871 Urt. v. 25.04.2004 – 2 O 788/03 (n.v.), S. 5 f.

872 Urt. v. 26.03.2007 – 3 O 503/06 (n.v.), S. 5.

873 Urt. v. 20.02.2006 – 4 O 122/05, RdE 2006, 324 (325 f.). Das Gericht hielt das Eigentum des Netzbetreibers an dem Einspeisekabel insoweit für unbeachtlich.

874 LG Münster, Urt. v. 09.06.2009 – 04 O 342/08 (n.v.), S. 8.

III. Meinungen in der Literatur

Die Frage ist in der Literatur bislang kaum thematisiert worden. Soweit sich Autoren mit dieser Frage beschäftigen, wird eine quantitative Kapazitätserweiterungspflicht im Grundsatz jedenfalls für den Geltungszeitraum des EEG 2004 überwiegend abgelehnt[875]. Als Begründung wird vor allem angeführt, dass die Definition des Netzbegriffs in § 3 Nr. 7 EEG eben nicht an den Begriff des Eigentums anknüpfe, weshalb eine Netzdefinition nach diesem Kriterium auch nicht angebracht sei[876].

IV. Stellungnahme

Die Annahme einer Pflicht zum sog. quantitativen Netzausbau setzt begriffslogisch eine Änderung der räumlichen Lage des ursprünglich vorhandenen Verknüpfungspunkts in Richtung Anlagenstandort infolge von Maßnahmen zur Anbindung der Anlage an das Netz voraus.

1. Gesetzliche Differenzierung

Der durch die EEG-Änderung zum 01.01.2009 eingefügten Differenzierung des Wortlauts zwischen Verstärkung und Ausbau[877] des Netzes könnte eine quantitative Netzausbaupflicht zu entnehmen sein[878]. Bislang war nach der mehrfach bestätigten Rechtsprechung des BGH unter einem Ausbau des Netzes grundsätzlich nur der *qualitative* Netzausbau zu verstehen, der das Ziel verfolgte, das Netz für den Strom aufnahmefähig zu machen[879]. Von einer solchen Maßnahme soll danach in Abgrenzung zu Netzanschlussmaßnahmen immer dann auszugehen

875 *Altrock/Wustlich*, in: Altrock/Oschmann/Theobald, EEG 2008, § 4 Rn. 46 c, die auf die allgemeinen Grundsätze zur Ermittlung der Anschlussvariante unter Berücksichtigung des Prinzips der gesamtwirtschaftlichen Kostenminimierung abstellen wollen; so wohl auch *Langbein/Weißenborn*, EW 19,20/2004, 20 (27). Demgegenüber hält *Schäfermeier*, in: Reshöft, EEG 2009, § 9 Rn 30 einen quantitativen Netzausbau unter bestimmten Voraussetzungen für möglich; *ders*, in: Loibl u.a., Biogasanlagen, S. 228 Rn. 11 unter Verweis auf den Wortlaut des § 9 Abs. 1 Satz 1 EEG.

876 *Scholtka/Baumbach*, NJW 2008, 1128 (1128) unter Berufung auf BGH, Urt. v. 28.03.2007 – VIII ZR 42/06, RdE 2007, 310 (312).

877 Vgl. dazu bereits 6. Kapitel:A.II, S. 148.

878 Dafür *Schäfermeier*, in: Loibl u.a., Biogasanlagen, S. 228 Rn. 11.

879 Auch *qualitative* Verbesserung oder Verstärkung des Netzes genannt, vgl. BGH, Urt. v. 07.02.2007 – VIII ZR 225/05, ZNER 2007, 59 (60).

sein, wenn diese netzintern durchgeführt wird[880]. Als qualitative Netzausbaumaßnahmen hat der BGH beispielsweise die Errichtung einer neuen Parallelleitung zu einer bereits bestehenden Leitung[881] sowie auch eine Direktleitung zwischen zwei vorhandenen Punkten im Netz angesehen[882].

Man könnte annehmen, dass durch die Begriffsdifferenzierung im EEG nunmehr unter Netzverstärkungsmaßnahmen alles das fällt, was der BGH bislang unter einem qualitativen Ausbau des Netzes im Sinne des § 4 Abs. 2 Satz 2 EEG 2004 verstanden hat[883]. Da die Netzverstärkung ein Minus zum Netzausbau darstellt[884], könnte aus einem solchen Verständnis gefolgert werden, dass der Netzausbau eine über eine qualitative Verstärkung des Netzes hinausgehende Maßnahme bedeutet, wollte man den Anwendungsbereich für derartige Maßnahmen nicht leer laufen lassen. Im Ergebnis könnte die Verwendung der Begriffe Verstärkung und Ausbau nebeneinander daher suggerieren, dass der Gesetzgeber nunmehr ausdrücklich einen quantitativen Netzausbau eingeführt hat.

Diese Folgerung ist jedoch keineswegs zwingend, wie auch der Vergleich mit dem allgemeinen Begriffsverständnis im Energierecht zeigt[885]. Danach weisen sowohl die Verstärkung als auch der Ausbau des Netzes einen eindeutigen Bezug auf Einrichtungen im vorhandenen Netz auf, also aus Anlagensicht jenseits des Verknüpfungspunkts. Während die Netzverstärkung die Qualifizierung *bestehender* Einrichtungen zur Stromabnahme bezweckt, werden unter Netzausbau die Erstellung *neuer* Bestandteile innerhalb des Netzes verstanden. Dieses Verständnis ließe sich entsprechend auch auf das EEG übertragen. Maßnahmen an bestehenden Einrichtungen, etwa die Ersetzung oder Erweiterung von – aufgrund ihrer Dimensionierung für die Stromabnahme ungeeigneten – Transformatorenstationen oder Umspannwerken, wären demnach der Netzverstärkung zuzuordnen. Die netzinterne Verlegung von neuen Stromkabeln wie im Falle des BGH[886] über Gebiete, auf denen sich zuvor keine solchen Leitungen befanden,

880 BGH, Urt. v. 18.07.2007 – VIII ZR 288/05, RdE 2008, 18 (23). Dem schließt sich ausdrücklich auch die Gesetzesbegründung an, BT-Drs. 16/8148, S. 45.

881 Gemäß BGH, Urt. v. 10.11.2004 – VIII ZR 391/03, RdE 2005, 79 (82) ist einem solchen Fall generell von einem Netzausbau auszugehen. Laut BGH, Urt. v. 28.11.2007 – VIII ZR 306/04, ZNER 2008, 53 (54) soll es darüber hinaus erforderlich sein, dass die Leitung im Eigentum oder Besitz des Netzbetreibers steht.

882 BGH, Urt. v. 18.07.2007 – VIII ZR 288/05, RdE 2008, 18 (23); zustimmend BT-Drucks. 16/8148, S. 45.

883 So *Schäfermeier*, in: Reshöft, EEG 2009, § 9 Rn. 29; *ders.*, in: Loibl u.a., Biogasanlagen, S. 242 Rn. 39.

884 BT-Drucks. 16/8148, S. 45; ähnlich auch *Wustlich*, in: Altrock/Oschmann/Theobald, EEG 2011, § 9 Rn. 20 f.

885 Dazu, dass den energierechtlichen Parallelregelungen grundsätzlich keine Anhaltspunkte für eine Pflicht zur räumlichen Erweiterung des Netzes durch einen Netzausbau zu entnehmen sind, siehe 6. Kapitel:C.VI, S. 176.

886 BGH, Urt. v. 18.07.2007 – VIII ZR 288/05, RdE 2008, 18 (23).

wäre demgegenüber als Netzausbau einzustufen. Eine solche Auslegung steht scheinbar auch in Übereinklang mit den Ausführungen der Gesetzesbegründung, die eine Verstärkung des *bestehenden* Netzes fordert und als Beispiel für eine Netzausbaumaßnahme ebenfalls das vorgenannte Urteil des BGH anführt[887].

Der Umstand, dass der BGH in seiner zum Anwendungsbereich des EEG in der Fassung vor dem 01.01.2009 ergangenen Rechtsprechung eine Unterscheidung zwischen den Begriffen Verstärkung und Ausbau bislang nicht vorgenommen hat, könnte demnach schlicht auch mit dem bislang insoweit nicht differenzierenden Wortlaut von § 3 Abs. 1 Satz 3 EEG 2000 bzw. § 4 Abs. 2 Satz 2 EEG 2004 zu erklären sein. Damit kann festgestellt werden, dass sich dem neuen Wortlaut in § 9 Abs. 1 Satz 1 EEG keine zwingenden Hinweise auf eine quantitative Netzausbaupflicht entnehmen lassen.

2. Grundsystematik

Den Regelungen in § 5 Abs. 1 und Abs. 2 im Zusammenspiel mit § 13 Abs. 1 und § 14 EEG kann nicht entnommen werden, dass der Verknüpfungspunkt sich auch dorthin verschieben könnte, wo zuvor noch kein Netz bestanden hat[888]. Die Kapazitätserweiterung dient aufgrund der eindeutigen Anordnung in § 5 Abs. 4 EEG lediglich der Ermöglichung der Stromabnahme an dem ermittelten Verknüpfungspunkt. Eine räumliche Erweiterung des vorhandenen – wenn auch zunächst zur Abnahme nicht befähigten – Netzes durch die Kapazitätserweiterung findet in den Basisvorschriften daher zunächst keine Stütze[889].

3. Reichweite des § 9 Abs. 2 EEG

Es fragt sich daher, ob § 9 Abs. 2 EEG geeignet ist, diese Systematik zu durchbrechen, indem dort die Pflicht zur Kapazitätserweiterung auch auf sämtliche „für den Betrieb des Netzes notwendigen technischen Einrichtungen sowie die im Eigentum des Netzbetreibers stehenden oder in sein Eigentum übergehenden Anschlussanlagen" erstreckt wird.

887 BT-Drucks. 16/8148, S. 45.

888 Ähnlich auch *Langbein/Weißenborn*, EW 19,20/2004, 20 (25).

889 Diese Erkenntnis legt auch der BGH, Urt. v. 01.10.2008 – VIII ZR 21/07, RdE 2009, 146 (148) seinen Überlegungen zu den inhaltlich insoweit identischen Regelungen des § 4 Abs. 2 Satz 2 EEG 2004 zu Grunde, denen zufolge die Pflicht zum Netzausbau grundsätzlich nur im Hinblick auf die Abnahme des Stroms nach § 4 Abs. 2 Satz 2 EEG vorliegt; ebenso BGH, Urt. v. 07.02.2007 – VIII ZR 225/05, ZNER 2007, 59 (60).

a. Ausdehnung durch Betriebsnotwendigkeit?

Hinsichtlich des Kriteriums der Betriebsnotwendigkeit wurde bereits das Ergebnis erzielt, dass es sich dabei um eine nähere Konkretisierung, nicht aber um eine konstitutive Erweiterung des Netzbegriffs nach § 3 Nr. 7 handelt[890]. Soweit solche technischen Einrichtungen vorliegen, stellt § 9 Abs. 2 1. Alt. EEG demnach klar, dass der Netzbetreiber deren Kapazität auf seine Kosten erweitern muss, soweit dies zur Abnahme des Stroms aus der EE-Anlage erforderlich ist. Wie sich bereits aus § 9 Abs. 1 Satz 1 EEG ergibt, gilt das jedenfalls für im Zeitpunkt des begehrten Anschlusses der Anlage schon vorhandene technische Einrichtungen, die einen Teil des Netzes bilden. Unklar ist jedoch, ob vorgenannte Konsequenzen sich schon dann ergeben, wenn erst im Zuge der Anbindung der EE-Anlage zu errichtende technische Einrichtungen zu einem Teil des Netzes der allgemeinen Versorgung gemäß § 3 Nr. 7 EEG werden[891].

Für eine erst zukünftige Wirkung im Falle zeitlich nachfolgender Anschlussbegehren scheint jedenfalls der Wortlaut von § 3 Nr. 7 EEG „Gesamtheit der miteinander *verbundenen* technischen Einrichtungen" zu sprechen. Diese Formulierung bezieht sich offenbar auf den Status quo des Netzes im Zeitpunkt des Anschlussbegehrens und nicht auf die Situation der Einrichtungen nach Anbindung der EE-Anlage. Zudem sind die folgenden Erwägungen zu bedenken: Fraglos wiese das Netz im Nachhinein eine größere räumliche Ausdehnung auf als vor dem Anschluss der Anlage. Gleichwohl könnte das keine Folge der Anbindung der Anlage an das Netz sein, weil Einrichtungen der Anschlussanlage gerade nicht der allgemeinen Versorgung dienen und deshalb auch nicht vom Netzbegriff des EEG in § 3 Nr. 7 umfasst sind[892]. Allein aufgrund der Anbindung können Anschlussanlagen daher keinen Bestandteil des Netzes darstellen. Das ergibt sich auch aus der Bedeutung der Kapazitätserweiterung, die nach § 5 Abs. 4 EEG nur die Stromabnahme am Verknüpfungspunkt ermöglichen soll. Da der Verknüpfungspunkt derjenige Punkt ist, an dem der Netzanschluss endet und das Netz beginnt, kann sich die Kapazitätserweiterung nur im Netz auswirken. Die Begründung der – gesamten oder teilweisen – Netzeigenschaft des Netzanschlusses bedarf daher eines zusätzlichen Aktes, der über die bloße Vornahme des Netzanschlusses nach § 5 Abs. 1 Satz 1 EEG hinausgeht[893]. Eine gesetzliche

---

890 Vgl. 6. Kapitel:B.II.2.b, S. 157.

891 Beispielsweise wenn der Netzbetreiber eine neu errichtete Leitung oder eine Transformatorenstation zur allgemeinen Versorgung anderer nutzen möchte;. Frage offen gelassen von BGH, Urt. v. 01.10.2008 – VIII ZR 21/07, RdE 2009, 146 (148 f.).

892 Für reine Einspeiseleitungen so ausdrücklich auch BGH, Urt. v. 01.10.2008 – VIII ZR 21/07, RdE 2009, 146 (148 f.); siehe bereits 4. Kapitel:B.V.2.b, S. 57.

893 Das kann beispielsweise angenommen werden, wenn der Netzbetreiber sein Netz für die allgemeine Versorgung zur Erschließung weiterer Anschlussnehmer räumlich erweitern

Pflicht des Netzbetreibers zur räumlichen Erweiterung des Netzes für die allgemeine Versorgung über den ursprünglichen Verknüpfungspunkt hinaus besteht im EEG jedenfalls infolge des Kriteriums der Betriebsnotwendigkeit nach § 9 Abs. 2 1. Alt. nicht.

b. Erweiterung aufgrund Eigentum?

Die Schwierigkeit, die Bedeutung des in § 9 Abs. 2 2. Alt. EEG genannten Eigentumskriteriums zu determinieren, liegt darin begründet, dass dem Wortlaut nach nicht von Netz oder Kostentragung, sondern von der *Pflicht* zur Kapazitätserweiterung die Rede ist. Da die Kapazitätserweiterung begrifflich die Maßnahmen am *Netz* voraussetzt, könnte man die Vorschrift derart interpretieren, dass der Begriff des Netzes für die allgemeine Versorgung in § 3 Nr. 7 EEG erweitert werden soll.

Einer solchen Auffassung zufolge wären Teile der Anschlussanlage immer dann als Bestandteil des Netzes anzusehen, wenn die entsprechenden Einrichtungen im Eigentum des Netzbetreibers stehen oder auch erst im Zuge der Errichtung der Anschlussanlage in sein Eigentum übergehen[894]. Letztlich dürfte auch der BGH mit seiner streng netzbezogenen Sichtweise[895] nur unter einer solchen Annahme zu dem Ergebnis gelangen, dass den Netzbetreiber eine Kostentragung für Teile der Anschlussanlage treffen kann. Eine Abgrenzung der Kosten allein nach dem Begriff des Netzes kann nämlich nur dann konsequent sein, wenn man die Regelung in § 9 Abs. 2 EEG im Hinblick auf das Eigentum konstitutiv versteht, die Netzeigenschaft dadurch also begründet wird. Wollte man § 9 Abs. 2 EEG als rein deklaratorische Abgrenzungsvorschrift für das Netz der allgemeinen Versorgung nach § 3 Nr. 7 EEG und den Netzanschluss begreifen, wäre zum einen nicht erklärbar, dass sich die Pflicht zur Kapazitätserweiterung nach dem Wortlaut auch auf Anschlussanlagen erstrecken kann. Zudem hätte die Regelung im Ergebnis dann keinerlei Bedeutung. Da dem Gesetzgeber eine sinnlo-

möchte oder die Parteien eine Vereinbarung treffen, der zufolge der Netzbetreiber die Einrichtungen des Netzanschlusses für Versorgungszwecke nutzen darf.

894 Dafür LG Münster, Urt. v. 24.05.2004 – 2 O 768/03 (n.v.), S. 5; *de Wyl/Hartmann/Hilgenstock*, IR 2006, 199 (200); *Altrock/Wustlich*, in: Altrock/Oschmann/Theobald, EEG 2008, § 4 Rn. 75; unklar Clearingstelle EEG, Votum v. 19.09.2008, – 2008/14, http://www.clearingstelle-eeg.de/files/private/active/0/Votum_2008-14.pdf (Zugriff 03.06.2010), S. 6.

895 BGH, Urt. v. 10.11.2004 – VIII ZR 391/03, RdE 2005, 79 (80 f.); BGH, Urt. v. 12.07.2006 – VIII ZR 235/04, ZNER 2006, 238 (239); BGH, Urt. v. 07.02.2007 – VIII ZR 225/05, ZNER 2007, 59 (60); BGH, Urt. v. 28.03.2007 – VIII ZR 42/06, RdE 2007, 310 (312 f.).

se Regelung nicht unterstellt werden kann, ist jedenfalls von einer erweiterten Kostentragungspflicht des Netzbetreibers auszugehen[896].

Der Wortlaut des § 9 Abs. 2 2. Alt. EEG ist widersprüchlich, da er zum einen mit der Pflicht zur Kapazitätserweiterung auf das Netz Bezug nimmt, andererseits jedoch von Anschlussanlagen spricht. Allein daraus kann die Frage nach einer netzerweiternden Wirkung nicht beantwortet werden.

Einer netzbegründenden Wirkung des Eigentumskriteriums begegnen allerdings massive systematische Bedenken. § 9 Abs. 2 EEG ist im Zusammenhang mit der Kapazitätserweiterung in Abschnitt 2 des EEG und nicht etwa beim Netzbegriff geregelt. Wollte der Gesetzgeber dem Kriterium eine netzerweiternde Wirkung zusprechen, so hätte er dies im Zusammenhang mit dem Netzbegriff vorgenommen. Gegen eine – zugegebenermaßen praktisch einfach zu handhabende – Abgrenzung zwischen Netz und Netzanschluss nach den Eigentumsverhältnissen spricht auch, dass dies im Ergebnis in einer Aushebelung des § 3 Abs. 7 EEG münden würde, da die dort genannten Kriterien – insbesondere der Begriff der allgemeinen Versorgung – dann letztlich keine Rolle mehr spielten.

Auch dem sonstigen Energierecht ist eine konstitutive Eigenschaft des Eigentums im Hinblick auf den Netzbegriff generell fremd[897]. Da ein unter Beachtung der jeweiligen Besonderheiten einheitliches Netzverständnis angestrebt werden sollte, spricht auch dieser Vergleich gegen eine Erweiterung des Netzbegriffs infolge der Eigentumslage.

Aus historischer Sicht sind der Vorschrift gerade keine Anhaltspunkte für die Absicht einer netzerweiternden Wirkung zu entnehmen. Vielmehr soll eine Trennung von Vermögenszuwachs und finanziellem Aufwand vermieden werden[898]. Um diesem Zweck gerecht zu werden, bedarf es allerdings keiner Begründung der Netzeigenschaft. Es genügt vielmehr, die Vorschrift zur reinen Kostenabgrenzung heranzuziehen.

Im Ergebnis lassen sich keine belastbaren Hinweise dafür ermitteln, die für eine netzerweiternde Wirkung des Eigentumskriteriums angeführt werden könnten. Möchte man die Regelungssystematik des § 3 Nr. 7 EEG (Netzdefinition) sowie des § 5 Abs. 1 Nr. 1 EEG (Bestimmung der Lage des Netzverknüpfungspunkts) und der Kostenabgrenzungsvorschriften der §§ 13 Abs. 1 und 14 EEG nicht durchbrechen, wird man § 9 Abs. 2 2. Alt. EEG im Ergebnis, auch zur Wahrung der Homogenität der energierechtlichen Bestimmungen, allein als Kostentragungsregelung auffassen müssen. Gegen eine reine Kostentragungsregelung spricht zwar, dass die Kriterien nicht direkt im Zusammenhang mit §§ 13 Abs. 1 und 14 EEG geregelt sind. Wegen der engen systematischen Verflechtung von

896 Vgl. auch 6. Kapitel:B.II.1.a, S. 151.
897 Siehe die Ergebnisse des Vergleichs im 6. Kapitel:C.VII, S. 177.
898 BT-Drucks. 16/8148, S. 45.

§ 9 und § 14 EEG ist die Kostentragungspflicht jedoch direkt an die Maßnahmen zur Kapazitätserweiterung geknüpft.

§ 9 Abs. 2 2. Alt. EEG ist dann als Fiktion einer Netzerweiterung aufzufassen. Daraus folgt die Pflicht des Netzbetreibers auch die Kosten der Anschlussanlagen, gleich ob bereits bestehend oder erst neu geschaffen, inklusive möglicher Folgekosten zu tragen, soweit diese in seinem Eigentum stehen, ohne dass hierdurch die Netzeigenschaft rechtlich verbindlich für den entsprechenden Teil begründet würde. Um diese Sichtweise zu stützen lässt sich auf den Wortlaut des § 9 Abs. 2 EEG verweisen, der von *Anschlussanlagen* spricht. Die Vorschrift soll also nicht die Unterscheidung zwischen dem Netz der allgemeinen Versorgung in § 3 Nr. 7 EEG einerseits und den technischen Einrichtungen des Netzanschlusses in § 13 Abs. 1 EEG andererseits aufheben[899]. Der Umkehrschluss, es handele sich stets um einen Netzanschluss, wenn das Eigentum an der zu beurteilenden Einrichtung beim Anlagenbetreiber liegt, ist daher ebenso wenig zulässig[900].

Das bedeutet freilich nicht, dass dem Eigentum überhaupt keine Bedeutung im Rahmen der Begründung der Netzeigenschaft zugemessen werden kann. Wie ausgeführt[901] ist die Verfügungsgewalt eine von mehreren Voraussetzungen zur Begründung der Betreibereigenschaft. Bei vorliegendem Eigentum ist dieses Kriterium gegeben. Das Eigentum eines Netzbetreibers an einer technischen Einrichtung zur Übertragung und Verteilung von Elektrizität ist daher im Ergebnis ein Indiz dafür, dass diese Einrichtung Bestandteil des Netzes ist. Denn es sichert dem Netzbetreiber die alleinige Verfügungsgewalt und damit die beliebige Verwendbarkeit der entsprechenden Einrichtung[902]. Mehr als eine Indizwirkung ist dem Kriterium des Eigentums für den Netzbegriff jedoch nicht zuzubilligen.

4. Sonderkonstellationen

Teilweise werden bestimmte Konstellationen diskutiert, in denen der Netzbetreiber, abweichend von der grundsätzlichen Systematik, zur räumlichen Erweiterung seines Netzes verpflichtet sein kann. Namentlich soll ein solcher Ausnahmefall einerseits bei genehmigungsrechtlicher Nichterreichbarkeit des Ver-

899 *Langbein/Weißenborn*, EW 19,20/2004, 20 (27).

900 *Altrock/Theobald*, in: Altrock/Oschmann/Theobald, EEG 2008, § 13 Rn. 16. Das steht ebenfalls in Übereinstimmung mit den im Rahmen des Vergleichs mit anderen energierechtlichen Vorschriften erlangten Ergebnissen, wonach das Eigentum keine konstitutive Wirkung entfaltet, vgl. 6. Kapitel:C.VII, S. 177.

901 Vgl. 4. Kapitel:A.II.1, S. 44.

902 BGH, Urt. v. 28.03.2007 – VIII ZR 42/06, RdE 2007, 310 (312).

knüpfungspunkts[903] durch den Anlagenbetreiber vorliegen. Andererseits wird eine Ausnahme dann angenommen, wenn sich durch Kapazitätserweiterung eine Integrationsvariante mit den geringsten volkswirtschaftlichen Kosten ergibt[904].

a. Genehmigungsrechtliche Probleme

Ungeachtet aller systematischen Fragen ist jedenfalls zweifelhaft, ob ein Netzausbau im Rahmen der Kapazitätserweiterung in Richtung Anlagenstandort im Falle einer genehmigungsrechtlichen Nichterreichbarkeit des Verknüpfungspunkts durch den Anlagenbetreiber auf Kosten des Netzbetreibers überhaupt erforderlich ist. Der Gesetzgeber billigt dem Anlagenbetreiber in § 7 Abs. 1 EEG zu, nach seiner Wahl einen Anschlussherstellungsanspruch gegenüber dem Netzbetreiber geltend zu machen. Sollte aus rechtlichen Gründen die Leitungsverlegung zum Verknüpfungspunkt daher nur dem Netzbetreiber möglich sein, kann der Anlagenbetreiber den Netzbetreiber mit der Vornahme des Netzanschlusses beauftragen[905]. Der Netzbetreiber wird Gemeindegrundstücke aufgrund bestehender Konzessionsrechte und Privatgrundstücke wegen des Benutzungsrechts in § 12 NAV regelmäßig zur Anbindung der EE-Anlage nutzen können. Ein Netzausbau wird demnach in den meisten Fällen schon nicht erforderlich sein. Zudem bestünde weitreichende Missbrauchsgefahr, wenn derjenige Anlagenbetreiber kostenmäßig besser gestellt wäre, dem eine Leitungsverlegung verweigert wird. Jedenfalls aus diesen Gründen kann der Auffassung nicht gefolgt werden.

Etwas anderes muss allerdings ausnahmsweise dann gelten, wenn die Anbindung der Anlage auch durch Einschaltung des Netzbetreibers über § 7 Abs. 2 EEG an den anvisierten Netzverknüpfungspunkt nicht möglich sein sollte. Ein solcher Fall ist denkbar, etwa weil Private die Benutzung ihrer Grundstücke untersagen und der Netzbetreiber, beispielsweise mangels Bezug des fraglichen Grundstücks zur örtlichen Versorgung i.S.d. § 12 Abs. 1 Satz 2 Nr. 1–3 NAV, ebenfalls keine rechtliche Handhabe hat, die erforderlichen technischen Einrichtungen zu verlegen. Dann ist der Anschluss dem Anlagenbetreiber rechtlich unmöglich und der Verknüpfungspunkt scheidet aus[906].

---

903 *Schäfermeier*, in: Loibl u.a., Biogasanlagen, S. 242 Rn. 40; *ders.*, in: Reshöft, EEG 2009, § 9 Rn. 30.

904 Dafür wohl *Altrock/Wustlich*, in: Altrock/Oschmann/Theobald, EEG 2008, § 4 Rn. 46; *Schäfermeier*, in: Loibl u.a., Biogasanlagen, S. 242 Rn. 40; *ders.*, in: Reshöft, EEG 2009, § 9 Rn. 30; zustimmend *Ekardt*, in: Frenz/Müggenborg, EEG, § 13 Rn. 13.

905 So ausdrücklich für den Fall der Nichtgenehmigung einer Kabelverlegung durch die Gemeinde BGH, Urt. v. 01.10.2008 – VIII ZR 21/07, RdE 2009, 146 (148).

906 *Bönning*, in: Reshöft, EEG 2009, § 5 Rn. 12; *Salje*, EEG 2009, § 5 Rn. 21.

b. Abstrakte Günstigkeit

Die Auffassung zur Annahme einer Pflicht zur räumlichen Erweiterung des Netzes im Falle gesamtwirtschaftlicher Günstigkeit scheint auf den ersten Blick mit dem Prinzip der gesamtwirtschaftlichen Kostenminimierung in Übereinklang zu stehen. Wollte man dieses Prinzip jedoch losgelöst von der Lage des bestehenden Netzes anwenden, so wäre die Regelungssystematik der §§ 5, 9, 13 und 14 EEG vollständig überflüssig, weshalb eine solche Sichtweise grob systemwidrig erscheint. § 5 Abs. 1 Satz 1 EEG hebt entscheidend auf die gesamtwirtschaftlich günstigste Lage des *Verknüpfungspunkts* ab. Für eine abstrakte Betrachtung der Günstigkeit gibt die Regelung, insbesondere auch im Zusammenspiel mit § 13 Abs. 1 und § 14 EEG, nichts her. Wollte man das anders sehen, so wäre im Ergebnis regelmäßig der Netzbetreiber zu einer räumlichen Erweiterung seines Netzes hin zum Standpunkt der EE-Anlage verpflichtet, weil er die Anbindung aus Kostensicht aufgrund des gebotenen Objektivierungsmaßstabs immer zumindest zu denselben Konditionen wie der Anlagenbetreiber herstellen könnte[907]. Da Anlagenbetreiber in den meisten Fällen zusätzlich zu den Anbindungskosten an Grundstückseigentümer und Gemeinde Genehmigungs- bzw. Nutzungsentgelte zur Leitungsverlegung zu entrichten haben, würde die hier angesprochene Konstellation keine Ausnahme, sondern die Regel darstellen. Auch bestünde wiederum eine hohe Missbrauchsgefahr. Dieses Resultat ist mit dem hochkomplexen Kostenverteilungssystem des EEG nicht vereinbar und deshalb als zu weitreichend abzulehnen.

5. Quantitativer Netzausbau als Scheinproblem

Bei der Frage nach einem quantitativen Netzausbau handelt es sich bei näherer Betrachtung lediglich um ein hausgemachtes Problem der maßgeblich vom BGH vertretenen engen Netztheorie, die für die Kostentragung allein anhand des Netzes abgrenzt. Da der Abgrenzung zwischen Netzanschluss und Kapazitätserweiterung kein Selbstzweck zu Grunde liegt, sondern letztlich allein die damit durch §§ 13 Abs. 1 und 14 EEG unlösbar verbundene Kostentragungsfrage geklärt werden soll, scheint ein striktes Festhalten an diesem Ansatz auch in Bezug auf die Kostentragung nicht erforderlich. Unter Aufrechterhaltung des nach der hier vertretenen Ansicht grundsätzlich zutreffenden netzbezogenen Ansatzes, lässt sich eine Berücksichtigung des Eigentumskriteriums in § 9 Abs. 2 2. Alt. EEG den Wortlaut korrigierend erreichen, indem die Kostentragung des Netzbetreibers über die Netzeinrichtungen hinaus auch auf die in seinem Eigentum ste-

907 Denn beim Kostenansatz ist ein objektiver Maßstab anzulegen; dazu bereits 4. Kapitel:C.IV.9, S. 90.

henden Teile des Netzanschlusses erweitert wird. Kostentragung und Kapazitätserweiterung sind insoweit nicht komplett deckungsgleich[908].

V. Zwischenergebnis zur räumlichen Erweiterung

Als Zwischenergebnis kann an dieser Stelle festgehalten werden, dass eine Pflicht des Netzbetreibers zur räumlichen Erweiterung seines Netzes über den Verknüpfungspunkt hinaus in Richtung Anlagenstandort nach dem EEG generell nicht besteht. Die räumliche Lage des Verknüpfungspunkts nach § 5 Abs. 1 EEG ist demnach statisch und nicht dynamisch aufzufassen. Damit fügt sich das EEG in die im Übrigen bestehende energierechtliche Systematik[909].

F. Zusammenfassung der Erkenntnisse zum Umfang

Die wichtigsten Erkenntnisse lassen sich wie folgt zusammenfassen: Für die Abgrenzung zwischen Netzanschluss und Netzausbau und der damit gekoppelten Kostentragung ist der nach § 5 EEG ermittelte Netzverknüpfungspunkt maßgeblich, wie er sich im Zeitpunkt des Anschlussbegehrens des potentiellen Anlagenbetreibers an das Netz des Netzbetreibers darstellt. Dabei ist eine statische und räumlich-punktuelle Sichtweise zu Grunde zu legen. Der Verknüpfungspunkt ist Teil des Netzes. Die Reichweite des Netzes ist anhand der Definition des § 3 Nr. 7 EEG zu bestimmen. Der näheren Konkretisierung – nicht aber der Erweiterung – des Netzbegriffs dient das Kriterium der Betriebsnotwendigkeit in § 9 Abs. 2 1. Alt. EEG.

Eine Pflicht zur räumlichen Erweiterung des Netzes besteht nicht. Die Eigentumsregelung in § 9 Abs. 2 2. Alt. EEG stellt insoweit eine rechtliche Fiktion der Kapazitätserweiterung auf, ohne die Netzeigenschaft zu konstituieren. Der Netzbetreiber hat nach § 9 Abs. 2 EEG abweichend von der Grundregelung in § 13 Abs. 1 und § 14 EEG auch die Kosten für die Errichtung der Anschlussanlagen zu tragen, die in seinem Eigentum stehen oder in sein Eigentum übergehen. Das betrifft folglich auch die damit zusammenhängenden Kosten, wie Wartung, Reparatur und Austausch.

---

908 Das ist jedoch nicht die einzige Ausnahme. Auch bei Zuweisung eines anderen Verknüpfungspunkts trägt der Netzbetreiber über § 13 Abs. 2 EEG die Differenzkosten; dazu schon 6. Kapitel:B.II.1.e, S. 156.

909 Die Ergebnisse des Vergleich mit energierechtlichen Parallelbestimmungen im 6. Kapitel:C.VII, S. 177 zeigen, dass eine Pflicht zur räumlichen Netzerweiterung grundsätzlich nicht besteht.

7. Kapitel: Anwendung der Erkenntnisse auf einzelne Problemkreise

Im Folgenden werden die theoretisch gewonnenen Erkenntnisse auf besonders praxisrelevante Fallkonstellationen angewandt. Nur dadurch kann überprüft werden, ob sich die Maßgaben in der Praxis als handhabbar erweisen werden. Denn Maßstab aller theoretischen Ansätze muss immer zumindest auch die Praktikabilität sein[910].

A. Besonders praxisrelevante Konstellationen

Konfliktpotential bieten in der Praxis insbesondere Konstellationen, in denen zur Anbindung von EE-Anlagen an das Netz neue Leitungen verlegt werden müssen. Da die Einspeiseleitungen und das Netz häufig auch spannungsmäßig nicht kompatibel sind, spielt zudem die Errichtung und Erweiterung von Umspanneinrichtungen eine bedeutende Rolle. In diesem Zusammenhang ist auch die Frage von entstehenden Umspann- und Leitungsverlusten diskussionswürdig. Des Weiteren gibt es immer wieder Streit um die Erhebung von Baukostenzuschüssen und Kosten für die Durchführung von Erdschlusskompensationsmaßnahmen. Zweifelhaft kann außerdem die Antwort auf die Frage sein, wer die Kosten der nach § 6 Nr. 1 EEG vorgeschriebenen Einrichtungen bei Anlagen mit einer elektrischen Leistung von mehr als 100 kW zu tragen hat[911].

B. Bau neuer Leitungen

Infolge der Leitungsgebundenheit von elektrischer Energie ist es im Rahmen der Anbindung von EE-Anlagen an das Netz regelmäßig erforderlich, neue Leitungen zu verlegen um die Abnahme des Stroms sicherzustellen. Die Errichtung kann ausnahmsweise nur dann obsolet sein, wenn vorhandene EE-Anlagen kapazitätsmäßig erweitert werden und zur Stromeinspeisung auf die bestehende Leitungsinfrastruktur zurückgegriffen werden kann[912]. Streitigkeiten um die Pflicht zur Legung solcher Leitungen und die damit verbundene Kostentragung

---

910 In diesem Sinne *Langbein/Weißenborn*, EW 19,20/2004, 20 (24) speziell zur Frage der wirtschaftlichen Zumutbarkeitsgrenze.

911 Für eine Kostentragung des Netzbetreibers plädiert *Bönning*, in: Loibl u.a., Biogasanlagen, S. 222 Rn. 31; dagegen möchte *Schäfermeier*, in: Reshöft, EEG 2009, § 9 Rn. 46 die Kosten dem Anlagenbetreiber auferlegen.

912 Zur noch unter der Geltung des EEG 2000 geführten Diskussion, ob erweiterte Anlagen vom Pflichtenkatalog des EEG umfasst sind, *Jahn*, IR 2004, 199 (201); vgl. auch 4. Kapitel:A.I.3, S. 43.

spielen im Rahmen der problematischen rechtlichen Konstellationen eine führende Rolle.

Es ist eine Vielzahl von möglichen Konstellationen denkbar. Gleichwohl kann eine grobe Klassifizierung nach der Spannungsebene vorgenommen werden. Eine Situation betrifft die Frage der Kostentragung bei der Verlegung von Leitungen in derselben, bereits im Netz vorherrschenden Spannungsebene. Davon zu unterscheiden ist das Szenario, das vorhandene und neue Leitungen hinsichtlich der Spannungsebene nicht zusammenpassen. Auch ist es möglich, dass eine Anbindung von EE-Anlagen die Verlegung von neuen Kabeln innerhalb des vorhandenen Netzes erfordert[913]. Gleichgültig welcher Fall hier untersucht wird: Den Ausgangspunkt muss stets die Ermittlung des Verknüpfungspunkts am bestehenden Netz bilden. Die bei der Anbindung entstehenden Kosten sind sodann entsprechend §§ 13 Abs. 1 und 14 EEG aufzuteilen.

I. Leitungsbau bis Netz

Der Grundfall ist derjenige, dass es der Verlegung einer Leitung zwischen dem Standort der EE-Anlage und dem vorhandenen Netz zur Einspeisung des Stroms bedarf. Erstaunlicherweise gehen schon in dieser Grundkonstellation die Meinungen auseinander. Während eine solche Maßnahme zwischen Anlagenstandort und vorhandenem Verknüpfungspunkt überwiegend als Netzanschluss bezeichnet wird, mit der Kostenfolge für den Anlagenbetreiber[914], wollen andere dies als Netzausbaumaßnahme qualifizieren, soweit überhaupt ein Netz im räumlichen Zusammenhang vorhanden ist[915]. Das macht die Uneinheitlichkeit der verschiedenen, in Rechtsprechung und Literatur vertretenen Ansichten deutlich.

---

913 So der Sachverhalt bei BGH, Urt. v. 18.07.2007 – VIII ZR 288/05, RdE 2008, 18 (23), wo es um die Frage ging, ob die Verlegung einer Leitung auf einer neuen Trasse zur Verbindung von zwei im Zeitpunkt der Anschlussanfrage im Netz vorhandenen Netzstationen eine Maßnahme des Netzausbaus oder des Netzanschlusses darstellt.

914 BGH, Urt. v. 28.03.2007 – VIII ZR 42/06, RdE 2007, 310 (313); OLG Nürnberg, Urt. v. 07.03.2007 – 4 U 398/06, RdE 2007, 235 (236); OLG Brandenburg, Urt. v. 24.09.2009–12 U 85/09 (n.v.), S. 3; LG Kiel, Urt. v. 20.02.2006 – 4 O 122/05, RdE 2006, 324 (325); ebenso wohl auch BT-Drucks. 16/8148, S. 48; für die interne Parkverkabelung bei Offshore-Windenergieanlagen *Wustlich*, ZUR 2007, 122 (127); unklar *Dreher*, in: Reshöft/Steiner/Dreher, EEG 2004, § 13 Rn. 26.

915 OLG Nürnberg, Urt. v. 30.04.2002 – 3 U 4066/01, ZNER 2002, 225 (227); OLG Celle, Urt. v. 12.01.2006 – 20 U 34/05 (n.v.), S. 5; LG Regensburg, Urt. v. 28.12.2006 – 1 O 1597/06 (2) (n.v.), S. 5; differenzierend danach, ob über die neu verlegte Leitung auch der Strombezug stattfindet – dann Netzausbau, ansonsten Netzanschluss – *Salje*, EEG 2009, § 14 Rn. 37.

Wendet man die gewonnenen Erkenntnisse an, so wird sich Folgendes ergeben: Nach der räumlich-punktuellen Sichtweise stellen die Einrichtungen bis zum Netzverknüpfungspunkt Maßnahmen des Netzanschlusses dar, die vom Anlagenbetreiber zu bezahlen sind. Das bedeutet, dass die Verbindung zwischen Anlagenstandort und Netz dem Anlagenbetreiber obliegt. Das gilt ungeachtet dessen, ob im räumlichen Zusammenhang mit dem Standort der Anlage ein anderer zur Aufnahme des Stroms im Hinblick auf die Spannungsebene *un*geeigneter Netzverknüpfungspunkt vorhanden ist.

Der Ansicht, die diese Tatsache als Kriterium einer Kapazitätserweiterung des Netzes heranzieht, kann zum einen entgegengehalten werden, dass die Regelungen der §§ 13 Abs. 1 und 14 EEG für diese Sichtweise nichts hergeben, im Gegenteil dem Anlagenbetreiber die Kosten bis zum Verknüpfungspunkt auferlegen. Zum anderen würde bei einer solch extensiven Sichtweise aber auch die Regelung für Kleinanlagen in § 5 Abs. 1 Satz 2 EEG aufgeweicht. Bei diesen Kleinanlagen ist es in der Tat so, dass der Verknüpfungspunkt des Grundstücks mit dem Netz – vorbehaltlich der Zumutbarkeitsklausel – unwiderleglich als technisch und wirtschaftlich günstigster vermutet wird[916]. Diese Regelung würde entgegen dem Wortlaut und dem Sinn und Zweck dieser Vorschrift auf sämtliche Anlagen ausgedehnt, wollte man der vorgenannten Ansicht folgen. Vorbehaltlich einer Übernahme des Eigentums durch den Netzbetreiber an den neu errichteten Leitungen ist daher in dieser Grundkonstellation von einem dem Anlagenbetreiber obliegenden Netzanschluss und damit auch von dessen Kostenlast auszugehen. Kann die Abnahme des in der EE-Anlage erzeugten Stroms erst durch eine Maßnahme der Kapazitätserweiterung sicher gestellt werden, besteht die Netzanschlusspflicht gleichwohl (§ 5 Abs. 4 EEG).

Es stellt sich damit die Frage, ob im Rahmen der Kapazitätserweiterung auch die Verlegung neuer Leitungen zur Ertüchtigung des vorhandenen Netzes geschuldet sein kann.

II. Gleiche Spannungsebene

Die hier zu untersuchende Konstellation soll mit folgendem Beispiel verdeutlicht werden:

In vielen Fällen werden EE-Anlagen (insbesondere Photovoltaikanlagen) auf Grundstücken errichtet, auf denen sich bereits ein Hausanschluss befindet. Eine solche Hausanschlussleitung ist – wie bereits geklärt wurde[917] – einschließlich der Hausanschlusssicherungen als Teil des Netzes im Sinne des EEG anzusehen.

916 BT-Drucks. 16/8148, S. 41; eingehend bereits 4. Kapitel:C.IV.5, S. 86.
917 Vgl. 4. Kapitel:B.V.1, S. 54.

Obwohl das Niederspannungsnetz am Verknüpfungspunkt hinsichtlich der Spannungsebene geeignet ist, kann die Hausanschlussleitung teilweise nicht den Strom abnehmen, der in der EE-Anlage produziert wird. Vielfach kann die Stromabnahme jedoch durch Verlegung einer Parallelleitung zum Hausanschluss (neues Niederspannungskabel) oder auch die Querverlegung von Leitungen ausgehend vom Hausanschluss zu einem anderen Punkt im Niederspannungsnetz gewährleistet werden.

Wenn, wie es in der Praxis regelmäßig der Fall ist, der Hausanschluss die in der Luftlinie räumlich nächstgelegene Stelle des Netzes zum Standort der Anlage ist, wird entsprechend der erzielten Ergebnisse[918] nach § 5 Abs. 1 Satz 1 EEG zunächst gesetzlich vermutet, dass es keinen technisch und wirtschaftlich günstigeren Verknüpfungspunkt in einem anderen Netz gibt.

Die Frage ist nun, ob es sich bei den notwendigen Kabelverlegungen um einen Netzanschluss oder eine Kapazitätserweiterung handelt – mit der entsprechenden Kostenfolge. Auch diese Konstellation ist bei strikter Anwendung der räumlich-punktuellen Sichtweise nach § 13 Abs. 1 und § 14 EEG ohne weiteres zu lösen. Wird die Anlage an den Hausanschluss angeschlossen, so sind sämtliche Einrichtungen bis zu den Hausanschlusssicherungen, insbesondere die Leitungen von der EE-Anlage bis zu dieser Stelle, vom Anlagenbetreiber nach § 13 Abs. 1 EEG zu bezahlen.

Sonstige Aufwendungen obliegen demgegenüber dem Netzbetreiber nach § 14 Abs. 1 EEG. Ab dem vorhandenen Netzverknüpfungspunkt verlegte Kabel stellen also jedenfalls dann Maßnahmen der Kapazitätserweiterung dar, wenn sie dieselbe Spannungsebene wie die zuvor vorhandene Verknüpfungsstelle (hier Hausanschluss in Niederspannung) aufweisen[919].

Das gilt für zu bestehenden Kabeln parallel verlegte Leitungen[920], aber darüber hinaus auch für eine Kabelverlegung auf einer neuen Trasse zwischen Anschlusspunkt und einem beliebigen anderen zur Stromabnahme geeigneten Punkt im Netz[921].

---

918 Siehe 4. Kapitel:C.IV.2, S. 72.

919 Clearingstelle EEG, Votum v. 09.04.2009 – 2008/24, http://www.clearingstelle-eeg.de/files/private/active/0/Votum_2008_24.pdf (Zugriff 03.06.2010), S. 8 f.; *Salje*, EEG 2009, § 14 Rn. 26; wohl auch bereits zum EEG 2000 *Brandt/Reshöft/Steiner*, HK, § 10 Rn. 12.

920 BGH, Urt. v. 10.11.2004 – VIII ZR 391/03, RdE 2005, 79 (82); BGH, Urt. v. 07.02.2007 – VIII ZR 225/05, ZNER 2007, 59 (60).

921 BGH, Urt. v. 18.07.2007 – VIII ZR 288/05, RdE 2008, 18 (23), der in der Verbindung von zwei im Netz vorhandenen Stationen eine rein „netzinterne Maßnahme" erblickt und diese Maßnahme daher konsequenterweise vor dem Hintergrund des netzbezogenen Ansatzes dem Netzausbau zuordnet; ebenso BT-Drucks. 16/8148, S. 45; soweit zustimmend *Langbein/Weißenborn*, RdE 2008, 23 (24); des Weiteren wohl auch *Salje*,

III. Andere Spannungsebene

Ob abweichend von dem zuvor Gesagten etwas anderes gilt, wenn im Rahmen der Anbindung der EE-Anlage an das Netz Leitungen in einer anderen Spannungsebene verlegt werden müssen, kann deshalb thematisiert werden, weil § 5 Abs. 1 Satz 1 EEG ausdrücklich auf die Eignung hinsichtlich der Spannungsebene abstellt[922]. Zwar kann die Eignung hinsichtlich der Spannungsebene grundsätzlich durch Transformation der Spannung hergestellt werden[923]. Allerdings kann das nur dann technisch und wirtschaftlich Sinn machen, wenn es um eine Aufwärts-Transformation der Spannung des Stroms aus der EE-Anlage geht, wenn also die Spannung erhöht wird. Beispielsweise dürfte es den anerkannten Regeln der Technik widersprechen, einen Windpark mit 20 MW an ein Niederspannungsnetz anzuschließen, weshalb in einem solchen konkreten Fall von der Ungeeignetheit des Verknüpfungspunkts hinsichtlich der Spannungsebene auszugehen ist[924].

Es kommen sodann zwei theoretische Möglichkeiten in Betracht: Entweder der vorhandene Netzverknüpfungspunkt wird unter Beibehaltung der bestehenden Spannungsebene durch Verlegung notfalls mehrerer Kabel zur Abnahme befähigt oder es wird ein anderer Verknüpfungspunkt für den Anschluss der EE-Anlage gewählt, der unter Berücksichtigung einer vorherigen Transformation auf eine höhere Spannungsebene von Anfang an die geeignete Spannungsstufe aufweist[925]. Liegen verschiedene Netze vor, so dürfte in aller Regel die zweite Variante jedenfalls die gesamtwirtschaftlich betrachtet günstigste darstellen, zumal die Leitungsverluste mit steigender Spannungsebene abnehmen[926]. Andererseits wird man bereits aufgrund der gesetzlichen Anforderung an die Spannungsebene der Stelle des Netzes, an welche die EE-Anlage angeschlossen wird, zu einer Ungeeignetheit des Netzes und damit zur zweiten Möglichkeit gelangen. Deshalb wären in dieser Konstellation die Kosten des Leitungsbaus und gegebenenfalls notwendiger sonstiger technischer Einrichtungen vom Anlagenbetreiber zu tragen, weil der spannungsgeeignete Netzverknüpfungspunkt an

---

EEG 2009, § 14 Rn. 26, der ausdrücklich die Beibehaltung der vorhandenen Spannungsebene als Kriterium für die Annahme einer Kapazitätserweiterungsmaßnahme betont.

922 Insoweit ist die Vorschrift anders gefasst als die frühere Regelung in § 4 Abs. 2 Satz 2 EEG 2004, die eine technische Eignung des Netzes forderte; vgl. zum Begriff der Spannungsgeeignetheit 4. Kapitel:C.IV.3, S. 73.

923 Zur technischen Funktionsweise der zur Transformation dienenden Umspanneinrichtungen 2. Kapitel:B.II, S. 12.

924 Eingehend dazu bereits 4. Kapitel:C.IV.3, S. 73.

925 So etwa der Sachverhalt beim OLG München, Urt. v. 23.09.2003 – 15 U 1772/03 (n.v.), S. 3; LG Regensburg, Urt. v. 28.12.2006 – 1 O 1597/06 (2) (n.v.), S. 2.

926 *Altrock/Wustlich*, in: Altrock/Oschmann/Theobald, EEG 2008, § 4 Rn. 52.

einer anderen Stelle des Netzes liegt und es sich sodann auch um einen anderen Verknüpfungspunkt handelt[927].

Damit liegt im Ergebnis bei einem Leitungsneubau in einer anderen Spannungsebene als der im Netz ursprünglich vorhandenen ein Netzanschluss vor, der vom Anlagenbetreiber zu bezahlen ist[928].

IV. Umstrukturierungen im Netz

Denkbar ist auch, dass nach erfolgter Anbindung einer EE-Anlage auf Veranlassung des Netzbetreibers Umstrukturierungen im Netz stattfinden. Diese Maßnahmen, die beispielsweise in der Stilllegung von Teilen des Netzes, aber auch in einer räumlichen Veränderung bestehen, können dazu führen, dass der hergestellte Anschluss der EE-Anlage mit dem Netz geändert werden muss. Vorstellbar ist etwa, dass die Anschlussleitung an einen anderen Ort verlegt werden muss, um die Einspeisung des Stroms sicherzustellen. Fraglich ist, wer die Kosten der dann möglicherweise kostenintensiven Maßnahmen zur Verlegung technischer Einrichtungen zu tragen hat.

In diesem Zusammenhang ist zunächst die Rechtsnatur des Anschlussanspruchs als Dauerschuldverhältnis von Bedeutung. Danach ist es dem Netzbetreiber als Schuldner des Anschlussanspruchs grundsätzlich verwehrt, die einmal an das Netz angeschlossene Anlage im Nachhinein abzutrennen[929]. Der einmal angeschlossene Anlagenbetreiber benötigt daher keinen neuen Netzanschluss. Man wird diesen Fall der Umstrukturierung daher wie eine Maßnahme der Kapazitätserweiterung behandeln müssen[930]. In der Konsequenz hat der Netzbetreiber daher die entstehenden Kosten analog § 14 EEG zu tragen. Das Ergebnis wird gestützt durch die Überlegung, dass es unbillig wäre, den Anlagenbetreiber allein aufgrund einer in der Sphäre des Netzbetreibers getroffenen Entscheidung zu belasten[931].

---

927 BGH, Urt. v. 28.03.2007 – VIII ZR 42/06, RdE 2007, 310 (313); BGH, Urt. v. 28.11.2007 – VIII ZR 306/04, ZNER 2008, 53 (54); a.A. OLG München, Urt. v. 23.09.2003 – 15 U 1772/03 (n.v.), S. 13; LG Regensburg, Urt. v. 28.12.2006 – 1 O 1597/06 (2) (n.v.), S. 5.

928 So auch *Salje*, EEG 2009, § 14 Rn. 26; für einen Netzausbau hingegen *Loibl*, in: Germer/Loibl, Energierecht, S. 464 und *Cosack*, in: Frenz/Müggenborg, EEG, § 5 Rn. 33.

929 Vgl. 4. Kapitel:C.II.1.a, S. 64.

930 Dazu überzeugend *Salje*, IR 2008, 194 (196): Netzabbau als „actus contrarius" zum Netzausbau; ebenso *ders.*, EEG 2009, § 5 Rn. 25.

931 *Salje*, IR 2008, 194 (195), der allerdings fordert, dass der Anlagenbetreiber Kosten für Betrieb und Wartung der erforderlichenfalls neu zu erstellenden Anschlussleitung zu tragen habe, wenn diese im Rahmen der ursprünglichen Aufwendungen bleiben.

V. Kostenfolge bei Eigentum

Es wurde bereits das Ergebnis erzielt, dass die Kapazitätserweiterung des Netzbetreibers sich grundsätzlich nicht auf eine räumliche Erweiterung seines vorhandenen Netzes erstreckt[932]. Gleichwohl kann es vorkommen, dass der Netzbetreiber – vertraglich oder gesetzlich – das Eigentum an eigentlich dem Netzanschluss zugeordneten Einrichtungen erlangt und dadurch gemäß § 9 Abs. 2 2. Alt. EEG kostentragungspflichtig wird. Eindeutig ist der Fall, wenn sich die Parteien über die Eigentumslage einig sind. Andererseits ist aber auch denkbar, dass eine Vereinbarung nicht getroffen wurde. Insoweit ist dann die Eigentumszuordnung nach den sachenrechtlichen Bestimmungen des BGB vorzunehmen. Dabei ist zunächst zu beachten, dass es sich bei Leitungen um bewegliche Sachen handelt und die Eigentumslage sich grundsätzlich nicht nach derjenigen des Grundes richtet, über welchen sie verlaufen[933]. Eine solche Sichtweise ist schon deshalb erforderlich, um eine Zersplitterung des Eigentums zu vermeiden[934]. Ein gesetzlicher Eigentumserwerb ist daher letztlich nur noch durch Verbindung nach §§ 946, 90 BGB mit anderen Netzeinrichtungen denkbar.

Hiervon wird insbesondere der Fall der Einbindung der Übergabestation erfasst sein. Bei dieser Maßnahme handelt es sich um die „letzten Meter" Kabel zur Verknüpfung der Übergabestation mit dem Netz, die in der Regel aufgrund der technischen Ausführung jedoch sehr kostenintensiv sein können[935]. Zur Verknüpfung wird das vorhandene Netz aufgetrennt und von dort aus ein oder zwei neue Leitungen schleifenförmig zur Übergabestation geführt. Es handelt sich also um eine Maßnahme am Verknüpfungspunkt selbst, was schon aufgrund der Netzbezogenheit für eine Kapazitätserweiterung spricht[936]. Jedenfalls aber wird das Eigentum an diesen Verknüpfungseinrichtungen zwingend nach § 946 i.V. m. § 90 BGB auf den Netzbetreiber übergehen, da nach Durchführung der Ver-

---

932 Siehe 6. Kapitel:E.V, S. 200.

933 BGH, Urt. v. 11.07.1962 – V ZR 175/60, BGHZ 37, 353 (357); speziell für Wasserleitung BGH, Urt. v. 19.09.1979 – V ZR 41/77, NJW 1980, 771 (772); *Michalski*, in: Erman, BGB, § 94 Rn. 3.

934 BGH, Urt. v. 11.07.1962 – V ZR 175/60, BGHZ 37, 353 (357).

935 *Klemm*, ET 2007, 62 (64).

936 Im Ergebnis so wohl auch OLG Düsseldorf, Urt. v. 09.12.2009 – VI-2 U (Kart) 10/06, ZNER 2010, 84 (87); OLG Hamm, Urt. v. 06.03.2006 – 17 U 117/05, ZNER 2006, 51 (51); LG Mainz, Urt. v. 13.11.2006 – 4 O 286/05, RdE 2007, 246 (247); *Schäfermeier*, in: Loibl u.a., Biogasanlagen, S. 247 Rn. 52; *ders*, in: Reshöft, EEG 2009, § 9 Rn. 44; a.A. OLG Düsseldorf, Urt. v. 31.10.2008 – I-17 U 226/07 (n.v.), S. 8, das selbst bei vereinbartem Eigentum des Netzbetreibers die Kosten beim Anlagenbetreiber sieht; ebenfalls für Netzanschlussmaßnahme *Meyer*, Joule 6/2009, 54 (54). Im 6. Kapitel:B.I, S. 150 wurde bereits festgestellt, dass der Verknüpfungspunkt kraft Legaldefinition in § 5 Abs. 1 Satz 1 1. HS EEG zum Netz der allgemeinen Versorgung gehört.

knüpfung keinerlei technische oder gegenständliche Trennung mehr besteht[937]. Ebenfalls lassen sich Maßnahmen an sonstigen Netzeinrichtungen im Bereich des Verknüpfungspunkts in diese Fallgruppe des gesetzlichen Eigentumserwerbs einordnen. Insbesondere im Hochspannungsnetz sind nicht selten Umbauarbeiten an vorhandenen Freileitungsmasten erforderlich. Zur Einbindung eines Umspannwerks des Anlagenbetreibers muss dann eventuell eine zusätzliche Masttraverse zur Abspannung der Anschlussleitung gebaut werden. Da wiederum eine Maßnahme an Einrichtungen des Verknüpfungspunkts vorliegt, besteht ein räumlicher Netzbezug und folglich ist von einer Kapazitätserweiterung auszugehen[938]. Ungeachtet dessen dürfte sich die Kostentragungspflicht des Netzbetreibers aus § 9 Abs. 2 2. Alt. EEG ergeben, da über § 946 und § 93 BGB die Maßnahmen ihre rechtliche Eigenständigkeit verlieren und insoweit das Eigentum des Netzbetreibers am Freileitungsmast sich auch auf die eingefügten Bestandteile erstreckt[939].

C. Errichtung und Erweiterung von Umspanneinrichtungen

Auch im Zusammenhang mit der Neuerrichtung und der Erweiterung von vorhandenen Umspanneinrichtungen gibt es eine Vielzahl von Streitigkeiten zwischen Anlagen- und Netzbetreibern über die Kosten[940]. Bei den Umspanneinrichtungen kann es sich sowohl um Umspannwerke als auch um Transformatorenstationen handeln[941].

In einem engen Zusammenhang damit stehen auch die bei der Transformation entstehenden Umspannverluste, die einen erheblichen finanziellen Wert haben können. Denn je nachdem, ob der Strom vor oder nach der entsprechenden Um-

---

937 *Klemm*, ET 2007, 62 (64); ebenso wohl *Schäfermeier*, in: Reshöft, EEG 2009, § 9 Rn. 44; allgemein zur Unabdingbarkeit der sachenrechtlichen Zuordnung nach §§ 93 ff. BGB vgl. *Marly*, in: Soergel, BGB, § 93 Rn. 19 m.w.N.; *Ganter*, WM 2002, 105 (105 ff.); *Peters*, WM 2002, 110 (111 ff.).

938 Das ist jedenfalls im Ergebnis weitgehend unstreitig, siehe LG Frankfurt (Oder), Urt. v. 07.03.2007 – 17 O 48/06 (n.v.), S. 11; LG Duisburg, Urt. v. 02.08.2007 – 21 O 643/05 (n.v.), S. 8; *Schäfermeier/Reshöft*, ZNER 2007, 34 (39); *Schäfermeier*, in: Loibl u.a., Biogasanlagen, S. 245 Rn. 48; *ders.*, in: Reshöft, EEG 2009, § 9 Rn. 41; a.A. nur OLG Düsseldorf, Urt. v. 31.10.2008 – I-17 U 226/07 (n.v.), S. 8.

939 *Schäfermeier*, in: Loibl u.a., Biogasanlagen, S. 245 Rn. 48; *ders.*, in: Reshöft, EEG 2009, § 9 Rn. 41.

940 Etwa bei BGH, Urt. v. 28.03.2007 – VIII ZR 42/06, RdE 2007, 310 (314); OLG Karlsruhe, Urt. v. 14.07.2005 – 9 U 31/05, RdE 2005, 277 (277 f.); OLG Koblenz, Urt. v. 20.11.2006 – 12 U 87/06, ZNER 2007, 71 (71); LG Regensburg, Urt. v. 28.12.2006 – 1 O 1597/06 (2) (n.v.), S. 2; LG Itzehoe, Urt. v. 09.05.2007 – 6 O 152/06 (n.v.), S. 4; LG Itzehoe, Urt. v. 26.10.2007 – 2 O 200/06 (n.v.), S. 3.

941 Zum technischen Hintergrund 2. Kapitel:B.II, S. 12.

spannanlage eingespeist und vom Netzbetreiber abgenommen wird, sind diese vom Anlagen- oder Netzbetreiber zu tragen[942].

I. Bestehende Einrichtungen

In diesem Szenario sind im Zeitpunkt des Anschlussbegehrens für die EE-Anlage seitens des Anlagenbetreibers bereits Umspannanlagen im Netz vorhanden, die allerdings nicht zur Abnahme des Stroms im Sinne von § 5 Abs. 4 EEG geeignet sind. Denkbar ist sodann, dass eine Erweiterung der bestehenden Einrichtungen um bestimmte Bestandteile genügt.

Andererseits kann aber auch die Errichtung einer weiteren Umspannanlage erforderlich sein. In beiden Fällen wird von einer Kapazitätserweiterungsmaßnahme zu Lasten des Netzbetreibers gemäß § 14 EEG auszugehen sein[943]. Dieses Ergebnis ergibt sich bereits aus dem Zusammenspiel von § 13 Abs. 1 und § 14 EEG. Der Anlagenbetreiber hat gemäß § 13 Abs. 1 EEG die Kosten für die Anbindung der Anlage an den vorhandenen Verknüpfungspunkt, in diesem Fall also an die Umspanneinrichtung, zu tragen. Maßnahmen ab dieser Umspannanlage stellen demgegenüber gemäß § 14 EEG vom Netzbetreiber zu tragende Kapazitätserweiterungsmaßnahmen dar.

Soweit die vorhandene Umspanneinrichtung nicht zur Abnahme des Stroms genügen sollte, ist im Rahmen der wirtschaftlichen Zumutbarkeit des § 9 Abs. 3 EEG erforderlichenfalls eine weitere Umspanneinrichtung bereitzustellen. Vergleichbar ist der Fall mit der bereits angesprochenen Errichtung einer Parallelleitung ab dem vorhandenen Netzverknüpfungspunkt[944], wodurch die Eignung des

942 BGH, Urt. v. 28.03.2007 – VIII ZR 42/06, RdE 2007, 310 (312); ebenso *Salje*, RdE 2007, 314 (315); vgl. dazu auch 4. Kapitel:C.II.4, S. 68.

943 Für die Verstärkung eines vorhandenen Transformators entspricht das allgemeiner Ansicht: vgl. OLG Karlsruhe, Urt. v. 14.07.2005 – 9 U 31/05, RdE 2005, 277 (278); *Schmeken*, ZNER 2001, 239 (241); *Weißenborn*, in: Böhmer, Erneuerbare Energien, S. 71 (122); *Langbein/Weißenborn*, EW 19,20/2004, 20 (27); *BDEW*, Umsetzungshilfe EEG 2009, S. 14; *Ekardt*, in: Frenz/Müggenborg, EEG, § 13 Rn. 10. Im Falle der Erweiterung eines bestehenden Umspannwerks um ein Schaltfeld besteht innerhalb der Rechtsprechung ebenfalls Einigkeit, dass es sich um eine Kapazitätserweiterung handelt: vgl. OLG Koblenz, Urt. v. 20.11.2006 – 12 U 87/06, ZNER 2007, 71 (71); LG Kassel, Urt. v. 12.05.2005 – 11 O 4178/04 (n.v.), S. 11; LG Dortmund, Urt. v. 21.06.2007 – 2 O 240/02 (n.v.), S. 17; LG Itzehoe, Urt. v. 26.10.2007 – 2 O 200/06 (n.v.), S. 7. In der Literatur plädieren in einem solchen Fall für eine Kapazitätserweiterung: *Dreher*, in: Reshöft/Steiner/Dreher, EEG 2004, § 13 Rn. 18; *Schäfermeier/Reshöft*, ZNER 2007, 34 (38); dagegen für einen Netzanschluss: *Weißenborn*, in: Böhmer, Erneuerbare Energien, S. 71 (122); *Langbein/Weißenborn*, EW 19,20/2004, 20 (26).

944 Wie im Falle des BGH, Urt. v. 10.11.2004 – VIII ZR 391/03, RdE 2005, 79 (82).

Netzes zur Aufnahme des Stroms aus der EE-Anlage hergestellt wird. Ohne dass es innerhalb der Kapazitätserweiterung aufgrund der identischen Kostenlast auf die genaue Differenzierung zwischen Verstärkung und Netzausbau ankommt, dürfte in diesem Fall von einem Netzausbau auszugehen sein, da eine *neue* technische Einrichtung erstellt wird[945].

Falls hingegen nur eine Erweiterung der Umspanneinrichtung erforderlich ist, etwa durch einen zusätzlichen Transformator oder ein neues Schaltfeld jeweils im Umspannwerk, kann für die Zuordnung zur Kapazitätserweiterung nichts anderes gelten. Die Pflicht zur Kapazitätserweiterung ergibt sich dann wiederum unmittelbar aus § 14 Abs. 1 EEG, da es um eine Verstärkung des vorhandenen Netzes (der vorhandenen Umspanneinrichtung) geht[946]. Dabei folgt die Zugehörigkeit zum Netz i.S.v. § 3 Nr. 7 EEG über § 9 Abs. 2 1. Alt. EEG schon aus der Notwendigkeit für den Netzbetrieb, da nach einer Entfernung dieser Schaltfelder das Netz der allgemeinen Versorgung gestört wäre[947].

Des Weiteren würde sich die Pflicht zur Kostentragung hinsichtlich der Veränderungen der Umspanneinrichtungen (Transformatoren und Schaltfelder) auch aus § 9 Abs. 2 2. Alt. EEG ergeben. Ohne die Schaltfelder in der Umspannanlage wäre eine allgemeine Stromversorgung nicht möglich, da sie die netztechnische Untergliederung sicherstellen[948]. Die veränderten technischen Einrichtungen sind damit wesentliche Bestandteile der Umspanneinrichtung und teilen über § 94 BGB das rechtliche Schicksal der Hauptsache (Umspanneinrichtung). Sie stehen daher wie auch die vorhandene Umspanneinrichtung im Eigentum des Netzbetreiber.

---

945 Zur Begriffsdifferenzierung innerhalb einer Maßnahme zur Kapazitätserweiterung siehe 6. Kapitel:A.II, S. 148.

946 Im Ergebnis so auch OLG Karlsruhe, Urt. v. 14.07.2005 – 9 U 31/05, RdE 2005, 277 (278); OLG Koblenz, Urt. v. 20.11.2006 – 12 U 87/06, ZNER 2007, 71 (71); LG Kassel, Urt. v. 12.05.2005 – 11 O 4178/04 (n.v.), S. 11; LG Dortmund, Urt. v. 21.06.2007 – 2 O 240/02 (n.v.), S. 17; LG Itzehoe, Urt. v. 26.10.2007 – 2 O 200/06 (n.v.), S. 7; LG Berlin, Urt. v. 05.03.2009 – 14 O 145/08 (n.v.), S. 12; *Dreher*, in: Reshöft/Steiner/Dreher, EEG 2004, § 13 Rn. 18; *Schäfermeier/Reshöft*, ZNER 2007, 34 (35); *Schäfermeier*, in: Loibl u.a., Biogasanlagen, S. 246 Rn. 50; *ders.*, in: Reshöft, EEG 2009, § 9 Rn. 39; a.A. *Weißenborn*, in: Böhmer, Erneuerbare Energien, S. 71 (122); *Langbein/Weißenborn*, EW 19,20/2004, 20 (26).

947 *Schäfermeier/Reshöft*, ZNER 2007, 34 (38), die zusätzlich darauf verweisen, dass es auf eine abweichende Vereinbarung hinsichtlich des Eigentums zwischen Anlagen- und Netzbetreiber deshalb nicht ankommen könne; ebenso *Salje*, EEG 2009, § 9 Rn. 22 (zweifelnd hingegen bei § 14 Rn. 13).

948 OLG Koblenz, Urt. v. 20.11.2006 – 12 U 87/06, ZNER 2007, 71 (71); LG Berlin, Urt. v. 05.03.2009 – 14 O 145/08 (n.v.), S. 13.

II. Neue Einrichtungen

Für den Fall, dass keine Umspanneinrichtungen am ermittelten Verknüpfungspunkt vorhanden sind, stellen sich notwendige neue Einrichtungen als Netzanschlussmaßnahmen dar, die gemäß § 13 Abs. 1 EEG vom Anlagenbetreiber zu zahlen sind[949].

Denn auch dieser Fall kann unmittelbar über die Regelungen der §§ 13 Abs. 1 und 14 EEG gelöst werden. Netzverknüpfungspunkt ist in diesem Fall das Netz ohne Umspanneinrichtung in der vorhandenen geeigneten Spannungsebene (§ 5 Abs. 1 Satz 1 EEG). Gerade für den Fall, dass mehrere Anlagen an einem Standort mit zusammen genommen hoher Leistung angeschlossen werden sollen (etwa ein Windpark), kommt dann eventuell auch die Anbindung an ein Übertragungsnetz in Betracht. Erforderlich ist dann jedenfalls die Transformation der Spannung auf die jeweilige Netzebene (Hoch- oder Höchstspannung)[950]. Um die Anlage an das „im Hinblick auf die Spannungsebene" geeignete Netz anzuschließen, ist es dann Sache des Anlagenbetreibers, für die Kompatibilität der Spannungsebenen des einzuspeisenden Stroms und des Netzes zu sorgen und die anfallenden Kosten zu tragen. Etwas anderes gilt nach § 9 Abs. 2 2. Alt. EEG wiederum dann, wenn der Netzbetreiber das Eigentum an der Umspanneinrichtung beansprucht.

III. Leitung- und Umspannverluste

Unmittelbar mit der Frage der Zuordnung der Umspanneinrichtungen zum Netzanschluss oder zur Kapazitätserweiterung hängt auch die Frage danach zusammen, wer die unvermeidbaren Leitungs- und Umspannverluste zu tragen hat[951]. Der Netzbetreiber muss nach § 8 Abs. 1 EEG die Strommenge abnehmen und nach § 16 Abs. 1 EEG vergüten, die der Anlagenbetreiber in das Netz einge-

949 BGH, Urt. v. 28.11.2007 – VIII ZR 306/04, ZNER 2008, 53 (54); LG Berlin, Urt. v. 05.03.2009 – 14 O 145/08 (n.v.), S. 11; *Ekardt*, in: Frenz/Müggenborg, EEG, § 13 Rn. 10; schon zu den Vorgängergesetzen EEG 2000/2004 *Brandt/Reshöft/Steiner*, HK, § 10 Rn. 14; *Weißenborn*, in: Schmidt-Schlaeger/Zinow, Grundlagen des Energierechts, S. 121 (135 f.); *Langbein/Weißenborn*, EW 19,20/2004, 20 (25); *Rottnauer*, RdE 2006, 122 (123); *Böwing*, in: Säcker, BK, § 10 Rn. 10; *Salje*, RdE 2007, 314 (315); ebenso zur Rechtslage im Bereich des KWKG *Büdenbender/Rosin*, KWKG 2003, § 4 Rn. 35, die darauf hinweisen, dass diese Problematik aufgrund der vergleichsweise kleinen Größe der vom KWKG betroffenen Anlagen insoweit nur wenig Relevanz haben dürfte; für Netzausbau hingegen offenbar *Bönning*, ZNER 2003, 296 (299); zweifelnd bei Umspannanlagen für Offshore-Windenergieanlagen *Wustlich*, ZUR 2007, 122 (127).

950 *Salje*, EEG 2009, § 5 Rn. 15.

951 *Salje*, RdE 2007, 314 (315).

speist hat. Für die Verantwortung hinsichtlich der auftretenden Verluste kommt es darauf an, ob der Netzbetreiber den Strom vor oder nach dem Eintritt der Verluste abnimmt[952].

Das läuft im Ergebnis darauf hinaus, die Pflicht zur Tragung der auftretenden Verluste als Annex zur Abgrenzungsfrage nach Netzanschluss- und Kapazitätserweiterung im Sinne von §§ 13 Abs. 1 und 14 EEG zu begreifen[953].

Festgehalten werden kann, dass sowohl im Falle der Neuerrichtung als auch der Verstärkung vorhandener Umspanneinrichtungen eine Kapazitätserweiterungsmaßnahme vorliegt. Ist eine solche Umspanneinrichtung am Netzverknüpfungspunkt nicht vorhanden, handelt es sich um eine Anschlussmaßnahme, deren Kosten nach § 13 Abs. 1 EEG der Anlagenbetreiber zu tragen hat[954]. Entsprechend verhält es sich mit den auftretenden Leitungs- und Umspannverlusten.

D. Baukostenzuschüsse

Nicht abschließend geklärt ist die Frage, ob Netzbetreiber entsprechend dem Vorbild von § 11 NAV berechtigt sind, für den von der EE-Anlage benötigten Bezugsstrom einen Baukostenzuschuss zu verlangen[955]. Jedenfalls entsprach ein solches Vorgehen bislang gängiger Praxis der Netzbetreiber im Rahmen der Anbindung von EE-Anlagen an das Netz. Um diese Frage beurteilen zu können, ist zunächst eine Klärung des Begriffs des Baukostenzuschusses und der Besonderheiten von EE-Anlagen im Hinblick auf den Strombezug erforderlich.

---

952 BGH, Urt. v. 28.03.2007 – VIII ZR 42/06, RdE 2007, 310 (312).

953 Zur Frage, ob theoretische Umspannverluste auch bei virtueller Einspeisung in ein Arealnetz nach § 8 Abs. 2 EEG zu berechnen sind, betont der BGH, Urt. v. 28.03.2007 – VIII ZR 42/06, RdE 2007, 310 (313 f.), dass der Anlagenbetreiber bei einer solchen Art der Einspeisung nicht besser stehen dürfe, als bei einer Direkteinspeisung in das Netz; dagegen *Altrock*, in: Altrock/Oschmann/Theobald, EEG 2011, § 8 Rn. 30.

954 Danach differenzierend auch *Dreher*, in: Reshöft/Steiner/Dreher, EEG 2004, § 13 Rn. 17 f.; *Weißenborn*, in: Böhmer, Erneuerbare Energien, S. 71 (121); ebenso *Wustlich*, ZUR 2007, 122 (127) für die Leitungsverluste zwischen Umspannwerk und Onshore-Netz im Falle des § 17 Abs. 2a EnWG bei Offshore-Windenergieanlagen.

955 Dafür LG Dortmund, Urt. v. 10.08.2006 (n.v.), S. 16; LG Mainz, Urt. v. 13.11.2006 – 4 O 286/05, RdE 2007, 246 (247); *Weißenborn*, RdE 2007, 309 (310); dagegen *Böwing*, in: Säcker, BK, § 10 Rn. 20; *Schäfermeier/Reshöft*, ZNER 2007, 34 (40); *Schäfermeier*, in: Loibl u.a., Biogasanlagen, S. 248 Rn. 54. Für den Bezugsstrom einer Windenergieanlage hat sich der BGH, Urt. v. 27.06.2007 – VIII ZR 149/06, RdE 2007, 306 (309) gegen die Pflicht des Anlagenbetreibers zur Zahlung eines Baukostenzuschusses ausgesprochen.

I. Erläuterung des Begriffs

Im Bereich der elektrischen Energieversorgung erfährt der Begriff des Baukostenzuschusses nur in § 11 Abs. 1 NAV eine ausdrückliche inhaltliche Ausgestaltung. Danach handelt es sich bei dem Baukostenzuschuss um einen Beitrag zur teilweisen Deckung der bei wirtschaftlich effizienter Betriebsführung notwendigen Kosten für die Erstellung oder Verstärkung der örtlichen Verteileranlagen des Niederspannungsnetzes einschließlich Transformatorenstationen, soweit sich diese Anlagen ganz oder teilweise dem Versorgungsbereich zuordnen lassen, in dem der Anschluss erfolgt. Der Baukostenzuschuss ist demnach ein Kostendeckungsbeitrag für Einrichtungen des Netzes der allgemeinen Versorgung. Die Höhe des Baukostenzuschusses ist dabei auf höchstens 50 % der tatsächlichen Kosten begrenzt. Nach § 11 Abs. 2 NAV berechnet sich der exakte Anteil des jeweiligen Anschlussnehmers nach dem Verhältnis, in dem die an seinem Netzanschluss vorzuhaltende Leistung zu der Summe aller Leistungen in dem betreffenden Versorgungsbereich erstellten Verteileranlagen steht.

Anders als in der vorherigen AVBEltV nennt die NAV in § 6 Abs. 3 nunmehr einen sog. freien Sockelbetrag in Höhe von 30 kV/Anschluss[956]. Dabei geht es in der NAV um den Anschluss und die Anschlussnutzung zur Entnahme von Elektrizität aus dem Netz. Auch wenn diese Regelung in anderen energierechtlichen Bestimmungen keinen ausdrücklichen Niederschlag gefunden hat, so ist doch anerkannt, dass es sich bei dem Prinzip der Erhebung eines Baukostenzuschusses für das vorgelagerte Netz um ein Leitbild[957] handelt und deshalb die Erhebung eines Baukostenzuschusses auch außerhalb des Anschlusses von Niederspannungskunden im Sonderkundenbereich zulässig ist[958].

Die bisherigen Untersuchungen haben gezeigt, dass abweichend davon für den Netzanschluss großer Kraftwerke und KWK-Anlagen aufgrund ausdrücklicher gesetzlicher Anordnung kein Baukostenzuschuss erhoben werden darf[959]. Fraglich ist daher, ob die Erhebung eines Baukostenzuschusses im Bereich des EEG ebenfalls zulässig ist oder nicht, da diese in der Stromwirtschaft bekannte Problematik im EEG nicht geregelt ist[960].

---

956 *Jost/Ahnis*, ZNER 2007, 123 (127).

957 *Sieberg*, in: Bartsch u.a., Stromwirtschaft, S. 736.

958 Grundlegend BGH, Urt. v. 28.09.1982 – KZR 27/81, BB 1983, 1498 (1499); zustimmend *Büdenbender*, BB 1983, 1500 (1500).

959 § 8 Abs. 3 KraftNAV und § 4 Abs. 1a KWKG; zum Ganzen auch bereits 6. Kapitel:C.II, S. 166.

960 *Böwing*, in: Säcker, BK, § 10 Rn. 2.

II. Strombezug bei EE-Anlagen

Auf den ersten Blick scheint es seltsam, dass EE-Anlagen elektrische Energie benötigen, da ihr Zweck ja gerade darin besteht, Strom in das Netz einzuspeisen. Abgesehen von kleineren Photovoltaikanlagen, bei denen der Verbrauch vernachlässigt werden kann, ist jedoch auch für EE-Anlagen, insbesondere für Windenergie- und Biomasseanlagen, der Bezug einer gewissen Energiemenge notwendig, um die Funktionsbereitschaft aufrecht zu erhalten. Regelmäßig wird der entsprechende Anteil zunächst aus der Erzeugungsleistung gedeckt. Im Bereich der Windenergie kann es aber gerade bei Flaute zu einer positiven Bilanz des Bezugsstroms kommen, etwa für die Befeuerung der Anlage oder auch die notwendige Energie zur Drehung der Rotoren und der Gondel. Biomasseanlagen brauchen Energie für die Aufheizung des Fermenters und den Betrieb der Anlagentechnik, wie beispielsweise Einrichtungen zur Einbringung der Einsatzstoffe und Rührwerke. Über einen längeren Zeitraum betrachtet wird physikalisch jedoch weit mehr Strom in das Netz eingespeist als daraus bezogen[961].

III. Konstellationen bei Biomasseanlagen

Wird die produzierte Energiemenge, wie üblich, auch für den Eigenverbrauch eingesetzt spricht man von einer Überschusseinspeisung. Insbesondere bei Biomasseanlagen werden, wegen möglicher Differenzen von Strombezugskosten und der erzielbaren Einspeisevergütung nach dem EEG, Bezug und Einspeisung aber auch getrennt. Ein solcher Vorgang wird als Volleinspeisung bezeichnet. Da sich Biomasseanlagen bereits aufgrund der benötigten Einsatzstoffe häufig im räumlichen Zusammenhang mit landwirtschaftlichen Betrieben befinden, kann es aus Kostengründen auch zu einem gemischten Bezug für die EE-Anlage und für den Betrieb über dieselbe Stromleitung kommen. An dieser Stelle wird deutlich, dass sich die Frage nach einem Baukostenzuschuss nicht pauschal beantworten lassen wird, sondern die Eigenarten in den unterschiedlichen Konstellationen differenziert zu betrachten sind.

IV. Standpunkt des BGH und Kritik

Nach Auffassung des BGH zum EEG 2004 stellt ein Baukostenzuschuss für den Strombezug von Windenergieanlagen eine Maßnahme des Netzausbaus dar, weshalb der Netzbetreiber kostenpflichtig sei[962]. Das begründe sich daraus, dass

961 *Schäfermeier/Reshöft*, ZNER 2007, 34 (40).
962 BGH, Urt. v. 27.06.2007 – VIII ZR 149/06, RdE 2007, 306 (309).

weit mehr Strom in das Netz eingespeist werde, als für den Eigenbedarf der Anlage benötigt werde, weshalb kein Netzausbau erforderlich sei, der über das hinausgehe, was bereits für die Abnahme und Übertragung des in das Netz eingespeisten Stroms notwendig sei. Im Übrigen habe der Gesetzgeber bewusst auf eine Regelung hinsichtlich des Baukostenzuschusses für den Strombezug verzichtet, was durch die Aufnahme der Regelung zum Strombezug in § 13 Abs. 1 EEG dokumentiert sei.

Die Gegenansicht meint, das Netz werde gerade zu Zeiten des Bezugs von Strom eben nicht für die Einspeisung und Abnahme des Stroms genutzt. Deshalb müsse zu diesen Zeiten auch keine Einspeisekapazität vom Netzbetreiber bereit gestellt werden. Die Forderung eines bezugsseitigen Baukostenzuschusses sei deshalb berechtigt[963].

V. Stellungnahme

Im Ausgangspunkt dürften auch hier wiederum die Kosten der Beteiligten räumlich-punktuell nach der Lage des Verknüpfungspunkts gemäß § 13 Abs. 1 und § 14 EEG abzugrenzen sein. Da der Baukostenzuschuss sich bereits kraft Definition[964] nur auf Maßnahmen im aus Anlagensicht jenseits des Verknüpfungspunkts befindlichen Netz der allgemeinen Versorgung bezieht, spricht das in Übereinstimmung mit der Ansicht des BGH eindeutig für eine dem Netzbetreiber zugeordnete Maßnahme der Kapazitätserweiterung. Wie sich aus § 5 Abs. 1 Satz 1 i.V.m. § 13 Abs. 1 EEG ergibt, muss der Netzbetreiber im Anwendungsbereich des EEG sein Netz zur Einspeisung grundsätzlich kostenfrei zur Verfügung stellen[965]. Da der Bezugsstrom an die Kapazität des Netzes weitaus geringere Anforderungen stellt als der eingespeiste Strom, wird man die Kosten für die Bereitstellung des Netzes von der nach § 5 Abs. 1 Satz 1 EEG zu gewährleistenden Anschlussleistung in der Konsequenz als umfasst ansehen müssen[966]. Über den vom BGH beurteilten Fall des Strombezugs für Windenergieanlagen hinaus, wird das auch für sämtliche sonstige EE-Anlagen gelten, da sachliche Gründe für eine unterschiedliche Behandlung nicht ersichtlich sind[967].

Die Gegenauffassung[968] übersieht, dass der Gesetzgeber in § 1 Abs. 1 Satz 4 NAV das Verhältnis zum EEG geregelt hat. Danach gilt die NAV gerade nicht

963 *Weißenborn*, RdE 2007, 309 (310); für die Konstellation einer technisch getrennten Anschlussleitung für den Bezugsstrom einer Biogasanlage LG München I, Urt. v. 11.07.2008 – 6 O 1551/08 (n.v.), S. 5.

964 Enthalten in § 11 Abs. 1 NAV; dazu auch bereits 7. Kapitel:D.I, S. 213.

965 *Schäfermeier/Reshöft*, ZNER 2007, 34 (40) zum EEG 2004.

966 BGH, Urt. v. 27.06.2007 – VIII ZR 149/06, RdE 2007, 306 (309).

967 *Schäfermeier*, in: Loibl u.a., Biogasanlagen, S. 248 Rn. 54.

968 *Weißenborn*, RdE 2007, 309 (310).

für den Netzanschluss von EE-Anlagen. Das spricht klar dafür, den in § 11 NAV zu Tage tretenden Grundgedanken einer Berechtigung zur Erhebung eines Baukostenzuschusses[969] im Bereich von EE-Anlagen nicht anzuwenden. Gestützt wird dieses Ergebnis auch durch den Vergleich mit dem Anschluss von KWK-Anlagen an das Netz. Wegen § 4 Abs. 1a KWKG i.V.m. § 8 Abs. 3 KraftNAV darf hier kein Baukostenzuschuss verlangt werden. Im Angesicht der Gleichrangigkeit des Netzanschlusses von KWK- und EE-Anlagen erscheint eine Schlechterstellung von EE-Anlagen systematisch nicht begründbar. Ungeachtet dessen dürfte außer im Bereich von großen Biomasseanlagen wegen der Einfügung des bereits angesprochenen Sockelbetrags von 30 KW die Frage keine praktische Relevanz mehr haben, da die Bezugsleistung von EE-Anlagen regelmäßig unter der Leistungsschwelle von 30 kW liegt.

Im Ergebnis besteht daher jedenfalls in der Grundkonstellation einer Überschusseinspeisung[970] keine Pflicht von EE-Anlagenbetreibern, einen Baukostenzuschuss an den Netzbetreiber zu zahlen. Bei einer Auftrennung von Einspeisung und Strombezug im Rahmen einer Volleinspeisung kann nichts anderes gelten. Denn auch in diesem Fall wird eine besondere Kapazitätsvorhaltung im vorgelagerten Netz für den Bezugsstrom nicht erforderlich, weil die Einspeisemengen die Bezugsmengen nach wie vor bei weitem überwiegen[971]. Die rein physikalische Trennung vermag daran nichts zu ändern. Zudem kann in Anknüpfung an den BGH[972] auf § 13 Abs. 1 EEG verwiesen werden, der den Strombezug der EE-Anlagen anspricht, ohne zwischen Überschuss- und Volleinspeisung zu differenzieren. Der Fall ist rechtlich deckungsgleich mit der Grundkonstellation und deshalb auch identisch zu beurteilen.

Etwas anderes dürfte jedoch bei einem Mischbezug anzunehmen sein, gleich ob die Trennung rein physikalisch oder technisch erfolgt. Den Netzanschluss für die nicht dem EEG unterliegenden Einrichtungen, wie beispielsweise die elektrischen Geräte einer Hofstelle, wird man anhand der allgemeinen Regeln beurteilen müssen. Soweit die Bezugskapazität am Netzanschluss also für Anlagen bereitgestellt wird, die nicht der Erzeugung von Strom aus Erneuerbaren Energien dienen, kann der Netzbetreiber hierfür einen Baukostenzuschuss erheben. Bei einem Mischbezug ist die insgesamt am Verknüpfungspunkt bereitgestellte Leistung dann verhältnismäßig zwischen der EE-Anlage und den sonstigen Einrichtungen aufzuteilen.

---

969 So zur Vorgängerregelung der AVBEltV BGH, Urt. v. 28.09.1982 – KZR 27/81, BB 1983, 1498 (1499); zustimmend *Büdenbender*, BB 1983, 1500 (1500).

970 Zu den Begriffen Überschuss-, Volleinspeisung und Mischbezug 7. Kapitel:D.III, S. 214.

971 *Schäfermeier*, in: Loibl u.a., Biogasanlagen, S. 248 Rn. 54.

972 BGH, Urt. v. 27.06.2007 – VIII ZR 149/06, RdE 2007, 306 (309).

E. Erdschlusskompensationseinrichtungen

Teilweise kommt es auch zu Schwierigkeiten bei der Kostenverteilung für Erdschlusskompensationseinrichtungen[973]. Im Ergebnis wird die Bereitstellung von derartigen technischen Bauteilen, ebenso wie die gegebenenfalls erforderliche Verstärkung der Petersen-Spule, als Kapazitätserweiterungsmaßnahme i.S.v. § 14 Abs. 1 EEG zu qualifizieren sein[974]. Zu diesem Ergebnis führt die räumlich-punktuelle Betrachtungsweise der §§ 13 Abs. 1 und 14 EEG. Die Petersen-Spule befindet sich nämlich in Praxis stets jenseits des Netzverknüpfungspunkts im Netz, weshalb sich Maßnahmen daran als solche der Kapazitätserweiterung darstellen. Sie bildet einen notwendigen Bestandteil des Netzes i.S.v. § 9 Abs. 2 EEG, da ohne den Betrieb der Petersen-Spule der sichere Betrieb des Netzes nicht mehr gewährleistet wäre, und ist deshalb vom Netzbegriff des § 3 Nr. 7 erfasst.

Die Kostentragung ergibt sich zudem aus dem regelmäßig gegebenen Eigentum des Netzbetreibers. Soweit eine vorhandene Petersen-Spule für die Kompensation der Erdschlüsse in den Anschlussleitungen zur Verfügung gestellt wird, lässt sich auf die Argumente bezüglich der Ablehnung eines Baukostenzuschusses im Bereich des EEG verweisen[975]. Mit der Petersen-Spule wird auch hier das vorhandene Netz zum Anschluss bereit gestellt, wozu der Netzbetreiber nach § 5 Abs. 1 EEG verpflichtet ist. Dieses Netz ist dem Anlagenbetreiber zur Einspeisung kostenfrei zur Verfügung stellen[976]. Sollten hingegen Erweiterungen an der Spule nötig werden, so stellen sich diese als Maßnahmen der Kapazitätserweiterung dar. Da es sich um Arbeiten an einer vorhandenen Netzeinrichtung handelt, müssen diese rechtlich als Netzverstärkungen qualifiziert werden.

Zwar wäre theoretisch denkbar, anstelle der Nutzung der vorhandenen Petersen-Spule eine dezentrale Erdschlusskompensation durchzuführen[977]. Ein solches Verfahren wäre jedoch deutlich teurer als die zentrale Steuerung mit Hilfe der Petersen-Spule. In Übereinstimmung mit dem im EEG dominierenden Prinzip

---

973 Zum technischen Hintergrund siehe 2. Kapitel:B.IV, S. 13.

974 So im Ergebnis auch LG Mainz, Urt. v. 13.11.2006 – 4 O 286/05, RdE 2007, 246 (247); *Loibl*, in: Germer/Loibl, Energierecht, S. 460; *Schäfermeier/Reshöft*, ZNER 2007, 34 (39); *Schäfermeier*, in: Loibl u.a., Biogasanlagen, S. 246 Rn. 51; *ders.*, in: Reshöft, EEG 2009, § 9 Rn. 40. Das AG Regensburg, Urt. v. 16.02.2009 – 10 C 2861/08, RdE 2011, 38 (39), erblickt in der Erdschlusskompensation hingegen eine Position eigener Art, die sich weder der Kategorie Anschlusskosten- noch Netzausbaukosten zuordnen lasse.

975 Siehe 7. Kapitel:D.V, S. 215.

976 *Schäfermeier/Reshöft*, ZNER 2007, 34 (40).

977 So etwa erwogen von AG Regensburg, Urt. v. 16.02.2009 – 10 C 2861/08, RdE 2011, 38 (39).

der gesamtwirtschaftlichen Kostenminimierung[978] wird daher die Variante der Bereitstellung der Spule im Netz zu wählen sein[979].

F. Anlagentechnik und Messeinrichtungen

Anlagenbetreiber müssen bestimmte technische und betriebliche Vorgaben gemäß § 6 EEG erfüllen. Solange der Anlagenbetreiber dieser Pflicht nicht nachkommt, besteht für ihn nach § 16 Abs. 4 EEG kein Vergütungsanspruch. § 6 Nr. 1 lit. a) und lit. b) EEG fordern für EE-Anlagen mit einer elektrischen Leistung von mehr als 100 kW Einrichtungen zur ferngesteuerten Regelung der Einspeiseleistung und zur Abrufung der jeweiligen Ist-Einspeisung.

Darüber hinaus bestehen für Windenergieanlagen besondere Anforderungen gemäß einer nach § 64 Abs. 1 Satz 1 Nr. 1 EEG erlassenen Verordnung[980]. Die gesetzlichen Vorgaben bezwecken die technische Bereitschaft der EE-Anlagen, um durch die Anwendung des Einspeisemanagements die höchstmögliche Stromabnahme von Strom aus EE-Anlagen zu erreichen[981]. Ungeachtet der zu erwartenden Probleme bei der Realisierung der Maßnahmen[982] bestehen Differenzen im Hinblick auf die Frage, wer die Kosten für die entsprechenden Einrichtungen zu tragen hat[983]. Zur Entscheidung wird man wiederum auf die Aussagen von § 13 Abs. 1 und § 14 EEG zurückgreifen müssen. Da sich die Anlagentechnik ausschließlich aus Anlagensicht vor dem Verknüpfungspunkt mit dem Netz befindet, dürfte es sich um Maßnahmen des Netzanschlusses handeln und die Kosten folglich dem Anlagenbetreiber obliegen[984].

978 Dazu näher 4. Kapitel:C.IV.4, S. 79.

979 *Schäfermeier/Reshöft*, ZNER 2007, 34 (40).

980 Systemdienstleistungsverordnung v. 03.07.2009, BGBl. I S. 1734; dazu *Kahle/Reshöft*, in: Reshöft, EEG 2009, § 29 Rn. 34 ff.

981 BT-Drucks. 16/8148, S. 42.

982 *Bönning*, in: Loibl u.a., Biogasanlagen, S. 221 Rn. 29 befürchtet künftige Rechtsstreitigkeiten in diesem Bereich.

983 Für eine Kostentragung des Netzbetreibers *Bönning*, in: Loibl u.a., Biogasanlagen, S. 222 Rn. 31; für eine Kostenlast des Anlagenbetreibers hingegen *BDEW*, Netzanschluss 2009, S. 22; *BDEW*, Umsetzungshilfe EEG 2009, S. 12 und 20; *Ekardt*, in: Frenz/Müggenborg, EEG, § 13 Rn. 33; *Rauch*, ZNER 2009, 19 (22); *Schäfermeier*, in: Reshöft, EEG 2009, § 9 Rn. 46; auch laut Gesetzesbegründung liegen die Übermittlungskosten beim Anlagenbetreiber, BT-Drucks. 16/8148, S. 42 f.

984 *Schäfermeier*, in: Reshöft, EEG 2009, § 9 Rn. 46. Demgegenüber scheint die Gegenauffassung von *Bönning*, in: Loibl u.a., Biogasanlagen, S. 222 Rn. 31 den Begriff der Betriebsnotwendigkeit in § 9 Abs. 2 EEG zu überdehnen, da mit der Anlagentechnik die Einspeisung des Stroms geregelt wird und diese daher nicht der allgemeinen Versorgung im Sinne von § 3 Nr. 7 EEG dient; zum Begriff der Betriebsnotwendigkeit bereits 6. Kapitel:B.II.2, S. 156.

In Übereinklang mit den bisherigen Ergebnissen der Untersuchung gilt das zuvor Gesagte freilich nicht, wenn an Betreiber kleinerer EE-Anlagen (Leistung kleiner 100 kW) hinsichtlich der Messung des Stroms überobligatorische Anforderungen gestellt werden[985]. Bei solchen Anlagen genügt gemäß § 13 Abs. 1 EEG die Installation einer einfachen Messeinrichtung zur Erfassung der eingespeisten Arbeit.

Fraglich ist des Weiteren, ob der Netzbetreiber die Kosten der Messeinrichtungen zur Erfassung des eingespeisten Stroms, des Betriebs und der Messung selbst dann tragen muss, wenn er das Eigentum an der Messtechnik inne hat[986]. Dafür scheint zunächst die Vorschrift des § 9 Abs. 2 2. Alt. EEG zu sprechen. Allerdings ordnet § 13 Abs. 1 EEG ausdrücklich die Kostenlast des Anlagenbetreibers hinsichtlich der zur Erfassung des gelieferten und des bezogenen Stroms notwendigen Messeinrichtungen an. Den Betrieb der Messeinrichtungen und die Messung selbst kann der Anlagenbetreiber gemäß § 7 Abs. 1 EEG nach seiner Wahl vom Netzbetreiber durchführen lassen. Der Wortlaut des § 13 Abs. 1 EEG differenziert zwischen Netzanschluss und Messeinrichtungen, was dafür spricht, dass die Messeinrichtungen nicht vom Begriff des Netzanschlusses umfasst sind. Folglich dürfte konsequenterweise auch die Vorschrift des § 9 Abs. 2 2. Alt. EEG keine Anwendung finden, da sich das dort genannte Eigentumskriterium ausdrücklich nur auf Anschlussanlagen bezieht[987]. Auch systematisch macht es wenig Sinn, die Kosten für die Messeinrichtungen auf der einen Seite dem Anlagenbetreiber zuzuweisen, ihm aber auf der anderen Seite mit § 7 Abs. 1 EEG die Möglichkeit zu eröffnen, sich dieser Kosten wieder zu entledigen. Um diesen Widerspruch zu vermeiden, wird im Bereich des § 13 Abs. 1 EEG hinsichtlich der Kostenverteilung für die Messeinrichtungen § 9 Abs. 2 2. Alt EEG unanwendbar sein. Nach diesem Ergebnis trägt der Anlagenbetreiber die notwendigen Kosten der Messeinrichtungen, inkl. Messung und Betrieb, ungeachtet des Eigentums an der Messeinrichtung.

G. Zwischenergebnis zu den Problemkonstellationen

Anhand der entwickelten Kriterien lassen sich sämtliche im vorherigen Abschnitt untersuchten Problemkreise mit hinreichender Zuverlässigkeit einer sachgerechten Lösung zuführen. Es zeigt sich also, dass die Ergebnisse geeignet sind, den Anforderungen der Praxis in den viel diskutierten Bereichen der Zu-

---

985 *Rauch*, ZNER 2009, 19 (23); zum Maßstab der Notwendigkeit der Kosten 5. Kapitel:E.I, S. 135.

986 Dafür OLG Celle, Urt. v. 02.11.2006 – 5 U 78/06, ZNER 2007, 72 (73); zustimmend *Ekardt*, in: Frenz/Müggenborg, EEG, § 13 Rn. 34.

987 Zum Begriff der Anschlussanlagen wurde bereits festgestellt, dass dieser deckungsgleich mit dem des Netzanschlusses ist, vgl. 6. Kapitel:B.II.1.b, S. 153.

ordnung von Leitungen, Umspanneinrichtungen, Netzverlusten, Baukostenzuschüssen, Einrichtungen zur Erdschlusskompensation sowie der Anlagentechnik gerecht zu werden. Ansatzpunkt ist dabei stets eine räumlich-punktuelle Abgrenzung nach dem Verknüpfungspunkts des Netzes im Sinne von § 5 Abs. 1 EEG zur Kostenzuordnung. Darüber hinaus erstreckt sich die Kostentragungslast des Netzbetreibers auch auf solche vor dem Netzverknüpfungspunkt befindlichen Anschlussanlagen, die sich in seinem Eigentum befinden oder dahin übergehen.

8. Kapitel: Schlussbetrachtung

A. Fazit und Ausblick

Die Untersuchungsergebnisse verdeutlichen, dass die Regelungen im Gesetz grundsätzlich ohne Weiteres ausreichen, die auftretenden Probleme, insbesondere die Abgrenzung zwischen Netzanschluss- und Kapazitätserweiterungsmaßnahmen, zu lösen. Nicht erforderlich ist daher die Aufnahme einer Definition dieser Begriffe in das Gesetz[988]. An einigen Stellen des EEG wäre gleichwohl eine Homogenisierung der Begriffe wünschenswert[989].

Zur Klarstellung, dass die Erlangung des Eigentums des Netzbetreibers an einer Anschlussanlage nicht zur Begründung der Netzeigenschaft führt, sollte die Formulierung in § 9 Abs. 2 überarbeitet werden und systematisch im Zusammenhang mit der Kostentragungspflicht geregelt werden. Eine solche Regelung könnte etwa wie folgt aussehen:

§ 13 erhält einen Absatz 3: *Der Netzbetreiber trägt abweichend von Absatz 1 auch die Kosten der in seinem Eigentum stehenden oder in sein Eigentum übergehenden Anschlussanlagen.*

Um die deklaratorische Bedeutung des Kriteriums in § 9 Abs. 2 2. Alt. EEG hinsichtlich des Netzes der allgemeinen Versorgung an systematisch richtiger Stelle zu verorten, sollte § 3 Nr. 7 EEG einen Satz 2 erhalten: *Das Netz erstreckt sich auf sämtliche für den Betrieb des Netzes notwendigen technischen Einrichtungen.*

Abgesehen von diesen Änderungen kann die grundsätzliche Gesetzessystematik hinsichtlich der Pflicht des Netzbetreibers zur Erweiterung seiner Netzkapazität beibehalten werden.

Nicht zuletzt angesichts der aktuell weltweit geführten Diskussion um den Klimawandel, wollte die Große Koalition aus CDU/CSU und SPD bis Mitte des Jahrhunderts die Hälfte des Energiebedarfs in Deutschland aus Erneuerbaren Energien decken[990]. Das EEG muss für einen stabilen Rahmen für Planungs- und Investitionssicherheit sorgen, um diese ambitionierten Ziele zu erreichen[991].

---

988 So zur Rechtslage des EEG 2000 *Hinsch/Meier*, ZNER 2002, 290 (294), die vor der endgültigen Beantwortung dieser Frage zunächst eine mittlerweile verstrichene dreijährige Frist ansetzen wollen.

989 Etwa beim Begriff des Einspeisewilligen, vgl. 4. Kapitel:A.I.2, S. 41.

990 BT-Drucks. 16/8148, S. 37. Das Ziel erscheint realistisch: Im Jahr 2010 lag der Stromanteil bereits bei 16,8 %, vgl. *BMU*, EEG-Erfahrungsbericht 2011, S. 8.

991 *Oschmann*, ZNER 2010, 117 (122).

Die Aussichten sind grundsätzlich gut. Die Branche verzeichnet aktuell weiterhin ein ungebremstes Wachstum[992].

An die Netzinfrastruktur werden die zunehmenden Strommengen aus Erneuerbaren Energien allerdings wachsende Anforderungen stellen. Das Thema der Kapazitätserweiterung wird dabei auch zukünftig eine herausragende Rolle spielen und bleibt daher außerordentlich spannend[993].

B. Darstellung der Ergebnisse in Thesen

Die wesentlichen Ergebnisse dieser Arbeit lassen sich in Form von Thesen wie folgt darstellen:

(1) Auch ohne spezielle Anordnung im StrEG folgte eine Pflicht des Netzbetreibers zur Erweiterung der Netzkapazität zur Sicherstellung der Stromabnahme aus den subsidiär anwendbaren zivilrechtlichen Bestimmungen des BGB. Die Kosten solcher Maßnahmen oblagen dem Netzbetreiber, diejenigen des Netzanschlusses hingegen dem Betreiber der Anlage.

(2) § 9 Abs. 4 EEG ist als Klarstellung dahingehend zu verstehen, dass generell sämtliche in sonstigen energierechtlichen Vorschriften genannte Pflichten zur Netzerweiterung fortbestehen, soweit es nicht zu Kollisionen mit den Rechtsfolgen des EEG kommt.

(3) Der Anspruch auf Anschluss an das Netz kann bereits vor Errichtung der Anlage geltend gemacht werden. Entsprechend sollte der in §§ 5 Abs. 2, 7 Abs. 1 und 13 Abs. 1 EEG genannte „Anlagenbetreiber" durch den zeitlich vorgelagerten Begriff des „Einspeisewilligen" ersetzt werden.

---

992 So ist in den nächsten zehn Jahren von einem Investitionsvolumen in Deutschland von 235 Milliarden Euro auszugehen – bis 2020 dürften sich die jährlichen Investitionen in Erneuerbare Energien auf dann 28 Milliarden Euro verdoppeln, vgl. die gemeinsame Pressemitteilung des Bundesverbands Erneuerbare Energie (BEE), der Agentur für Erneuerbare Energien und der Deutschen Messe AG vom 14.04.2010, http://www.bee-ev.de/_downloads/presse/2010/100414_BEE-AEE-HMI-PM13_EE-Investitionen-bis2020.pdf (Zugriff 05.10.2011). Im Jahre 2009 arbeiteten rund 300.000 Menschen in diesem Bereich, vgl. *Oschmann*, ZNER 2010, 117 (119).

993 So auch allgemein zur Entwicklung des Energierechts in den letzten Jahren *Scholtka/Baumbach*, NJW 2010, 1118 (1124). Die Novelle des EEG zum 01.01.2012, Gesetz zur Neuregelung des Rechtsrahmens für die Förderung der Stromerzeugung aus erneuerbaren Energien, BGBl. I, S. 1634, bringt in dem hier untersuchten Regelungszusammenhang kaum Änderungen mit sich.

(4) Nicht nur der Betreiber des Netzes, an das die EE-Anlage unmittelbar angeschlossen wird, ist Adressat der Kapazitätserweiterungspflicht, sondern auch die Betreiber von nachgelagerten (Übertragungs-)Netzen[994].

(5) Der Netzbegriff des EEG ist durch Heranziehung des Merkmals der „allgemeinen Versorgung" zu bestimmen und insoweit identisch mit dem Verständnis im allgemeinen Energiewirtschaftsrecht. Kumulative Voraussetzungen für den Betrieb eines Netzes der allgemeinen Versorgung sind die tatsächliche Herrschaft sowie die objektive Fähigkeit und subjektive Bereitschaft, oder gar Pflicht, eine grundsätzlich unbestimmte Anzahl von Anschlussnehmern zwecks Versorgung an das Netz anzuschließen. Ausschlaggebend für die Zweckrichtung ist der Zeitpunkt des Anschlussbegehrens. Auf die technischen Einrichtungen zwischen dem Verteilnetz und der Hausanschlusssicherung gemäß der NAV treffen diese Eigenschaften zu. Anschlusseinrichtungen zwischen EE-Anlage und ursprünglich vorhandenem Netz gehören demgegenüber regelmäßig nicht zum Netz der allgemeinen Versorgung. Auch die Anschlusseinrichtungen zur Anbindung der EE-Anlage an den Verknüpfungspunkt werden regelmäßig vom Anlagenbetreiber nicht als ein Netz der allgemeinen Versorgung betrieben. Soweit im EEG von „anderen" Netzen die Rede ist, sind darunter die Herrschaftsbereiche verschiedener Netzbetreiber oder nicht miteinander verbundene technische Einrichtungen innerhalb desselben Herrschaftsbereichs zu verstehen.

(6) Der Anschlussanspruch des § 5 EEG ist streng vom Abnahmeanspruch des § 8 Abs. 1 EEG zu unterscheiden. Der Anschluss der EE-Anlage kann unabhängig von einer möglicherweise noch nicht gegebenen technischen Abnahmefähigkeit des Netzes auch dann beansprucht werden, wenn die Abnahme des Stroms erst durch eine (zukünftige) wirtschaftlich zumutbare Maßnahme der Kapazitätserweiterung sichergestellt werden kann.

(7) Die Bestimmung des Verknüpfungspunkts ist von maßgeblicher Bedeutung für die Anschluss-, Abnahme- und Vergütungsansprüche des EEG und entscheidet zudem auch über die rechtliche Einordnung von Maßnahmen als Netzanschluss oder Kapazitätserweiterung mit der entsprechenden Kostenfolge. Gleichfalls ordnet der Verknüpfungspunkt die entstehenden Netz- und Umspannverluste den Beteiligten zu. Das Normengefüge ist mit der EEG-Änderung 2009 erheblich geändert worden und verlangt nunmehr eine dreistufige Prüfung zur Ermittlung der räumlichen Lage des Netzverknüpfungspunkts.

---

994 Bis einschließlich einer Spannungsebene von 110 kV ist das ab dem 01.01.2012 gesetzlich geregelt, siehe § 6 Nr. 10 des Gesetzes zur Neuregelung des Rechtsrahmens für die Förderung der Stromerzeugung aus erneuerbaren Energien, BGBl. I, S. 1634.

(8) Das neu eingefügte Kriterium der geeigneten Spannungsebene in § 5 Abs. 1 und Abs. 2 EEG ist in erster Linie abstrakt danach zu bestimmen, ob die zu erwartende Strommenge aus der EE-Anlage in dieser Netzebene am Verknüpfungspunkt in das Netz aufgenommen werden kann – ohne Rücksicht auf die tatsächliche Fähigkeit des Netzes. Abweichend davon obliegt es dem Anlagenbetreiber, die Eignung des Netzes zur Aufnahme des Stroms im konkreten Fall darzulegen und notfalls zu beweisen.

(9) Das gesetzlich angeordnete Anwendungsgebiet des Optimierungsprinzips im Bereich des Verknüpfungspunkts ist im EEG 2009 erheblich beschränkt worden und findet nur noch im Vergleich zu „anderen" Netzen Anwendung. Die vom BGH bislang vertretene Ansicht einer uneingeschränkten Kostenprüfung zur Ermittlung des Verknüpfungspunkts ist nicht auf die Rechtslage des EEG 2009 übertragbar. Innerhalb des Optimierungsprinzips sind die Kostenpositionen unter Anwendung eines objektiven Maßstabs zu bestimmen. Für den Vergleich sind auch mittelbare Kosten zu berücksichtigen.

(10) Der Netzbetreiber ist verpflichtet, den zutreffenden Verknüpfungspunkt zu berechnen und dem Anlagenbetreiber nach Aufforderung zu benennen.

(11) Das Wahlrecht des Anlagenbetreibers gemäß § 5 Abs. 2 EEG findet seine Schranke in den allgemeinen zivilrechtlichen Regeln des Rechtsmissbrauchs nach §§ 226, 242 BGB. Im Übrigen ist es unbegrenzt. Das Wahlrecht kann insbesondere auch im Hinblick auf den räumlich nächstgelegenen Punkt ausgeübt werden und steht nicht unter dem Vorbehalt einer Kostenoptimierung.

(12) Maßnahmen des Einspeisemanagements nach § 11 EEG haben grundsätzlich das Bestehen der Pflicht zur Kapazitätserweiterung als zwingende Voraussetzung und können demnach regelmäßig nur für einen Überbrückungszeitraum zur Anwendung kommen. Ist eine Kapazitätserweiterung wirtschaftlich unzumutbar, kommt eine Regelung von EE-Anlagen durch das Einspeisemanagement ausnahmsweise gemäß § 11 EEG auch als Dauerlösung in Betracht, wenn der Anlagenbetreiber dies verlangt. Eine Entschädigung für infolge solcher Maßnahmen entgangene Einspeisevergütung im Rahmen der Härtefallregelung nach § 12 EEG scheidet hingegen aus.

(13) Die Grenze der wirtschaftlichen Zumutbarkeit im Sinne von § 9 Abs. 3 EEG ist dynamisch anhand des Wertes der infolge der Netzerweiterung jeweils *zusätzlich* zu den auch ohne eine solche Maßnahme abnehmbaren Strommengen innerhalb des Vergütungszeitraums des EEG zu bestimmen. Für den Wert sind die Vergütungssätze des EEG maßgeblich. Das Korrektiv ist streng und ausnahmslos auf sämtliche Konstellationen des EEG an-

zuwenden. Das betrifft insbesondere das Wahlrecht gemäß § 5 Abs. 2 EEG und die Kleinanlagenregelung in § 5 Abs. 1 Satz 2 EEG.

(14) Eine wortlautkorrigierende Auslegung der Spezialregelung des § 13 Abs. 2 EEG verbietet sich. Umfasst sind die Mehrkosten des Anschlusses an den nach § 5 Abs. 3 EEG zugewiesenen Verknüpfungspunkt im Vergleich zu einer Anbindung an den Verknüpfungspunkt nach § 5 Abs. 1 EEG oder, im Falle des ausgeübten Wahlrechts, nach § 5 Abs. 2 EEG.

(15) Eine Abweichung von den Bestimmungen des EEG ist anders als nach dem Wortlaut des § 4 Abs. 2 EEG auch dann unzulässig, wenn diese entweder zu Lasten des Anlagen- oder des Netzbetreibers erfolgt.

(16) Dem in § 9 Abs. 2 2. Alt. EEG enthaltenen Eigentumskriterium kommt hinsichtlich der Kostenzuordnung nicht bloß indizielle, sondern konstitutive Wirkung zu. Das steht im Gegensatz zur allgemeinen Bedeutung der Eigentumslage in anderen energierechtlichen Regelungsmaterien, in denen eine derartige Abgrenzungswirkung grundsätzlich nicht existiert. Die in Bezug genommenen Anschlussanlagen sind technische Einrichtungen des Netzanschlusses aus Anlagensicht vor dem Verknüpfungspunkt, deren Kosten abweichend von § 13 Abs. 1 EEG vom Netzbetreiber zu tragen sind, wenn dieser – vertraglich oder gesetzlich – daran Eigentum erlangt. Das gilt nicht erst bei künftigen Veränderungen, sondern bereits im gegenwärtigen Zeitpunkt der Errichtung. Das Eigentumskriterium entfaltet allerdings dann keine Wirkung, wenn dem Netzbetreiber das Eigentum an Anschlussanlagen unfreiwillig, etwa im Wege einer einstweiligen Verfügung, zugefallen ist.

(17) Das Merkmal der Betriebsnotwendigkeit in § 9 Abs. 2 1. Alt. EEG dient der näheren Konkretisierung des Netzbegriffs der allgemeinen Versorgung in § 3 Nr. 7 EEG und statuiert eine funktionale Betrachtung. Eine Erweiterung der Kostentragung über § 14 EEG hinaus nimmt das Kriterium nicht vor. Überschneidungen mit dem Eigentumskriterium an Anschlussanlagen in § 9 Abs. 2 2. Alt. EEG bestehen nicht.

(18) Die entsprechende Anwendbarkeit des § 8 KraftNAV für das KWKG ist vor dem Hintergrund der Gleichrangigkeit von Strom aus Erneuerbaren Energien und Kraft-Wärme-Kopplung gemäß § 4 Abs. 1 Satz 2 KWKG und § 11 Abs. 1 Nr. 2 EEG nicht konsequent. Die Regelung erscheint systematisch verfehlt.

(19) Die zur Abgrenzung von Kapazitätserweiterung und Netzanschluss vertretenen Theorien sind inhaltlich weitgehend miteinander verknüpft und können nicht isoliert angewandt werden. Die Kostenzuordnung im EEG erfolgt im Ausgangspunkt räumlich-punktuell anhand der Lage des Verknüp-

fungspunkts. Das steht in weitgehender Übereinstimmung mit den übrigen Regelungen des Energierechts.

(20) Weder dem Kriterium der Betriebsnotwendigkeit noch der Eigentumslage in § 9 Abs. 2 EEG kommt eine konstitutive Wirkung im Hinblick auf den Netzbegriff des EEG zu. Die Eigentumsregelung stellt eine rechtliche Fiktion von Anschlussanlagen als Netz der allgemeinen Versorgung auf.

(21) Kapazitätserweiterung und Kostentragung sind nicht komplett deckungsgleich. Sowohl die infolge eines Gebrauchs des Zuweisungsrechts nach § 5 Abs. 3 EEG entstehenden Differenzkosten als auch die Kosten für Maßnahmen vor dem Verknüpfungspunkt bei Eigentum des Netzbetreibers stellen insoweit Ausnahmen dar.

(22) Das EEG kennt in Übereinklang mit der energierechtlichen Systematik generell keine zivilrechtliche Pflicht des Netzbetreibers zur räumlichen Erweiterung seines Netzes der allgemeinen Versorgung in Richtung des Standorts der EE-Anlage. Die Lage des Verknüpfungspunkts des Netzes und der Anlage ist statisch und nicht dynamisch. Der quantitative Netzausbau ist ein Scheinproblem als Folge einer rein netzbezogenen Sichtweise zur Abgrenzung der Kosten zwischen den Beteiligten.

(23) Ein Baukostenzuschuss zur Vorhaltung des vorgelagerten Netzes der allgemeinen Versorgung für den Strombezug von EE-Anlage kann im EEG grundsätzlich nicht verlangt werden. Das gilt bei der Überschuss- und bei der Volleinspeisung. Im Falle eines Mischbezugs, in dem neben der EE-Anlage auch nicht dem EEG unterliegende Verbraucher angeschlossen sind, hat hingegen eine Aufteilung anhand der jeweiligen Leistungsbereitstellung zu erfolgen.

(24) Die nach § 6 Nr. 1 lit. a und b EEG erforderliche Anlagentechnik stellt eine Maßnahme des Netzanschlusses dar – mit der Kostenfolge für den Anlagenbetreiber.

FSC
www.fsc.org
MIX
Papier | Fördert gute Waldnutzung
FSC® C083411

Kolibri 360 GmbH
Ferdinand-Jühlke-Straße 7
99095 Erfurt, Deutschland
produktsicherheit@kolibri360.de